Thorsten Daubenfeld · Dietmar Zenker

Reiseführer Physikalische Chemie

Entdecke die fantastische Welt der Thermodynamik!

Springer Spektrum

Thorsten Daubenfeld
Dietmar Zenker
Idstein, Deutschland

ISBN 978-3-662-47931-5   ISBN 978-3-662-47932-2 (eBook)
DOI 10.1007/978-3-662-47932-2

Die Deutsche Nationalbibliothek verzeichnet diese Publikation in der Deutschen Nationalbibliografie;
detaillierte bibliografische Daten sind im Internet über http://dnb.d-nb.de abrufbar.

Springer Spektrum

Einbandabbildung: Thorsten Daubenfeld und Dietmar Zenker
Planung: Margit Maly
Grafiken: 2.5, 2.7, 2.8, 2.9, 3.8 und 10.6 von Stephan Meyer

Gedruckt auf säurefreiem und chlorfrei gebleichtem Papier

Springer Spektrum ist Teil von Springer Nature Die eingetragene Gesellschaft ist Springer-Verlag GmbH
Berlin Heidelberg
(www.springer.com)

in memoriam

Prof. Dr. Rüdiger Wortmann (1958–2005)

*Ein großartiger Lehrer der Physikalischen Chemie,
der viel zu früh von uns gegangen ist.*

Vorwort

Am Anfang einer großen Reise steht meistens ein einfaches Bild. Dieses Bild wurde im Gespräch mit Leo Gros, Professor für Analytische Chemie an der Hochschule Fresenius in Idstein, bei einem Gespräch über einer Tasse Kaffee irgendwann im Jahre 2013 geprägt. Ausgangspunkt war die Diskussion um die wesentlichen Unterschiede des alten Diplom-Studiengangs Chemie im Vergleich zu den heute üblichen modularisierten Bachelor- und Master-Studiengängen. Im Unterschied zu erstgenanntem Modell fehlt den letztgenannten die früher übliche Diplomprüfung, bei der man am Ende von knapp zehn Semestern intensivem Studium in einer kurzen (maximal einstündigen Prüfung) zum Stoff des gesamten Studiums befragt wurde. Man mag lange und intensiv darüber streiten, welches Modell (Diplomprüfung oder einzelne Modulprüfungen) nun gerechter oder sinnvoller ist. Aber ein Bild – und hier kommt Professor Gros wieder ins Spiel – ist aus diesem denkwürdigen Gespräch hängen geblieben: „Bei der Vorbereitung auf die Diplomprüfung war es uns damals vergönnt, unser gesamtes Fach einmal im Leben aus der Vogelperspektive zu sehen. Auch wenn wir die Details danach schnell wieder vergessen haben – die Erinnerung an diese fantastische Aussicht von oben werden wir unser Leben lang behalten.“ Auch wir, die Autoren, durften diesen fantastischen Ausblick in unserem Studium genießen. Wenngleich es auch erst der oben zitierten Worte bedurfte, die einem den Wert dieses Ausblicks noch einmal nachdrücklich und deutlich in Erinnerung gerufen haben.

Was hat das mit diesem Buch zu tun? Auf der Heimfahrt von einer Konferenz kam einem der Autoren die Idee, sein Fach mit einer Art „Landkarte“ zu versehen, um die heutige Generation von Bachelor-Studierenden ebenfalls in den (aus seiner Sicht) wundervollen Genuss zu versetzen, die Gesamtheit seines Faches (Physikalische Chemie) aus der „Vogelperspektive“ sehen (oder gar bewundern) zu dürfen. Beim Gespräch mit dem zweiten Autor wurde daraus dann schnell die Idee geboren, diese Landkarte dreidimensional zu gestalten und darüber hinaus (die Eigendynamik solcher Prozesse ist manchmal sehr erstaunlich) mit einer Rahmengeschichte zu versehen, um für Studierende möglichst viele „Lernanker“ zu schaffen, an denen sie sich beim Studium der Physikalischen Chemie festhalten können.

Das Ergebnis ist kein Lehrbuch der Physikalischen Chemie. Das kann und soll es auch nicht sein. Es gibt im deutschsprachigen Raum eine ganze Reihe umfassender und sehr guter

Lehrbücher der Physikalischen Chemie, aus denen auch die Autoren im Rahmen ihres Studiums ihr Wissen bezogen haben. Mit diesen können und wollen wir nicht konkurrieren. Dieses Werk versteht sich mehr als eine Art „Wegweiser" und „Reiseführer" durch die Lande der Physikalischen Chemie. Wir versuchen darin, die Physikalische Chemie, das Fach, für das wir Begeisterung und Leidenschaft verspüren, auf eine ganz andere und neue Art zu sehen und auch darzustellen. Wir hoffen, dass es uns damit gelingt, angehenden Chemiker(innen) einen anderen Blick auf dieses Fach zu öffnen – oder einen vorhandenen Blick zu schärfen, sodass die oft aus Studierendensicht einseitige Wahrnehmung der Physikalischen Chemie als „komplexes Fach, in dem ja ohnehin nur Herleitungen diskutiert und unverständliche Rechnungen gemacht werden", vielleicht ein wenig gerade gerückt werden kann. Wenn uns das mit diesem „Reiseführer" gelingt, dann haben wir bereits mehr erreicht, als wir zu hoffen wagen.

Die Entstehungsgeschichte dieses Werkes ist ein Abenteuer für sich, von dem wir hier allerdings nicht berichten wollen. Aber eine solche Idee kann niemals verwirklicht werden, wenn nicht eine ganze Reihe von Menschen hinter einem solchen Projekt steht. Unser Dank gilt daher all jenen, ohne die dieses Buch niemals Wirklichkeit geworden wäre. Zunächst einmal möchten wir hier der ANKOM-Initiative des Bundesministeriums für Bildung und Forschung (BMBF) danken, in deren Kontext die ersten Gehversuche auf unseren Inseln unternommen wurden (Projekt: „Unterstützende Maßnahmen für lebenslanges Lernen im Sektor Chemie"). Besonderer Dank gebührt darüber hinaus Frau Vera Spillner vom Springer-Verlag, der das Kunststück gelungen ist, uns mit ihrer charmanten Art davon zu überzeugen, dieses Projekt tatsächlich in Angriff zu nehmen (bis heute verstehe ich nicht wirklich, warum wir den Autorenvertrag für ein solches Buch eigentlich unterzeichnet haben). Ihren Kolleginnen, Frau Maly und Frau Schmoll, möchten wir für die Geduld danken, die wir ihnen im Rahmen des Projektes abverlangen durften – aber auch und vor allem für die hilfreichen Ratschläge bei den zahlreichen (auch für den Springer-Verlag oft ungewohnt neuen) technischen Fragestellungen, die immer wieder entlang des Weges aufkamen. Bedanken möchten wir uns auch bei Eevie Demirtel von Ulisses Spiele, die mit der Bereitstellung von zahlreichen Grafiken aus der Welt des „Schwarzen Auges" maßgeblich dazu beigetragen hat, dass wir im Reiseführer auch auf zahlreiche unterschiedliche Charaktere treffen dürfen. Frau Demirtel, wir hoffen, dass unser Werk auch das Wohlwollen der Herrin Hesinde finden wird!

Unser Dank gilt auch allen Kolleginnen und Kollegen des Fachbereichs Chemie & Biologie an der Hochschule Fresenius in Idstein, in deren inspirierendem und kollegialem Umfeld die hier vorgestellten Gedanken nicht nur ausgesät werden konnten, sondern neben den sonstigen und vielfältigen Verpflichtungen auch zur Reife gebracht werden durften. Auch unseren Studierenden der Angewandten Chemie, der Wirtschaftschemie und der Industriechemie sowie unseren angehenden Chemietechniker(inne)n danken wir ganz herzlich dafür, dass sie die Inseln in den vergangenen Jahren so bereitwillig durchwandert haben. Ohne ihre positiven Rückmeldungen wäre ein solcher „Reiseführer" nie entstanden.

Den größten Dank aber möchten wir unseren Familien und Kindern aussprechen, die während all der langen Monate des Schreibens viel zu oft auf uns verzichtet haben. Vor der nicht selbstverständlichen Bereitschaft und dem liebevollen Verständnis dafür, mit denen dies immer wieder stoisch ertragen wurde, möchten wir uns an dieser Stelle respektvoll vor unseren Familien verbeugen.

Allendorf und Mainz, im März 2016 Thorsten Daubenfeld und Dietmar Zenker

Einleitung – oder: Wie gebrauche ich dieses Buch?

Die Physikalische Chemie wird von vielen Studierenden als eines der anspruchsvollsten und schwierigsten Fächer im Rahmen eines Studiums angesehen. Ob dies zu Recht oder zu Unrecht geschieht, möchten wir an dieser Stelle weder diskutieren noch kommentieren. Aber die Ursache dafür bekommen wir seitens der Studierenden sehr häufig genannt: aufgrund der komplizierten mathematischen Herleitungen und Gleichungen, die für den Anfänger in der Physikalischen Chemie meist nur sehr schwer oder oft gar nicht nachvollziehbar sind. Mit dem vorliegenden Buch möchten wir einen Beitrag dazu leisten, die „Hürde" dieses Faches etwas zu verringern. Thematisch beschäftigt sich das Buch mit der chemischen Thermodynamik, speziell den Hauptsätzen der Thermodynamik, der Thermochemie sowie den Phasengleichgewichten. Wie Sie als Leser(in) unserer Ansicht nach dieses Buch richtig lesen sollten, möchten wir Ihnen im Folgenden kurz erläutern.

Vorab: Das vorliegende Buch ist kein klassisches Lehrbuch der Physikalischen Chemie. Es erhebt darüber hinaus noch nicht einmal den Anspruch auf Vollständigkeit in allen betrachteten Gebieten. Dieses Buch versteht sich vielmehr als eine Art „Reiseführer" in das Reich der Physikalischen Chemie. Wie bei jedem Reiseführer müssen wir als Autoren daher eine Auswahl derjenigen Orte und Sehenswürdigkeiten treffen, die wir als besuchenswert erachten. Und wie bei jedem guten Reiseführer möchten wir als Autoren „Insider-Tipps" geben, damit bestimmte Sehenswürdigkeiten in einem noch schöneren Licht erscheinen. Und da man einen Reiseführer ja in der Regel benötigt, um bei einer Reise die besten und schönsten Orte aussuchen zu können, stellen wir Ihnen im Rahmen dieses Buches eine Auswahl an Möglichkeiten zur Verfügung, aus denen Sie ganz individuell Ihre ganz persönliche „Reise durch die Welt der Thermodynamik" zusammenstellen können.

In Abb. 1 sehen Sie die einzelnen Bausteine des Buches, welches vor Ihnen liegt (bzw. am Bildschirm zu sehen ist). Die grau hinterlegten Bausteine sind diejenigen Teile, welche Sie in schriftlicher Form im Buch finden. Dazu gehören (wie in jedem ordentlichen Lehrbuch) der Fachtext (hier mit „Physikalische Chemie" beschrieben), Übungsaufgaben zur Vertiefung des Lernstoffs (am Ende jedes Kapitels) sowie die Ergebnisse der einzelnen Übungsaufgaben (am Ende des Buches).

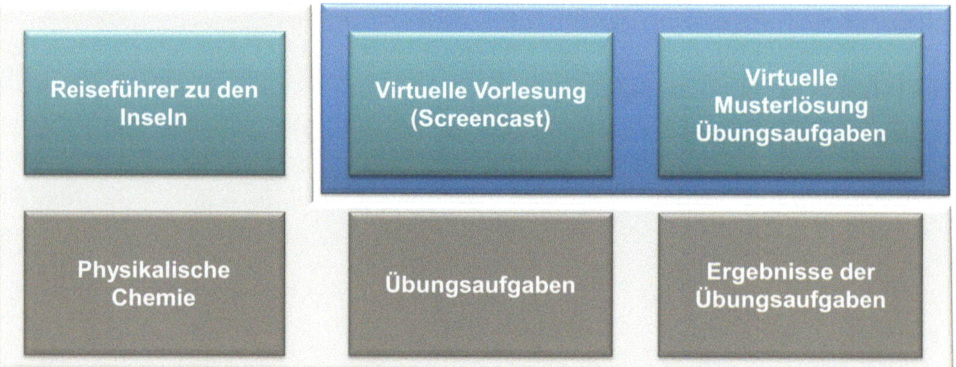

Abb. 1 Übersicht über die einzelnen Bausteine des Buches

Ein weiteres Element, welches Sie im schriftlichen Teil dieses Buches finden, ist der „Reiseführer" zu den Inseln. Mit „Inseln" bezeichnen wir dabei eine Art „virtuelle" Umgebung, in der wir die einzelnen Lerninhalte versteckt haben (s. folgende Abb.). Auf einer der beiden Inseln (der „Insel der Energie") haben wir die Themen „Hauptsätze der Thermodynamik" und „Thermochemie" untergebracht. Auf der zweiten Insel (der „Insel der Phasen") finden Sie das Thema „Phasengleichgewichte".

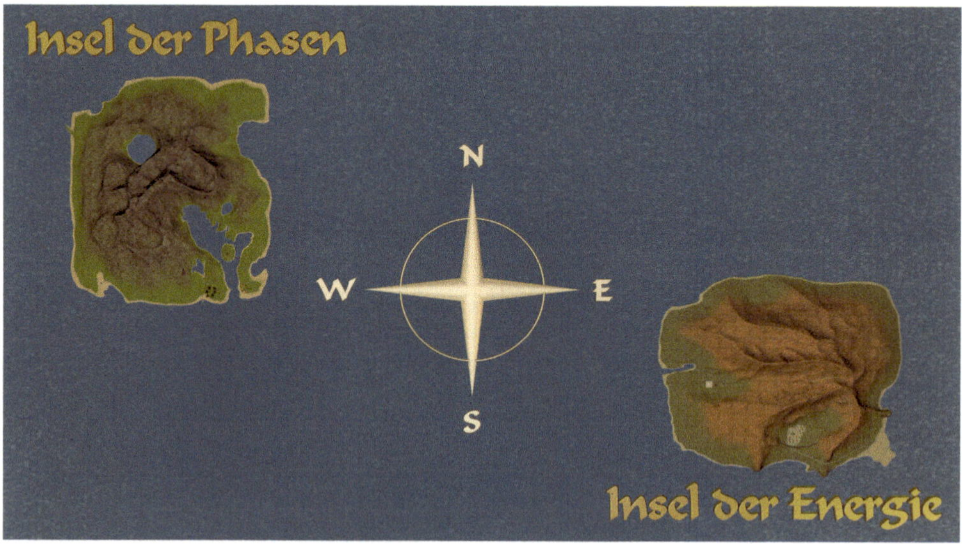

Die beiden Inseln haben dabei ganz bewusst nichts mit Physikalischer Chemie zu tun. Und Gleiches gilt für die Abbildungen sowie den „Reisebericht", den Sie darin finden werden (dieser ist in seiner Form eher an eine Abenteuergeschichte aus dem Fantasy-Genre angelehnt). Warum ist das sinnvoll? Mit dieser Rahmengeschichte möchten wir Ihnen die

Möglichkeit bieten, unterschiedliche „Lernanker" zu setzen und andersartige Verknüpfungen des Lernstoffs vorzunehmen (wenn Sie z. B. das Thema „Mischphasen" im Kloster auf der Insel der Phasen verorten). Methodisch greifen wir damit auf sogenannte Mnemotechniken zurück, die Ihnen das Memorieren der einzelnen Themen sowie den Zusammenhang unter ihnen erleichtern sollen.

Möglicherweise möchten Sie sich aber auch gar nicht mit einer solch unwissenschaftlichen Rahmengeschichte abgeben und lieber gleich „zum Punkt kommen". Unser Rat in diesem Fall: Tun Sie es einfach! Sie haben die Möglichkeit, auf den „Reiseführer-Teil" komplett zu verzichten. Dieser ist im Buch separat farbig hervorgehoben und kann bei Bedarf (z. B. aus Mangel an Zeit) übersprungen werden. Ebenso können Sie andersherum vorgehen und beispielsweise ausschließlich den „Reiseführer-Teil" lesen und die Rahmengeschichte einfach nur mit den Überschriften der einzelnen Kapitel in Zusammenhang bringen, um sich Quervernetzungen zwischen den einzelnen Kapiteln klarzumachen. Das Buch bietet Ihnen die Option, sich nach eigenem Geschmack die für Sie passenden Teile herauszupicken. Selbstverständlich dürfen Sie aber auch das komplette Werk von vorne bis hinten lesen!

Neben den schriftlichen Teilen verwenden wir in diesem Buch zwei weitere Bausteine, die in Abb. 1 hellblau hinterlegt sind. Zum einen stellen wir Ihnen insgesamt 36 virtuelle Vorlesungen (sogenannte „Screencasts") zu den einzelnen Kapiteln zur Verfügung. Die einzelnen Vorlesungen haben eine Dauer zwischen vier Minuten und mehr als einer halben Stunde. Die Gesamtlaufdauer aller Vorlesungen beträgt mehr als acht Zeitstunden. Ebenso stellen wir Ihnen für alle der 101 Übungsaufgaben in diesem Buch eine Schritt-für-Schritt-Lösung in Form einer Videoaufzeichnung zur Verfügung. Mit diesen beiden Elementen möchten wir uns vom reinen geschriebenen Wort lösen und Ihnen zusätzliche Möglichkeiten anbieten, den Lernstoff zu vertiefen. Sehr gerne können Sie auch entscheiden, ausschließlich auf diese digitalen Lernformate zu fokussieren – oder beispielsweise nur die Musterlösungen zu den Übungsaufgaben (beispielsweise zur Klausurvorbereitung) durchzugehen.

Da wir nicht wissen können, wo Ihre persönlichen Präferenzen liegen, ob Sie lieber anhand von Videos lernen, sich den Stoff mittels Aufgaben erarbeiten, die Struktur eines klassischen Fachtextes benötigen oder sich mit Mnemotechniken der Physikalischen Chemie nähern möchten (oder aber alles zusammen), bieten wir Ihnen im Rahmen dieses Buches die Möglichkeit, Ihre individuelle Auswahl zu treffen, um für sich selber den optimalen Weg herauszufinden. Wenn Ihnen dieses Buch dabei behilflich ist, das Thema Physikalische Chemie besser zu verstehen, dann sagen Sie es gerne weiter. Wenn nicht, sagen Sie uns, was wir besser machen können. Über Ihre Rückmeldungen werden wir uns sehr freuen!

Nach dieser Vorrede möchten wir Sie aber nunmehr dazu einladen, gemeinsam mit uns die Reise zu den Inseln der Thermodynamik anzutreten, die irgendwo im „Archipel der Gesetze" liegen und die vor uns noch niemand auf diese Art und Weise gesehen hat. Wir wünschen Ihnen bei Ihrer Reise viel Vergnügen und Erfolg!

Inhaltsverzeichnis

Teil II   Die Insel der Phasen

Die Insel
der Energie

Willkommen auf der „Insel der Energie"! Wir möchten Sie auf den folgenden Seiten in die faszinierende Welt der Thermodynamik mitnehmen. Dabei werden wir auf eine ganze Reihe von Rätseln stoßen, seltsame und manchmal etwas schrullige Charaktere kennenlernen und mysteriöse Orte besuchen.

Wir werden uns hier zunächst einmal mit dem Begriff „Physikalische Chemie" und den Grundlagen des Faches beschäftigen. Dabei werden wir auch nach der Daseinsberechtigung des Faches fragen und schon einmal schauen, ob die Physikalische Chemie denn zu Recht als so ein schwieriges Fach gilt. Anschließend werden wir uns mit den Gasgesetzen beschäftigen, um ein konkretes Beispiel einer Gleichung vor Augen zu haben, mit der wir uns auf unserer Reise eine geraume Zeit lang beschäftigen werden.

Danach steht das Studium der Hauptsätze der Thermodynamik für uns im Vordergrund. Insbesondere den Ersten und Zweiten Hauptsatz werden wir dabei sehr detailliert unter die Lupe nehmen und uns intensiv mit den Zusammenhängen beschäftigen, die daraus resultieren.

Anschließend betreten wir die Domäne der Thermochemie und schauen uns dort an, wie eigentlich chemische Reaktionen mit den Gesetzen der Thermodynamik beschrieben werden – und warum wir das überhaupt machen. Am Ende dieses Teils fassen wir unsere Erkenntnisse noch einmal zusammen und lernen mit dem chemischen Potenzial eine Größe kennen, die uns als Schlüssel zu unserer zweiten Insel, der „Insel der Phasen", dienen wird. Dazu aber zu gegebener Zeit mehr.

Einen groben Überblick über die Insel aus dem ersten Teil des Buches sehen Sie in der folgenden Abbildung.

Lassen Sie uns nach dieser Vorrede nun aber auf die Reise gehen und schauen, was wir auf dieser geheimnisvollen Insel alles entdecken werden …

Grundlagen der Physikalischen Chemie

1

© Springer-Verlag Berlin Heidelberg 2017
T. Daubenfeld, D. Zenker, *Reiseführer Physikalische Chemie*, DOI 10.1007/978-3-662-47932-2_1

Gestrandet

Nach zwei Wochen auf See nehmt Ihr das Geschaukel des Schiffes zwar fast nicht mehr wahr, aber seid froh, nun bald wieder festen Boden unter den Füßen zu haben. Vor knapp 14 Tagen habt Ihr Euch gemeinsam mit den anderen Novizen der Mathematisch-Physikalischen Akademie auf Eure Studienreise begeben. Diese sollte Euch bis an die Gestade der Insel der Energie bringen.

Die Insel der Energie. Seltsam. Ihr habt Euch dieses Eiland ganz anders vorgestellt. Irgendwie einladender. Aber vor Euch am Horizont erkennt Ihr nur ein rasch größer werdendes Etwas mit hohen schroffen Felsen, die irgendwie gar nicht so recht zu dem Bild passen wollen, welches Ihr Euch bislang davon gemacht habt. Noch könnt Ihr nicht wirklich viel erkennen, rechnet aber damit, spätestens am morgigen Tag die Insel zu erreichen. Was werdet Ihr wohl dort finden? Wissen? Wahrheit? Erleuchtung? Wenn Ihr ehrlich zu Euch selbst seid, dann haben Eure Lehrmeister an der Akademie nicht wirklich viel über diese Insel erzählt. Doch das mussten sie auch gar nicht, denn immerhin wart Ihr alle froh und erleichtert, nach all der Zeit in den muffigen und verstaubten Hallen des Akademiegeländes mit seinen mathematischen Gleichungen und physikalischen Denksportaufgaben endlich einmal in ein richtiges „chemisches" Abenteuer zu ziehen. Weit weg von endlosen Stunden des Studiums von Gleichungen, Ableitungen und sonstigen furchtbaren Dingen.

Der langsam an der Himmelsbahn aufziehende Mond erinnert Euch daran, dass ein paar Stunden Ruhe vor der Ankunft auf der Insel Euch sicherlich gut tun würden. Immerhin solltet Ihr ausgeruht die Insel der Energie betreten. So begebt Ihr Euch schlurfend zu Eurem Schlafplatz (eine kleine Hängematte, die neben den zahlreichen übrigen der anderen Novizen im Laderaum des Schiffes aufgespannt ist) und versinkt ins Reich der Träume.

Ein lautes und dumpfes Poltern reißt Euch urplötzlich aus dem Schlaf. Seid Ihr etwa schon angekommen?

RUMMMS

Diesmal war der Aufprall ungleich mächtiger und Ihr taumelt mit dem Gesicht nur knapp an einem mannsdicken Balken vorbei. Oder war es etwa der Balken, der gerade an Eurem Gesicht vorbeigeflogen ist?

Dann seid Ihr plötzlich hellwach und bemerkt, dass sich das Schiff unnatürlich stark von einer Seite zur anderen bewegt. Um Euch herum ist lauter Tumult zu hören, Schreie, Gepolter – und alle scheinen wild durcheinander zu rennen. Ihr wisst nicht, was hier geschieht, haltet es aber für klüger, auf dieses „Was" nicht im Bauch des Schiffes zu warten, sondern lieber nach oben zu gehen.

Das „Nach-oben-Gehen" entpuppt sich dabei als nicht allzu leicht, denn immerhin scheinen auch andere auf die gleiche Idee gekommen zu sein. Irgendwie schafft Ihr aber das Unmögliche und schiebt, quetscht, drängelt Euch über die viel zu kleine Holztreppe auf das Deck des Schiffes … und bereut im selben Moment, hier heraufgekommen zu sein.

Das Schiff krängt fast unnatürlich weit nach Backbord und Steuerbord, da es von einer geradezu wild gewordenen und aufgepeitschten See wie eine Nussschale hin- und hergeworfen wird. Nur knapp entgeht Ihr einer kleinen Kiste, die kurz vor Euch vorbeischießt und ins offene Meer platscht. *Hoffentlich nicht meine Ausrüstung*, schießt es Euch durch den Kopf. Was jedoch angesichts des heftigen Sturmes noch das geringste Problem darstellt.

Immer heftiger zieht und zerrt der Sturm an der Takelage und die meterhohen Wellen scheinen sich vor Euch bedrohlich aufzutürmen, als ob sie das ganze Schiff verschlingen wollten. Von der Insel, die Ihr eigentlich zu erreichen hofftet, ist in diesem nächtlichen Chaos nichts mehr zu sehen. Da hört Ihr hinter Euch einen Schrei: „Pass auf, duck dich, sonst wi…" Aber weiter versteht Ihr die Stimme nicht, da Ihr nur einen dumpfen Schlag auf die Schläfe verspürt und Euch dann Schwärze umfängt.

Wärme. Schmerz. Dunkelheit. Dann ein kleiner Lichtschimmer, der allmählich größer wird. Mühsam schafft Ihr es, die Augen etwas zu öffnen. Nur ein wenig. Ihr seht Euch gleißend hellem Sonnenschein gegenüber und schließt die Lider sofort wieder. Erst langsam gewöhnen sich Eure Augen an das Licht und Ihr wagt es, sie ein wenig weiter zu öffnen. Dann schmeckt Ihr auch das salzige und körnige Etwas zwischen Euren Zähnen. Sand. Salzwasser.

Und plötzlich kommen die Erinnerungen wie auf einen Schlag zurück. Das Schiff. Der Sturm. Die Insel. Und Ihr seid am Leben! Ihr blickt Euch weiter um, während Ihr Euch aufrappelt und verwundert feststellt, dass Ihr Euch offenbar bis auf ein paar Kratzer weder schlimmere Wunden zugezogen habt noch etwas gebrochen ist. Ihr befindet Euch an einem lang gezogenen Sandstrand am Fuße eines imposanten Felsmassivs. Die Insel der Energie. Dann habt Ihr es also tatsächlich geschafft. Ihr. Und die anderen? Ihr seht keine Spur der übrigen Expeditionsteilnehmer. Was mag denen zugestoßen sein? Sind sie noch am Leben?

Dann schweift Euer Blick weiter in Richtung Meer. Und dort seht Ihr es liegen, Euer Schiff. Oder zumindest das, was davon noch übrig ist. Denn im Bug klafft ein mehr als mannshohes riesiges Loch, das Euch klar und eindeutig signalisiert, dass an eine Rückfahrt mit diesem Wrack keinesfalls zu denken ist. Aber zurück wollt Ihr ja zunächst einmal auch nicht, sondern die Insel erkunden, die Ihr nun endlich erreicht habt. Ihr habt Euch zwar ausgemalt, dass dies unter besseren Bedingungen ablaufen sollte, entschließt Euch aber dazu, das Beste aus der Situation zu machen.

Vor dem Schiff finden sich einige Kisten und Truhen, die Ihr eilig nach etwas Essbarem durchstöbert (allmählich merkt Ihr, dass sich Hunger und Durst melden). Aber bis auf ein vertrocknetes altes Brot und einen halbvollen Wasserschlauch findet Ihr nichts Brauchbares. Nichts. Bis auf … was liegt denn da auf dem Boden der einen Kiste? Das sieht ganz nach einem Stapel alter vergilbter Pergamente aus.

Jetzt erwacht – ungeachtet von Hunger und Durst – endgültig Euer Forscherdrang und Ihr zieht die Pergamente aus der Truhe heraus. Wie durch ein Wunder scheinen diese nicht nass geworden zu sein, sodass Ihr Euch gleich daranmacht, Euren geistigen Durst zu stillen. Ein Pergament mit der Aufschrift „Überlebensregeln auf der Insel der Energie – Teil 1: Grundbegriffe der Physikalischen Chemie" fällt Euch besonders ins Auge. Neugierig beginnt Ihr das Dokument zu lesen.

http://tiny.cc/vlikcy

1.1   Grundbegriffe der Physikalischen Chemie

Mathematisch-Physikalische Akademie? Insel der Energie? Die Geschichte mag zunächst befremdlich erscheinen. Aber ähnlich allein wie unser Schiffbrüchiger mag sich ein Student der Physikalischen Chemie zu Beginn seines Studiums fühlen. Er besitzt bereits einige Grundkenntnisse in Mathematik und Physik, die er zu Beginn seines Studiums erworben hat. Und dennoch erscheint ihm die Physikalische Chemie häufig wie ein unbekanntes, unwirtliches und schroffes Eiland …

Was ist Physikalische Chemie eigentlich? Und warum sollte sich ein angehender Chemiker überhaupt mit diesem Fach auseinandersetzen? Die Physikalische Chemie ist zunächst neben der Organischen, der Anorganischen und der Analytischen Chemie (um nur die größten und bekanntesten Gebiete zu nennen) eine Teildisziplin der Chemie. Sie schlägt zudem eine Brücke zur Wissenschaft der Physik (Abb. 1.1).

Die Physikalische Chemie bedient sich physikalischer Methoden, um chemische Stoffe und Gemische quantitativ zu untersuchen. Diese Untersuchungen beziehen sich dabei auf physikalische Prozesse (z. B. Schmelzen, Verdampfen) oder chemische Reaktionen. Was heißt das im Klartext? Der Student der Physikalischen Chemie wird mit diesem Fach überwiegend wohl „abstrakte Themen", „mathematische Gleichungen" und „zahllose Diagramme"

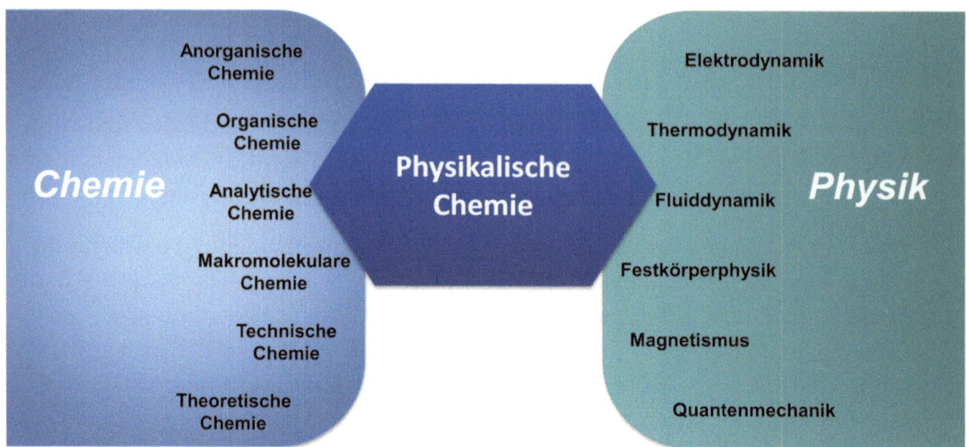

Abb. 1.1 Die Physikalische Chemie – Grenzgebiet an der Schnittstelle von Chemie und Physik

in Verbindung bringen. Und damit hat er noch nicht einmal ganz Unrecht. Woraus die eingangs erwähnte Frage wieder resultiert: Warum sich damit beschäftigen? Gibt es im Studium der Chemie keinen Weg „außen vorbei"? Einen Weg, der weniger Mühe, weniger Aufwand verheißt? Eine Möglichkeit, sich nicht auf einer einsamen und scheinbar lebensfeindlichen Insel durchkämpfen zu müssen?

Nun, wer die Mühen eines Chemiestudiums auf sich genommen hat, wird diese Frage seitens seiner Dozenten mit einem klaren „Nein!" beantwortet sehen. Man muss sich also mit Physikalischer Chemie beschäftigen. Aber warum ist das eigentlich so? Und warum bedient sich die Physikalische Chemie all dieser mathematischen Methoden? Schauen wir uns dazu das Ziel physikalisch-chemischer Untersuchungen an. Dieses besteht darin, Fragen von chemischer Relevanz quantitativ (d. h. mit Zahlen und Einheiten versehen) zu beantworten … Fragen wie beispielsweise folgende:

„Wie viel Wärmeenergie wird bei der Verbrennung von 50 g Glucose freigesetzt?"

„Mit welcher Geschwindigkeit verläuft die Verseifung von Ethylacetat?"

„Welche Spannung lässt sich an einer Brennstoffzelle abgreifen?"

Die Physikalische Chemie fragt also ganz bewusst zunächst nicht:

„Wird bei der Verbrennung von Glucose Wärmeenergie freigesetzt?"

„Kann Ethylacetat verseift werden?"

„Ist die Brennstoffzelle eine Stromquelle?"

Letztere Fragen sind alle qualitativer Natur und lassen sich mit einem einfachen Ja oder Nein beantworten. Zu ihrer Beantwortung benötige ich keine Physikalische Chemie. Die ersteren Fragen hingegen sind quantitativer Natur, sie beschäftigen sich mit der Suche nach Zahlen, nach Zusammenhängen, nach wirklichem Verstehen. Warum ist das wichtig? Aus

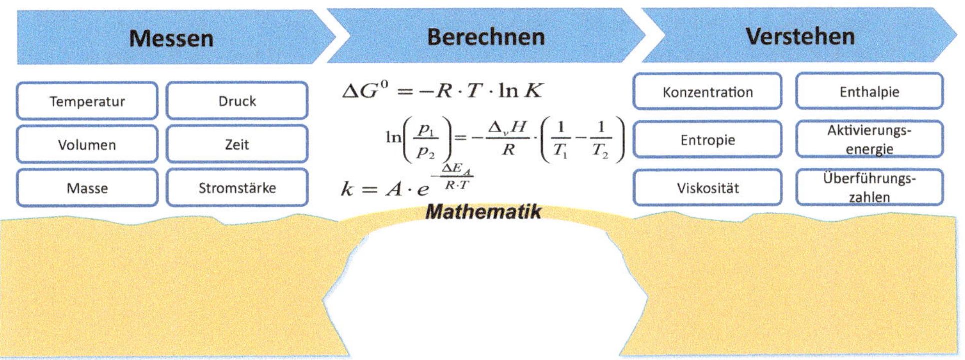

Abb. 1.2 In der Physikalischen Chemie bedient man sich experimenteller Methoden („Messen") und mathematischen Gleichungen („Berechnen"), um Erkenntnisse über die betrachteten Systeme zu gewinnen („Verstehen")

industrieller Sicht könnte man die Antworten auf obige Fragen zur Beantwortung weiterer Fragen von chemiewirtschaftlicher Relevanz verwenden, z. B.:

„Wie groß ist die Wärmemenge, die ich aus meinem chemischen Reaktor abführen muss?"

„Wie schnell entsteht bei der Verseifung von Ethylacetat die Wärme? Muss ich eine externe Kühlung verwenden oder innerhalb meines Reaktionskessels kühlen?"

„Wie viele Brennstoffzellen muss ich in Reihe schalten, um ein Automobil zu betreiben?"

Die Physikalische Chemie ist die Basis des Verständnisses all dieser (und vieler weiterer) Prozesse. Warum aber dann die Mathematik? Das Problem besteht häufig darin, dass die Zielgrößen der Physikalischen Chemie (z. B. Reaktionswärme oder Reaktionsgeschwindigkeit) der experimentellen Messung nicht unmittelbar zugänglich sind. Die Messung ist aber der Startpunkt aller naturwissenschaftlichen Erkenntnis, auch in der Physikalischen Chemie (Abb. 1.2, links).

Messen lässt sich aber nur eine begrenzte Anzahl unterschiedlicher Größen wie z. B. Temperatur T (mit einem Thermometer), Druck p (mit einem Manometer), Volumen V (z. B. mit einem Messzylinder oder einem Messkolben) oder Masse m (mit einer Waage). Schon die Stoffmenge n (in mol) lässt sich nicht messen. Um sie zu erhalten, muss man beispielsweise die Masse m (in g) einwiegen und dann mittels

$$n = \frac{m}{M} \tag{1.1}$$

die Stoffmenge n (in mol) berechnen (Gl. 1.1). Dazu benötigt man dann noch die Molmasse M (in g/mol). Trivial? Sicherlich. Aber wer das versteht, hat das Prinzip der Physikalischen Chemie bereits zu einem guten Teil verstanden. Denn zwischen der „Messung" (m) und dem „Verstehen" (n) liegt in der Physikalischen Chemie immer die „Berechnung" (Abb. 1.2,

Mitte). Hier nutzt man einen mathematischen Zusammenhang (d. h. eine Gleichung), um aus einer Messgröße eine physikalisch-chemisch interessante Größe zu bestimmen. Nicht immer sehen diese Gleichungen auf den ersten Blick so einfach aus wie diejenige in Gl. 1.1, aber seien Sie sich sicher, dass alle Gleichungen, denen wir begegnen werden, die einfachste Möglichkeit darstellen, um von einem Messwert zu einer Zielgröße zu gelangen. Noch einmal: Die Mathematik ist dabei für den Physikochemiker nur Mittel zum Zweck, gewissermaßen der schmale Grat, auf dem man von der Messgröße aus wie auf einer „Brücke" zu den Zielgrößen balanciert (Abb. 1.2).

Bevor Sie sich also jetzt mit Physikalischer Chemie beschäftigen, sollten Sie zunächst eine möglicherweise vorhandene Abneigung gegenüber mathematischen Gleichungen über Bord werfen. Denn um die Mathematik kommen Sie nicht herum. Machen Sie sich aber immer wieder klar: Die Mathematik ist Ihr Handwerkszeug – nicht umgekehrt! Versuchen wir das doch gleich einmal bei folgendem Beispiel:

Beispiel

Stellen Sie folgende Gleichung nach der Variablen c um!

$$E = E^0 - \frac{R \cdot T}{z \cdot F} \cdot \ln\left(\frac{1}{c}\right) \tag{1.2}$$

Geschafft? Dann legen Sie das Werkzeug wieder im Werkzeugkoffer ab. Wir werden es noch häufiger gebrauchen.

Gehen wir nun wieder zurück zu unserem Schiffbrüchigen. Nachdem er sich jetzt mit seiner Situation abgefunden und von seinem Schock erholt hat, beginnt er, seine Umgebung näher zu betrachten. Warum auch nicht? Auch wir möchten ja die Physikalische Chemie näher betrachten, unsere wissenschaftliche Neugierde befriedigen. Wie in unserem Abenteuer erscheint es aber ratsam, dass wir uns vor Beginn der Reise noch ausrüsten und nicht aufs Geratewohl losmarschieren. Und so wie unser Abenteurer die Kisten und Truhen des Schiffes nach brauchbarem Material untersucht, so müssen auch wir uns vor Beginn unserer Reise in das Reich der Physikalischen Chemie mit einigen Grundbegriffen vertraut machen, ohne die wir viele der „Sehenswürdigkeiten" unterwegs nicht wirklich verstehen könnten. Schließlich lernen Sie auch Vokabeln, bevor Sie in ein fremdes Land reisen – nicht zuletzt damit Sie dort Wasser und Brot kaufen können und nicht verhungern müssen. Schauen wir uns also diese „Grundvokabeln" der Physikalischen Chemie etwas näher an.

Unserer Erfahrung nach gibt es sechs wesentliche Grundbegriffe, mit denen Sie vertraut sein müssen, bevor Sie sich auf die Reise begeben: System, Phase, Gleichgewicht, Energie/Arbeit/Wärme, Zustandsgrößen und Zustandsfunktion/Zustandsgleichung. Diese schauen wir uns im Folgenden etwas näher an.

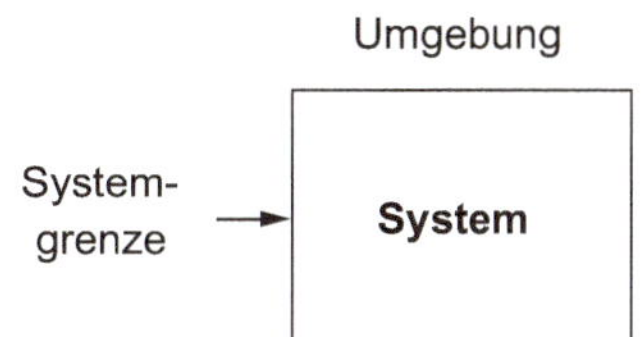

Abb. 1.3 System und Umgebung

System

Unter einem System versteht man in der Physikalischen Chemie – vereinfacht ausgedrückt – den Teil des Universums, welcher einer näheren Untersuchung unterzogen wird. Dies kann ein Reagenzglas, ein (offenes) Becherglas, ein chemischer Reaktor, aber auch die Erdatmosphäre sein. Das System ist durch Systemgrenzen von der Umgebung (vereinfacht gesagt: „dem Rest der Welt" – häufiger ist damit aber die unmittelbare Umgebung gemeint, z. B. ein temperiertes Wasserbad, in das ein Becherglas eintaucht) getrennt (Abb. 1.3).

Abhängig von der Systemgrenze werden drei unterschiedliche Arten von Systemen unterschieden (Abb. 1.4). Dabei unterscheidet man zwischen den Möglichkeiten des Systems, mit seiner Umgebung Materie und Energie auszutauschen. Kann das System sowohl Materie als auch Energie mit seiner Umgebung austauschen, spricht man von einem offenen System (z. B. ein offenes Becherglas). Ein geschlossenes System ist dadurch charakterisiert, dass keine Materie, sondern nur Energie mit der Umgebung ausgetauscht werden kann (z. B. ein geschlossener Kochtopf, ein Einhalskolben mit Stopfen). Können weder Materie noch Energie ausgetauscht werden, dann liegt ein sogenanntes abgeschlossenes System vor.

Als Beispiel für ein abgeschlossenes System wird häufig die Thermoskanne genannt. So manch einer mag aber im Winter schon einmal die Erfahrung gemacht haben, dass der warme Tee, den man morgens zu Hause in seine Thermoskanne eingefüllt hatte, nachmittags nur noch lauwarm war und abends bereits kalt. Damit hat man doch physikochemisch eigentlich ein geschlossenes System, oder? Im Prinzip ja, aber es kommt immer darauf an, innerhalb welcher Zeit mein Experiment durchgeführt werden soll. Wenn ich meinen Tee

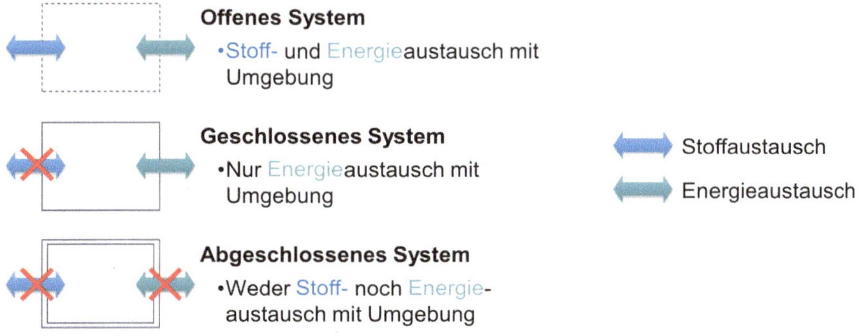

Abb. 1.4 In der Physikalischen Chemie werden drei Arten von Systemen unterschieden: offenes, geschlossenes und abgeschlossenes System

beispielsweise innerhalb weniger Stunden trinke, dann wird er auch am Ende eine immer noch angenehm warme Trinktemperatur aufweisen. Es kommt also in der experimentellen Praxis der Physikalischen Chemie immer darauf an zu wissen, in welchem zeitlichen Rahmen das System betrachtet werden soll. Auch ein in der Realität geschlossenes System kann daher durchaus näherungsweise als abgeschlossen angesehen werden.

Phase

Unsere zweite wichtige Vokabel ist der Begriff der „Phase". Unter einer Phase versteht der Physikochemiker einen Bereich, innerhalb dessen es zu keiner sprunghaften Änderung einer physikalischen Größe (z. B. Druck p, Temperatur T, Konzentration c) kommt. Dieser Begriff ist deswegen so wichtig, weil wir es in der (Physikalischen) Chemie häufig mit unterschiedlichen Phasen zu tun haben werden, die miteinander in Kontakt stehen. Beispiele hierfür sind:

- Wasser-Öl-Gemisch (Phase 1: Wasser + Phase 2: Öl)
- Eisberg in Wasser (Phase 1: Eis + Phase 2: flüssiges Wasser)
- Wasser-Ethanol-Gemisch (Phase 1: Wasser + Phase 2: Ethanol)

Diesem Begriff werden wir im Verlauf unserer Reise vor allem auf einer weiteren Insel, der „Insel der Phasen", begegnen.

Gleichgewicht

Ein zentraler Begriff der Physikalischen Chemie ist der des „Gleichgewichts". Darunter wird ein Zustand verstanden, den ein System selbstständig und freiwillig einnimmt. In der Physikalischen Chemie meinen wir damit ein dynamisches Gleichgewicht: Auf mikroskopischer Ebene befinden sich Atome und Moleküle in ständiger Bewegung, aber der messbare Makrozustand bleibt unverändert. Man unterscheidet in diesem Zusammenhang zwischen labilem, metastabilem und stabilem Zustand (Abb. 1.5).

Unter „labil" wird ein Zustand verstanden, der energetisch ungünstig ist und in den das System bei geringer Auslenkung nicht freiwillig zurückkehrt (in Abb. 1.5 würde die Kugel beispielsweise durch Ortsveränderung nach links oder rechts „den Berg hinunterrollen" und nicht mehr von selber „auf die Bergspitze" zurückkehren). Bei einem metastabilen Zustand würde das System bei geringen Auslenkungen aus seiner Gleichgewichtslage diesen Zustand wieder freiwillig einnehmen (mathematisch gesehen handelt es sich dabei um ein lokales Minimum). Bei größeren Auslenkungen aus der Gleichgewichtslage würde das System aber das absolute Minimum zu erreichen versuchen, das man auch als „stabiles Gleichgewicht" bezeichnet. Chemisch gesehen kann es sich bei dem Begriff „Auslenkung aus der Gleichgewichtslage" beispielsweise um den Abstand einer Atombindung handeln. Bei geringer Auslenkung (metastabiles Gleichgewicht) bleibt die Bindung bestehen (z. B.

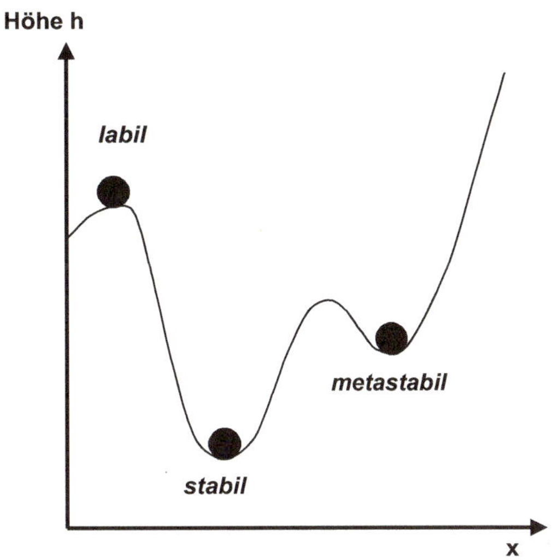

Abb. 1.5 Zur Erläuterung des Begriffs „Gleichgewicht" in der Physikalischen Chemie. Adaptiert nach: Gerd Wedler: Lehrbuch der Physikalischen Chemie (2004), S. 4. Copyright Wiley-VCH Verlag GmbH & Co. KGaA. Reproduced with permission

bei sogenannten „Streckschwingungen", wie man sie in der Infrarotspektroskopie beobachten kann). Lenkt man das System hingegen stärker aus, kommt es zum Bindungsbruch und gegebenenfalls zur Ausbildung neuer Bindungen.

In der Physikalischen Chemie, insbesondere in der Thermodynamik, betrachtet man vor allem das „stabile Gleichgewicht", d. h. den Zustand, der energetisch am günstigsten ist – und den ein System daher vorzugsweise einnimmt. Dieser Gleichgewichtsbegriff ist nicht zu verwechseln mit dem „Fließgleichgewicht", welches ein stationärer Zustand ist (z. B. Badewanne mit gleichzeitigem Zu- und Ablauf von Wasser bei gleich bleibendem Füllstand).

Energie, Arbeit und Wärme

Ein zentraler Begriff in der Physikalischen Chemie ist der Begriff der Energie. Darunter versteht man die Fähigkeit eines Systems, Arbeit zu verrichten (Abb. 1.6). Vereinfacht kann man sich das vorstellen als ein Auto mit einem vollen Tank. Der Autofahrer wünscht sich

Abb. 1.6 Energie kann in Form von Arbeit und Wärme zwischen System und Umgebung ausgetauscht werden

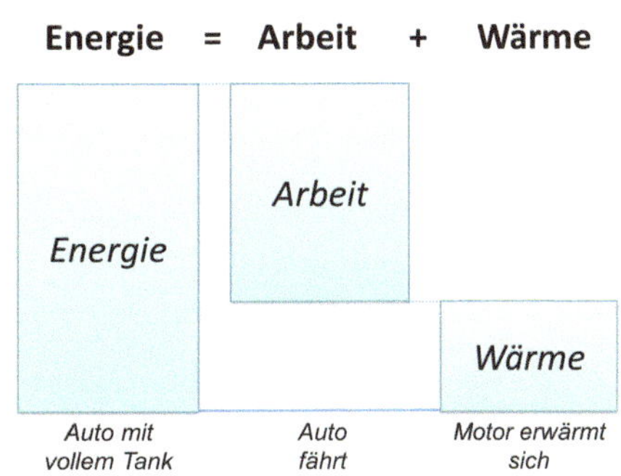

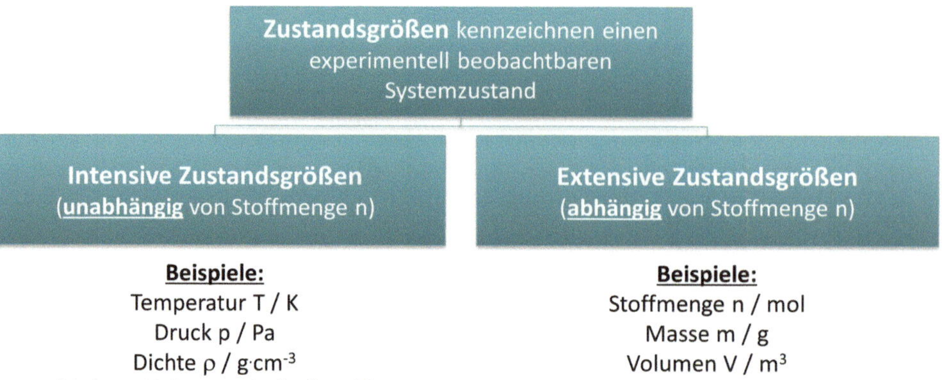

Abb. 1.7 Zustandsgrößen in der Physikalischen Chemie und deren Klassifikation

natürlich, dass er mit seiner Tankfüllung möglichst weit fahren kann (Arbeit, z. B. verstanden als „gerichtete Bewegung"). Dazu muss die chemische Energie im Kraftstoff letztlich in Bewegungsenergie (der Reifen) umgewandelt werden. Diese Umwandlung ist jedoch niemals vollständig, da ein gewisser Teil der ursprünglich vorhandenen Energie in Form von Wärme, d. h. ungeordneter Bewegung, dem System „verloren" geht (wir werden noch sehen, dass Energie nicht verloren gehen kann). Beim Auto merkt man das zum Beispiel durch die Erwärmung des Motorblocks oder den Abrieb der Reifen durch Reibungswiderstand (wir werden ebenfalls noch sehen, dass es tatsächlich ein „Gesetz" gibt, welches die vollständige Umwandlung von Energie in Arbeit „verbietet").

Mit dem Begriff der Energie werden wir uns auf unserer Reise in die Welt der chemischen Thermodynamik (auf der „Insel der Energie") in erster Linie beschäftigen, denn dieses Teilgebiet der Physikalischen Chemie behandelt die Energie und ihre Umwandlung.

Zustandsgrößen

Wir hatten uns bei der Betrachtung von Abb. 1.2 schon einmal mit Messgrößen und den zu bestimmenden Zielgrößen beschäftigt. Einige dieser Größen werden als Zustandsgrößen bezeichnet. Diese sind experimentell messbar (bzw. über Berechnung zugänglich) und kennzeichnen den von außen beobachtbaren Zustand eines Systems (z. B. wird das System „10 g Wasser bei einer Temperatur von 150 °C und einem Druck von 500 mbar" durch die Größen Masse m, Temperatur T und Druck p festgelegt).

Man unterscheidet ferner zwischen sogenannten intensiven und extensiven Zustandsgrößen (Abb. 1.7). Intensive Zustandsgrößen sind dabei unabhängig von der im System vorliegenden Stoffmenge, extensive Zustandsgrößen dagegen von dieser abhängig.

Eine extensive Zustandsgröße lässt sich über die Division durch die im System enthaltene Stoffmenge in eine intensive Größe umwandeln, z. B. das Volumen V in das molare Volumen V_m.

Zustandsfunktion und Zustandsgleichung

An dieser Stelle bemerken wir allmählich, dass uns das Lernen des Vokabulars Anstrengung bereitet. Auch unser Schiffbrüchiger hat nun fast sämtliches Strandgut durchforstet. In einer großen Kiste findet er allerdings noch ein großes und dickes Buch, von dem er jedoch nicht weiß, ob er dessen Inhalt auf der Reise noch benötigen wird …

… und genauso mögen wir uns bei dem folgenden Thema zunächst fragen, wofür wir es eigentlich benötigen, da es uns zunächst nur als schwer verdaulicher theoretischer Ballast erscheinen mag. Machen Sie es zunächst einmal wie bei den unregelmäßigen Verben in den Fremdsprachen, die Sie bislang gelernt haben: Lernen Sie zunächst einfach einmal. Versuchen Sie (auch wenn es – aus eigener Erfahrung! – schwierig ist) dem Drang zu widerstehen, bei allem und jedem sofort nach einer direkten Verwertbarkeit zu suchen. Vielleicht hilft Ihnen dabei auch das aus dem Französischen stammende Sprichwort: „Um weiter zu springen, muss man einen Schritt zurücktreten." Lassen Sie uns also gemeinsam einen Schritt zurücktreten und eine „mathemagische Zauberformel" lernen, von der wir für den Moment nur hoffen wollen, dass sie uns die ein oder andere Tür auf der Reise, die vor uns liegt, öffnen möge.

Es geht dabei um den Begriff der Zustandsfunktion. Als Zustandsfunktion bezeichnet man eine mathematische Funktion, die vollständig und eindeutig die Eigenschaften des Systems beschreibt. Das klingt für den Moment möglicherweise noch etwas abstrakt, aber dieser Begriff birgt in sich den Schlüssel zum Verständnis der gesamten chemischen Thermodynamik. Kommen wir an dieser Stelle auf unsere 10 g Wasser bei 150 °C und 500 mbar zurück. Und nehmen wir weiter an, es gäbe eine Funktion f, die unser Wasser (welches unter den beschriebenen Bedingungen wohl als Wasserdampf vorliegt) als Funktion der Zustandsgrößen n (über Gl. 1.1 berechnet), T und p beschreibt:

$$f = f(n, T, p) \tag{1.3}$$

Nun haben Zustandsfunktionen drei wesentliche Eigenschaften (Abb. 1.8), die wir an dieser Stelle zunächst einmal auswendig lernen sollten (die Begründung und Anwendungsbeispiele folgen später):

Eine Zustandsfunktion ist zunächst einmal wegunabhängig (Abb. 1.8, Punkt 1). Das heißt, wenn sich das System, welches von der Zustandsfunktion beschrieben wird, von einem Zustand 1 (10 g Wasser, 150 °C, 500 mbar) in einen anderen Zustand bewegt, den wir als „Zustand 2" beschreiben wollen (10 g Wasser, 200 °C, 1000 mbar), dann spielt es keine Rolle, wie dieser zweite Zustand ausgehend vom ersten Zustand erreicht wurde (ob ich z. B. zuerst die Temperatur von 150 °C auf 200 °C erhöhe und dann den Druck von 500 mbar auf 1000 mbar oder umgekehrt). Die Zustandsfunktion beschreibt dabei die Nettoänderung (z. B. der Energie, falls die Funktion f eine Energie beschreibt, oder des Volumens, falls f ein Volumen ist) des Systems.

Des Weiteren besitzt eine Zustandsfunktion immer ein Totales Differential, d. h., die differentielle Gesamtänderung der Funktion f ergibt sich aus den differentiellen Änderungen

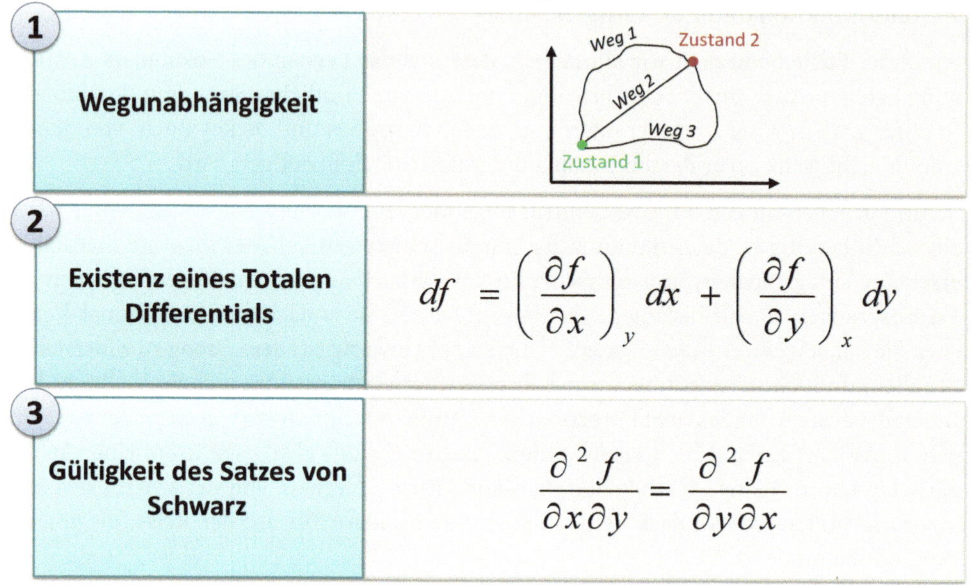

$$df = \left(\frac{\partial f}{\partial x}\right)_y dx + \left(\frac{\partial f}{\partial y}\right)_x dy$$

$$\frac{\partial^2 f}{\partial x \partial y} = \frac{\partial^2 f}{\partial y \partial x}$$

Abb. 1.8 Eigenschaften von Zustandsfunktionen

der Variablen der Funktion, multipliziert mit der jeweiligen partiellen Ableitung der Funktion nach den Variablen (Abb. 1.8, Punkt 2). In unserem Beispiel sähe das dann folgendermaßen aus:

$$df = \left(\frac{\partial f}{\partial n}\right)_{T,p} \cdot dn + \left(\frac{\partial f}{\partial T}\right)_{n,p} \cdot dT + \left(\frac{\partial f}{\partial p}\right)_{T,n} \cdot dp \tag{1.4}$$

Die dritte wesentliche Eigenschaft ist die Vertauschbarkeit der partiellen Ableitungen nach zwei unterschiedlichen Variablen, auch als „Satz von Schwarz" bekannt (Abb. 1.8, Punkt 3). Dies ist nichts anderes als der mathematische Ausdruck der Wegunabhängigkeit. In unserem Beispiel sähe das beispielsweise folgendermaßen aus:

$$\left(\frac{\partial^2 f}{\partial n \partial T}\right)_p = \left(\frac{\partial^2 f}{\partial T \partial n}\right)_p \tag{1.5}$$

$$\left(\frac{\partial^2 f}{\partial T \partial p}\right)_n = \left(\frac{\partial^2 f}{\partial p \partial T}\right)_n \tag{1.6}$$

$$\left(\frac{\partial^2 f}{\partial n \partial p}\right)_T = \left(\frac{\partial^2 f}{\partial p \partial n}\right)_T \tag{1.7}$$

An dieser Stelle mag man sich – Begeisterung fürs Auswendiglernen hin oder her – berechtigterweise fragen: „Wofür diese ganze Mühe?" Immerhin bleibt der Begriff der Zustandsfunktion sehr abstrakt und man kann ihn nur wenig greifen. Wäre es nicht schöner, wenn man für die Funktion f einen mathematischen Zusammenhang kennen würde, der es einem erlaubt, konkret damit zu rechnen? Nun, in einem solchen Fall hätten wir es mit einer sogenannten Zustandsgleichung zu tun. Die Zustandsgleichung gibt uns den exakten mathematischen Zusammenhang an, der f als Funktion der Variablen (n, T und p) wiedergibt. Nehmen wir einmal an, in unserem Fall würde dieser exakte mathematische Zusammenhang folgendermaßen aussehen:

$$f = \frac{n \cdot R \cdot T}{p} \qquad (1.8)$$

Das R in der Gleichung wollen wir einmal als Konstante ansehen und dieser den Wert (inklusive Einheit) $R = 8{,}314\,\mathrm{J} \cdot \mathrm{mol}^{-1} \cdot K^{-1}$ geben. Die Funktion f hat dann die Einheit eines Volumens:

$$[f] = \frac{\mathrm{mol} \cdot \frac{\mathrm{J}}{\mathrm{mol} \cdot \mathrm{K}} \cdot \mathrm{K}}{\mathrm{Pa}} = \frac{\mathrm{J}}{\mathrm{Pa}} = \frac{\mathrm{N} \cdot \mathrm{m}}{\frac{\mathrm{N}}{\mathrm{m}^2}} = \mathrm{m}^3 \qquad (1.9)$$

Daher wollen wir für unsere Zustandsgleichung schreiben:

$$V = \frac{n \cdot R \cdot T}{p} \qquad (1.10)$$

Diese Gleichung ist nichts anderes als das ideale Gasgesetz, mit dem sich Zustandsänderungen von idealen Gasen beschreiben lassen. Diese ist die einfachste einer Reihe von (zum Leidwesen vieler Studierender vieler) Zustandsgleichungen der phänomenologischen Thermodynamik, weswegen man sie so häufig zu Beginn einer Vorlesung über Physikalische Chemie findet. Die „schlechte" Nachricht: für die meisten Zustandsfunktionen, auf die wir treffen werden, kennen wir keine derartige Zustandsgleichung, mit der wir (wie wir im folgenden Kapitel sehen werden) konkret und einfach rechnen können. Wir müssen uns daher für weite Teile unserer Reise durch die chemische Thermodynamik der (abstrakten) Schreib- und Denkweise der Zustandsfunktion selber bedienen. Die „gute" Nachricht: die abstrakte Betrachtungsweise ist nichts anderes als eine der „Brücken" aus Abb. 1.2, über die wir (auf eleganten Wegen!) zu einfachen mathematischen Ausdrücken kommen, die uns die Berechnung von physikochemischen Größen aus experimentellen Messdaten erlauben.

Lassen Sie uns also nun, nachdem wir unsere Ausrüstung beisammen haben, gemeinsam die Reise auf der „Insel der Energie" antreten. Bleiben Sie dabei immer neugierig und offen gegenüber allem Neuen und gegenüber den Geheimnissen, denen wir begegnen werden.

Beispiel

Untersuchen Sie, ob die folgende Funktion eine Zustandsgleichung ist:

$$f(x,y) = x^2 \cdot y + 3 \cdot x \cdot y$$

Um zu untersuchen, ob die Funktion eine Zustandsgleichung ist, prüfen wir die Gültigkeit des Satzes von Schwarz. Dazu leiten wir die Funktion zunächst nach x ab und fassen y dabei als konstant auf:

$$\left(\frac{\partial f}{\partial x}\right)_y = 2 \cdot x \cdot y + 3 \cdot y$$

Anschließend leiten wir das Ergebnis dieses ersten Rechenschrittes nach y ab und lassen dabei x konstant:

$$\left(\frac{\partial}{\partial y}\left(\frac{\partial f}{\partial x}\right)_y\right)_x = \left(\frac{\partial^2 f}{\partial y \partial x}\right) = 2 \cdot x + 3$$

Nun schauen wir uns an, ob wir das gleiche Ergebnis erhalten, wenn wir in der umgekehrten Reihenfolge ableiten, d. h. zunächst nach y (und dabei x konstant halten) und anschließend nach x (und dabei y konstant halten). Die Ableitung nach y lautet:

$$\left(\frac{\partial f}{\partial y}\right)_x = x^2 + 3 \cdot x$$

Die Ableitung dieser Funktion nach x (bei $y = \text{const.}$) lautet:

$$\left(\frac{\partial}{\partial x}\left(\frac{\partial f}{\partial y}\right)_x\right)_y = \left(\frac{\partial^2 f}{\partial x \partial y}\right) = 2 \cdot x + 3$$

Dieses Ergebnis ist identisch mit dem zuvor erhaltenen Ergebnis, bei dem wir zunächst nach y und dann nach x abgeleitet haben. Der Satz von Schwarz gilt also und damit ist die Funktion f eine Zustandsfunktion (streng genommen sogar eine Zustandsgleichung, da wir den exakten mathematischen Zusammenhang kennen, in welcher Form f von den Variablen x und y abhängt).

Übungsaufgaben

Aufgabe 1.1.1

„In einem Heizöltank aus Polyamid befindet sich unterhalb des Heizöls aufgrund von Kondensation eine gewisse Menge Wasser." Wie viele Phasen können Sie in diesem System identifizieren?

Lösung:

http://tiny.cc/hmikcy

Aufgabe 1.1.2

Welche der im Folgenden dargestellten mathematischen Funktionen ist/sind Zustandsgleichung(en)?

$$f(x, y) = e^{-2 \cdot x \cdot y}$$
$$df = 5y \cdot dx + 2x \cdot dy$$
$$f(x, y) = \sin(x \cdot y)$$
$$f(x, y, z) = 3 \cdot x \cdot y \cdot z + 5 \cdot x \cdot z^2 - 3 \cdot y^2 \cdot x \cdot z$$

Lösung:

http://tiny.cc/7likcy

Der Marsch ins Ungewisse

Erst als sich Euer Magen zum wiederholten Male mit einem Knurren deutlich bemerkbar macht, wird Euch bewusst, wie lange Ihr bereits vor dem Pergament sitzt. Es ist wirklich immer wieder dasselbe: Beim Lesen und Studieren der Geheimnisse der Welt verliert Ihr ständig das Gefühl für Raum und Zeit – sowie für Eure elementaren menschlichen Bedürfnisse.

Zum Glück habt Ihr in einer anderen Kiste ein wenig Essbares und etwas Wasser gefunden. Ein paar Brocken Trockenbrot und wenige Schluck des abgestandenen Wassers später schaut Ihr Euch noch einmal um und überlegt. Hier am Strand könnt Ihr wohl nicht bleiben. Hier gibt es nicht viel zu entdecken, und außerdem braucht Ihr etwas zu essen. Und zu trinken. Sonst werdet Ihr wohl oder übel in einigen Tagen hier verhungert sein. Ganz zu schweigen von der Nahrung, nach der Euer Geist verlangt. Denn immerhin habt Ihr das ursprüngliche Ziel Eurer Reise weiter vor Augen: die Erkundung der Insel der Energie. Ihr wisst nicht mehr viel von dem, was die Magister Euch über diese Insel erzählt haben (vielleicht habt Ihr ja damals in den Vorlesungen auch nicht alles verstanden oder einfach nicht zugehört). Immerhin kam es des Öfteren vor, dass Euer Geist während der langen Vorlesungsstunden in Mathematik und Physik abschweifte und Ihr am Ende des Tages nicht mehr wusstet, was Ihr eigentlich genau gesagt worden war.

Ein kurzer Blick in die Umgebung zeigt Euch, dass es offenbar nur einen vernünftigen und gangbaren Weg vom Strand weg zu geben scheint: Ein kleiner schmaler Pfad schlängelt sich einen Hügel hinauf, der sich sanft ansteigend an den Strand geschmiegt hat. Und dieser Weg führt weiter oben offenbar durch einen kleinen Durchlass zwischen zwei größeren Hügeln. Ihr beschließt, dem Pfad fürs Erste zu folgen. Mal sehen, wo er Euch hinführt – denn irgendjemand muss ihn ja schließlich angelegt haben.

Nach einiger Zeit, die Ihr am Strand entlanggegangen seid, begegnet Ihr einem Mann, der sich auf seinen Spaten stützt und Euch mit ernsten und zusammengekniffenen Augen anschaut. Er trägt ein blaues Hemd und hölzernes Schuhwerk. Offenbar handelt es sich um einen Deichbauer, der gerade dabei ist, den Deich auszubessern, der die Insel vor Sturm und Flut schützen soll. Mit einer tiefen und sonoren Stimme richtet er das Wort an Euch: „Zum Gruße, Wanderer. Neu auf der Insel, was?"

© Nele Klumpe/Ulisses Spiele

Ihr berichtet dem Mann kurz von Eurer „Ankunft" auf der Insel und fragt ihn, ob er weiß, wo Ihr Euch bei Eurer Reise als nächstes am besten hinwenden könnt. Nachdenklich schaut er Euch an:

„Schiffbrüchig, sagt Ihr? Dann werde ich gleich einmal schauen gehen, ob ich noch ein wenig Strandgut finde. Habe nur wenige Habseligkeiten und drei hungrige Mäuler zu stopfen. Ihr entschuldigt mich. Wenn Ihr Hilfe sucht, dann geht weiter diesen Weg entlang. Hier am Strand findet Ihr keine wirkliche Nahrung. Weder für den Körper noch für den Geist."

Ohne ein weiteres Wort schultert er seinen Spaten und stapft in die Richtung davon, aus der Ihr gerade gekommen seid. Verwirrt schaut Ihr dem Mann nach und fragt Euch etwas irritiert, auf welch seltsamer Insel Ihr denn hier eigentlich gelandet seid. Ob alle Menschen hier ähnlich verrückt sind? Ihr habt zwar schon einiges von den „Physikochemikern" gehört, wie man die Einwohner der Insel nennt, und auch, dass selbige ein wenig „neben der Spur" sein sollen. Aber dass es so schlimm ist wie im Fall des Deichbauers, dem Ihr soeben begegnet seid, überrascht Euch dann doch. Hat der Kerl überhaupt schon einmal etwas von Hilfsbereitschaft gehört? Denkt nur an seinen eigenen Profit, wirklich empörend! Aber ändern könnt Ihr es ja offenbar nicht, sodass Ihr mit einem Schulterzucken beschließt, die Sache auf sich beruhen zu lassen und den Mann nicht erneut anzusprechen. Seufzend nehmt Ihr Euren Weg wieder auf und hofft, dass Ihr auch andere, normale(re) Menschen treffen mögt.

Wenige Stunden später erreicht Ihr den Durchgang, der bereits vom Strand aus zu sehen war. Ihr befindet Euch auf einer Art Pass, der zwischen dem Strand und dem Hinterland der Insel liegt. In der Ferne könnt Ihr hinter einer großen, nein riesigen Mauer Rauch aufsteigen sehen. Zivilisation! Dort sind (vernünftige) Menschen! Ihr seid gerettet! Euer Herz macht einen Sprung, da Euer Abenteuer auf der Insel der Energie nun doch nicht bereits zu Ende ist, bevor es überhaupt begonnen hat. Frohen Mutes schreitet Ihr weiter voran – und verharrt plötzlich mitten in der Bewegung. Was ist das denn? Im Fels vor Euch erkennt Ihr seltsame Schriftzeichen einer Euch nicht geläufigen Sprache. Interessant! Ihr bewegt Euch näher auf den Fels zu und studiert diese etwas aufmerksamer. Und allmählich scheinen sie auch einen Sinn zu ergeben. Allerdings müsst Ihr Euch dazu noch einmal hinsetzen und alles ganz genau studieren.

Was Ihr dort seht, verwirrt zunächst etwas. Da stehen viele Symbole wie p's, V's, n's, R's und T's, die immer wieder von einem „=" unterbrochen werden. Ob das die ominösen „Gleichungen" sind, von denen Eure Magister an der Akademie immer wieder sprachen? Oder hatten sie Euch davor gewarnt? Ihr seid Euch nicht mehr ganz sicher (hättet Ihr Eurem Dozenten doch damals bloß besser zugehört!) und zögert, die Symbole in den Steinen zu berühren. Aber schließlich siegt doch die Neugier und Ihr fahrt mit Euren Fingern die filigranen Symbole im Stein nach. Und plötzlich beginnen die seltsamen Zeichen, Linien und Symbole einen Sinn zu ergeben.

http://tiny.cc/rmikcy

1.2 Gasgesetze

Das Studium der Physikalischen Chemie beginnt in der Regel mit der quantitativen Beschreibung von idealen Gasen. Warum ist das eigentlich so? Immerhin beschäftigen wir Chemiker uns doch üblicherweise in unserem Laboralltag vornehmlich mit Lösungen, Flüssigkeiten, der Einwaage von Feststoffen oder der Herstellung von Emulsionen oder Suspensionen. Gase sind uns daher eigentlich weniger vertraut – und dennoch stellen wir sie in nahezu allen Vorlesungen und Lehrbüchern der Physikalischen Chemie an den Anfang. Wie lässt sich das erklären?

Aus unserer Sicht sind es vor allem drei wesentliche Gründe, die den Einstieg in die Physikalische Chemie über die Gasgesetze rechtfertigen. Zunächst einmal ist der gasförmige Zustand der Materie am einfachsten zu beschreiben. Flüssigkeiten und Feststoffe (die man als kondensierte Phasen bezeichnet) sind aufgrund der intermolekularen Wechselwirkungen deutlich komplexer zu beschreiben. Wenn wir also Physikalische Chemie verstehen wollen, sollten wir zunächst ein möglichst einfaches Modellsystem betrachten: Gase. Ein weiterer Grund, weshalb der Physikochemiker Gase als Modellsystem verwendet, liegt darin begründet, dass sich die im ersten Kapitel eingeführten mathematischen Zusammenhänge anhand einer einfachen Zustandsgleichung konkret veranschaulichen lassen. Hier werden wir die „ideale Gasgleichung" als Paradebeispiel einer Zustandsgleichung kennenlernen, anhand derer wir das mathematische Handwerkszeug des Physikochemikers anzuwenden lernen. Der dritte Grund für die Beschäftigung mit Gasen ist die Tatsache, dass diese eben doch eine hohe Relevanz in der Praxis haben. Zum einen arbeiten wir Chemiker im Labor häufig mit Gasflaschen, betreiben Reaktionen, bei denen Gase zum Einsatz kommen, oder müssen in der Industrie die Auslegung von Gasleitungen berechnen. In all diesen Fällen wird es uns sicherlich nicht schaden, ein wenig über Gase Bescheid zu wissen. Schauen wir uns also den gasförmigen Aggregatzustand und dessen physikochemische Beschreibung ein wenig näher an.

Das ideale Gas und das ideale Gasgesetz

Physikochemiker neigen bei ihren Modellbeschreibungen häufig dazu, die Wirklichkeit zunächst möglich einfach („ideal") zu beschreiben, um sich dem Verständnis eines Systems schrittweise zu nähern. Bei Gasen hat sich hier die Modellbeschreibung des idealen Gases etabliert. Dieses Modell beruht auf drei zentralen Annahmen bezüglich der Gasteilchen (d. h. der Atome oder Moleküle, aus denen das Gas besteht):

Die Gasteilchen besitzen kein Eigenvolumen. Das Gas besteht aus einer Vielzahl winziger Teilchen, deren Eigenvolumen (z. B. Kugeldurchmesser bei He-Atom) im Vergleich zum Gesamtvolumen, welches das Gas einnimmt (z. B. innerhalb eines geschlossenen Dreihalskolbens oder eines Luftballons) verschwindend gering ist.

Es gibt keine Wechselwirkung zwischen den Gasteilchen. Die einzelnen Gasteilchen bewegen sich mit einer so hohen Geschwindigkeit, dass sie mit den in ihrer Umgebung befindlichen Gasteilchen nicht in Wechselwirkung treten und es keine „Aggregation" von Gasteilchen gibt.

Impulserhaltung bei Stößen zwischen den Gasteilchen Wenn die Gasteilchen zusammenstoßen, bleibt die kinetische Energie der Teilchen vollständig erhalten. Es kommt also zu keiner Deformation der Moleküle, man kann sich diese idealisiert wie harte atomare oder molekulare Kugeln vorstellen (ähnlich Billardkugeln).

So weit die Annahmen, die dem Modell zugrunde liegen. Machen wir uns für einen Moment einmal klar, was diese Annahmen eigentlich bedeuten. „Kein Eigenvolumen" bedeutet, dass es die Teilchen eigentlich überhaupt nicht gibt. Sie sind gewissermaßen nur ein „punktförmiges Nichts". „Keine Wechselwirkung" heißt konkret, dass wir keine Möglichkeit haben, ein ideales Gas zu verflüssigen. Denn wo es keine interatomaren oder intermolekularen Wechselwirkungen gibt, entfällt die molekulare Grundlage für das Zustandekommen kondensierter Phasen. Und „Impulserhaltung" heißt übersetzt, dass wir chemische Reaktionen mit Gasen ausschließen. Denn wenn die kinetische Energie bei der Kollision zweier Moleküle vollständig erhalten bleibt, wird sie nicht (wie es bei chemischen Reaktionen in der Gasphase der Fall ist) zum Aufbrechen von Bindungen aufgewendet.

Betrachtet man diese Annahmen näher, neigt man dazu, sie zunächst als „unsinnig und realitätsfern" abzutun. Denn wir wissen ja, dass Gasmoleküle eine endliche Ausdehnung besitzen. Die Erfahrung lehrt uns, dass wir Gase auch verflüssigen können. Und wir wissen als Chemiker auch, dass es Gasphasenreaktionen gibt. Warum also machen wir diese Annahmen, wenn sie unserer Erfahrung zuwiderlaufen? Die Antwort ist so einfach wie zunächst verblüffend: weil diese Annahmen eine recht gute Näherung an die Realität darstellen. Wir wissen zwar, dass das Modell falsch ist, nehmen den daraus resultierenden Fehler aber in Kauf, solange er klein genug ist. Dies zeigt ein weiteres wesentliches Grundprinzip der Physikalischen Chemie, ja sogar der Naturwissenschaften im Allgemeinen: Unsere Beschreibung der Wirklichkeit ist niemals exakt, sondern immer nur so gut wie unser Modell. Wenn das Modell in der Lage ist, die Realität mit hinreichender Genauigkeit zu beschreiben, dann ist es für unseren Zweck ausreichend. Ist es nicht mehr ausreichend, dann müssen wir das Modell verbessern oder ein neues erstellen. Dazu aber später noch mehr.

Nun aber zurück zu unserem idealen Gas. Wenn wir für den Moment akzeptieren, dass die oben genannten Annahmen zutreffen, dann lässt sich dieses ideale Gas vollständig und eindeutig durch die folgende Gleichung beschreiben:

$$p \cdot V = n \cdot R \cdot T \tag{1.11}$$

Diese Gleichung wird auch als *ideales Gasgesetz* oder *ideale Gasgleichung* beschrieben. Sie besagt, dass das Produkt aus Druck p (in Pa) und Volumen V (in m^3) genauso groß ist wie das Produkt aus Stoffmenge n (in mol), Gaskonstante R ($8{,}314\,\mathrm{J}\cdot\mathrm{mol}^{-1}\cdot\mathrm{K}^{-1}$) und der Temperatur T (in K). Diese Gleichung bezeichnet man auch als Zustandsgleichung des idealen Gases, weil man mit ihr sämtliche Zustände eines idealen Gases berechnen kann. Diese Zustände sind durch die Variablen eindeutig festgelegt.

Schauen wir uns dazu ein kleines Beispiel an. Aus der Schule (oder aus Einführungsvorlesungen der Chemie) hat man sich irgendwann einmal gemerkt, dass ein ideales Gas ein molares Volumen V_m von 22,41 L pro mol besitzt. Kennen Sie diese Zahl auch? Haben Sie schon einmal darüber nachgedacht, unter welchen Bedingungen dieses molare Volumen eigentlich gilt? Aus der idealen Gasgleichung geht hervor, dass man das molare Volumen folgendermaßen berechnen kann:

$$V_m = \frac{V}{n} = \frac{\mathrm{R}\cdot T}{p} \tag{1.12}$$

Damit sieht man bereits, dass das molare Volumen V_m sowohl von der Temperatur als auch vom Druck abhängt und damit für ein Gas keine Konstante ist. Geht man weiterhin vom Normaldruck 1013 mbar (1,013 bar oder $1{,}013\cdot10^5$ Pa) aus, dann lässt sich die Temperatur berechnen, bei der das oben genannte molare Volumen gilt:

$$T = \frac{p\cdot V_m}{\mathrm{R}} = \frac{1{,}013\cdot10^5\,\mathrm{Pa}\cdot22{,}41\cdot10^{-3}\,\frac{\mathrm{m}^3}{\mathrm{mol}}}{8{,}314\,\frac{\mathrm{J}}{\mathrm{mol}\cdot\mathrm{K}}} = 273\,\mathrm{K}$$

Beachten Sie bei dieser Rechnung, dass $\mathrm{Pa} = \mathrm{N/m}^2$ und $\mathrm{J} = \mathrm{N}\cdot\mathrm{m}$ ist.

Damit gilt das molare Volumen eines idealen Gases von 22,41 L pro mol nur bei einer Temperatur von 0 °C und einem Druck von 1,013 bar. Ändert man entweder Druck oder Temperatur, dann ändert sich damit auch das molare Volumen. Auf diese Weise lässt sich beispielsweise berechnen, dass das molare Volumen des idealen Gases bei einem Druck von 1,013 bar und einer Temperatur von 25 °C 24,47 L pro mol beträgt. Versuchen Sie einmal, dieses Ergebnis nachzuvollziehen!

Isothermen, Isobaren und Isochoren

Wenn man sich die klassischen Lehrbücher der Physikalischen Chemie anschaut, dann beginnen diese häufig mit der Diskussion einer Vielzahl unterschiedlicher Gasgesetze. Man lernt von den Gasgesetzen von Boyle-Mariotte, Gay-Lussac oder Avogadro – und sieht manchmal den Wald vor lauter Bäumen nicht mehr, wenn plötzlich die ideale Gasgleichung erscheint. Daher wählen wir hier einen anderen Weg: Wir starten mit der idealen Gasgleichung und stellen die übrigen Gasgesetze als Spezialfälle dieser Gleichung vor. Dabei werden wir die Begriffe „isotherm" (bei gleicher Temperatur), „isobar" (bei gleichem Druck) und „isochor" (bei gleichem Volumen) kennenlernen.

Warum ist diese Betrachtungsweise von Relevanz? Erscheint es nicht ein wenig willkürlich, wenn man Temperatur, Druck oder Volumen einfach konstant hält? Woher weiß ich denn, welchen Fall ich in der Realität betrachten muss? Hier kommen wir noch einmal auf die Betrachtung aus dem einführenden Kapitel zurück, denn letztlich entscheiden *wir* mit unserem Experiment, welche der Variablen konstant gehalten werden und ob es sich um eine Isotherme (z. B. ein thermostatiertes Wasserbad), eine Isobare (z. B. ein offenes Becherglas, welches unter konstantem Umgebungsdruck steht) oder eine Isochore (z. B. ein geschlossener Dreihalskolben) handelt. Durch die Festlegung dieser experimentellen Randbedingungen können wir die Komplexität unseres Systems verringern, da wir nicht zulassen möchten, dass sich alle Variablen unseres Systems gleichzeitig ändern, sondern dass bestimmte Variablen konstant gehalten werden und wir es daher mathematisch gesehen zunächst einmal nur mit einer Funktion einer Variablen zu tun haben.

Die Isothermen des idealen Gases

Ausgangspunkt unserer Betrachtungen ist das Gasgesetz in der Form $p = f(n, V, T)$, d. h., wir betrachten den Druck des idealen Gases als Funktion der übrigen Variablen:

$$p = \frac{n \cdot R \cdot T}{V} \tag{1.13}$$

Wenn wir von einem geschlossenen System ausgehen (n = const., da kein Materieaustausch mit der Umgebung) und weiterhin annehmen, dass die Temperatur konstant sei (T = const.), dann lässt sich dafür schreiben (mit *const.* = $n \cdot R \cdot T$):

$$p = \frac{\text{const.}}{V} \leftrightarrow p \cdot V = \text{const.} \tag{1.14}$$

Unter isothermen Bedingungen ist der Druck eines idealen Gases in einem geschlossenen System also invers proportional zum Volumen. In Abb. 1.9 ist dieser Zusammenhang in Form eines Diagramms dargestellt. Man bezeichnet die resultierenden Kurven auch als Isothermen des idealen Gases (oder historisch gesehen als Gesetz von Boyle-Mariotte). Man erkennt ferner, dass sich die Kurve bei höheren Temperaturen weiter nach „oben rechts" verschiebt. Das kommt dadurch zustande, dass das Produkt aus Druck p und Volumen V mit steigender Temperatur T immer größer wird, da der Wert des konstanten Glieds der Funktion mit steigender Temperatur zunimmt.

Diese Darstellung der Isothermen des idealen Gases wird uns in weiteren Kapiteln noch näher beschäftigen. An dieser Stelle möchten wir jedoch noch ein Wort zum Thema „Darstellung von Daten in Diagrammen" verlieren. Für den Physikochemiker sind vor allem lineare Funktionen von Interesse, da diese über Steigung und Achsenabschnitt eindeutig und vollständig beschrieben werden können. Auch ungeübte Augen vermögen eine Gerade von einer Funktion $f(x) = 1/x$ zu unterscheiden. Eine Differenzierung zwischen den Funktionen $1/x$, $1/x^2$ oder e^{-x} ist dagegen nicht mehr ganz so einfach. Daher wendet der Physikochemiker folgenden „Trick" an: Er trägt auf der x-Achse nicht das Volumen V

Abb. 1.9 Isothermen des idealen Gases

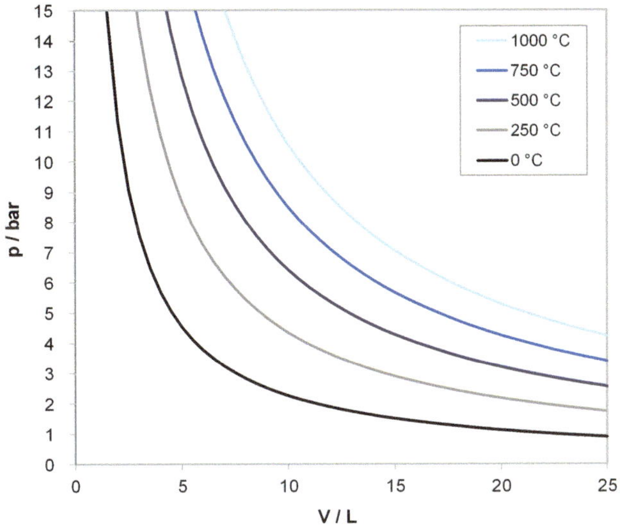

auf, sondern den Kehrwert des Volumens $1/V$. Gemäß der Gleichung der Isothermen des idealen Gases erhält man dadurch eine Ursprungsgerade, deren Steigung dem Wert der Konstanten entspricht:

$$p = \frac{\text{const.}}{V} = \text{const.} \cdot \frac{1}{V} = \text{const.} \cdot x$$

Das Diagramm zeigt Abb. 1.10:

Abb. 1.10 Isothermen des idealen Gases mit Auftragung des Druckes p gegen $1/V$

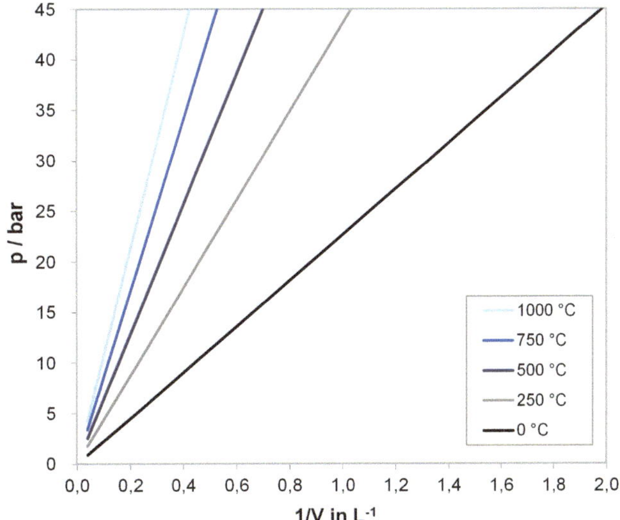

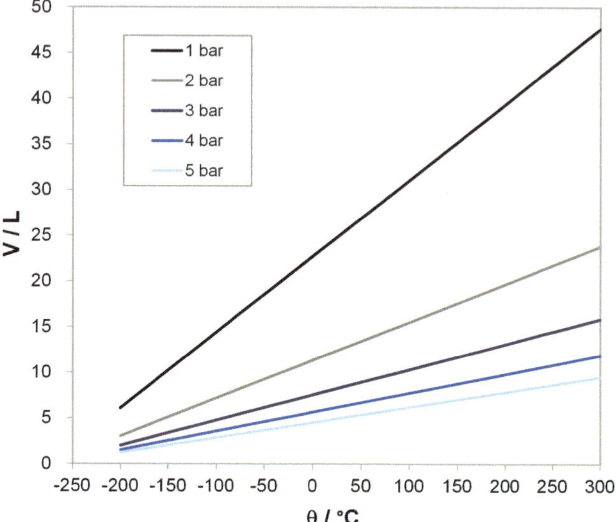

Abb. 1.11 Isobaren des idealen Gases

Dieses Prinzip der „Linearisierung" wird in der Physikalischen Chemie sehr häufig angewendet. Für den Anfänger in der Physikalischen Chemie mag es noch etwas ungewohnt sein, auf der x-Achse „gegen einen Kehrwert" aufzutragen. Hier kann es für Sie hilfreich sein, sich diesen Sachverhalt einmal durch eine eigene Auftragung in einem Tabellenkalkulationsprogramm klarzumachen, da Sie sich dadurch ein wesentliches Werkzeug erarbeiten, welches in der Physikalischen Chemie zum Einsatz kommt.

Die Isobaren und Isochoren des idealen Gases

Neben der Temperatur lassen sich in einem geschlossenen System auch der Druck p oder das Volumen V konstant halten. Daraus resultieren entsprechend Isobaren (gleicher Druck) oder Isochoren (gleiches Volumen). Die Isobaren werden üblicherweise mit folgender Gleichung beschrieben, die auch als Gesetz von Gay-Lussac bezeichnet wird:

$$V = \frac{n \cdot R \cdot T}{p} = \text{const.} \cdot T$$

Grafisch gesehen bedeutet diese Gleichung, dass das Volumen V eine lineare Funktion der Temperatur T ist, wobei die Steigung dieser Geraden mit steigendem Druck immer kleiner wird (Abb. 1.11). Alle Geraden sind Ursprungsgeraden, da bei einer Temperatur von 0 K auch das Volumen null wird.

Die gleiche Logik der Argumentation lässt sich auf die Isochoren des idealen Gases anwenden (Abb. 1.12). Diese werden durch folgende Gleichung beschrieben (welche auch als Gesetz von Amontons bezeichnet wird):

$$p = \frac{n \cdot R \cdot T}{V} = \text{const.} \cdot T$$

Abb. 1.12 Isochoren des
idealen Gases

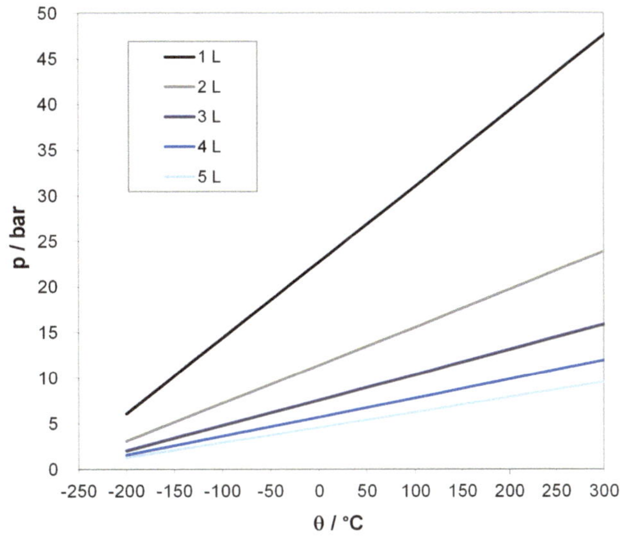

Das Volumen V als Zustandsgleichung

Die Beschreibung von Isothermen, Isobaren und Isochoren und deren experimentelle Rea-
lisierung mag uns eine große Hilfe sein. Aber was passiert, wenn sich die Variablen des
idealen Gases doch gleichzeitig ändern, z. B. wenn wir es nicht schaffen, alle Variablen konstant zu halten? Schauen wir uns dazu noch einmal das Volumen V als Funktion von Druck
und Temperatur an (wir hatten diese Zustandsgleichung bereits im ersten Kapitel kennengelernt). Wir wollen uns zunächst nach wie vor auf die Diskussion eines geschlossenen
Systems beschränken und keinen Stoffmengenaustausch zwischen System und Umgebung
zulassen. Unsere Zustandsfunktion lautet damit:

$$V = \frac{n \cdot R \cdot T}{p} \tag{1.15}$$

Die möglichen Volumina, die durch Variation von Druck und Temperatur zugänglich sind,
lassen sich durch folgendes Diagramm (Abb. 1.13) darstellen.

Für eine gegebene Stoffmenge kann das Gas je nach Druck oder Temperatur ein Volumen
annehmen, welches als Position auf der Fläche im Diagramm dargestellt werden kann. Die
Fläche stellt damit alle zulässigen Volumina dar. Das Volumen kann weder unterhalb noch
oberhalb dieser Fläche liegen (diese Zustände wären nur durch Variation der Stoffmenge
möglich).

Was passiert nun, wenn das Volumen durch Variation von Druck und Temperatur verändert wird? Hier kommt das Totale Differential ins Spiel, welches wir im ersten Kapitel
bereits kennengelernt haben. Bei einer differentiellen Änderung des Drucks dp und einer

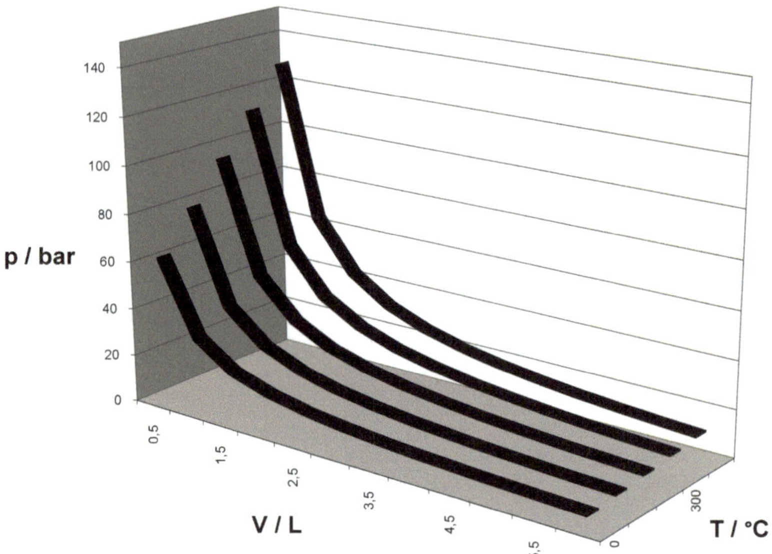

Abb. 1.13 Der Druck p eines idealen Gases als Funktion von Temperatur T und Volumen V

differentiellen Änderung der Temperatur dT ändert sich das Volumen gemäß:

$$dV = \left(\frac{\partial V}{\partial p}\right)_{n,T} \cdot dp + \left(\frac{\partial V}{\partial T}\right)_{n,p} \cdot dT = -\frac{n \cdot R \cdot T}{p^2} \cdot dp + \frac{n \cdot R}{p} \cdot dT$$

Schauen wir uns das an einem konkreten Beispiel an. Wir haben bereits festgestellt, dass 1 mol eines idealen Gases bei einer Temperatur von $0\,°C$ und einem Druck von 1013 mbar ein Volumen von 22,41 L einnimmt. Wie ändert sich das Volumen, wenn der Druck auf 2 bar steigt und die Temperatur auf $25\,°C$ erhöht wird?

$$\Delta V = -n \cdot R \cdot T \cdot \int\limits_{1,013\,bar}^{2\,bar} \frac{1}{p^2} \cdot dp + \frac{n \cdot R}{p} \cdot \int\limits_{273\,K}^{298\,K} dT$$

$$= n \cdot R \cdot \left(\frac{1}{p} \cdot \int\limits_{273\,K}^{298\,K} dT - T \cdot \int\limits_{1,013\,bar}^{2\,bar} \frac{1}{p^2} \cdot dp \right)$$

$$= 1\,mol \cdot 8,314 \frac{J}{mol \cdot K}$$

$$\cdot \left(\frac{1}{1,013 \cdot 10^5\,Pa} \cdot (298\,K - 273\,K) + 298\,K \cdot \left(\frac{1}{2 \cdot 10^5\,Pa} - \frac{1}{1,013 \cdot 10^5\,Pa} \right) \right)$$

$$= -10,01 \cdot 10^{-3}\,m^3$$

Das Volumen verringert sich in diesem Fall um etwa 10 L. Dabei spielt es keine Rolle, ob (wie in diesem Beispiel) zunächst die Temperatur und dann der Druck erhöht wird oder ob wir zunächst den Druck und dann die Temperatur erhöhen:

$$\Delta V = \mathrm{n} \cdot \mathrm{R} \cdot \left(-T \cdot \int_{1{,}013\,\mathrm{bar}}^{2\,\mathrm{bar}} \frac{1}{p^2} \cdot \mathrm{d}p + \frac{1}{p} \cdot \int_{273\,\mathrm{K}}^{298\,\mathrm{K}} \mathrm{d}T \right)$$

$$= 1\,\mathrm{mol} \cdot 8{,}314 \frac{\mathrm{J}}{\mathrm{mol} \cdot \mathrm{K}}$$

$$\cdot \left(273\,\mathrm{K} \cdot \left(\frac{1}{2 \cdot 10^5\,\mathrm{Pa}} - \frac{1}{1{,}013 \cdot 10^5\,\mathrm{Pa}} \right) + \frac{1}{2 \cdot 10^5\,\mathrm{Pa}} \cdot (298\,\mathrm{K} - 273\,\mathrm{K}) \right)$$

$$= -10{,}01 \cdot 10^{-3}\,\mathrm{m}^3$$

Diese zwei Wege der Berechnung sollen Ihnen exemplarisch die Bedeutung der Wegunabhängigkeit von Zustandsfunktionen anschaulich vor Augen führen. Es spielt für das System keine Rolle, auf welchem Weg der Endzustand erreicht wurde, die Differenz zwischen Anfangs- und Endzustand ist in beiden Fällen gleich groß.

Das gleiche Ergebnis würden wir in diesem Fall übrigens auch erhalten, wenn wir mithilfe des idealen Gasgesetzes das Volumen im Endzustand berechnen und die Differenz zum Ausgangszustand bilden würden. Im Endzustand hätten wir:

$$V_{\mathrm{Ende}} = \frac{n \cdot R \cdot T}{p} = \frac{1\,\mathrm{mol} \cdot 8{,}314 \frac{\mathrm{J}}{\mathrm{mol} \cdot \mathrm{K}} \cdot 298\,\mathrm{K}}{2 \cdot 10^5\,\mathrm{Pa}} = 12{,}39 \cdot 10^{-3}\,\mathrm{m}^3 = 12{,}39\,\mathrm{L}$$

Auch auf diesem Weg ergibt sich eine Änderung des Volumens um etwa 10 L. Man mag sich an dieser Stelle nun die Frage stellen, warum der scheinbar komplizierte Weg über das Totale Differential und die Integration desselben zur Berechnung gewählt wurde, wo doch die Berechnung über das ideale Gasgesetz mathematisch einfacher und schneller erscheint. Das trifft auf das ideale Gasgesetz auch zu. Problematisch wird es nur dann, wenn wir keine explizite Zustandsgleichung haben, mit der wir absolute Größen berechnen können. Vielmehr ist das ideale Gasgesetz die nahezu einzige Zustandsgleichung, der wir begegnen werden. Alle anderen Größen, die physikochemisch interessant sind (hier werden wir vor allem unterschiedliche Formen der Energie kennenlernen), sind uns nur als Zustandsfunktionen geläufig, nicht aber deren explizite mathematische Formulierung als Zustandsgleichung. Für diese Fälle müssen wir auf das Totale Differential zurückgreifen und den hier beschriebenen Weg über das Integral anwenden. Auch wenn das an dieser Stelle noch umständlich erscheinen mag, werden wir sehen, dass es uns diese Methodik erlauben wird, eine ganze Menge über die thermodynamischen Zustände physikochemischer Systeme zu erfahren.

Reale Gase: die Van-der-Waals-Gleichung

Wir hatten zu Beginn des Kapitels bereits Zweifel bezüglich der generellen Gültigkeit der Zustandsgleichung des idealen Gases gehegt. Tatsächlich gilt diese Gleichung nur bei nicht

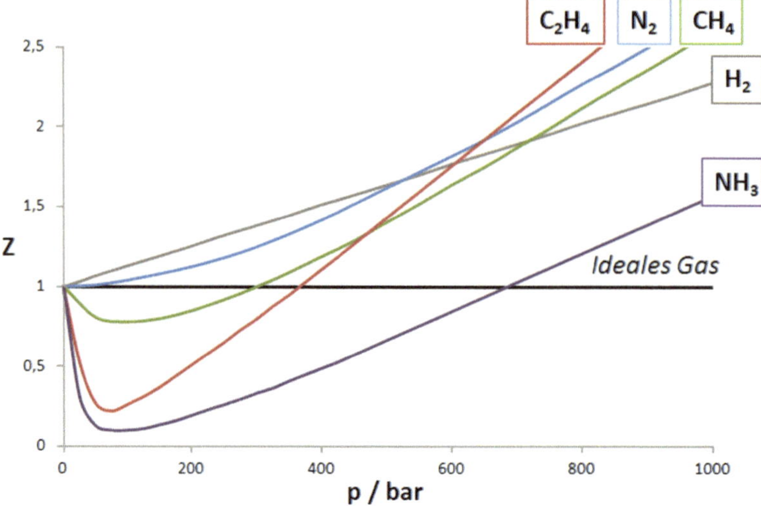

Abb. 1.14 Druckabhängigkeit des Kompressibilitätsfaktors Z bei unterschiedlichen Gasen

allzu hohen Drücken und nicht allzu niedrigen Temperaturen. Steigt der Druck oder verringert sich die Temperatur, dann kommen sich die einzelnen Gasteilchen näher und wir dürfen die Wechselwirkungen zwischen den Teilchen nicht mehr vernachlässigen. Auch das Eigenvolumen der Teilchen wird ab einem bestimmten Punkt eine Rolle spielen.

Experimentell lässt sich dieser Sachverhalt durch Untersuchung des Kompressibilitätsfaktors Z analysieren:

$$Z = \frac{p \cdot V}{n \cdot R \cdot T} = \frac{p \cdot V_m}{R \cdot T}$$

Gemäß dem idealen Gasgesetz erwartet man, dass der Kompressibilitätsfaktor Z für alle Drücke gleich 1 ist. Tatsächlich stellt man in der Praxis aber davon abweichende Werte fest, wie Abb. 1.14 zeigt.

Diese Abweichung resultiert daraus, dass bei höheren Drücken die Näherungen des idealen Gasgesetzes nicht mehr zutreffen. In der Physikalischen Chemie behilft man sich in solchen Fällen zunächst dadurch, dass man Korrekturfaktoren einführt, welche die Abweichung zum idealen Verhalten quantitativ beschreiben. Durch Verwendung solcher Korrekturfaktoren kommt man in diesem Fall zur Gasgleichung von van der Waals:

$$\left(p + \frac{a}{V_m^2} \right) \cdot (V_m - b) = R \cdot T \tag{1.16}$$

Diese Gleichung weist eine hohe Ähnlichkeit zum idealen Gasgesetz $p \cdot V_m = R \cdot T$ auf. Die beiden Konstanten a und b in der Van-der-Waals-Gleichung sind empirisch gefundene

Korrekturfaktoren. Man bezeichnet den Term a/V_m^2 auch als Binnendruck π und die Konstante b auch als Kovolumen oder Ausschlussvolumen. Die Korrekturfaktoren beschreiben die Abweichung des Systems vom idealen Verhalten quantitativ.

Allerdings gilt auch die Van-der Waals-Gleichung nicht uneingeschränkt, sondern verliert (wie auch die ideale Gasgleichung) oberhalb eines gewissen Druckes ihre Gültigkeit. In diesen Bereichen müssen dann andere Gleichungen verwendet (sofern vorhanden) oder entwickelt (sofern noch nicht vorhanden) werden.

Übungsaufgaben

Aufgabe 1.2.1

Bei welcher Temperatur beträgt das molare Volumen eines idealen Gases $22{,}41\ \mathrm{L} \cdot \mathrm{mol}^{-1}$?

Lösung:

http://tiny.cc/xmikcy

Aufgabe 1.2.2

Für einen Kindergeburtstag an einem kalten Wintertag (Außentemperatur: $-10\,^\circ\mathrm{C}$) wird ein Luftballon zunächst in einem geheizten Raum ($25\,^\circ\mathrm{C}$) auf das Volumen von 1 L aufgeblasen. Anschließend wird er vor die Tür gehängt. Welches Volumen nimmt das Gas im Luftballon nun ein? Wie viel Prozent Abnahme entspricht das im Vergleich zum ursprünglichen Volumen?

Lösung:

http://tiny.cc/inikcy

Aufgabe 1.2.3

Ein isothermes Gas, das bei einem Druck von 1 bar ein Volumen von 10 L einnimmt, werde isotherm auf 2 L komprimiert. Welchen Druck übt das Gas nun aus?

Lösung:

http://tiny.cc/1mikcy

Aufgabe 1.2.4

In einem geschlossenen Dreihalskolben (500 mL) liegt ein ideales Gas bei 1 bar und 25 °C vor. Welchen Druck übt das Gas aus, nachdem die Temperatur im Dreihalskolben mittels eines Heizpilzes auf 100 °C erhöht wurde?

Lösung:

http://tiny.cc/lnikcy

Die Prophezeiung

Immer noch seid Ihr ganz euphorisch ob Eurer großartigen Entdeckung in den Felsen. Wenn Ihr das daheim an der Akademie erzählt! Das wird Euch keiner glauben – und die Magister werden sich um Euch und Eure Entdeckung reißen! Beschwingt setzt Ihr weiterhin einen Fuß vor den anderen und schreitet weiter voran Richtung Tal. Die Mauer zu Eurer Rechten scheint mit jedem weiteren Schritt mehr und mehr zu wachsen … und verdunkelt sogar an manchen Stellen die Sonne. Unheimlich.

Als Ihr wenige Stunden später das Tal erreicht habt, seht Ihr etwas weiter vor euch eine Ansammlung kleiner Zelte. Diese stehen einsam und verlassen zwischen dem Strand und der großen Mauer. Ihr könnt nicht erkennen, ob die Zelte bewohnt sind. Weder Stimmen noch sonstige Geräusche, nicht einmal sich in den Himmel kräuselnder Rauch deutet auf Menschen hin. Aber vielleicht gibt es dort ja trotzdem noch etwas zu essen? Ihr beschließt, vor dem Passieren der Mauer einen Abstecher zu den Zelten zu machen.

Als Ihr vor den Zelten angekommen seid, schwingt der Eingang des größten Zeltes wie von Geisterhand auf und eine Stimme ruft: „Kommt herein! Habt keine Angst. Ich werde Euch einen Blick nach vorne gewähren." Ihr versteht zwar kein Wort von dem, was Euch die offenbar weibliche Stimme da zuruft, beschließt aber in Anbetracht Eurer Situation, dem Aufruf Folge zu leisten. Irgendwie habt Ihr das Gefühl, dass dies die richtige Entscheidung ist.

Als Ihr das Halbdunkel des Zeltes betretet, schlägt Euch zunächst ein süßlich-schwerer Duft entgegen, der offenbar von Räucherstäbchen ausgeht, die im hinteren Teil des Raumes vor sich hin schwelen. Dann erkennt Ihr hinter einem kleinen Tisch die Figur einer Frau mit langem wallendem schwarzem Haar, die Euch mit unergründlichen Augen entrückt anschaut.

© Ben Maier/Ulisses Spiele

In ihren Händen hält sie einige Karten, die sie eifrig mischt. „Seid mir willkommen! Mein Name ist Kassandra, vom fahrenden Volk der Gaukler und Bettlerkönige! Setzt Euch – ich werde Euch einen Blick in Eure Zukunft gewähren", sagt sie. Tatsächlich beschließt Ihr, Euch anzuhören, was die Dame zu erzählen hat (vielleicht kann sie ja weissagen, wo Ihr am schnellsten einen Schluck Bier und eine leckere Mahlzeit finden könnt!). Sie blickt Euch tief in die Augen, legt dann langsam eine Karte nach der anderen auf dem Tisch ab und richtet schließlich mit sorgenvoller Miene erneut das Wort an Euch:

> „Weit seid Ihr gereist – doch zurück könnt Ihr nicht.
> Ins Dunkel müsst Ihr – und dann wieder ans Licht.
> Zwei Berge – von Mensch und Natur gemacht,
> durch sie hindurch – doch nehmt Euch in Acht.
>
> Auch wenn Euer Körper die Reise besteht,
> Euer Geist sodann auf immer vergeht.
> Das Ende sieht den Anfang nicht mehr
> und Eure Reise endet niemals mehr.
>
> Hütet Euch vor den Hütern der Pforten.
> Sie lauern auf Euch allerorten.
> Nur mit Verstand mögt Ihr ihnen begegnen –
> mögen die Götter Eure Pfade segnen.“

Mit diesen letzten Worten schwinden Euch erneut die Sinne und Ihr fallt in eine tiefe Ohnmacht und einen traumlosen Schlaf.

Als Ihr wieder erwacht, ist es Nacht geworden. Von Kassandra fehlt jede Spur. Vor Euch auf dem Tisch stehen jetzt aber frisches Wasser, Essen und auch neue Kleidung. Dankbar nehmt Ihr alles an Euch, auch wenn Ihr Euch mit keinem guten Gefühl an die Worte der Wahrsagerin erinnert. Was mag sie mit diesem wirren Gerede gemeint haben? Ins Dunkel? Ins Licht? Was war das noch mal mit Ende und Anfang? Und wer sind die „Hüter der Pforten“?

Ihr beschließt, dem ganzen Rätsel am folgenden Morgen auf den Grund zu gehen, und macht Euch nun auf den bequemen und gemütlichen Teppichen in Kassandras Zelt breit. Schon bald hat Euch der Schlaf umfangen. Allerdings sind es diesmal unruhige Träume von sich miteinander vermischenden Gasen, die Euch quälen. Und immer wieder schwirren Euch seltsame Begriffe durch den Kopf.

http://tiny.cc/4kikcy

1.3   Gasmischungen und Partialdrücke

So anschaulich und hilfreich das ideale Gasgesetz sein mag, für uns Chemiker hat es zunächst einen entscheidenden Nachteil: Denn es beschreibt zunächst einmal nur die Eigenschaften eines einzelnen Gases. In der Praxis haben wir es aber in der Regel nicht mit Reingasen zu tun, sondern eher mit Mischungen aus unterschiedlichen Gasen – oder allgemeiner, auch jenseits von Gasen: Wir werden in der Praxis häufiger Mischungen als Reinstoffen begegnen (dazu aber mehr, wenn wir uns mit dem Thema Mischphasen und Phasengleichgewichte beschäftigen). Hier benötigen wir nun wieder ein wenig Vokabular und Handwerkszeug, um Mischungen zu beschreiben und deren Eigenschaften zu berechnen.

Gehen wir einmal davon aus, dass wir ein geschlossenes System mit konstantem Volumen V haben. In diesem System soll nun eine Mischung aus zwei verschiedenen Gasen vorliegen. Hier gilt nun das

> **Gesetz von Dalton**
>
> Der Druck einer Mischung idealer Gase ist gleich der Summe der Drücke, die die Einzelkomponenten ausüben, wenn sie das Volumen der Mischung jeweils allein ausfüllen.

Den Druck, den eine einzelne Komponente i in dieser Mischung ausübt, bezeichnet man als Partialdruck p_i. Der Partialdruck einer Komponente ist der Druck, den die Komponente ausüben würde, wenn sie das zur Verfügung stehende Volumen alleine ausfüllen würde. Der Partialdruck p_i berechnet sich aus dem Stoffmengenanteil x_i der Komponente und dem Gesamtdruck p gemäß:

$$p_i = x_i \cdot p \tag{1.17}$$

Der Stoffmengenanteil x_i berechnet sich durch Division der Stoffmenge der Komponente i durch die insgesamt vorliegende Stoffmenge:

$$x_i = \frac{n_i}{\sum_i n_i} \tag{1.18}$$

Damit lässt sich das Gesetz von Dalton (welches wir auch zu einem späteren Zeitpunkt noch einmal aufgreifen werden) auch so beschreiben, dass der Gesamtdruck des Systems sich aus den Summen der Partialdrücke der einzelnen Komponenten berechnet:

$$p = \sum_i p_i = p_1 + p_2 + p_3 + \dots$$

Ein beliebtes Beispiel, um die Anwendung des Gesetzes von Dalton zu beschreiben, ist die Berechnung der Partialdrücke der Komponenten von trockener Luft. Luft ist ein Gasgemisch, das aus 78 % Stickstoff, 21 % Sauerstoff und knapp 1 % Argon besteht (die in geringerem Anteil vorliegenden Komponenten der Luft wollen wir im Rahmen dieses Rechenbeispiels vernachlässigen). Angenommen der Gesamtdruck (Außenluftdruck) betrage 1 bar, dann berechnen sich die Partialdrücke zu:

$$p(N_2) = 0{,}78 \cdot 1\,bar = 0{,}78\,bar$$

$$p(O_2) = 0{,}21 \cdot 1\,bar = 0{,}21\,bar$$

$$p(Ar) = 0{,}01 \cdot 1\,bar = 0{,}01\,bar$$

Die Summe der einzelnen Partialdrücke ergibt wiederum den Gesamtdruck von 1 bar.

Übungsaufgaben

Aufgabe 1.3.1

Wie hoch ist der Stoffmengenanteil von Argon in einer Gasmischung aus 40,0 g Helium und 40,0 g Argon?

Lösung:

http://tiny.cc/5likcy

Aufgabe 1.3.2

Wie hoch ist der Partialdruck von Kohlendioxid (in mbar) in trockener Luft bei einem Gesamtdruck von 0,08 MPa? Die Zusammensetzung trockener Luft (in Massenprozent!) beträgt: 75,52 % Stickstoff, 23,15 % Sauerstoff, 1,28 % Argon und 0,046 % Kohlendioxid.

Lösung:

http://tiny.cc/blikcy

Aufgabe 1.3.3

Bei der Messung des Sauerstoff-Partialdruckes zeigt eine Zirkonoxid-Messsonde einen Wert von 20,2 mV an. Wie hoch ist der Partialdruck von Sauerstoff im gemessenen System, wenn der Referenzdruck 210 mbar beträgt? Die Temperatur betrage 25 °C.

Lösung:

http://tiny.cc/hlikcy

Erster Hauptsatz der Thermodynamik

2

Die Stadt Energia

Am nächsten Morgen setzt Ihr Euren Weg fort. Die Wahrsagerin ist nicht mehr aufgetaucht. Seltsam. Als ob es sie niemals gegeben hätte. Diese Insel kommt Euch immer mysteriöser vor. Gibt es denn keine normalen Menschen hier? Keinen, mit dem man sich halbwegs gescheit unterhalten könnte? Spricht denn hier jeder nur in Rätseln? Aber als unerschrockener Abenteurer lasst Ihr Euch davon nicht abhalten und marschiert weiter.

Langsam bewegt Ihr Euch auf die gigantische Mauer zu, die sich wie ein Berg in die Höhe reckt. Weiter vorne entdeckt Ihr einen kleinen Durchgang – obwohl „klein" für dieses knapp sechs Meter hohe Portal sicherlich nicht unbedingt angebracht ist.

Als Ihr vor das Portal tretet, hört Ihr eine dumpfe Stimme: „Ihr begehrt Eintritt in die Stadt? Dann erweist Euch zunächst als würdig!"

Die Stimme kommt irgendwie von jenseits der Mauer. Oder von einem Punkt über der Mauer? Oder von *innerhalb* der Mauer? So genau könnt Ihr das nicht sagen, aber Ihr blickt der Mauer trotzig entgegen. Und wieder ertönt die Stimme: „Nur zu, wenn Ihr mutig seid! Kommt nur näher und wir werden sehen, ob Ihr würdig seid, die Mauer zu durchschreiten."

Langsam bewegt Ihr Euch auf die Mauer zu. In Eurem Kopf beginnen die Gedanken zu tanzen. Ihr seht wieder die Pergamente am Strand, die Symbole im Stein auf dem Weg zur Mauer – und durchlebt noch einmal den Traum im Zelt der Wahrsagerin. Immer näher tretet Ihr auf die Mauer zu und spürt einen leichten Widerstand, so als ob die Mauer Euch prüfen würde. Als ob *sie* testen würde, ob Ihr würdig seid, einzutreten. Ihr fühlt Euch, als würden Geisterfinger in Euren Kopf greifen, um Euch zu testen. Diese Finger nehmen immer wieder die Gedanken in die Hand, die Euch im Kopf herumschwirren – Gedanken von „Zustandsfunktionen", von „Gasgesetzen" und „Partialdrücken". Und dann ziehen sich die Geisterfinger wieder zurück. Offenbar zufrieden. Denn auf einmal ist der Widerstand, den Ihr gespürt habt, verschwunden. Gleichzeitig und unendlich langsam schwingt das Portal auf und gibt den Weg frei.

Ihr durchschreitet das Portal – und betret zu Eurem größten Erstaunen (und zu Eurer Freude!) eine Stadt. Am Fuße des mächtigen Hügels, der sich über Euren Köpfen bis zum Himmel emporzurecken scheint, stehen einfache, aber saubere Gebäude rund um einen ruhigen Platz, in dessen Mitte ein Baum aufragt, dessen Zweige sich in der lauen Luft des Morgens wiegen. Der Platz ist mit einem Kopfsteinpflaster aus marmornem Material versehen, welches ebenfalls sehr gepflegt und sauber aussieht. Auch wenn Ihr im Moment niemanden sehen könnt, wird Euch beim Anblick dieses Zeichens von Zivilisation doch sofort warm ums Herz und Ihr vergesst für einen kurzen Moment, dass Ihr auf der ansonsten so unwirtlichen wirkenden Insel der Energie gestrandet seid.

Dann aber wird Euch plötzlich wieder bewusst, dass Ihr schließlich nicht hierhergekommen seid, um Urlaub zu machen, sondern um die Insel zu erforschen und deren Geheimnisse zu erkunden. Vielleicht findet Ihr ja irgendwo an diesem Ort Hinweise für Eure Reise! Weiter vorne könnt Ihr ein Gebäude entdecken, aus dem ein würziger Geruch herüberweht und Euch anlockt. Ein Gasthaus vielleicht? Bei dieser Gelegenheit fällt Euch wieder ein, dass Ihr eine leckere warme Mahlzeit gut vertragen könntet!

Bevor Ihr dazu kommt, die weiteren Gebäude näher in Augenschein zu nehmen, hört Ihr hinter Euch eine Stimme: „Willkommen in Energia!"

Als Ihr Euch umdreht, steht dort ein junger Mann mit schulterlangem Haar und einem gestutzten Bart, der sich (bislang mit Erfolg) größte Mühe gibt, einen Stapel mit Papier so geschickt zu jonglieren, dass ihm der Wind keines der Blätter entreißt.

© Anja Di Paolo/Ulisses Spiele

„Ihr seid nicht von hier, oder?", fährt er fort. „Na ja, solange Ihr nichts mit diesen seltsamen Käuzen von der Mathematisch-Physikalischen Akademie zu tun habt, die einmal im Jahr hierherkommen und unsere Stadt auf den Kopf stellen, ist das kein Problem. Bei denen hat man nämlich manchmal den Eindruck, es gäbe für sie jenseits ihrer Mathematik und Physik nichts Schöneres als die Wunder unserer Insel. Bin jedenfalls immer froh, wenn sie wieder weg sind. Warum schaut Ihr denn auf einmal so komisch? Hab ich etwas Falsches gesagt? Na ja, ich bin jedenfalls Gerhard, meines Zeichens Schreiber des Stadtältesten von Energia. Wenn Ihr etwas über die Stadt erfahren wollt, dann kommt am besten im Rathaus vorbei – ist das große Gebäude gleich da drüben."

Mit diesen Worten lässt Euch der Dampfplauderer wortlos stehen und stapft zielsicher in Richtung des genannten Gebäudes davon (nicht ohne dabei flink mit der rechten Hand nach einem Blatt zu angeln, das der Wind ihm gerade vergeblich zu entreißen versucht hat). Ein wenig verdutzt bleibt Ihr stehen und wisst zunächst nicht, was Ihr mit dieser Situation anfangen sollt. Zivilisation schön und gut – aber was war das für ein Kommentar von wegen der Novizen, die hier offenbar nicht sehr gut gelitten sind? Und offenbar hat Gerhard noch nichts von Eurem Schiffsunglück mitbekommen. Irgendwie auch kein Wunder, falls die Einwohner der Stadt nie hinter die Grenzen ihrer Mauer blicken. Ihr beschließt auf jeden Fall, vorerst nicht allzu viel über Eure Herkunft zu erzählen … man weiß ja nie. Auf jeden Fall hat Euch die Begegnung mit Gerhard nicht unbedingt positiver gestimmt, was den Charakter der Bewohner dieser Insel anbelangt.

Aber der Hinweis mit dem Rathaus war nicht schlecht, vielleicht kann Euch dort irgendjemand weiterhelfen und sagen, wo Ihr Eure Reise über die Insel am besten fortsetzen könnt. Also folgt Ihr Gerhard in das Gebäude, in dem dieser gerade verschwunden ist (erstaunlicherweise ohne ein einziges Blatt von seinem Papierstapel verloren zu haben).

Als Ihr das Rathaus betretet, ist von Gerhard keine Spur mehr zu sehen. Dafür gelangt Ihr in einen gemütlichen Raum, der so gar nicht zu dem Bild eines Verwaltungsgebäudes passen will, so wie Ihr ein solches bislang kanntet. In einem Kamin prasselt ein behagliches kleines Feuer, das dem Raum eine wohlige Wärme verleiht (erst jetzt wird Euch bewusst, wie kühl es draußen war). Mit wehmütigen Gedanken an Eure bequeme Studierstube an der Akademie betrachtet Ihr die Holzscheite, die gemütlich knackend in den Flammen vergehen und von denen sich leichter Rauch in den Kamin darüber kräuselt (komisch, von draußen habt Ihr gar keinen Rauch bemerkt).

Auch ansonsten macht der Raum einen angenehmen und wohnlichen Eindruck. Neben dem Kamin stehen zwei gemütliche Sessel und im Zentrum des Raumes ein massiver und mit Ornamentschnitzereien verzierter Eichentisch, an dem ein beleibter bärtiger Mann sitzt, der eine große goldfarbene Amtskette um den Hals trägt und gemütlich an seiner Pfeife zieht. Mit zusammengekniffenen Augen blickt er auf und richtet das Wort an Euch:

„Kann ich Euch irgendwie weiterhelfen? Ihr seht aus, als wolltet Ihr hier um Bettelerlaubnis bitten. Aber da macht Euch mal keine Hoffnungen. Wenn ich Euch hier bei so etwas erwische, dann fliegt Ihr direkt in hohem Bogen über die Mauer! Genau wie diese Gruppe von Gauklern, die gestern hier herein wollte und mir irgendetwas von Gasmischungen erzählen wollte. Pah! Als ob wir derart Firlefanz hier bräuchten!"

© Anja Di Paolo/Ulisses Spiele

Ein wahrhaftig freundlicher Empfang, den man Euch hier bereitet, das muss man den Einwohnern dieser Insel schon lassen …

Nachdem Ihr dem Stadtältesten (denn um ihn handelt es sich wohl bei dem Mann) glaubhaft versichert habt, dass Bettelei mitnichten zu Euren Absichten zählt und Ihr nur daran interessiert seid, euch in Energia ein wenig auszuruhen und dann weiterzureisen, hellt sich seine Miene auf und er spricht mit deutlich angenehmerer Stimme weiter (offenbar froh, dass Ihr die lokale Wirtschaft ankurbeln möget – und die Stadt bei nächster Gelegenheit wieder freiwillig verlassen wollt und nicht erst von ihm dazu gezwungen werden müsst):

„Tja, da habt Ihr aber großes Glück, dass Eure Reise Euch nach Energia geführt hat! Wir leben hier zwar ein wenig abgeschieden vom Rest der Insel und betreiben auch wenig Handel, aber was wir zum Leben benötigen, stellen wir meist selber aus dem her, was wir hier finden. Und wie Ihr sicher schon bemerkt habt, verwenden wir unsere Energie sehr sorgsam: So wird der Rauch, der hier emporsteigt (dabei zeigt er auf den Kamin), direkt aufgefangen, die Wärme genutzt, um das Badwasser zu erhitzen, und der übrige Rauch direkt wieder angesammelt und als Brennstoff verwendet. Das hat uns vor einigen Jahren ein gewisser Herr Dáò'byn Fêlled gezeigt, der Adept von irgend so einer Physikochemischen Akademie war [Anmerkung der Autoren: Der Name Dáò'byn Fêlled ist frei erfunden. Eventuelle Ähnlichkeiten mit dem Namen eines der beiden Autoren dieses Werkes sind rein zufällig]. Wir nennen das Energie-Recycling!" Bei diesen Worten hört Ihr Stolz aus seiner Stimme sprechen: „Energia ist auf diese Errungenschaften sehr stolz – und daher sind wir manchmal auch immer misstrauisch Fremden gegenüber, die uns schon des Öfteren ausspioniert haben. Vor allem diese Akademie-Magister mit ihren Novizen, die immer wieder … Aber genug davon, Ihr wolltet ja weiterreisen, richtig? Wenn Ihr nicht nur von Energia, sondern von der ganzen Insel weg möchtet, werdet Ihr auf der anderen Seite der Insel am Hafen eine Möglichkeit finden, eine Passage weg von unserer Insel hier zu bekommen. Dazu müsst Ihr nur den Berg und auf der anderen Seite der Insel den See überqueren und dann auf einem der Schiffe anheuern, die dort vor Anker liegen. Aber Ihr dürft Euch natürlich gerne noch einen Tag hier bei uns ausruhen. Im Gasthaus findet Ihr bei meinem Schwager Wolfram sicherlich eine Übernachtungsmöglichkeit. Und Ihr könnt Euch vor Eurer Abreise bei Jutta, unserer Alchimistin, noch ein wenig mit Reiseutensilien eindecken. Ich wünsche Euch für morgen eine gute Reise!"

Mit diesen Worten steht er auf und begleitet Euch lächelnd zur Tür. Bei so viel geheuchelter Freundlichkeit (und vor allem der Aussicht darauf, dass Euer Aufenthalt in der Stadt wohl weniger lange andauern wird, als Ihr Euch ursprünglich erhofft hattet – und er es offensichtlich auch nicht bereuen würde, wenn Ihr auch in naher Zukunft von der Insel selber verschwindet) könnt Ihr auch nicht anders, als an ihm vorbei freundlich lächelnd zur Tür herauszutreten.

Dort fällt Euer Blick plötzlich auf ein paar vergilbte Blätter, die achtlos weggeworfen auf dem Pflaster liegen. (Oder hat sie der Wind etwa aus den Händen eines unachtsamen Schreibers geweht?) Schnell greift Ihr nach den Blättern und schaut Euch diese an. Offensichtlich handelt es sich um eine Art „Geheimen Stadtplan von Energia", allerdings haltet Ihr nur die erste Seite des Dokumentes in Euren Händen. Aber Ihr beginnt interessiert zu lesen. Als Ihr erkennt, um was es sich dabei handelt, werden Eure Augen groß. Offenbar stammen die Zeilen von keinem Geringeren als dem Adeptus Dáò'byn Fêlled, der sich wohl Gedanken um die der Stadt zugrunde liegenden elementaren energetischen Zusammenhänge gemacht hat. Und Ihr beginnt eifrig zu lesen …

http://tiny.cc/bpikcy

2.1   Überblick über die Hauptsätze der Thermodynamik

Beim Studium der Physikalischen Chemie kommt den Hauptsätzen der Thermodynamik eine zentrale Bedeutung zu. Allerdings erschließt sich dem „Neuling" in der Physikalischen Chemie die inhärente Schönheit und Ästhetik der Hauptsätze nicht unmittelbar. Ähnlich wie eine drohend große Mauer (auf unserer Insel) stehen wir meist ungläubig staunend vor dem undurchdringbar scheinenden Konstrukt dieser zentralen „Glaubenssätze der Physikalischen Chemie". Hat man diese Mauer aber erst einmal überwunden, dann offenbart sich einem die ganze Schönheit dahinter. Schauen wir uns also genauer an, was man denn eigentlich durch das Studium der Hauptsätze lernt. Warum sind diese in den Naturwissenschaften so bedeutsam?

Zunächst einmal werden durch die Hauptsätze zentrale Begrifflichkeiten der Physikalischen Chemie eindeutig definiert und festgelegt. Hier wären vor allem die Begriffe Temperatur und Energie zu nennen. Letzterem Begriff sind wir bereits früher begegnet, werden aber jetzt die eindeutigen mathematischen Zusammenhänge zwischen unterschiedlichen Formen der Energie (Arbeit und Wärme) kennenlernen und auch die unterschiedlichen Eigenarten dieser Energieformen näher untersuchen. Damit halten wir dann einen Schlüssel in der Hand, um beispielsweise in der Praxis einige Fragen der Auslegung chemischer Produktionsanlagen beantworten zu können („Muss ich die Anlage heizen oder kühlen?"). Auch werden wir den Begriff der Freiwilligkeit von physikochemischen Prozessen und Reaktionen verstehen lernen und in diesem Kontext auch die Frage nach dem Gleichgewicht einer Reaktion beantworten können (was in der Praxis von entscheidender Bedeutung ist, z. B. um zu entscheiden, unter welchen Bedingungen die größtmögliche Ausbeute einer chemischen Reaktion erreicht werden kann). Schließlich dient das Studium der Hauptsätze der Thermodynamik auch dazu, Methoden und Werkzeuge des Physikochemikers zu erlernen. Hier werden wir die bereits erwähnte „mathematische Brücke" (also die Gesetzmäßigkeiten und Zusammenhänge) zwischen gemessenen Werten und thermodynamischen Größen verstehen und nutzen lernen. Insgesamt gibt es vier Hauptsätze der Thermodynamik, die wir auch bei unserer Reise über die Insel der Energie näher kennenlernen wollen.

Der 0. Hauptsatz der Thermodynamik führt die zentrale Größe der (absoluten oder thermodynamischen) Temperatur (in K) ein. Er lautet folgendermaßen:

0. Hauptsatz der Thermodynamik

Wenn ein System A im thermischen Gleichgewicht mit einem System B steht und das System B im thermischen Gleichgewicht mit System C, dann stehen auch die Systeme A und C miteinander im thermischen Gleichgewicht. Die drei Systeme haben in diesem Fall die gleiche Temperatur.

Diese Erkenntnis mag auf den ersten Blick nicht überraschen, führt aber die Möglichkeit einer Temperaturmessung ein. Nehmen wir einmal an, unser System B sei ein Thermometer, das zunächst mit dem System A (z. B. ein Kinderplanschbecken) in Kontakt gebracht wird. Nach Einstellung des thermischen Gleichgewichts zeigt das Thermometer die Temperatur des Planschbeckens an. Messen wir anschließend mit dem gleichen Thermometer die Temperatur – sagen wir – eines Eimers mit Wasser und stellen fest, dass dieser die gleiche Temperatur wie unser Planschbecken hat, dann können wir daraus folgern, dass es zu keinerlei Temperaturänderung des Planschbeckens kommen wird, wenn ich das Wasser aus dem Eimer in dieses hineinschütte (beide, Eimer und Planschbecken, haben ja die gleiche Temperatur).

Der 0. Hauptsatz legt mittels der folgenden Gleichung auch fest, wie eine Temperatur von der Einheit °C in die Einheit K umgerechnet wird:

$$\frac{T}{\mathrm{K}} = \frac{\theta}{\mathrm{°C}} + 273{,}15 \tag{2.1}$$

Dabei sind T die Temperatur in K und θ die Temperatur in °C. Eine Umrechnung der Temperatur 25 °C sieht mittels dieser Gleichung zum Beispiel folgendermaßen aus:

$$\frac{T}{\mathrm{K}} = \frac{25\,\mathrm{°C}}{\mathrm{°C}} + 273{,}15 = 25 + 273{,}15 = 298{,}15$$

Nun multipliziert man beide Seiten dieser Gleichung noch mit der Einheit K (Kelvin) und erhält als Endergebnis:

$$T = 298{,}15\,\mathrm{K}$$

An dieser Stelle wollen wir kurz innehalten und uns zwei Dinge fragen, die beim Erstkontakt mit der Thermodynamik immer wieder gestellt werden:

1. Warum machen wir es uns in der Physikalischen Chemie so schwierig und stellen derart kompliziert erscheinende Formeln auf? Reicht es denn nicht aus, wenn wir uns vor Augen halten, das „°C durch Addition von 273,15 in K" umgerechnet wird?
2. Seit wann kann man denn mit Einheiten rechnen?

Zur Frage 1: weil man durch diese Formel exakt, quantitativ und eindeutig den Zusammenhang zwischen den beiden Größen „Temperatur in °C" und „Temperatur in K" beschreibt. Für diesen konkreten Fall mag man sich vielleicht noch mit der einfacheren Faustformel „Umrechnung mit 273,15" behelfen können, aber wir werden auf unserer Reise noch kompliziertere Formeln kennenlernen, bei denen wir diesen Formalismus vielleicht näher schätzen lernen.

Zu Frage 2: Dieses Vorgehen bezeichnet man in der Wissenschaft als *quantity calculus* (was so viel bedeutet wie „Rechnen mit Einheiten"). Durch das Einbeziehen der Einheit in die Gleichung wird deren Bedeutung von Anfang an unterstrichen und man sieht die Einheit nicht mehr als eine Art „notwendiges Übel" an, das man notgedrungen mitschleppen muss. Gerade das Rechnen mit (und das Denken in) Einheiten ist ein wichtiger Bestandteil für den Werkzeugkoffer des Physikochemikers und muss unbedingt von Anfang an trainiert werden! Wir werden diesem Thema auf unserer Reise noch an zahlreichen Stellen begegnen, sodass es ausreichend Gelegenheit geben wird, diesem Training nachzukommen.

Werfen wir nun aber einen Blick auf den 1. Hauptsatz der Thermodynamik. Bereits die Nummerierung zeigt an, dass dieser ursprünglich als Erstes formuliert wurde, der zuvor genannte 0. Hauptsatz wurde historisch erst zu einem späteren Zeitpunkt formuliert. Der 1. Hauptsatz lautet für den Fall eines abgeschlossenen Systems (Abb. 2.1).

1. Hauptsatz der Thermodynamik (abgeschlossenes System)

Die Innere Energie U eines abgeschlossenen Systems ist konstant. Energie kann in einem solchen System weder neu geschaffen noch vernichtet werden.

Was kann man sich unter der „Inneren Energie" vorstellen? Nehmen wir einmal an, unser abgeschlossenes System bestünde aus einzelnen Molekülen, dann repräsentiert die Innere Energie U die Kernenergie der einzelnen Atome, die chemische Energie (in Form von kovalenten Bindungen und nichtkovalenten intra- oder intermolekularen Wechselwirkungen) sowie die thermische Energie (kinetische Energie aufgrund von Bewegung der Teilchen, Schwingungs- und Rotationsenergie der einzelnen Moleküle sowie Energie der einzelnen Elektronen). Bei der Kollision der einzelnen Teilchen im System ist es nun prinzipiell möglich, dass Energie von einem Teilchen auf ein anderes übertragen wird (dadurch z. B. Bindungen beim „getroffenen Molekül" in Schwingung geraten und gleichzeitig bei dem anderen Molekül die kinetische Energie verringert wird). Die Gesamtenergie des Systems muss aber immer erhalten bleiben. Ein Wort dazu gleich an dieser Stelle: Mittels der

Abb. 2.1 Abgeschlossenes
System

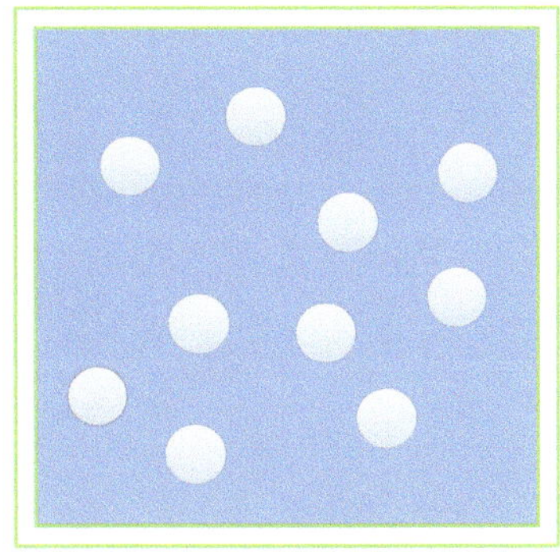

phänomenologischen Thermodynamik (die von makroskopischen Messgrößen wie Temperatur, Druck oder Volumen ausgeht) sind wir nicht in der Lage, einen Absolutwert für die Innere Energie eines Systems anzugeben (dazu bräuchten wir das Instrumentarium der statistischen Thermodynamik und der Quantenmechanik, um diese zu berechnen). Wir können lediglich Änderungen der Inneren Energie registrieren, die bei einer Zustandsänderung eines physikochemischen Systems eintritt. Die differentielle Änderung der Inneren Energie bezeichnen wir mit dU und meinen damit die Differenz zwischen der Inneren Energie eines Endzustandes und eines Anfangszustandes.

Der 1. Hauptsatz in seiner obigen Formulierung hat weitreichende Konsequenzen, da er die Existenz eines sogenannten Perpetuum mobile erster Art (d. h. eine Maschine, die nichts anderes tut als Energie „aus dem Nichts" heraus zu „produzieren") ausschließt. Tatsächlich beruht der 1. Hauptsatz gerade darauf, dass es Generationen von Wissenschaftlern eben nicht gelungen ist, eine derartige Maschine zu konstruieren. Vielleicht ist der 1. Hauptsatz dadurch eines der am gründlichsten untersuchten und am besten gesicherten Axiome der modernen Naturwissenschaften überhaupt.

Für praktische Anwendungen hilft uns diese erste Formulierung des 1. Hauptsatzes allerdings noch nicht allzu viel weiter. Spannender für den Chemiker wird es, wenn wir unsere Betrachtung auf geschlossene Systeme (Abb. 2.2) erweitern. (Sie merken: Der Physicochemiker fängt grundsätzlich mit dem denkbar einfachsten System an und arbeitet sich dann schrittweise zu immer komplexeren Themen vor.) Hier lautet der 1. Hauptsatz:

1. Hauptsatz der Thermodynamik (geschlossenes System)

Die Innere Energie U eines geschlossenen Systems kann sich durch Austausch von Wärme Q und Arbeit W mit der Umgebung ändern: $dU = \delta Q + \delta W$.

Abb. 2.2 Geschlossenes System

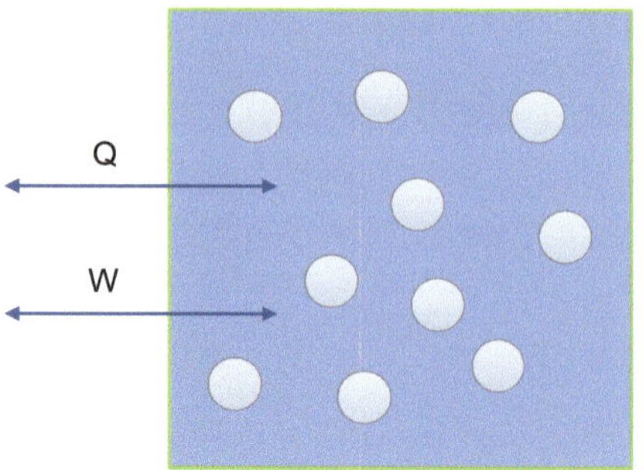

In dieser Gleichung sind dU die Änderung der Inneren Energie des Systems, δQ die zwischen System und Umgebung ausgetauschte differentielle Wärmemenge (Wärmezufuhr bzw. -abfuhr) und δW die zwischen System und Umgebung ausgetauschte differentielle Arbeit (die entweder vom System oder am System geleistet wird). Bei dieser Formulierung fällt ins Auge, dass für U ein d und für Q und W jeweils ein δ verwendet wird. Welche Bedeutung hat diese Unterscheidung?

Die Innere Energie ist, wie bereits erwähnt, eine Zustandsfunktion. Als solche hat sie ein Totales Differential dU. Die Wärme Q und die Arbeit W dagegen sind selber keine Zustandsfunktionen, daher werden ihre differentiellen Änderungen mit dem griechischen Buchstaben δ versehen. Warum ist das so? Dies liegt daran, dass Wärme und Arbeit Prozessgrößen sind, die einen Energiefluss beschreiben, d. h. nur beim Austausch von Energie zwischen System und Umgebung zum Tragen kommen. Die Innere Energie hingegen hat eine Art „Bilanzfunktion". Man kann sie sich wie eine Art Energiewährung vorstellen. Jede Form von Energie (Wärme oder Arbeit), die in das System „hineinfließt", wird automatisch als „Innere Energie U" verbucht (also in Form von Rotations-, Schwingungs- oder kinetischer Energie). Gibt das System Energie (in Form von Wärme oder Arbeit) an die Umgebung ab, dann wird die Innere Energie entsprechend verringert. Es ist bei einem derartigen Prozess nach dem 1. Hauptsatz aber durchaus denkbar, dass einem System Energie ausschließlich in Form von Wärme zugeführt wird ($dU_1 = +\delta Q$) und anschließend in Form von Arbeit wieder vollständig an die Umgebung abgeführt wird ($dU_1 = -\delta W$). Die Gesamtänderung der Inneren Energie bei diesem Prozess beträgt $dU = dU_1 + dU_2 = 0$, die Gesamtänderung der Wärme würde $+\delta Q$ betragen, die Gesamtänderung der Arbeit $-\delta W$. Damit würden sich sowohl Wärme als auch Arbeit bei einem Prozess ändern, bei dem die Innere Energie (eine Zustandsfunktion!) keine Änderung erfährt. Daher werden Wärme Q und Arbeit W mit einem δ gekennzeichnet, um beide als „Nicht-Zustandsfunktion" zu klassifizieren.

Wenn wir den 1. Hauptsatz der Thermodynamik nun besser verstehen wollen, müssen wir uns in der Folge also zunächst einmal näher mit den Größen Arbeit und Wärme befassen und verstehen, nach welchen Gesetzmäßigkeiten ein System mit seiner Umgebung Energie in einer dieser beiden Formen austauscht. Bei der Betrachtung der Arbeit möchten wir uns dabei ganz bewusst auf die Volumenarbeit beschränken, d. h. auf die Arbeit, die ein System durch Expansion (Volumenvergrößerung) an der Umgebung leistet bzw. ein System durch Kompression (Volumenverringerung) durch von der Umgebung am System verrichteter Arbeit erfährt. Andere Formen von Arbeit wie z. B. Hubarbeit, Beschleunigungsarbeit oder elektrische Arbeit möchten wir an dieser Stelle nicht betrachten. Die Hubarbeit wollen wir ausschließen, da wir davon ausgehen, dass unser System sich immer am gleichen Ort befindet und keine Arbeit gegen die Gravitationskraft aufgewendet werden muss (z. B. thermostatiertes Wasserbad, das sich während eines gesamten Versuchs auf dem gleichen Labortisch befindet). Beschleunigungsarbeit soll ausgeschlossen werden, da wir davon ausgehen, dass sich unser System in Ruhe befindet. Auch elektrische Arbeit wollen wir für den Moment nicht betrachten, diese wird erst im Rahmen der elektrochemischen Thermodynamik (in der Elektrochemie) bedeutsam – für den Moment wollen wir unsere Betrachtung auf neutrale Teilchen beschränken und geladene Teilchen (Ionen) zunächst nicht betrachten. Halten wir uns also noch einmal vor Augen, was wir aus dem Studium der Physik wissen: Die Arbeit W ist das Produkt aus Kraft F und Weg $\mathrm{d}s$, oder:

$$W = \int_{s_1}^{s_2} F \cdot \mathrm{d}s \tag{2.2}$$

Mit diesen Vorüberlegungen im Hinterkopf und diesem Wissen ausgerüstet begeben wir uns nun also auf Erkundungstour in der Stadt Energia.

Übungsaufgaben

Aufgabe 2.1.1

Mit einem Thermometer wird die Temperatur eines mittels eines Thermostaten temperierten Wasserbades unter isobaren Bedingungen zu $T = 293{,}27\,\text{K}$ bestimmt. Mit dem gleichen Thermometer wird in einem geschlossenen Gefäß ($V = 5\,\text{L}$), das mit Sauerstoffgas bei Normaldruck ($p = 1{,}013\,\text{bar}$) befüllt wurde, eine Temperatur von $25\,°\text{C}$ gemessen. Wie hoch wäre der Druck in diesem Gefäß, wenn es die gleiche Temperatur wie das Wasserbad hätte?

Lösung:

http://tiny.cc/hoikcy

Aufgabe 2.1.2

Welche der nachfolgend dargestellten Formeln zur Berechnung der absoluten thermodynamischen Temperatur ist/sind korrekt?

$$273{,}15\,\mathrm{K} = T \cdot \mathrm{K} - \theta$$

$$\theta = T \cdot {}^{\circ}\mathrm{C} - 273{,}15$$

$$T = \frac{\theta}{{}^{\circ}\mathrm{C}} + 273{,}15$$

$$\frac{\theta}{3} = \frac{T \cdot {}^{\circ}\mathrm{C}}{3 \cdot \mathrm{K}} - 91{,}05\,{}^{\circ}\mathrm{C}$$

Lösung:

http://tiny.cc/woikcy

Aufgabe 2.1.3

Das elektrische Potenzial zwischen Elektron und Atomkern in einem Wasserstoffatom beträgt 27,2 V. Wie groß ist der Betrag der elektrischen Energie, die das Elektron besitzt?

Lösung:

http://tiny.cc/jpikcy

Im Gasthaus

Nachdem Ihr die Schriften von Dáò'byn Fêlled intensiv studiert habt, macht sich wieder Euer Magen bemerkbar. Ihr erinnert Euch an den Tipp aus dem Rathaus und beschließt, Euer Glück bei Wolfram im Gasthaus zu versuchen. Es dauert nicht lange, bis Ihr das Gebäude in den Gassen von Energia ausmachen könnt.

Als Ihr die Tür zum Gasthaus öffnet, schlagen Euch lautes Gegröle, verrauchte Luft und der Geruch nach Essen, Schweiß und frisch gezapftem Bier entgegen. Seltsam, dass man diesen Lärm auf der Straße nicht hören konnte.

„Ja, da wundert sich so mancher Fremde drüber. Aber das haben wir der massiven Tür zu verdanken, die nicht nur keine Geräusche nach außen lässt, sondern auch die Wärme hier drinnen hält. Also: Tür zu!" Erst in diesem Moment wird Euch bewusst, dass Ihr Euren Gedanken wohl laut gedacht haben müsst, denn Ihr steht immer noch blöd glotzend in der Tür, so als hättet Ihr noch nie in Eurem Leben ein Wirtshaus von innen gesehen – und der Wirt blickt Euch mit ernstem Gesicht an und wartet ungeduldig darauf, dass Ihr Euch endlich entscheidet, einzutreten oder doch draußen zu bleiben. Euer knurrender Magen und trockener Gaumen nehmen Euch dankenswerterweise die Entscheidung ab und so sitzt Ihr kurz darauf im Schankraum an einem rustikalen Holztisch, der zahlreiche Flecken aufweist. Einige davon sehen bedrohlich dunkel aus und Ihr fragt Euch, was hier wohl passiert, wenn einer der Gäste zu später Stunde einen über den Durst getrunken haben sollte.

Aber bevor Ihr Eure düsteren Gedanken zu Ende denken könnt, schwebt schon der Wirt mit traumwandlerischer Sicherheit an Euren Tisch und serviert Euch einen Krug mit schäumendem Inhalt. „Einmal frisch Gezapftes, wohl bekomm's!", ruft er Euch durch den Lärm in der Schankstube zu. Als er den Krug auf den Tisch stellt, spannt sich die lederne Schürze aufgrund seiner Leibesfülle bedrohlich. Aber dank der Flexibilität des Materials (oder auch durch eine göttliche Fügung des Schicksals) bleibt Euch und den Gästen Schlimmeres erspart und sie platzt nicht.

© Colin Michael Ashcroft/Ulisses Spiele

„Ihr kommt nicht von hier, richtig?", hört Ihr den Wirt sagen. (Irgendwie scheint Ihr hier jedem das Gefühl zu vermitteln, dass Ihr hier nicht hingehört. So langsam beginnt es Euch zu nerven!). Als Ihr ihm aber kurz und freundlich von Eurem Besuch im Rathaus berichtet, hellt sich seine Miene auf. „Ah! Dann braucht Ihr natürlich ein Zimmer für die Nacht, kein Problem!"

Kurz darauf steht er wieder an Eurer Seite und überlässt Euch (für ein, wie Ihr findet, mehr als fürstliches Entgelt) die verrosteten Schlüssel zur „Suite" seines Gasthauses (zu Eurem Entsetzen werden sich die Befürchtungen ob der Qualität des Zimmers bewahrheiten, die Ihr in der Schankstube angesichts des Zustands des Schlüssels bereits hegt). Aber für den Moment stillt Ihr erst einmal Hunger und Durst – und lauscht der Melodie eines Sängers, der sich im Raum aufgebaut hat und ein Lied über Energia (oder Energie, so genau könnt Ihr das von Eurem Platz aus nicht verstehen) anstimmt. Er singt irgendetwas vom „WÄRMEndem Herdfeuer, bei dem es sich gut ARBEITen" lässt. Ihr versteht zwar nicht alle Einzelheiten seiner Darbietung, genießt aber mit geschlossenen Augen den Gesang und hofft, dass Ihr Euch später an die Einzelheiten des Textes noch erinnern können werdet.

http://tiny.cc/6pikcy

2.2   Volumenarbeit und Wärme

Volumenarbeit begegnet uns in der Praxis an vielen Stellen, sei es bei der Bewegung eines Kolbens im Motorraum, bei Gasreaktionen in chemischen Prozessen oder bei der Atmung in biologischen Systemen. Aber was genau ist Volumenarbeit eigentlich? Bei der Volumenarbeit wird von einem (geschlossenen) System Arbeit verrichtet, wenn sich das Volumen des Systems gegen einen äußeren Druck p_{ex} um einen bestimmten Betrag dV ausdehnt (vgl. Abb. 2.3, wobei in diesem Beispiel eine Fläche A um die Strecke dz verschoben wird. Die Volumenänderung entspricht damit $dV = A \cdot dz$.).

Welche Arbeit wird vom System dabei verrichtet? Betrachtet man eine infinitesimale Änderung der Arbeit dW, dann gilt für diese nach Gl. 2.2 aus dem letzten Abschnitt:

$$dW = -F \cdot ds = -F \cdot dz$$

Abb. 2.3 Volumenarbeit. Verschiebt man die Fläche A im Zylinder um die Strecke dz, dann nimmt das Volumen um den Betrag dV zu. Adaptiert nach: Physical Chemistry, Eighth Edition by Atkins & de Paula (2006). By permission of Oxford University Press

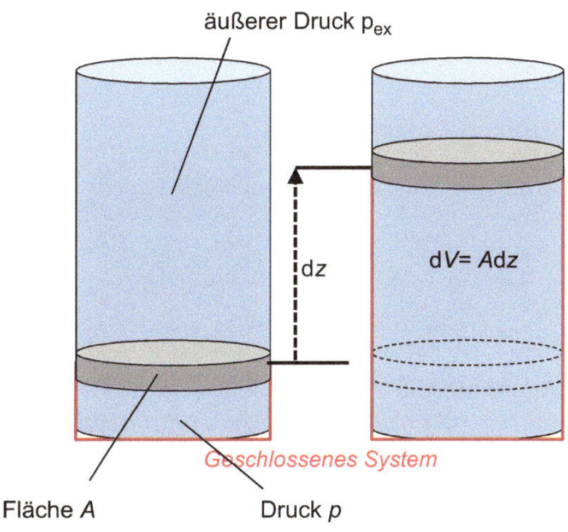

Das Minuszeichen kommt daher, dass das System bei der Verrichtung von Volumenarbeit Energie an die Umgebung abgibt und seine Innere Energie dabei abnimmt. An die Umgebung des Systems wird der gleiche Betrag an Energie abgegeben und dort als Erhöhung der Inneren Energie „verbucht". Mit $dz = dV/A$ ergibt sich:

$$dW = -F \cdot \frac{dV}{A} = -\frac{F}{A} \cdot dV = -p_{ex} \cdot dV \tag{2.3}$$

Beim letzten Schritt ist hier zu beachten, dass der Quotient aus Kraft F und Fläche A dem Druck p_{ex} entspricht, der auf dem System lastet. Damit ergibt sich nach Integration dieser Gleichung für die Arbeit W:

$$W = \int_{V_1}^{V_2} p_{ex} \cdot dV \tag{2.4}$$

Anhand dieser Gleichung lässt sich zeigen, dass bei einer Volumenzunahme (Expansion, $V_2 > V_1$) die Arbeit $W < 0$ wird und das System damit Energie verliert. Bei einer Volumenabnahme (Kompression, $V_2 < V_1$) gewinnt das System an Energie und $W > 0$.

Je nach Größe von p_{ex} lassen sich nun verschiedene Fälle für W unterscheiden:

a   Expansion ins Vakuum ($p_{ex} = 0$)
b   Isobare Expansion ($p_{ex} = $ const.)
c   Reversible isotherme Expansion ($p_{ex} = (n \cdot R \cdot T)/V$)

Expansion ins Vakuum

Im Fall a gilt mit $p_{ex} = 0$ auch $W = 0$. Das System verrichtet bei der Expansion ins Vakuum keine Arbeit. Dieser Fall tritt in der Praxis allerdings so gut wie nie auf (da die meisten Prozesse eben gerade nicht im Vakuum ablaufen), sodass wir ihn hier auch nur der Vollständigkeit halber aufführen, aber weiterhin nicht berücksichtigen wollen.

Isobare Expansion

Im Fall b können wir den Druck p_{ex} vor das Integral ziehen und es ergibt sich:

$$W = -\int_{V_1}^{V_2} p_{ex} \cdot dV = -p_{ex} \cdot \int_{V_1}^{V_2} dV = -p_{ex} \cdot (V_2 - V_1) \tag{2.5}$$

Diese Arbeit entspricht dem Flächeninhalt des Rechtecks, welches im p-V-Diagramm durch den Druck p_{ex} und die Volumendifferenz $\Delta V = V_2 - V_1$ aufgespannt wird (Abb. 2.4).

An dieser Stelle lohnt es sich, kurz innezuhalten und sich zu fragen: Warum eigentlich entspricht der Flächeninhalt hier einer Energie? Dass man mit dem Integral die Fläche

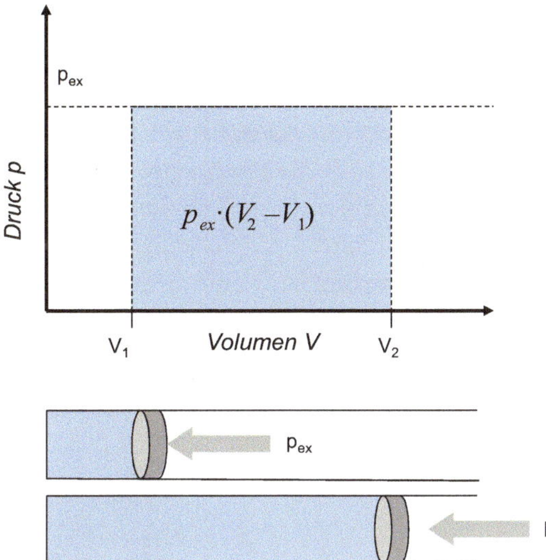

Abb. 2.4 Isobare Volumenarbeit. Die Arbeit, die das System gegen einen konstanten äußeren Druck bei der Expansion leistet, ist durch die farblich hervorgehobene Fläche im *p-V*-Diagramm markiert. Adaptiert nach: Physical Chemistry, Eighth Edition by Atkins & de Paula (2006). By permission of Oxford University Press

ausrechnen kann, mag uns aufgrund unserer mathematischen Vorkenntnisse noch einleuchten, aber wie kann man aus dem Diagramm eine Energie ableiten? Schauen wir uns dazu noch einmal das Diagramm in Abb. 2.4 an: Auf der Ordinate ist der Druck p (in der Einheit Pa = N/m^2) aufgetragen. Auf der Abszisse steht das Volumen V (in der Einheit m^3). Wenn man nun in diesem Diagramm (oder einem beliebigen anderen!) eine Fläche innerhalb des Diagramms betrachtet, dann entspricht die Einheit dieser Fläche dem Produkt der Einheiten der Größen, die auf Ordinate und Abszisse stehen. Damit ergibt sich für die Einheit der Fläche im p-V-Diagramm (hier ist zu beachten: [x] bedeutet „Einheit von x ist …"):

$$[p \cdot V] = \frac{\mathrm{N}}{\mathrm{m}^2} \cdot \mathrm{m}^3 = \mathrm{N} \cdot \mathrm{m} = \mathrm{J}$$

Die Logik dahinter ist wieder das bereits erwähnte *„quantity calculus"*: Genauso wie man die beiden Zahlenwerte zur Berechnung der Fläche miteinander multipliziert, werden auch die entsprechenden Einheiten miteinander multipliziert. Das funktioniert übrigens auch, wenn es sich bei der Fläche nicht um ein Rechteck handelt, da die Einheit für jede beliebige Fläche innerhalb des Diagramms die gleiche ist.

Beispiel

Nehmen wir einmal an, 1 mol Heliumgas würde sich bei einem Druck von 1013 mbar isobar von 20 L auf ein Endvolumen von 40 L ausdehnen. Welche Volumenarbeit würde das Gas dabei verrichten?

$$W = -p_{ex} \cdot (V_2 - V_1) = -1{,}013 \cdot 10^5\,\mathrm{Pa} \cdot 20 \cdot 10^{-3}\,\mathrm{m}^3 = -2{,}03\,\mathrm{kJ}$$

Das Heliumgas verliert demnach bei der Expansion einen Betrag von gut 2 kJ an Energie, die als Innere Energie in der Umgebung verbleibt. Schaut man sich die Aufgabenstellung und das Ergebnis etwas genauer an, dann mag man sich fragen, warum eigentlich die Stoffmenge von 1 mol gegeben ist? Denn immerhin tritt die Stoffmenge in der Formel zur Berechnung der isobaren Volumenarbeit überhaupt nicht auf. Andererseits würde man schon erwarten, dass eine größere Stoffmenge bei der Expansion auch eine größere Energie an die Umgebung überträgt. Machen wir einen Denkfehler? Ist die Formel falsch? Weder noch: Halten wir uns einfach vor Augen, dass das Produkt aus Druck p und Volumen V gemäß dem idealen Gasgesetz gleich dem Produkt aus Stoffmenge n, Gaskonstante R und Temperatur T ist. Das bedeutet für unsere Stoffmenge von 1 mol, dass unser System am Ende des Prozesses bei einer Temperatur von

$$T = \frac{p \cdot V}{n \cdot R} = \frac{1{,}013 \cdot 10^5 \, \text{Pa} \cdot 40 \cdot 10^{-3} \, \text{m}^3}{1 \, \text{mol} \cdot 8{,}314 \frac{\text{J}}{\text{mol} \cdot \text{K}}} = 487{,}4 \, \text{K}$$

vorliegt (214,2 °C). Hätten wir insgesamt 2 mol Heliumgas vorliegen, dann würde die Endtemperatur nur 243,7 K betragen (eine größere Stoffmenge kann die gleiche Arbeit auch bei einer geringeren Temperatur verrichten).

Beispiel

Schauen wir uns noch ein Beispiel aus dem Labor an. Angenommen, eine Menge von 50 g Rubidium würde mit (flüssigem) Wasser unter isobaren Bedingungen bei 25 °C vollständig reagieren – welche Volumenarbeit verrichtet das bei dieser Reaktion entstehende Gas? Wir betrachten die dabei ablaufende Reaktion:

$$\text{Rb}(s) + \text{H}_2\text{O}(l) \rightarrow \frac{1}{2}\text{H}_2(g) + \text{RbOH}(aq)$$

Pro mol Rubidium, das verbraucht wird, entsteht also ein halbes mol Wasserstoffgas. In unserem Fall entstehen:

$$n(\text{H}_2) = \frac{1}{2} \cdot n(\text{Rb}) = \frac{1}{2} \cdot \frac{m_{\text{Rb}}}{M_{\text{Rb}}} = \frac{50 \, \text{g}}{2 \cdot 85{,}5 \frac{\text{g}}{\text{mol}}} = 0{,}29 \, \text{mol}$$

Zur Berechnung der Volumenarbeit lässt sich Gl. 2.5 durch Berücksichtigung des idealen Gasgesetzes folgendermaßen umformen (Man beachte: Da zu Beginn der

Reaktion kein Wasserstoff vorliegt, ist auch $V_1 = 0$.):

$$W = -p_{\text{ex}} \cdot (V_2 - V_1) = -p_{\text{ex}} \cdot V_2 = -p_{\text{ex}} \cdot \frac{R \cdot T \cdot n_{\text{H}_2}}{p_{\text{ex}}} = -R \cdot T \cdot n_{\text{H}_2}$$

Setzt man die Zahlenwerte aus der Aufgabe ein, dann ergibt sich:

$$W = -8{,}314 \, \frac{\text{J}}{\text{mol} \cdot \text{K}} \cdot 298{,}15 \, \text{K} \cdot 0{,}29 \, \text{mol} = -719 \, \text{J}$$

Reversible isotherme Expansion

Im Fall c ist der Druck p_{ex}, der während der Expansion bzw. Kompression auf dem System lastet, zu jedem Zeitpunkt genauso groß wie der Druck des Gases, welches im System vorliegt. Wie lässt sich dies anschaulich erklären? Wenn doch beide Drücke gleich groß sind, dann dürfte eigentlich weder eine Expansion noch eine Kompression möglich sein. Schauen wir uns dazu einmal Abb. 2.5 an. Hier liegt ein Gas (rot) innerhalb eines geschlossenen Systems vor. Auf dem Gas befindet sich ein beweglicher Kolben (schwarz), der mit mehreren Gewichten (blau) beschwert ist. Gehen wir weiterhin davon aus, dass der Druck, den

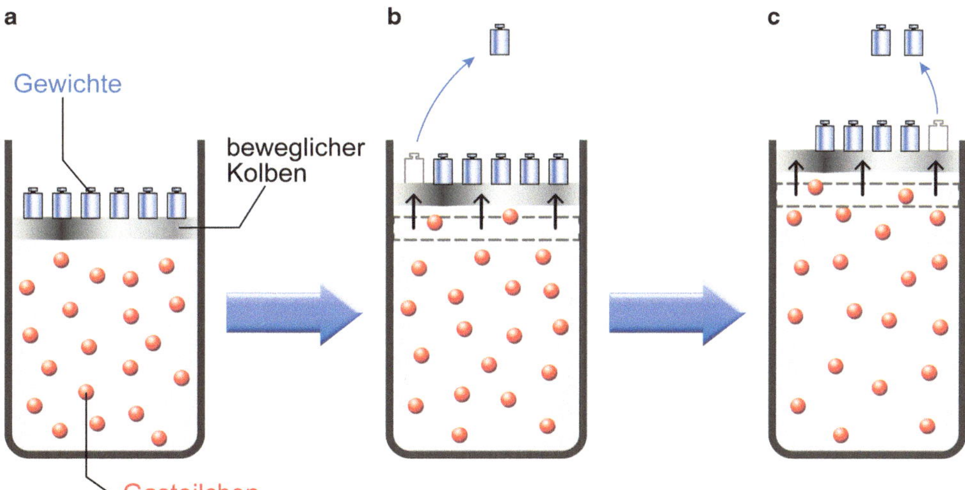

Abb. 2.5 Isotherme Expansion. Die Gewichte in (**a**) üben eine Kraft aus, die dem Druck der Gasteilchen äquivalent sind. Entfernt man ein Gewicht (**b**), dann ist der Druck größer als die Gewichtskraft und der Kolben bewegt sich nach oben. Entfernung weiterer Gewichte führt zu einer weiteren Bewegung des Kolbens nach oben (**c**). Adaptiert nach: Physical Chemistry, Eighth Edition by Atkins & de Paula (2006). By permission of Oxford University Press

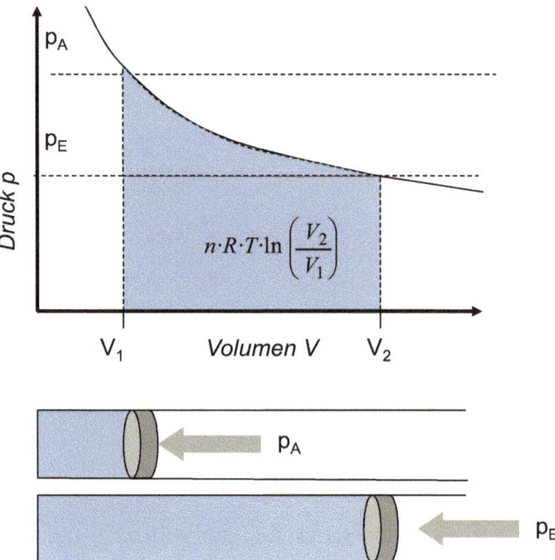

Abb. 2.6 Reversible Expansion. Die Arbeit, die das System bei einer isothermen Expansion leistet, ist durch die farblich hervorgehobene Fläche im p-V-Diagramm markiert

die Gewichte ausüben, genauso groß sei wie der Druck, mit dem das Gas „von unten" gegen den Kolben drückt (Abb. 2.5a). Wenn man nun ein Gewicht entfernt (Abb. 2.5b), dann ist der Druck, den das Gas ausübt, ein wenig größer als der Druck, der auf das Gas ausgeübt wird, und der Kolben wird ein wenig nach oben verschoben, bis die Druckäquivalenz wieder gegeben ist. Entfernt man ein weiteres Gewicht (Abb. 2.5c), dann findet dieser Vorgang erneut statt.

Wenn man nun die Gewichte unendlich klein macht, dann nähert man sich der Situation, dass der Kolben nicht „sprunghaft", sondern „kontinuierlich" verschoben wird. Der Physikochemiker spricht in diesem Fall von einem „reversiblen Prozess". Im p-V-Diagramm lässt sich der Prozess wie in Abb. 2.6 dargestellt visualisieren. Wir kennen diese Darstellung bereits als „Isotherme des idealen Gases".

Die Volumenarbeit ist, wie bereits im isobaren Fall, nichts anderes als die Fläche unterhalb der Kurve zwischen den Grenzen V_1 (Anfangsvolumen) und V_2 (Endvolumen). Für die Berechnung der Volumenarbeit lässt sich in diesem Fall folgende Formel herleiten:

$$W = -\int_{V_1}^{V_2} p_{\text{ex}} \cdot dV = -\int_{V_1}^{V_2} p_{\text{innen}} \cdot dV = \int_{V_1}^{V_2} \frac{n \cdot R \cdot T}{V} \cdot dV = -n \cdot R \cdot T \cdot \int_{V_1}^{V_2} \frac{1}{V} \cdot dV \tag{2.6}$$

$$= -n \cdot R \cdot T \cdot \ln \frac{V_2}{V_1}$$

Bitte beachten Sie, dass wir bei der Herleitung dieser Formel davon ausgegangen sind, dass sich das Gas innerhalb unseres geschlossenen Systems als ideales Gas verhält.

An diesem Punkt ein Wort zum Umgang mit mathematischen Gleichungen in der Physikalischen Chemie. Wir haben bereits im ersten Kapitel gesagt, dass mathematische Gleichungen für uns das Handwerkszeug sind, um die Brücke zu schlagen zwischen einer Messgröße und einer experimentell nicht unmittelbar zugänglichen Größe, die uns interessiert. Erfahrungsgemäß wird dieses Werkzeug aber sehr häufig falsch eingesetzt. Ein typischer Anfängerfehler in der Physikalischen Chemie ist der Reflex, in eine Gleichung sofort Zahlenwerte einzusetzen, um dann ein Ergebnis zu berechnen. Das ist sicherlich einer Erläuterung bedürftig, da Sie jetzt sagen werden: „Wozu in aller Welt soll denn eine Gleichung sonst gut sein, wenn nicht zur Berechnung eines konkreten Zahlenwertes? Was soll ich denn noch mit einer solchen Gleichung anstellen?" Für den Physikochemiker steht aber zunächst einmal im Vordergrund, unabhängig von Zahlenwerten über die Gleichung einige grundsätzliche Dinge über die jeweils betrachtete Größe zu erfahren. Er fragt sich beispielsweise: „Unter welchen Bedingungen wird das Ergebnis positiv (Zunahme der Energie) oder negativ (Abnahme der Energie)?" Oder: „Gibt es Einschränkungen bezüglich des Wertebereichs der Gleichung?" Und wenn ich diese Fragen beantworten kann, habe ich bereits eine ganze Menge über meine Gleichung (und damit die Größe) gelernt – und das, bevor ich anfange, etwas Konkretes auszurechnen!

Schauen wir uns unter diesem Blickwinkel unsere Gleichung noch einmal an:

$$W = -n \cdot R \cdot T \cdot \ln \frac{V_2}{V_1}$$

Auch hier lässt sich (wie bereits im Fall der isobaren Prozesse) zeigen, dass für $V_2 > V_1$ die Volumenarbeit $W < 0$ wird (bei der Expansion verringert sich die Innere Energie des Systems), im Fall $V_2 < V_1$ wird die Volumenarbeit $W > 0$ (bei der Kompression erhöht sich die Innere Energie des Systems).

Dies lässt sich durch Kenntnis des Verlaufs der Funktion $f(x) = \ln(x)$ identifizieren, da diese das Vorzeichen in unserer Funktion W festlegt (die Stoffmenge n, die Gaskonstante R und die Temperatur T sind immer positiv). Die Funktion $\ln(x)$ nimmt bei einem Wert von $x = 1$ (dieser Fall tritt ein, wenn $V_2 = V_1$ ist) den Wert 0 an (was auch in unserem Fall logisch ist, da es bei diesem isochoren Prozess keine Volumenarbeit gibt). Bei $x > 1$ (in unserem Fall $V_2 > V_1$) wird der Logarithmus positiv und aufgrund des negativen Vorzeichens der Funktion W ist das Gesamtergebnis kleiner null. Bei $x < 1$ (in unserem Fall $V_2 < V_1$) wird der Logarithmus positiv und aufgrund des negativen Vorzeichens der Funktion W ist das Gesamtergebnis größer null.

Im Vergleich zur Formel für die isobare Volumenarbeit fällt uns aber noch etwas auf: Wenn wir den gleichen Endzustand (p_E, V_E) erreichen, dann ist der Betrag der Volumenarbeit W im isothermen Fall größer als beim isobaren Prozess (immer vorausgesetzt, dass zu Beginn jeweils das gleiche Volumen V_1 vorlag). Dies ist durch den Vergleich der Flächen in beiden Fällen ersichtlich. Wir würden also erwarten, dass im Fall einer reversiblen isothermen Expansion eine höhere Volumenarbeit vom System an der Umgebung geleistet wird als im Fall einer isobaren Expansion.

Mit diesen Vorüberlegungen ausgestattet schauen wir uns jetzt einmal ein konkretes Rechenbeispiel an, denn immerhin will natürlich auch der Physikochemiker letzten Endes eine Zahl erhalten. Diese möchte er aber eben erst dann berechnen, wenn er zuvor die verwendete Gleichung verstanden hat, wie wir es eben für das Beispiel der reversiblen isothermen Volumenarbeit vorgeführt haben.

Beispiel

Welche Volumenarbeit verrichtet 1 mol Heliumgas bei der reversiblen isothermen Expansion von 20 L auf 40 L bei einer Temperatur von 214,2 °C (dies entspricht der Endtemperatur des isobaren Prozesses aus Beispiel 1)?

$$W = -n \cdot R \cdot T \cdot \ln \frac{V_2}{V_1} = -1\,\mathrm{mol} \cdot 8{,}314\,\frac{\mathrm{J}}{\mathrm{mol} \cdot \mathrm{K}} \cdot 487{,}4\,\mathrm{K} \cdot \ln \frac{40}{20} = -2{,}81\,\mathrm{kJ}$$

Bei der isothermen Expansion verrichtet das System also mehr Arbeit an der Umgebung als bei der vergleichbaren isobaren Expansion. Dieses Resultat haben wir bereits aufgrund unserer Vorüberlegungen erwartet und können das Ergebnis daher zumindest einmal als „plausibel" einstufen.

Eine Anmerkung noch zu der letzten Berechnung: Wie Sie sehen können, haben wir die Temperatur in die SI-Einheit Kelvin (K) umgerechnet, die Volumenangaben im Argument des natürlichen Logarithmus hingegen in der Einheit Liter (L) belassen. Dies können wir an dieser Stelle machen, da sich die Einheit des Volumens durch den Bruch herauskürzt und bei der Umrechnung in eine andere Einheit (z. B. m^3) auch der in diesem Fall multiplikative Umrechnungsfaktor durch Kürzen herausfallen würde. Im Fall eines additiven Umrechnungsfaktors (wie es beispielsweise bei der Temperatur der Fall wäre) muss allerdings die Umrechnung in die SI-Einheit erfolgen, da sich der Umrechnungsfaktor nicht herauskürzen würde.

Die Wärme Q und die Wärmekapazitäten c_p und c_v

Mit der Volumenarbeit W haben wir einen Bestandteil des 1. Hauptsatzes der Thermodynamik verstanden. Was uns noch fehlt, ist das Werkzeug, mit dem wir die Wärme Q berechnen können. Die Erfahrung lehrt uns, dass die Zufuhr von Wärme zu einem System zu einer Erhöhung der Temperatur des Systems führt. Wir wollen unsere Betrachtung daher in diesem Fall auf isobare und isochore Prozesse beschränken.

Isobare Prozesse

Bei einem isobaren Prozess hängen die zwischen System und Umgebung ausgetauschte differentielle Wärmeenergie δQ und die daraus resultierende differentielle Temperaturänderung dT folgendermaßen zusammen:

$$\delta Q = n \cdot c_p \cdot dT \tag{2.7}$$

Es ist ersichtlich, dass die Stoffmenge n in der Gleichung steht, da es von der Systemgröße abhängt, wie viel Wärmeenergie einem System zugeführt werden muss, um eine bestimmte Temperaturänderung hervorzurufen (für 2 L Wasser benötige ich mehr Energie als für 1 L Wasser). Die zweite Größe in der Gleichung ist die Wärmekapazität bei konstantem Druck c_p ($[c_p] = J \cdot mol^{-1} \cdot K^{-1}$ oder $[c_p] = J \cdot g^{-1} \cdot K^{-1}$, je nachdem, ob man sich auf die Stoffmenge oder die Masse der betrachteten Substanz bezieht). Sie gibt an, welche Energie pro mol oder pro g eines Stoffes erforderlich ist, um eine Temperaturänderung von 1 K hervorzurufen. Je höher die Wärmekapazität eines Stoffes, desto mehr Energie ist erforderlich, um die Temperatur des Stoffes zu erhöhen.

Mit Gl. 2.7 alleine lässt sich allerdings keine konkrete Berechnung durchführen, da wir noch infinitesimal kleine Änderungen betrachten. Wir integrieren die Gleichung daher und erhalten dadurch die Möglichkeit, die Wärmeenergie unmittelbar zu berechnen. Dabei müssen wir noch zwischen zwei unterschiedlichen Fällen differenzieren. Zum einen kann es sein, dass im betrachteten Temperaturintervall die Wärmekapazität c_p als konstant angesehen und daher bei der Integration vor das Integral gezogen werden kann:

$$Q = n \cdot \int_{T_1}^{T_2} c_p \cdot dT = n \cdot c_p \cdot \int_{T_1}^{T_2} dT = n \cdot c_p \cdot (T_2 - T_1) = n \cdot c_p \cdot \Delta T \tag{2.8}$$

Dieser Fall tritt üblicherweise dann auf, wenn die Temperaturdifferenz „nicht allzu groß ist". Dabei lässt sich bezüglich der tatsächlichen Größe des Gültigkeitsbereichs dieser Näherung keine eindeutige Aussage treffen. Wichtig ist aber zunächst einmal, dass im betrachteten Temperaturintervall kein Phasenübergang stattfindet (was in einem solchen Fall zu tun ist, davon an gegebener Stelle mehr).

Beispiel

Welche Wärmeenergie ist erforderlich, um 1 kg flüssiges Wasser isobar von 25 °C auf 100 °C zu erwärmen? Die Wärmekapazität c_p von Wasser betrage 75,2 J·mol^{-1}·K^{-1}.

$$Q = n \cdot c_p \cdot \Delta T = \frac{m}{M} \cdot c_p \cdot \Delta T = \frac{1000\,g}{18{,}02\,\frac{g}{mol}} \cdot 75{,}2\,\frac{J}{mol \cdot K} \cdot 75\,K = 313\,kJ$$

In diesem Beispiel wird auch ersichtlich, wie man aus gemessenen Daten (Temperatur T) eine nicht unmittelbar durch eine Messung zugängliche Größe wie die Wärmeenergie Q bestimmen kann.

Wie gehe ich vor, wenn die Wärmekapazität nicht konstant ist, d. h. von der Temperatur abhängt und sich im betrachteten Temperaturintervall ändert? In diesem Fall muss ich natürlich diese Temperaturabhängigkeit explizit berücksichtigen. Nehmen wir einmal an, dass unsere Wärmekapazität durch folgende Funktion beschrieben wird:

$$c_p(T) = a + b \cdot T + c \cdot T^2$$

Die Größen a, b und c seien hier Konstanten.

Dann ergibt sich für die Wärmeenergie Q:

$$Q = n \cdot \int_{T_1}^{T_2} c_p(T) \cdot \mathrm{d}T = n \cdot \int_{T_1}^{T_2} \left(a + b \cdot T + c \cdot T^2 \right) \cdot \mathrm{d}T$$

$$= n \cdot \left. \left(a \cdot T + \frac{1}{2} \cdot b \cdot T^2 + \frac{1}{3} \cdot c \cdot T^3 \right) \right|_{T_1}^{T_2}$$

$$= n \cdot \left(a \cdot (T_2 - T_1) + \frac{1}{2} \cdot b \cdot \left(T_2^2 - T_1^2 \right) + \frac{1}{3} \cdot c \cdot \left(T_2^3 - T_1^3 \right) \right)$$

Isochore Prozesse

Bei einem isochoren Prozess lässt sich die gleiche Argumentationskette verfolgen wie im Fall eines isobaren Prozesses. Der einzige Unterschied besteht darin, dass man hier zur Berechnung die molare Wärmekapazität bei konstantem Volumen (c_v) verwendet. Die mathematischen Zusammenhänge sind ansonsten identisch.

Differentielle Änderung:

$$\delta Q = n \cdot c_V \cdot \mathrm{d}T \tag{2.9}$$

Berechnung von Q bei konstantem c_v:

$$Q = n \cdot \int_{T_1}^{T_2} c_V \cdot \mathrm{d}T = n \cdot c_V \cdot \int_{T_1}^{T_2} \mathrm{d}T = n \cdot c_V \cdot (T_2 - T_1) = n \cdot c_V \cdot \Delta T \tag{2.10}$$

Berechnung von Q bei nichtkonstantem (von der Temperatur abhängigem) c_v:

$$Q = n \cdot \int_{T_1}^{T_2} c_V(T) \cdot \mathrm{d}T \tag{2.11}$$

Übungsaufgaben

Aufgabe 2.2.1

1 L n-Pentan ($\rho = 0{,}63\,\mathrm{g\cdot mL^{-1}}$, $c_p = 120{,}2\,\mathrm{J\cdot mol^{-1}\cdot K^{-1}}$) wird mittels eines Tauchsieders ($U = 30\,\mathrm{V}$ und $I = 0{,}60\,\mathrm{A}$) von 20 °C auf 25 °C erwärmt. Wie lange dauert dieser Prozess, wenn Sie von einer konstanten Spannung und einer konstanten Stromstärke ausgehen?

Lösung:

http://tiny.cc/tpikcy

Aufgabe 2.2.2

5 g Na(s) werden bei 25 °C in konzentrierter Schwefelsäure gelöst. Welche Volumenarbeit leistet das dabei entstehende Gas an der Umgebung?

Lösung:

http://tiny.cc/qnikcy

Aufgabe 2.2.3

Welche Volumenarbeit leistet ein System (10 g Stickstoffgas) bei einer Temperatur von 120 °C, wenn es von seinem Ausgangsvolumen aus auf das 2,5-fache reversibel isotherm expandiert?

Lösung:

http://tiny.cc/ynikcy

Der Tempel

Am nächsten Morgen begebt Ihr Euch mehr oder weniger ausgeruht (und mehr oder weniger geplagt von den Wanzen, die sich auf Eurer nächtlichen Ruhestätte breitgemacht hatten) wieder in die Stadt. Auf dem Weg dahin blickt Ihr ein wenig ratlos das felsige Gebirgsmassiv an, das sich vor Euren Augen am Rande von Energia auftürmt. Was hatte der Stadtälteste Euch noch erzählt? Auf der anderen Seite des Berges ein Schiff nehmen? Ihr habt zwar noch nicht unmittelbar vor, die Insel der Energie zu verlassen, aber dennoch werdet Ihr euch irgendwann einmal Gedanken um Eure weitere Reise machen müssen und auch, wie Ihr nach all Euren Erkundungen wieder von dieser Insel wegkommt. Insofern wäre ein Hafen sicherlich nicht die schlechteste Idee. Aber über den Berg? Das ist natürlich leicht gesagt, wenn man in einer behaglichen Stube mitten in der Stadt sitzt. Aber wie sollt Ihr das bloß bewerkstelligen? Ihr seid nicht besonders erfahren im Klettern und es ist auch kein Pfad ersichtlich, den man einschlagen könnte, ohne eine halbe Stunde später Gefahr zu laufen, durch einen unbedachten Schritt oder eine andere Unachtsamkeit zu stürzen und sich dabei sämtliche Knochen zu brechen.

Als Ihr aus Euren Gedanken wieder aufschaut, bemerkt Ihr, dass der Weg Euch zu einem imposanten Tempelgebäude mit goldenen Kuppeln geführt hat.

Da Ihr gegenwärtig ohnehin keine bessere Alternative habt, beschließt Ihr, das Gebäude zu betreten. Lautlos gleitet die Tür auf und Ihr tretet in den Innenraum der Tempelanlage. Dort ist es ebenso still wie draußen, nur ein kleiner Brunnen plätschert leise vor sich hin. Weit und breit ist keine Menschenseele zu sehen. Die Anlage sieht aber sehr gepflegt aus, sodass das Gebäude zumindest nicht verlassen scheint. Ihr beschließt, einen Moment lang in Euch zu gehen und auf Eure innere Stimme zu hören. Vielleicht kann sie Euch ja einen Rat geben, was jetzt zu tun ist? Langsam schließt Ihr die Augen … und zu Eurer großen Verblüffung und Überraschung scheint Euch die innere Stimme (oder wer oder was auch immer) tatsächlich zu antworten:

> *Der Weg nach oben ist immer beschwerlicher als der Weg nach unten.*
> *Und wenn der Aufstieg unmöglich scheint, dann senke demütig deinen Blick.*
> *Denn manchmal ist es nicht der Weg über die höchsten Gipfel, der Erlösung bringt.*
> *Der gerade Weg ist oft der richtige für den, der das Wort mit sich bringt.*

Dann ist es auf einmal wieder still. Nur das Plätschern des Brunnens bricht sich dezent Bahn durch die Halle des Tempels. Außer Euch ist immer noch niemand zu sehen. Was sollte das bedeuten? Weg nach oben? Anstieg? Gerader Weg? Und was bedeutet es, dass man „das Wort mit sich bringen muss"? Ihr versteht nicht so recht, was Euch das alles sagen soll, und beginnt darüber zu grübeln, als Ihr plötzlich eine Stimme von hinten vernehmt: „Die Hauptsätze zum Gruße!"

Ihr dreht Euch um und erblickt eine junge Frau mit einem weißen Gewand, über das sie ein rotes Skapulier geworfen hat. Ihre blonden Haare hat sie zu einem Zopf geflochten, der ihr locker über die rechte Schulter hängt.

„Seid willkommen im Tempel des Ersten Satzes. Mein Name ist Entalpia. Ich bin die Hüterin der Gleichungen in diesem sakralen Bau. Und wenn ich es richtig sehe, seid Ihr auf der Suche nach Erkenntnis und Erleuchtung. Diejenigen mit der reinsten Seele erhalten in diesen Hallen meist einen Wink der Hauptsätze in Form eines Rätsels."

Erstaunt über ihre Worte berichtet Ihr, was Ihr soeben in der Stille gehört habt. Schweigend hört sie Euch an und denkt nach, dann sagt sie: „Der Weg nach oben – damit könnte der Aufstieg auf den Berg gemeint sein." Ja, denkt Ihr Euch, das kann durchaus sein, denn immerhin versucht gefühlt die halbe Stadt Euch möglichst schnell wieder loszuwerden – und der Pfad auf den Gipfel scheint da der einzige Weg zu sein. Entalpia spricht weiter: „Nun, dass dieser beschwerlicher als der Weg nach unten ist, überrascht mich auch nicht. Wenn der Aufstieg unmöglich scheint … – ja, diesen Punkt werdet Ihr durchaus irgendwann erreichen. Aber warum es Euch etwas bringen sollte, dort demütig den Blick zu senken, ist mir noch nicht ganz klar. Nicht der Weg über die höchsten Gipfel, sondern der gerade Weg – soll das bedeuten, dass es vielleicht noch einen anderen Weg über den Berg geben könnte?" Ihr fühlt die Abenteuerlust wieder in Euch aufkeimen. Aber was soll es bedeuten, dass diesen Weg offenbar nur beschreiten kann, wer das Wort mit sich bringt? Entalpia grübelt nach. Dann setzt sie mit einem Seufzen noch einmal an:

© Ben Maier/Ulisses Spiele

„Vor langer Zeit gab es einen zweiten Tempel. Hoch oben im Berg. Man nannte ihn den Tempel des Zweiten Satzes. Er wurde von einer Geweihten geleitet, die Schwester Entropia hieß. Mittlerweile ist das Gebäude aber verlassen und nicht mehr bewohnt. Man sagt sogar, dass es dort spuken soll. Ich kann mir aber nicht vorstellen, dass dies der Weg ist, der Euch gewiesen wurde."

Noch einmal runzelt sie kurz die Stirn, schüttelt dann aber den Kopf und sagt: „Entschuldigt mich jetzt bitte. Ich muss mich nun um die Vorbereitung der nächsten Predigt kümmern. Das Volk soll heute die Geschichte von Energia und Entalpia hören. Bleibt doch einfach, wenn Ihr der Predigt ebenfalls lauschen möchtet."

Ihr beschließt nach den Worten der Geweihten, in der Tat noch die Predigt anzuhören. Dazu nehmt Ihr auch ein Gesangbuch, das in einem kleinen Regal nahe dem Ausgang steht. Als Ihr es greift, fällt Euer Blick rein zufällig auf einen der Choräle darin: „Das Hohelied von Energia und Entalpia". Und Ihr beginnt gedankenverloren zu lesen …

http://tiny.cc/zpikcy

2.3 Innere Energie und Enthalpie

Nachdem wir im letzten Abschnitt Volumenarbeit und Wärme etwas näher betrachtet haben, sind wir nun in der Lage, den 1. Hauptsatz der Thermodynamik und die Zustandsfunktion der Inneren Energie U näher zu betrachten. Rufen wir uns den 1. Hauptsatz noch einmal in Erinnerung:

$$dU = \delta Q + \delta W$$

Wird dem System Energie in Form von Wärme Q oder Arbeit W zugeführt, dann steigt seine Innere Energie ($dU > 0$). Die Innere Energie eines Systems wird verringert ($dU < 0$), wenn das System Energie in Form von Wärme oder Arbeit an die Umgebung abgibt.

Unter Berücksichtigung von Gl. 2.9 und 2.3 können wir den 1. Hauptsatz für ein geschlossenes System nun folgendermaßen formulieren:

$$dU = n \cdot c_V \cdot dT - p \cdot dV \tag{2.12}$$

Betrachten wir diesen Ausdruck ein wenig genauer. Was wissen wir denn jetzt eigentlich von der Inneren Energie U? Wir wissen bereits, dass U eine Zustandsfunktion ist. Als Zustandsfunktion muss U ein Totales Differential dU besitzen. Aus Gl. 2.12 lässt sich nun ersehen, dass die Funktion U ganz offensichtlich von den Variablen T und V abhängt (da in der Gleichung dT und dV stehen, die jeweils die Schrittweite der Änderung der Variablen angeben, von denen die Funktion abhängt). Da es ein Totales Differential gibt, können wir also für dU im Fall eines geschlossenen Systems ($dn = 0$) ganz allgemein schreiben:

$$dU = \left(\frac{\partial U}{\partial T}\right)_V \cdot dT + \left(\frac{\partial U}{\partial V}\right)_T \cdot dV \tag{2.13}$$

Ganz allgemein hängt die Innere Energie U auch von der Stoffmenge n ab (da mit zunehmender Stoffmenge im System auch dessen Innere Energie U zunimmt). Es gibt daher auch eine partielle Ableitung

$$\left(\frac{\partial U}{\partial n}\right)_{T,V},$$

die jedoch im Fall eines abgeschlossenen Systems wegen $dn = 0$ nicht von Relevanz ist.

Spätestens an dieser Stelle sind einige erläuternde Worte angebracht. Über diese Gleichungen stolpert man zu Beginn einer Vorlesung zur Physikalischen Chemie immer – und fragt sich als Studierender, warum man diese kompliziert erscheinende mathematische Beschreibung eigentlich benötigt. Wir wissen doch, wie man Wärme und Arbeit berechnet – was benötigen wir darüber hinaus denn noch? Wir haben doch eigentlich alles, was wir benötigen! Was leistet diese mathematische Beschreibung mehr als die umgangssprachliche Formulierung?

Die Analogie zu unserer Geschichte mag sich hier vielleicht erschließen: Auch in religiösen Texten (wie dem Gesangbuch in unserer Geschichte) können wir den tieferen Sinn hinter den Wörtern nicht immer unmittelbar erschließen. Aber auch in der Religion – unabhängig davon, ob wir zum Beispiel als Christ, Moslem oder als Jude aufgewachsen sind – haben wir bestimmte Texte zunächst einmal auswendig gelernt (z. B. das „Vaterunser"), die dann Teil unseres kulturellen Erbes geworden sind. Als Chemiker können wir das Totale Differential der Inneren Energie U zunächst einmal ebenfalls als ein solches „kulturelles Erbe" auffassen. Es gehört einfach im Rahmen des Studiums der Physikalischen Chemie dazu, dass man sich damit beschäftigt und gelernt hat, damit umzugehen.

Für uns ist das aber nur ein schwacher Trost – und sicher keine befriedigende Erklärung, denn ein „Auswendiglernen" erscheint uns in unserer naturwissenschaftlich geprägten Kultur nicht ratsam. Wir möchten doch verstehen, was sich hinter dieser Formel verbirgt, bevor wir entscheiden, ob wir sie wirklich lernen, oder? Werfen wir doch noch einmal einen Blick auf unsere Analogie: Auch im religiösen Umfeld gibt es Menschen, die uns die Worte, die wir in Bibel oder Koran gelesen haben, in unsere heutige Sprache übersetzen und für uns verständlich auslegen. Und ebenso wie wir dadurch neue Einsichten gewinnen, wenn wir uns mit den Hintergründen der Geschichten beschäftigen, bringt uns vielleicht auch ein tieferer Einblick hinter die mathematische Formulierung des 1. Hauptsatzes der Thermodynamik ein tieferes Verständnis der Physikalischen Chemie.

Eine wichtige Methodik, die wir dem Leser in diesem Zusammenhang ans Herz legen möchten, ist die Frage: „Was heißt das eigentlich?" Machen Sie doch einfach einmal folgenden Versuch: Wenn Sie glauben, einen bestimmten Sachverhalt verstanden zu haben, dann fragen Sie sich dazu einfach einmal: „Was heißt das eigentlich?" Sie sollten dann in der Lage sein, diesen Sachverhalt mit einfachen Worten anschaulich zu erklären – und zwar ohne sich auf mathematische Gleichungen zurückziehen zu müssen! Wenn Ihnen das nicht gelingt, dann wagen wir zu behaupten, dass Sie den Sachverhalt doch noch nicht vollständig verstanden haben – jetzt aber auch wissen, um was es sich dabei handelt, und daher gezielter nach Antworten suchen können.

Wenden wir diese Methodik doch gleich einmal im Rahmen der Beschreibung des 1. Hauptsatzes der Thermodynamik für ein geschlossenes System an:

$$\mathrm{d}U = \left(\frac{\partial U}{\partial T}\right)_V \cdot \mathrm{d}T + \left(\frac{\partial U}{\partial V}\right)_T \cdot \mathrm{d}V \qquad (2.14)$$

Was heißt das eigentlich?

Die Größe $\mathrm{d}U$ ist ganz offensichtlich die Änderung der Inneren Energie unseres Systems. Diese Änderung wird durch zwei voneinander unabhängige Prozesse hervorgerufen: zum einen von einer Temperaturänderung $\mathrm{d}T$, zum anderen von einer Volumenänderung $\mathrm{d}V$. Nun müssen wir nur noch wissen, wie stark sich eine Änderung von Temperatur oder Volumen auf die Änderung der Inneren Energie auswirkt. Diese Information ist uns durch die partiellen Ableitungen zugänglich:

$$\left(\frac{\partial U}{\partial T}\right)_V$$

(Folgendermaßen zu lesen: „Wie stark reagiert die Innere Energie U auf eine Änderung der Temperatur T?")

$$\left(\frac{\partial U}{\partial V}\right)_T$$

(Folgendermaßen zu lesen: „Wie stark reagiert die Innere Energie U auf eine Änderung des Volumens V?")

Man kann sich das wie bei der Beschleunigung im Auto vorstellen: Die Geschwindigkeitsänderung ist abhängig davon, wie weit Sie das Gaspedal durchtreten (= Änderung einer Größe) und in welchem Gang Sie gerade fahren (= Einfluss der Änderung auf die Geschwindigkeit). So wird im ersten Gang eine deutlich größere Änderung bezüglich der Drehzahl des Motors registriert als im fünften Gang.

Nehmen wir einmal an, dass unser physikalisch-chemisches System sowohl durch eine Temperatur- als auch durch eine Volumenänderung beeinflusst würde. Dann bietet uns die mathematische Formulierung des 1. Hauptsatzes die Möglichkeit, diese einzelnen Einflüsse unabhängig voneinander zu betrachten. Da es sich bei der Inneren Energie U um eine Zustandsfunktion handelt, ist es für die Änderung der Funktion unerheblich, auf welchem Wege wir vom Ausgangszustand zum Endzustand kommen (Wegunabhängigkeit!). Wir können uns also vorstellen, dass wir das System zunächst einmal einer isochoren Erwärmung unterwerfen (Abb. 2.7) und anschließend einer isothermen Kompression (Abb. 2.8).

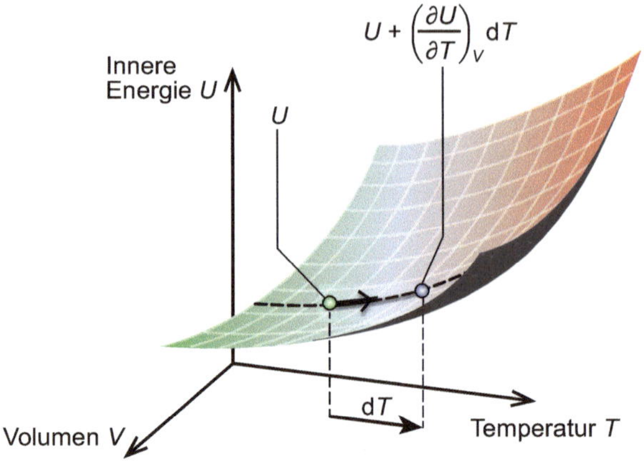

Abb. 2.7 Änderung der Inneren Energie U eines idealen Gases bei der isochoren Erwärmung. Adaptiert nach: Physical Chemistry, Eighth Edition by Atkins & de Paula (2006). By permission of Oxford University Press

Abb. 2.8 Änderung der Inneren Energie U eines idealen Gases bei der isothermen Kompression. Adaptiert nach: Physical Chemistry, Eighth Edition by Atkins & de Paula (2006). By permission of Oxford University Press

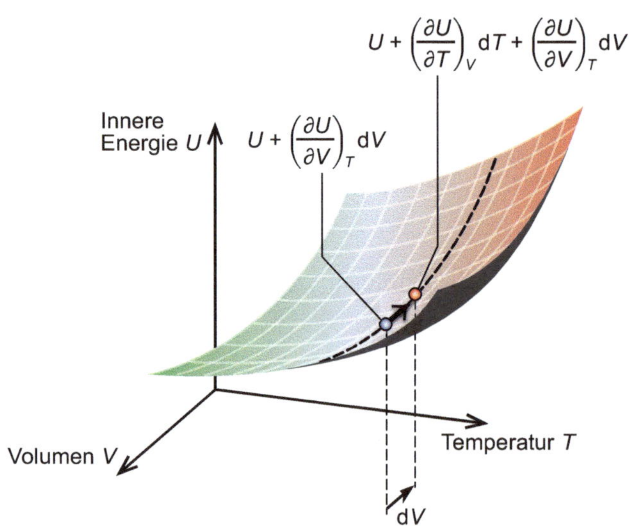

Die Summe aus beiden Energiebeträgen muss genauso groß sein wie die Energieänderung, die durch eine gleichzeitige Änderung von Temperatur T und Volumen V erreicht würde (Abb. 2.9).

Wir könnten uns auch dafür entscheiden, die Reihenfolge der Prozesse zu tauschen, also zunächst einmal eine isochore Erwärmung durchzuführen und dann erst die isotherme Expansion. In allen Fällen muss die Änderung der Inneren Energie gleich groß sein. Diese Betrachtungsweise mag uns für den Moment noch etwas abstrakt vorkommen, sie wird uns aber bei der thermodynamischen Beschreibung chemischer Reaktionen unschätzbare Dienste leisten.

Abb. 2.9 Änderung der Inneren Energie U eines idealen Gases bei gleichzeitiger Erwärmung und Kompression. Adaptiert nach: Physical Chemistry, Eighth Edition by Atkins & de Paula (2006). By permission of Oxford University Press

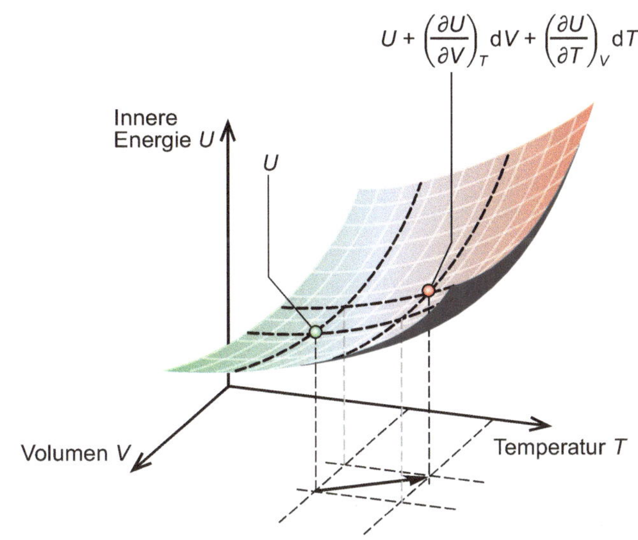

Bestimmung von Wärmekapazitäten

Weiterhin bietet uns die mathematische Formulierung des 1. Hauptsatzes die Möglichkeit, thermodynamische Größen aus experimentell leicht zugänglichen Messgrößen abzuleiten. Schauen wir uns dies am Beispiel der Wärmekapazität c_v an. Dazu blicken wir noch einmal auf die Formulierung des 1. Hauptsatzes, den wir eben kennengelernt haben:

$$dU = \delta Q + \delta W = n \cdot c_V \cdot dT - p \cdot dV$$

Gehen wir von einem isochoren Prozess aus ($dV = 0$), dann ergibt sich:

$$(dU)_V = \delta Q = n \cdot c_V \cdot dT \tag{2.15}$$

Die Wärmekapazität ist durch Messung der Temperaturänderung dT bei Zufuhr einer definierten Wärmemenge δQ (z. B. über einen Tauchsieder) experimentell leicht zugänglich:

$$\left(\frac{dU}{dT}\right)_V = \left(\frac{dQ}{dT}\right)_V = n \cdot c_V \tag{2.16}$$

Wenn man also die Temperaturänderung und die Wärmemenge experimentell bestimmt, dann lässt sich daraus die Wärmekapazität c_v bestimmen. Die Zustandsfunktion U beschreibt demnach den Wärmeaustausch zwischen System und Umgebung bei konstantem Volumen.

Eine Anmerkung noch zu Gl. 2.16: In der Gleichung sehen Sie, dass wir statt δQ an einer Stelle dQ geschrieben haben. Das können wir deshalb tun, da die Änderung der Inneren Energie des Systems in diesem Fall nur von einer einzigen Variablen (Temperatur T)

abhängt. Die Wärmekapazität c_v können wir also als Steigung der Funktion U (Innere Energie) in Abhängigkeit von der Variablen T (Temperatur) interpretieren.

Dieses Beispiel soll Ihnen verdeutlichen, wie sich der Physikochemiker die Mathematik als Werkzeug nutzbar macht, um sinnvolle Beziehungen zwischen experimentell leicht zugänglichen Größen herzustellen. Halten Sie sich das immer vor Augen: Mathematische Gleichungen und auch Herleitungen in der Physikalischen Chemie dienen immer einem Zweck – und werden nicht ihrer selbst wegen durchexerziert! Gehen Sie bei allen Betrachtungen davon aus, dass der Physikochemiker den für ihn geringstmöglichen Aufwand betrieben hat, um einen gewissen Sachverhalt zu beschreiben. Wenn Ihnen also eine Formel oder Herleitung zu kompliziert erscheint, dann deuten Sie das dahingehend, dass Sie die Formel oder Herleitung noch nicht vollständig verstanden haben. Nutzen Sie in diesem Fall unsere „Was heißt das eigentlich?"-Methodik.

Die Enthalpie H

Viele chemische Reaktionen laufen nicht bei isochoren, sondern bei isobaren Prozessen (p = const.) ab. Wie lassen sich die energetischen Verhältnisse hier beschreiben? Schauen wir uns den 1. Hauptsatz in diesem Zusammenhang an:

$$\mathrm{d}U = \delta Q + \delta W = \delta Q - p \cdot \mathrm{d}V \tag{2.17}$$

$$(\mathrm{d}U)_p = \delta Q - p \cdot \mathrm{d}V \tag{2.18}$$

Integriert man letztere Gleichung zwischen einem Anfangs- und einem Endzustand, dann ergibt sich:

$$U_{\mathrm{Ende}} - U_{\mathrm{Anfang}} = Q - p \cdot \left(V_{\mathrm{Ende}} - V_{\mathrm{Anfang}} \right) \tag{2.19}$$

Nach Umstellen dieser Gleichung erhält man:

$$\left(U_{\mathrm{Ende}} + p \cdot V_{\mathrm{Ende}} \right) - \left(U_{\mathrm{Anfang}} + p \cdot V_{\mathrm{Anfang}} \right) = Q \tag{2.20}$$

Dieser Gleichung zufolge wird der Wärmeaustausch Q zwischen System und Umgebung offenbar von einer Funktion $U + p \cdot V$ beschrieben. Diese Funktion wird in der Physikalischen Chemie Enthalpie H genannt. Die Zustandsfunktion H beschreibt den Wärmeaustausch zwischen System und Umgebung bei konstantem Druck.

$$H = U + p \cdot V \tag{2.21}$$

Analog zur Betrachtung bei der Inneren Energie U lässt sich zeigen, dass man mittels der Enthalpie eine Möglichkeit hat, die Wärmekapazität bei konstantem Druck c_p experimentell leicht zu ermitteln:

$$\left(\frac{\mathrm{d}H}{\mathrm{d}T} \right)_p = \left(\frac{\mathrm{d}Q}{\mathrm{d}T} \right)_p = n \cdot c_p \tag{2.22}$$

Für den Anfänger in der Physikalischen Chemie wirkt auch hier die mathematische Herleitung der Zielgleichungen zunächst kompliziert. Wichtig ist es in diesem Fall, dass man sich die Bedeutung der Zielgleichungen klarmacht („Physikochemische Größen aus experimentell leicht zugänglichen Größen berechnen") und gleichzeitig lernt, das Handwerkszeug des Physikochemikers bei der Herleitung der Gleichungen anzuwenden. Halten Sie sich dabei immer vor Augen, dass die Mathematik für Sie als Werkzeug da ist – und nicht umgekehrt (auch wenn es für Sie manchmal nicht den Anschein haben mag)!

Für unsere weitere Betrachtung ist es nun von fundamentaler Bedeutung, dass auch die Enthalpie H eine Zustandsfunktion mit allen damit verbundenen Konsequenzen (Wegunabhängigkeit, Existenz eines Totalen Differentials, Gültigkeit des Satzes von Schwarz) ist. Die Enthalpie hängt ab von Temperatur T, Druck p und Stoffmenge n. Das Totale Differential der Enthalpie H lautet dementsprechend:

$$dH = \left(\frac{\partial H}{\partial T}\right)_{n,p} \cdot dT + \left(\frac{\partial H}{\partial p}\right)_{n,T} \cdot dp + \left(\frac{\partial H}{\partial n}\right)_{p,T} \cdot dn \qquad (2.23)$$

Im Zusammenhang mit der Enthalpie werden nun weitere zentrale Begriffe der Physikalischen Chemie definiert. Man spricht von einem exothermen Prozess, wenn $\Delta H < 0$ ist (die Enthalpie des Systems nimmt ab), das System also bei dem betrachteten Prozess Energie in Form von Wärme an die Umgebung abgibt (z. B. bei einer Verbrennungsreaktion). Von einem endothermen Prozess spricht man, wenn $\Delta H > 0$ ist (die Enthalpie des Systems nimmt zu), das System bei dem Prozess also Energie in Form von Wärme aus der Umgebung aufnimmt (z. B. beim Schmelzen von Eis).

Zusammenhang zwischen c_p und c_V

Wir haben die Wärmekapazitäten c_p und c_v bereits kennengelernt. An dieser Stelle können wir uns jetzt fragen, ob es einen Zusammenhang zwischen diesen beiden Größen gibt. Warum ist diese Frage von Relevanz? Nehmen wir einmal an, es gäbe einen solchen Zusammenhang, dann würde es uns ausreichen, für einen bestimmten Stoff eine der beiden Größen (also entweder c_p oder c_v) zu kennen. Die jeweils andere Größe könnten wir dann berechnen. Das würde unsere Arbeit erheblich erleichtern, da wir zum Beispiel experimentell einen geringeren Aufwand zur Bestimmung der Größen betreiben oder in einem Tabellenwerk nur eine von beiden Größen darstellen müssten. Tatsächlich findet man in den Tabellenwerken der Physikalischen Chemie meist nur den Wert von c_p angegeben, sodass wir bereits vermuten, dass es einen solchen Zusammenhang gibt.

Bei der Herleitung eines entsprechenden Zusammenhangs nutzen wir wieder einmal das Handwerkszeug des Physikochemikers. Unser Ausgangspunkt sei das Totale Differential der Inneren Energie U:

$$dU = \left(\frac{\partial U}{\partial T}\right)_V dT + \left(\frac{\partial U}{\partial V}\right)_T dV = n \cdot c_V \cdot dT + \left(\frac{\partial U}{\partial V}\right)_T dV \qquad (2.24)$$

Gleichzeitig wissen wir, dass für die Innere Energie der 1. Hauptsatz der Thermodynamik gilt:

$$dU = \delta Q + \delta W = \delta Q - p \cdot dV$$

Setzen wir diese beiden Gleichungen gleich und lösen nach δQ auf, dann ergibt sich:

$$\delta Q = n \cdot c_V \cdot dT + \left(\frac{\partial U}{\partial V}\right)_T \cdot dV + p \cdot dV \qquad (2.25)$$

Nun leiten wir beide Seiten dieser Gleichung bei konstantem Druck (p = const.) nach der Temperatur T ab und halten im Hinterkopf, dass gilt:

$$\left(\frac{\partial Q}{\partial T}\right)_p = n \cdot c_p \qquad (2.26)$$

Das Ableiten von Gl. 2.25 ergibt dann:

$$\left(\frac{\partial Q}{\partial T}\right)_p \triangleq n \cdot c_p = n \cdot c_V + \left(\frac{\partial U}{\partial V}\right)_T \cdot \left(\frac{\partial V}{\partial T}\right)_p + p \cdot \left(\frac{\partial V}{\partial T}\right)_p \qquad (2.27)$$

Damit ergibt sich:

$$n \cdot c_p - n \cdot c_V = \left(\frac{\partial U}{\partial V}\right)_T \cdot \left(\frac{\partial V}{\partial T}\right)_p + p \cdot \left(\frac{\partial V}{\partial T}\right)_p \qquad (2.28)$$

Dieser Ausdruck sieht auf den ersten Blick recht kompliziert aus, doch lässt sich für ideale Gase zeigen, dass die partielle Ableitung der Inneren Energie U nach dem Volumen V (auch als Innerer Druck π bezeichnet) den Wert null hat. Damit vereinfacht sich Gl. 2.28 unter Berücksichtigung des idealen Gasgesetzes zu:

$$n \cdot c_p - n \cdot c_V = p \cdot \left(\frac{\partial V}{\partial T}\right)_p = p \cdot \frac{n \cdot R}{p} = n \cdot R \qquad (2.29)$$

Teilt man beide Seiten dieser Gleichung durch die Stoffmenge n, dann erhalten wir den gesuchten Zusammenhang:

$$c_p - c_V = R \qquad (2.30)$$

Wenn wir also in einem Tabellenwerk für ideale Gase den Wert von c_p gegeben haben, dann können wir durch Subtraktion der Gaskonstante R von diesem Wert die Wärmekapazität c_V berechnen.

Der Innere Druck π

Zum Abschluss dieses Kapitels noch eine kurze Bemerkung zum Begriff „Innerer Druck", dem wir eben begegnet sind. Warum die Größe π als Innerer Druck bezeichnet wird, lässt sich durch Analyse der Einheit verstehen:

$$[\pi] = \left[\left(\frac{\partial U}{\partial V}\right)_T\right] = \frac{J}{m^3} = \frac{N \cdot m}{m^3} = \frac{N}{m^2} = Pa \tag{2.31}$$

Warum ist der Innere Druck von idealen Gasen gleich null? Der innere Druck π eines Gases resultiert aus intermolekularen Wechselwirkungen zwischen den einzelnen Gasteilchen. Eine attraktive Wechselwirkung (Anziehung) zwischen den Teilchen wirkt dabei wie ein von außen auf dem System lastender Druck, eine repulsive Wechselwirkung (Abstoßung) zwischen den Teilchen wie ein zusätzlicher, vom System auf die Umgebung ausgeübter Druck. Da wir aber im idealen Gas keine Wechselwirkungen zwischen den Teilchen haben, muss demnach auch der innere Druck gleich null sein.

Tatsächlich gehen die einzelnen Gasteilchen natürlich Wechselwirkungen untereinander ein. Wenn man allerdings Messungen bei nicht allzu hohen Drücken und nicht zu tiefen Temperaturen durchführt (d. h. wenn die Gasteilchen sich „möglichst weit weg voneinander befinden"), dann lässt sich der innere Druck in der Praxis vernachlässigen.

Übungsaufgaben

Aufgabe 2.3.1

Für gasförmiges Kohlendioxid findet man eine tabellierte Wärmekapazität von $c_p = 37{,}11\,J \cdot mol^{-1} \cdot K^{-1}$. Wie groß ist c_v für Kohlendioxid?

Lösung:

http://tiny.cc/2nikcy

Aufgabe 2.3.2

40,0 g Heliumgas bei 20 °C ($c_p = 20{,}786\,J \cdot mol^{-1} \cdot K^{-1}$) werden zunächst isotherm auf die Hälfte des Ausgangsvolumens komprimiert und dann isochor auf 100 °C erwärmt. Wie groß ist die gesamte Änderung der Inneren Energie bei diesem Prozess?

Gehen Sie für die Berechnung davon aus, dass Helium in diesem Fall als ideales Gas betrachtet werden kann.

Lösung:

http://tiny.cc/9nikcy

Aufgabe 2.3.3

Welche der folgenden Ausdrücke treffen für ein ideales Gas zu?

$$\left(\frac{\partial H}{\partial T}\right)_p = c_p$$

$$\left(\frac{\partial U}{\partial T}\right)_p = c_V$$

$$\left(\frac{\partial U}{\partial V}\right)_T = 0$$

$$\left(\frac{\partial U}{\partial T}\right)_V = \mathrm{d}U - \left(\frac{\partial U}{\partial V}\right)_T$$

Lösung:

http://tiny.cc/epikcy

Die Alchimistin

Als Ihr nach Eurem Besuch im Tempel weiter durch die Stadt streift und immer noch versucht, den Sinn der Worte zu ergründen, die Ihr in Euren Gedanken gehört habt, bemerkt Ihr plötzlich einen infernalischen Gestank. Als Ihr aufschaut, seht Ihr dunkelrote Rauchschwaden aus der Tür eines Hauses vor Euch quellen.

Um Himmels willen – da ist etwas passiert, schießt es Euch durch den Kopf. Blitzschnell hechtet Ihr zur Tür, in der Hoffnung, von den Bewohnern des Hauses noch jemanden retten zu können vor – was auch immer dort vorgefallen sein mag. Ihr reißt die Tür auf, macht einen Satz nach vorn und prallt unsanft gegen eine Gestalt im Halbdunkel. „So pass doch auf. Tölpel!“, kreischt eine Frauenstimme Euch an. Während Ihr Euch im ersten Moment wundert und ein wenig ärgert, dass die Dame (der Stimme nach handelt es sich offenbar um eine solche) von ihrer bevorstehenden Rettung wenig begeistert ist, fallen Euch gleichzeitig mehrere Dinge auf. Zum einen wabern im Halbdunkel neben den dunkelroten Rauchschwaden noch mehrere andere Dämpfe durch den Raum, zum anderen brodeln in zahlreichen Kolben und seltsam anmutenden Glasapparaturen nicht weniger exotisch anmutende Flüssigkeiten. Die Gerüche, die Ihr von außen wahrgenommen habt, finden sich auch hier wieder – nebst anderen stechenden, wohligen und weiteren Geruchsnuancen, für die Ihr bislang noch nicht einmal ein Wort kennt. Und die „Dame“, deren Stimme Ihr gehört habt, ist mitnichten eine Prinzessin, die vor einem üblen Drachen zu retten wäre. Vor Euch steht eine Frau mit einer großen blauen Mütze und einer gleichfarbigen Schürze, an der zahlreiche Gläser und Gewürze baumeln. In einer Hand hält sie einen Kolben mit einer dampfenden grünen Flüssigkeit. „Törichter Narr!“, ruft sie Euch zu, „so passt doch auf, wo Ihr hinlauft! Jetzt hättet Ihr fast diese Säure hier verschüttet. Das wäre dann so ziemlich das Letzte gewesen, was Ihr in Eurem Leben getan hättet, denn diese Substanz hätte Euch mit Haut, Haaren und Knochen zerfressen!"

© Luisa Preissler/Ulisses Spiele

Allmählich dämmert Euch, wo Ihr hier gelandet seid: im Labor einer Alchimistin. Alchimie – das war auf der Mathematisch-Physikalischen Akademie nicht unbedingt Euer Lieblingsfach, und so wundert es nicht, dass Ihr den Geruch und die Dämpfe nicht von Anfang an erkannt habt. (Gottlob ist Euer Magister gerade nicht da, er würde Euch sonst ob dieser Nachlässigkeit gehörig die Ohren lang ziehen!)

Die Alchimistin reißt Euch wieder aus den Gedanken. „Na ja, nichts für ungut, passiert halt eben nun mal. Aber sagt mir, wie Euch die gute Jutta helfen kann." Dabei blickt sie Euch mit ihren strengen Augen eindringlich an. Ihr wisst zunächst nicht so recht, was Ihr sagen sollt, beschließt dann aber, einem Impuls folgend, Ihr Eure ganze Geschichte zu erzählen. Bei der Erwähnung der Akademie hellen sich ihre Züge auf. „Da habe ich auch seinerzeit studiert – bevor ich mich dazu entschlossen habe, meine alchimistischen Künste hier in Energia anzubieten." Euch fällt ein Stein vom Herzen! Offenbar ist Euch zumindest eine Bewohnerin der Stadt Energie durchaus wohlgesonnen.

Ihr unterhaltet Euch lange und ausführlich mit Jutta, redet über die Akademie und die Insel Energia. Irgendwann kommt Ihr dann auch auf die seltsamen Worte aus dem Tempel zu sprechen. Dabei blickt Euch Jutta interessiert an. „Hm …", meint sie, „so ganz genau weiß ich auch nicht, was damit gemeint sein kann. Aber ich klettere des Öfteren auf den Berg, um dort Kräuter und Mineralien zu sammeln, die ich für meine Tränke und Tinkturen brauche. Und da gibt es weiter oben, dort, wo man kaum noch weiterklettern kann, eine alte Ruine. Keiner weiß mehr so genau, wer dort eigentlich einmal gelebt hat. Und soweit ich zurückdenken kann, war auch niemand jemals in dieser Ruine. Die Einwohner von Energia erzählen sich" – und bei diesen Worten beugt sie sich verschwörerisch in Eure Richtung –, „dass es dort oben spuken soll. Alberner und abergläubischer Unfug, wenn Ihr mich fragt. Ich meine" (sie räuspert sich), „wer wird solchen Ammenmärchen schon Glauben schenken? Ich war zwar selber auch noch nie in der Ruine, aber für mich gibt es ja auch keinen Grund, dorthin zu gehen, nicht wahr?"

Die Ruine. Soll das der Ort sein, der in der Vision im Tempel gemeint war? Auch die Geweihte Entalpia hat doch einen solchen Ort erwähnt. Einen alten verfallenen Tempel. Soll Euer Weg Euch dorthin führen? Einen Versuch wäre es zumindest wert, denkt Ihr Euch. Ihr berichtet Jutta von Eurem Plan, die dabei ein wenig nervös wird. „Dann passt bitte gut auf Euch auf! Man kann ja nie wissen – vielleicht ist an dem Geschwätz der Leute tatsächlich irgendetwas dran. Hier, nehmt das noch für Eure Reise mit." Bei diesen Worten reicht sie Euch einen Flakon mit einer grünlichen Flüssigkeit und ein kleines, in Leder eingebundenes Buch, das den illustren Titel „Adiabatica" trägt. „In dem Buch findet Ihr hilfreiche Formeln und Zauber, die Euch bei der Reise nützlich sein könnten." Ihr bedankt Euch bei Jutta und sagt ihr Lebewohl.

Und dann begebt Ihr Euch in Richtung des Bergs, um den Aufstieg zu wagen. Unterwegs rastet Ihr und blättert ein wenig in den Buch, das Euch Jutta gegeben hat.

http://tiny.cc/soikcy

2.4 Adiabatische Zustandsänderungen

Im Grunde genommen ist der Ort Energia doch eigentlich sehr gemütlich. Zwar müssen wir uns mit einigem Aufwand durch mathematische Herleitungen mühen, aber die für uns Chemiker recht anschaulichen Größen Energie, Arbeit und Wärme bieten grundsätzlich die Möglichkeit, uns vorzustellen, was im Experiment jeweils abläuft. Insofern sollte es nicht wundern, dass dieser Ort, je länger wir uns darin aufhalten, uns immer schöner erscheint.

Und mit den Zustandsfunktionen Innere Energie U sowie Enthalpie H haben wir doch eigentlich sämtliches Rüstzeug beisammen, um uns auf die weitere Reise zu begeben. So weit sollten wir doch alles verstanden haben, oder? Dann überlegen Sie einmal in Ruhe, ob Sie der folgenden Aussage zustimmen würden:

„Wenn ein System keine Wärme mit der Umgebung austauscht, dann wird sich auch seine Temperatur nicht ändern." Richtig oder falsch?

Auf den ersten Blick mag die Aussage sinnvoll sein, denn wie sonst soll sich die Temperatur eines Systems ändern, wenn nicht durch Zufuhr oder Abfuhr von Wärmeenergie?

Schauen wir uns dazu einmal einen sogenannten adiabatischen Prozess an. Bei einem solchen wird zwischen System und Umgebung keine Wärmeenergie ausgetauscht ($Q = 0$). Wir wollen aber durchaus zulassen, dass das System Energie in Form von Volumenarbeit mit seiner Umgebung austauschen kann. Überlegen wir zunächst qualitativ, was das bedeutet: Wenn das System expandiert, dann besteht ja durchaus die Möglichkeit, dass die Moleküle des Gases durch den nach der Expansion größeren Platz, der zur Verfügung steht, eine geringere Temperatur haben könnten. Natürlich könnte man jetzt argumentieren, dass mit der Volumenzunahme auch eine Druckverringerung einhergeht und das Gas gemäß dem idealen Gasgesetz dennoch am Ende bei gleicher Temperatur vorliegen könnte. Also bleibt uns bei dieser Sachlage wohl nichts anderes übrig, als unseren mathematischen Werkzeugkoffer auszupacken, um den adiabatischen Prozess im Detail zu analysieren.

Unser Ausgangspunkt ist die bereits bekannte Kombination aus Totalem Differential der Inneren Energie U und dem 1. Hauptsatz:

$$dU = \delta Q + \delta W = \left(\frac{\partial U}{\partial T}\right)_V dT + \left(\frac{\partial U}{\partial V}\right)_T dV \tag{2.32}$$

Da im adiabatischen Prozess keine Wärme zwischen System und Umgebung ausgetauscht wird ($\delta Q = 0$) und der Innere Druck π für ideale Gase gleich null ist, vereinfacht sich diese Gleichung zu:

$$-p \cdot dV = n \cdot c_V \cdot dT \tag{2.33}$$

Das heißt doch im Grunde genommen, dass die Volumenarbeit, die das System leistet, aus dem „Wärmeinhalt" des Gases bezahlt werden muss. Insofern ist es also durchaus zu erwarten, dass es bei einem adiabatischen Prozess zu einer Temperaturänderung kommen kann.

Den Druck in Gl. 2.33 substituieren wir mittels des idealen Gasgesetzes und es ergibt sich:

$$-\frac{n \cdot R \cdot T}{V} \cdot dV = n \cdot c_V \cdot dT \tag{2.34}$$

Die daraus resultierende Gleichung ist nichts anderes als eine Differentialgleichung erster Ordnung, die sich nach Kürzen der Stoffmenge n auf beiden Seiten und Trennung der Variablen eindeutig analytisch lösen lässt:

$$-\frac{R}{c_V} \cdot \frac{dV}{V} = \frac{dT}{T} \tag{2.35}$$

Die Integration von beiden Seiten dieser Gleichung zwischen den Grenzen V_A und V_E sowie T_A und T_E liefert:

$$-\frac{R}{c_V} \cdot (\ln V_E - \ln V_A) = \frac{R}{c_V} \cdot \ln \frac{V_A}{V_E} = \ln \left(\frac{V_A}{V_E} \right)^{\frac{R}{c_V}} = \ln \frac{T_E}{T_A} \tag{2.36}$$

Mit der Substitution $\gamma = c_p/c_v$ lässt sich diese Gleichung weiter vereinfachen:

$$\left(\frac{V_A}{V_E} \right)^{\frac{R}{c_V}} = \left(\frac{V_A}{V_E} \right)^{\frac{c_p - c_V}{c_V}} = \left(\frac{V_A}{V_E} \right)^{\frac{c_p}{c_V} - 1} = \left(\frac{V_A}{V_E} \right)^{\gamma - 1} = \frac{T_E}{T_A} \tag{2.37}$$

Damit erhält man den Zusammenhang:

$$T_A \cdot V_A^{\gamma-1} = T_E \cdot V_E^{\gamma-1} \tag{2.38}$$

Da wir bereits wissen, dass $\gamma > 0$ (da c_p gemäß Gl. 2.30 um den Betrag von R größer ist als c_v), muss also bei einer Expansion ($V_E > V_A$) die Temperatur des Systems beim adiabatischen Prozess abnehmen ($T_E < T_A$). In gleicher Weise lassen sich nach erneuter Substitution von Temperatur und Volumen in diese Gleichung folgende Ausdrücke herleiten:

$$p_A \cdot V_A^{\gamma} = p_E \cdot V_E^{\gamma} \tag{2.39}$$

$$p_A^{1-\gamma} \cdot T_A^{\gamma} = p_E^{1-\gamma} \cdot T_E^{\gamma} \tag{2.40}$$

Gl. 2.39 wird auch als Poisson-Gleichung des idealen Gases bezeichnet.

Beispiel

1 mol eines idealen Gases (c_v = 12,48 J $\cdot$ mol^{-1} $\cdot$ K^{-1}) dehne sich von einer Anfangstemperatur von 25 °C adiabatisch von 0,50 L auf ein Volumen von 1,0 L aus. Welche Temperatur hat das Gas nach der Expansion?

$$T_E = T_A \cdot \left(\frac{V_A}{V_E}\right)^{\gamma-1} = 298{,}15\,\text{K} \cdot \left(\frac{0{,}50\,\text{L}}{1{,}0\,\text{L}}\right)^{0{,}666} = 188\,\text{K}$$

Wie berechnet sich im Fall des adiabatischen Prozesses die Volumenarbeit? Auch hier hilft die Kombination aus Totalem Differential und 1. Hauptsatz für den Fall des idealen Gases (beachten Sie, dass $\delta Q = 0$ und wir von einem idealen Gas, also $\pi = 0$, ausgehen):

$$dU = \delta W = n \cdot c_V \cdot dT \tag{2.41}$$

Die Volumenarbeit ist in diesem Fall identisch mit der Änderung der Inneren Energie U und kann für den Fall c_v = const. berechnet werden mit der Formel:

$$W = n \cdot c_V \cdot \Delta T \tag{2.42}$$

Diese Gleichung ist ein bemerkenswertes Beispiel für die Anwendung des mathematischen Handwerkszeugs des Physikochemikers. Warum? Nun, anschaulich lässt sich die Gleichung zunächst nur schwer verstehen, da nicht ersichtlich ist, warum hier plötzlich eine Formel verwendet wird, die wir zur Berechnung der zwischen System und Umgebung ausgetauschten Wärmeenergie bei isochoren Prozessen kennengelernt haben. In dieser Formel spielt die Wärmekapazität c_v eine Rolle, obwohl es keine Übertragung von Wärmeenergie zwischen System und Umgebung gibt ($Q = 0$). Wie bereits früher erwähnt, lässt sich die Formel nur dadurch verstehen, dass man den für eine Expansion erforderlichen Energiebetrag aus der Inneren Energie des Systems selber bezahlt. Und dabei verringert sich eben die Temperatur des Systems.

Beispiel

1 mol eines idealen Gases (c_v = 12,48 J $\cdot$ mol^{-1} $\cdot$ K^{-1}) dehne sich von einer Anfangstemperatur von 25 °C adiabatisch von 0,50 L auf ein Volumen von 1,0 L aus. Welche Volumenarbeit verrichtet das Gas dabei?

$$W = n \cdot c_V \cdot \Delta T = 1\,\text{mol} \cdot 12{,}48\,\frac{\text{J}}{\text{mol} \cdot \text{K}} \cdot (188\,\text{K} - 298\,\text{K}) = -27\,\text{J}$$

Damit bleibt uns an dieser Stelle nur noch ein Punkt zu diskutieren. Wir haben gerade gezeigt, dass es bei einem adiabatischen Prozess ($Q = 0$) zu einer Temperaturänderung ($\Delta T \neq 0$) kommt. Bedeutet das aber umgekehrt nicht auch, dass es bei einem isothermen Prozess ($\Delta T = 0$) zu einem Wärmeaustausch zwischen System und Umgebung ($Q \neq 0$) kommen müsste?

Bislang haben wir uns bei der Diskussion isothermer Prozesse auf die Berechnung der Volumenarbeit beschränkt und dabei die zwischen System und Umgebung ausgetauschte Wärmeenergie nicht explizit berücksichtigt. Was aber genau bedeutet eigentlich „isotherm"? Klar, werden Sie sagen, das bedeutet, dass sich die Temperatur des Systems nicht ändert. Aber was können wir denn daraus für unser System lernen? Schauen wir uns noch einmal die Kombination aus Totalem Differential der Inneren Energie U und dem 1. Hauptsatz an:

$$dU = \delta Q + \delta W = \left(\frac{\partial U}{\partial T}\right)_V dT + \left(\frac{\partial U}{\partial V}\right)_T dV = \left(\frac{\partial U}{\partial T}\right)_V dT + \pi\, dV \qquad (2.43)$$

Wegen $dT = 0$ und $\pi = 0$ wird die rechte Seite der Gleichung insgesamt gleich null. Damit ergibt sich folgender Zusammenhang:

$$dU = \delta Q + \delta W = 0 \qquad (2.44)$$

Oder anders ausgedrückt gilt für einen isothermen Prozess:

$$\delta Q = -\delta W \qquad (2.45)$$

Bei einem isothermen Prozess bleibt also die Innere Energie U des Systems konstant. Die zwischen System und Umgebung bei einem isothermen Prozess ausgetauschte Wärmeenergie Q ist damit betragsmäßig genauso groß wie die zwischen System und Umgebung ausgetauschte Volumenarbeit W. Die Energie, die das System also bei der Expansion an die Umgebung abgibt, wird beim isothermen Prozess gleichzeitig als Wärmeenergie aus der Umgebung aufgenommen. Und umgekehrt gibt das System bei einer isothermen Kompression genauso viel Wärmeenergie an die Umgebung ab, wie die Umgebung Volumenarbeit am System leistet.

Das Gleiche gilt im Übrigen auch für die Enthalpie H, wie man ebenfalls durch Anwendung unseres mathematischen Rüstzeugs feststellen kann:

$$\begin{aligned} H &= U + p \cdot V \\ dH &= dU + d(p \cdot V) = dU + d(n \cdot R \cdot T) = dU + n \cdot R \cdot dT \end{aligned} \qquad (2.46)$$

Da für den isothermen Prozess sowohl $dT = 0$ als auch $dU = 0$ gilt, muss gemäß dieser Gleichung also auch gelten: $dH = 0$.

Wieso sind diese Zusammenhänge für uns von Relevanz? Schauen wir uns den Fall der Isothermen noch einmal an. Was genau passiert eigentlich bei einer isothermen Expansion?

Das System nimmt Energie in Form von Wärme aus der Umgebung auf und gibt Energie in Form von Arbeit an die Umgebung ab. Das ist im Grunde genommen das Funktionsprinzip einer Wärmekraftmaschine. Und wenn am System Energie in Form von Arbeit geleistet wird und das System Energie in Form von Wärme an die Umgebung abgibt, dann haben wir das Funktionsprinzip eines Kühlschranks vor uns. Damit ist das theoretische Verständnis dafür entwickelt, wie wir nach dem 1. Hauptsatz der Thermodynamik verschiedene Energieformen (Wärme und Arbeit) beliebig ineinander umwandeln können. Wir könnten uns mit diesem Wissen theoretisch beispielsweise auch vorstellen, dass wir die gesamte Wärmeenergie in einem Motor in Bewegungsenergie eines Autos umwandeln können. Das ist nach unserem bisher erworbenen Wissen erlaubt!

Damit sind unsere Erkundungen in der Stadt Energia beendet. Wir haben den Begriff Energie kennengelernt (daher auch der Name der Stadt) und erfahren, wie wir bei unterschiedlichen Prozessen die Energie berechnen, die zwischen System und Umgebung ausgetauscht wird. Dabei sind uns die Funktionen Innere Energie U und Enthalpie H eine unschätzbare Hilfe. Wir haben des Weiteren auch gesehen, dass es nicht möglich ist, Energie aus dem Nichts heraus zu schaffen (andererseits kann Energie aber auch nicht vernichtet werden, insofern also eine zum derzeitigen Zeitpunkt beruhigende Situation). Wir haben gesehen, dass die Möglichkeit besteht, Energie von einer Form in eine andere Form umzuwandeln. Und nach allem, was wir in Energia kennengelernt haben, gibt es diesbezüglich keinerlei Einschränkungen. Wir werden aber in Kürze sehen, dass dieses rosarote Bild Risse bekommen wird, weil es eben gerade nicht möglich ist, Wärme vollständig in Arbeit (und umgekehrt) umzuwandeln. Warum das so ist, können wir aber alleine mit dem Wissen aus Energia nicht herausfinden. Dazu müssen wir uns auf den Weg machen, den 2. Hauptsatz der Thermodynamik zu verstehen. Dieser wird uns weitere wichtige Erkenntnisse bringen, vor allem hinsichtlich der Frage nach der Freiwilligkeit von Prozessen. Dazu haben wir aber zunächst einmal einen steinigen Pfad hinter uns zu bringen.

Übungsaufgaben

Aufgabe 2.4.1

Bei 273 K und 1013 mbar werden 3 mol eines idealen Gases adiabatisch komprimiert, bis die Temperatur auf 323 K gestiegen ist. Um welchen Betrag hat sich die Innere Energie U bei diesem Prozess geändert, wenn $c_p = 35{,}814\,\mathrm{J \cdot mol^{-1} \cdot K^{-1}}$ beträgt?

Lösung:

http://tiny.cc/5oikcy

Aufgabe 2.4.2

1 mol eines idealen Gases ($c_v = 12{,}47 \, \text{J} \cdot \text{mol}^{-1} \cdot \text{K}^{-1}$) wird von einer Ausgangstemperatur von 100 °C und einem Druck von 6 bar so stark komprimiert, dass der Druck auf 10 bar steigt. Welche Temperatur hat das Gas im Endzustand?

Lösung:

http://tiny.cc/npikcy

Zweiter Hauptsatz der Thermodynamik

3

© Springer-Verlag Berlin Heidelberg 2017
T. Daubenfeld, D. Zenker, *Reiseführer Physikalische Chemie*, DOI 10.1007/978-3-662-47932-2_3

Die Ruinen des Chaos

Nach mehreren Stunden anstrengender Kletterei den „Hügel" hinauf („Hügel" ist leicht untertrieben – die Erhebung im Zentrum der Insel ist eher ein ausgewachsener Berg!) erreicht Ihr einen schmalen Felssims, der auf direktem Weg zu der Ruine führt. Diese liegt dunkel und furchteinflößend vor Euch. Sollte es wirklich stimmen, was Ihr im Tempel und bei Jutta, der Alchimistin, erfahren habt? Sollte es tatsächlich einen geheimen „Durchgang" durch den Berg geben, der in dieser Ruine verborgen ist? Insgeheim hofft Ihr, dass nicht noch mehr in dieser Ruine auf Euch lauert.

Langsam setzt Ihr einen Fuß vor den anderen und tastet Euch auf dem Sims nach vorne. Und endlich – eine halbe Stunde (die Euch wie eine gefühlte halbe Ewigkeit vorkommt) später habt Ihr die Ruine tatsächlich erreicht.

Als Ihr diese betreten wollt, prallt Ihr plötzlich gegen eine unsichtbare Barriere. Verwundert blickt Ihr Euch um, könnt aber nichts erkennen. Nur die Luft vor Euch flimmert irgendwie ein wenig seltsam, ja unwirklich … Ihr habt schon diese Geschichten von mathemagischen Barrieren gehört, die mitten im Nichts existieren, unsichtbar sind und nicht durchdrungen werden können, aber bislang immer ins Reich der Legenden verwiesen. Bis zu diesem Augenblick. Denn je mehr Ihr darüber nachdenkt, umso klarer wird Euch, dass es sich bei der unsichtbaren Mauer vor Euch um genau ein solches Objekt handeln muss. Mit etwas mulmigem Gefühl fällt Euch dabei noch einmal ein, dass die Gauklerin Kassandra irgendetwas von „Wächtern" fabuliert hat.

Gleichzeitig hört Ihr in Eurem Kopf eine dumpfe Stimme: „Wer wagt es, hier einzudringen? Wisst Ihr nicht, dass dieser Ort für Sterbliche verboten ist? Erweist Euch erst als würdig, auf dunklen Pfaden zu wandeln!"

Bei diesen Worten wird Euch schwindlig und Ihr findet Euch plötzlich in einem tiefen Traum wieder. Und darin müsst Ihr gegen den Albtraum der mathemagischen Schattenmauer kämpfen.

In Eurem Traum tragt Ihr wilde mathemagische Gefechte mit Gleichungen aus, bei denen H's und U's von cp's und cv's umschwirrt werden. Immer wieder müsst Ihr Isothermen beschreiten, über Isobaren springen, Isochoren ausweichen und aufpassen, nicht mit Adiabaten zu kollidieren. Und dann wird es ruhiger und Ihr merkt, dass die Barriere allmählich zurückweicht. Fast habt Ihr das Gefühl, dass Euch die Sinne schwinden und Ihr ohnmächtig werdet.

Als Ihr allmählich wieder zu Euch kommt, findet Ihr Euch auf felsigem Untergrund wieder. Nur langsam und mühselig, zäh wie dickflüssiger Honig, beginnen sich Eure Gedanken aus dem Sumpf des Unterbewusstseins und dem Reich der Träume zu lösen. Und mit den Gedanken kehren die Erinnerungen zurück:

> Die Schattenmauer.
> Die Ruine.
> Der Berg.

Tatsächlich befindet Ihr Euch immer noch nicht weit von der Ruine entfernt, die das Zwischenziel Eurer Reise darstellt. Und Ihr lebt! Was so viel bedeuten mag wie: Ihr habt den Kampf mit der mathemagischen Barriere tatsächlich erfolgreich bestanden. Ihr könnt Euch nicht mehr genau erinnern, was passiert ist, nachdem Ihr die Stimme der Barriere (War es wirklich die Barriere? Oder hat Euch Euer Unterbewusstsein hier einen Streich gespielt? Oder träumt Ihr all das nur und seid in Wirklichkeit niemals auf dieser Insel gestrandet?) vernommen habt. Aber das Flirren in der Luft, das Ihr zuvor wahrgenommen habt, ist mittlerweile verschwunden und Ihr befindet Euch hinter dem Punkt, wo Ihr die Barriere zuvor ertastet habt.

Ein paar Augenblicke später wird Euch schlagartig bewusst, was das bedeutet: Der Weg zur Ruine ist frei! Ihr habt es tatsächlich geschafft, die Barriere durch die Kraft Eurer Gedanken zu bezwingen, mithilfe der mathemagischen Formeln, die Ihr in Energia gelernt habt! Nicht ohne Stolz erhebt Ihr Euch (deutlich schwungvoller, als Ihr es Euch selbst noch bis vor wenigen Momenten zugetraut hättet) und blickt in Richtung der Ruine. Dunkel, verlassen und unheilverkündend liegt diese vor Euch. Aber ein Blick gen Himmel und die hoch aufragenden Berge führen Euch nur allzu deutlich vor Augen, dass es offensichtlich keine andere Möglichkeit gibt, diesen Berg zu passieren.

Lächerlich. Warum sollte jemand ausgerechnet in einer solchen verlassenen Ruine einen Durchgang durch den Berg graben? Was hätte er davon? Andererseits: Warum sollte sich jemand die Mühe machen, eine solche verlassene Ruine mittels einer mathemagischen Barriere zu versperren?

Kapitel 3

Bei dem letzten Gedanken beginnt es Euch plötzlich zu frösteln, als Euch bewusst wird, dass die Ruine möglicherweise doch nicht verlassen ist. Wer (oder was) hat den Zugang zur Ruine versperrt? Kurz überlegt Ihr, nach Energia zurückzukehren und die Alchimistin noch einmal zu konsultieren. Aber die Strapazen der Klettertour, die Möglichkeit der Rückkehr der Barriere und nicht zuletzt die fortgeschrittene Stunde des Tages machen Euch bewusst, dass es offenbar nur einen Weg für Euch gibt: den zur Ruine.

Als Ihr die Ruine betretet, fällt Euch zunächst vor allem eines auf: Stille. Das alte Gemäuer um Euch herum scheint drohend auf Euch herabzublicken und zu mahnen, Euren Weg nicht weiter fortzusetzen. Aber dennoch seid Ihr erleichtert, dass Euch keine dunklen Kreaturen auflauern und in die Tiefen des Berges hineinzerren wollen.

Ihr schaut Euch um. Vor Euch liegt der alte Hof einer Burg, die einst einen imposanten Bergfried ihr Eigen nennen durfte, welcher auch in seinem jetzt teilweise verfallenen Zustand immer noch ehrfurchtgebietend über allem thront und Euch mit dunklen Eingängen und Fenstern stumm anzuschauen scheint. Sollte das der Tempel sein, von dem Entalpia gesprochen hat? Die Atmosphäre in der dunklen Ruine ist drückend und kalt. Es fröstelt Euch am ganzen Körper, obwohl die allmählich untergehende Sonne eigentlich noch ein paar wärmende Strahlen hinüberschickt, die jedoch von den dunklen Mauern wortlos und unbarmherzig geschluckt werden und den ganzen Innenhof kälter erscheinen lassen, als er eigentlich ist.

Stille. Plötzlich fällt sie Euch wieder auf. Irgendetwas stimmt damit nicht. Ihr könnt es nicht wirklich in Worte fassen, aber auf irgendeine für Euch nicht näher zu beschreibende Weise scheint die Stille um Euch herum mehr zu sein als die reine Abwesenheit von Geräuschen. So als habe die Stille alles an Geräuschen „verschluckt". Wie ein unersättliches Untier, das sich an akustischer Nahrung labt und nicht eher Ruhe gibt, bis es sich alle Geräusche in seiner Umgebung einverleibt hat. Unbehaglich schaut Ihr Euch um. Aber es ist immer noch nichts zu sehen.

Dennoch fühlt Ihr Euch auf dem Innenhof nicht mehr wirklich wohl und steuert deshalb aufs Geratewohl den nächstbesten Eingang an. Am Fuße der Treppe zum Bergfried findet Ihr einen kleinen dunklen Eingang, der Euch ins Innere der alten Ruine führt. Angespannt, wenn auch irgendwie froh, der drückenden Stille auf dem Hof zu entfliehen, betretet Ihr das Gebäude und versucht Euch im Halbdunkel zu orientieren. Dabei spuken Euch zahlreiche Gedanken im Kopf herum, die von Chaos und Unordnung künden.

http://tiny.cc/wrikcy

3.1 Die Entropie und ihre statistische Deutung

Die Erfahrung lehrt uns, dass es Prozesse gibt, die in eine Richtung ablaufen und sich nicht umkehren lassen. Sei es eine Vase, die auf den Boden fällt und in tausend Stücke zerspringt, sei es ein Holzscheit, das im Feuer verbrennt, oder sei es ein Tropfen Kaliumpermanganat-Lösung, der sich in Wasser langsam verteilt. Die Umkehrung dieser Prozesse (spontane „Selbstheilung" der Vase, Umwandlung von Kohlendioxid in Holz, spontane Entfärbung einer Lösung) kennen wir aus unserer Erfahrung nicht. Im Gegenteil: Alleine die Vorstellung, dass diese Prozesse ablaufen mögen, mag uns ein kopfschüttelndes Schmunzeln ins Gesicht zaubern. Warum eigentlich? Nach dem uns bisher bekannten 1. Hauptsatz der Thermodynamik wären alle diese Prozesse nicht verboten. Schließlich bleibt die Gesamtenergie des Systems in allen Fällen immer erhalten.

Schauen wir uns das an einem einfachen Beispiel an (Abb. 3.1). Zwei durch eine Trennwand voneinander getrennte geschlossene Systeme bilden ein insgesamt abgeschlossenes System. In jedem der beiden geschlossenen Systeme befinden sich jeweils vier Kugeln (auf einer Seite vier blaue, auf der anderen Seite vier rote). In jedem geschlossenen System gibt es nur vier Plätze, auf denen sich die Kugeln befinden dürfen (das sind gerade die Plätze, auf denen sich die Kugeln aktuell befinden).

Entfernt man die Trennwand, dann stehen jeder einzelnen Kugel nunmehr alle acht Plätze zur Verfügung (Abb. 3.2). Unsere Erfahrung lehrt uns, dass es in diesem Fall zu einer

Abb. 3.1 Zwei geschlossene Systeme, die innerhalb eines abgeschlossenen Systems vorliegen

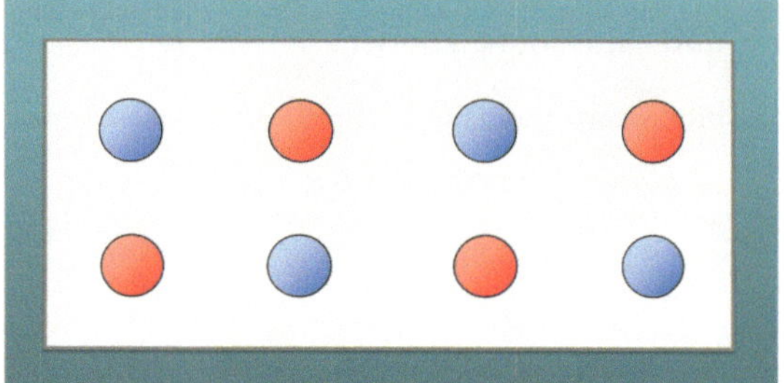

Abb. 3.2 Das gleiche System wie in der vorherigen Abbildung nach Entfernen der Trennwand

Durchmischung der Kugeln kommen wird und wir eine spontane „Entmischung" (d. h. alle blauen Kugeln links und alle roten Kugeln rechts) nicht beobachten werden.

Da es sich insgesamt aber immer noch um ein abgeschlossenes System handelt, darf sich die Innere Energie U des Gesamtsystems nicht verändert haben. Rein theoretisch ist es also gemäß dem 1. Hauptsatz der Thermodynamik erlaubt, dass es zu einer Entmischung der beiden Kugelsorten kommt. Mit unserem bisherigen Wissen alleine ist es also nicht zu verstehen, warum bestimmte Prozesse nur in eine Richtung verlaufen.

Hierfür benötigen wir nun den 2. Hauptsatz der Thermodynamik. Dieser besagt, dass ein Prozess immer thermodynamisch freiwillig (spontan) in Richtung einer ungeordneteren Verteilung der Gesamtenergie abläuft. Vielleicht haben Sie diesen Hauptsatz schon einmal in der Form gehört, dass „die Unordnung bei freiwilligen Prozessen immer zunimmt". Aus phänomenologischer Sicht können wir nicht abschließend begründen, warum die Natur diese Richtung von Prozessen bevorzugt. Wir müssen akzeptieren, dass die Natur sich so verhält. Insofern ist der 2. Hauptsatz der Thermodynamik ebenso wie die übrigen Hauptsätze ein Axiom, welches selber nicht bewiesen werden kann, das aber das Fundament des gesamten Gebäudes der Thermodynamik bildet.

Aber was bedeutet der 2. Hauptsatz eigentlich genau? Wie kann ich denn „Unordnung" messen? Immerhin möchte ich nicht nur qualitativ verstehen, warum gewisse Prozesse ablaufen, sondern dies auch quantitativ erfassen, also tatsächlich Zahlen ausrechnen. Der 2. Hauptsatz der Thermodynamik macht auch hierzu eine Aussage und definiert eine „Maßgröße" für „Unordnung" (wir werden gleich noch sehen, dass „Unordnung" eigentlich nicht der exakte Begriff für das ist, was wir hier betrachten wollen). Diese Maßgröße wird Entropie genannt und mit dem Formelsymbol S bezeichnet. Damit ergibt sich:

2. Hauptsatz der Thermodynamik

In einem abgeschlossenen System nimmt die Entropie bei freiwillig ablaufenden Prozessen immer zu.

Ludwig Boltzmann (1844–1906) hat uns eine statistische Interpretation der Entropie geliefert und folgende Gleichung zur Berechnung der Entropie formuliert:

$$S = k \cdot \ln W \tag{3.1}$$

In dieser Gleichung ist k die Boltzmann-Konstante (k = $1{,}38066 \cdot 10^{-23}$ J·K^{-1}) und W das statistische Gewicht (oder die thermodynamische Wahrscheinlichkeit) eines Zustandes. (Bitte verwechseln Sie dieses W nicht mit der Arbeit aus den vorangegangenen Kapiteln! In der Physikalischen Chemie haben Sie sehr häufig mehrere Größen, die durch ein und denselben Buchstaben repräsentiert werden – schauen Sie genau hin, um was es sich in jedem einzelnen Fall handelt.) Das statistische Gewicht entspricht der Anzahl der voneinander unabhängigen Anordnungsmöglichkeiten der einzelnen Systembestandteile innerhalb des Systems.

„Voneinander unabhängige Anordnungsmöglichkeiten" – was bedeutet das eigentlich genau? Schauen wir uns wieder unser System mit den beiden geschlossenen Systemen an. Bevor wir die Trennwand entfernen, gibt es für die blauen und roten Kugeln jeweils nur eine einzige Anordnungsmöglichkeit: viermal blau links und viermal rot rechts. Die blauen und roten Kugeln nehmen wir dabei als jeweils nicht voneinander unterscheidbare Kugeln an. Mathematisch können wir für beide Kugelsorten aus der Kugelanzahl ($N = 4$) und den für jede Kugelsorte zur Verfügung stehenden Plätzen ($P = 4$) die Anzahl an unterschiedlichen Anordnungsmöglichkeiten berechnen:

$$W = \frac{P!}{N! \cdot (P - N)!} = \frac{4 \cdot 3 \cdot 2 \cdot 1}{1 \cdot 2 \cdot 3 \cdot 4} = 1$$

Für die Entropie ergibt sich damit:

$$S = k \cdot \ln 1 = 0$$

Wie wir bereits richtig vermutet haben, ist sowohl für die blauen als auch für die roten Kugeln in diesem Fall $W = 1$. Es gibt nur eine einzige Anordnungsmöglichkeit.

Ganz anders stellt sich die Situation für beide Kugelsorten dar, wenn die Trennwand entfernt wird. Die Anzahl der Kugeln bleibt jeweils gleich ($N = 4$), aber jetzt steht beiden

Kugelsorten plötzlich die doppelte Anzahl an Plätzen zur Verfügung ($P = 8$). Für das statistische Gewicht berechnet sich:

$$W = \frac{P!}{N! \cdot (P-N)!} = \frac{8 \cdot 7 \cdot 6 \cdot 5 \cdot 4 \cdot 3 \cdot 2 \cdot 1}{1 \cdot 2 \cdot 3 \cdot 4 \cdot (1 \cdot 2 \cdot 3 \cdot 4)} = \frac{8 \cdot 7 \cdot 6 \cdot 5}{1 \cdot 2 \cdot 3 \cdot 4} = 70$$

Die Anzahl voneinander unterschiedlicher Anordnungsmöglichkeiten hat sich also deutlich erhöht. Dies spiegelt sich entsprechend in einer Zunahme der Entropie wider, mit der dieser Zustand beschrieben wird:

$$S = k \cdot \ln 70 = 4{,}25\,k$$

Beachten Sie, dass die Entropie hier in Einheiten der Boltzmann-Konstante k dargestellt ist. Man nutzt dies häufig in der Physikalischen Chemie, um die Größenordnung eines Ergebnisses anschaulich zu halten ($4{,}25\,k$ ist anschaulicher als $5{,}87 \cdot 10^{-23}\,\mathrm{J} \cdot \mathrm{K}^{-1}$).

Selbstverständlich entspricht einer der 70 Zustände bei entfernter Trennwand dem Ausgangszustand. Es ist allerdings unwahrscheinlich, dass genau dieser eine Zustand vom System eingenommen wird. Wichtig in unserem Fall ist nun der Vergleich der beiden Systemzustände vor und nach Entfernen der Trennwand. Die Zunahme der Entropie von $4{,}25\,k$ ist ein Maß dafür, dass es zu einer Durchmischung der beiden Kugelsorten kommen wird.

Die Entropie kann in physikalisch-chemischen Systemen sehr schnell signifikante Größenordnungen annehmen. Wenn man die obige Rechnung für fünf Kugeln wiederholt ($N = 5$), die sich auf 100 Plätze ($P = 100$) verteilen können, dann ergibt sich ein statistisches Gewicht von $W = 75.287.520$ und eine Entropie von $S = 18{,}14\,k$. Für reelle Systeme mit mehreren mol Substanz (denken Sie daran: 1 mol enthält $6{,}022 \cdot 10^{23}$ Teilchen) wird das statistische Gewicht eine noch deutlich höhere Größenordnung annehmen. Die Entropie ist demnach die zentrale Triebkraft hinter Mischprozessen.

Auf diese Weise lassen sich Mischprozesse bei idealen Gasen, Flüssigkeiten oder auch Salzschmelzen beschreiben. Diesen Punkt werden wir zu einem späteren Zeitpunkt unserer Reise noch einmal aufgreifen, wenn wir uns über Mischphasen Gedanken machen.

Die Boltzmann-Verteilung

In diesem Buch beschäftigen wir uns mit der phänomenologischen Thermodynamik, d. h., wir benötigen streng genommen den Begriff des Moleküls eigentlich gar nicht. Dennoch ist es insbesondere im Zusammenhang mit der Entropie hilfreich, sich mit einem molekularen Bild zu befassen, um sich zumindest ein einigermaßen anschauliches Bild zu machen. In diesem Kontext ist die sogenannte Boltzmann-Verteilung hilfreich. Diese Verteilung wird durch Gl. 3.2 beschrieben:

$$N_i = \frac{N \cdot \exp\left(-\frac{E_i}{k \cdot T}\right)}{\sum_i \exp\left(-\frac{E_i}{k \cdot T}\right)} \tag{3.2}$$

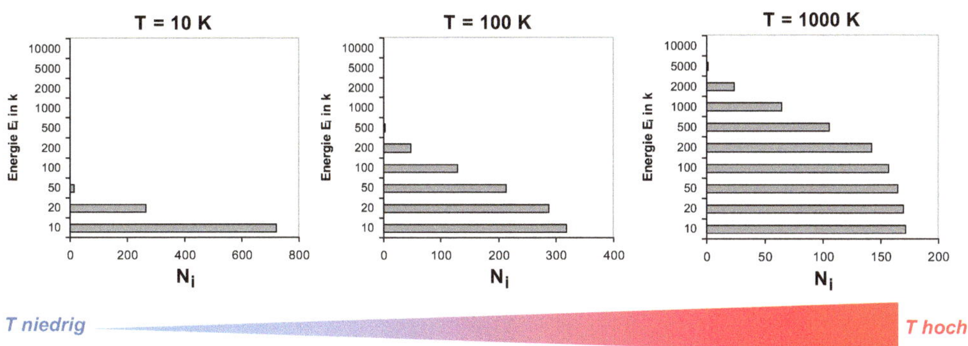

Abb. 3.3 Boltzmann-Besetzungsniveaus bei unterschiedlichen Temperaturen

Diese Gleichung beschreibt die Verteilung eines Ensembles von Teilchen auf unterschiedliche Energieniveaus. Die Größe N_i beschreibt die Anzahl an Teilchen im Energieniveau i, N die Gesamtzahl an Teilchen, E_i die Energie des Niveaus i und T die Temperatur des Systems in K.

Diese Gleichung beschreibt damit zwei wesentliche Charakteristika molekularer Systeme. Zum einen ist das energetisch niedrigste Niveau das am stärksten besetzte. Und mit steigender Temperatur gleichen sich die Besetzungszahlen der einzelnen Niveaus immer weiter an. Dieser Sachverhalt ist exemplarisch in Abb. 3.3 dargestellt.

Die Boltzmann-Verteilung ist ein wichtiges Konzept aus der statistischen Thermodynamik. Die Bedeutung der Verteilung einzelner Teilchen auf unterschiedliche Energieniveaus spielt aber in zahlreichen Gleichungen in der Physikalischen Chemie eine Rolle, wie in Abb. 3.4 dargestellt. Einigen dieser Gleichungen werden wir auf unserer weiteren Reise noch begegnen.

Energieniveaus	Bezeichnung von ΔE	Name der Gleichung
Gasmoleküle am Erdboden Gasmoleküle in großer Höhe	Lageenergie $m \cdot g \cdot h$	Barometrische Höhenformel $p = p_0 \cdot \exp\left(-\dfrac{M \cdot g \cdot h}{R \cdot T}\right)$
Freie Moleküle im Dampf Gebundene Moleküle – flüssig	Verdampfungsenthalpie $\Delta_V H$	Clausius-Clapeyron-Gleichung $p = p_0 \cdot \exp\left(-\dfrac{\Delta_V H}{R \cdot T}\right)$
Freie Moleküle im Gas An Oberfläche gebundene Moleküle	Adsorptionsenthalpie $\Delta_{Ad} H$	$p = p_0 \cdot \exp\left(-\dfrac{\Delta_{Ad} H}{R \cdot T}\right)$
Reaktionsedukte und Reaktionsprodukte	Reaktionsenthalpie $\Delta_R H$	Van't-Hoff-Gleichung $K = K_0 \cdot \exp\left(-\dfrac{\Delta_R H}{R \cdot T}\right)$
Schnelle Moleküle Langsame Moleküle	Kinetische Energie $\tfrac{1}{2}\, m \cdot v^2$	Maxwell-Verteilung $N = N_0 \cdot \exp\left(-\dfrac{m \cdot v^2}{2 \cdot R \cdot T}\right)$
Reaktive Moleküle Nichtreaktive Moleküle	Aktivierungsenergie ΔE_A	Arrhenius-Gleichung $k = k_0 \cdot \exp\left(-\dfrac{\Delta E_A}{R \cdot T}\right)$

Abb. 3.4 Beispiele für Boltzmann-Verteilungen

Kapitel 3

Übungsaufgaben

Aufgabe 3.1.1

Wie groß ist die Änderung der Inneren Energie U, wenn in einem abgeschlossenen System die Entropie um 20 J/K zunimmt?

Lösung:

http://tiny.cc/2qikcy

Aufgabe 3.1.2

Wie hoch ist die Entropie, wenn fünf Teilchen auf 10.000 Plätze verteilt werden?

Lösung:

http://tiny.cc/3rikcy

Aufgabe 3.1.3

Gegeben sei ein System mit zwei Energieniveaus, welche die hypothetischen Energien 0 k und 100 k besitzen (beachten Sie, dass die Energie jeweils in Vielfachen der Boltzmann-Konstante k angegeben ist). Wie viel Prozent der in diesem System vorliegenden Teilchen liegen bei einer Temperatur von 0 °C im oberen der beiden Energieniveaus vor?

Lösung:

http://tiny.cc/7pikcy

Stufen im Kerzenschein

Als Ihr durch die schwarze Öffnung des Bergfriedes nach innen tretet, habt Ihr das Gefühl, wie durch einen dünnen dunklen Vorhang, einen kaum wahrnehmbaren schwarzen Nebel zu schreiten – und findet Euch dann ganz plötzlich in warmem und hellem Licht wieder. Dieses blendet Euch im ersten Moment und Ihr befürchtet schon fast, dass Euch jemand mit einem Zauber geblendet habe. Aber dann entdeckt Ihr, dass der Raum, in dem Ihr Euch nun befindet, durch zahlreiche Kerzen an den Wänden in ein eher fahles Licht getaucht wird (das Euch im ersten Moment aufgrund der zuvor durchschrittenen Schwärze fast grell erschienen ist). Außer den Kerzen an den Wänden ist der Raum ansonsten leer. Fast leer. Eine Öffnung im Boden im hinteren Teil des Raumes ist das Einzige, was Ihr noch im Raum entdecken könnt.

Als Ihr Euch gerade auf diese Öffnung zubewegen wollt, haltet Ihr abrupt inne. Auch hier stimmt irgendetwas nicht. Und nach einem kurzen Moment wisst Ihr auch, was: die Kerzen. Sie flackern nicht. Sie rauchen nicht. Sie *brennen* einfach nur. Irgendwie scheint die Flamme wie *gefroren* zu sein. Ihr vermisst das wohlige Flackern und das knisternde Prasseln der Flammen in Eurer alten Akademie. Ach, was waren das noch für Zeiten, als man sich allabendlich mit den anderen Novizen der Mathematik und Physik dem Studium geheimnisvoller Formeln widmete, von denen man gar nicht so genau wusste, wofür sie eigentlich benötigt wurden. Der reine Spaß an der Sache hat Euch damals vorangetrieben. Und aus diesem Spaß ist jetzt bitterer Ernst geworden. Und dieser Ernst wird von den „gefrorenen Kerzen" (ein besserer Ausdruck fällt Euch für die phlegmatisch vor sich hin leuchtenden Lichtquellen an der Wand beim besten Willen nicht ein) in ein Licht getaucht, das in Euren Augen immer trüber und blasser wird. Genauso trüb und blass wie Eure Erinnerung an die Heimatakademie.

Ihr reißt Euch aus diesen düsteren Gedanken und schüttelt den Kopf. Irgendwie scheint dieses Gemäuer auf Euch keinen guten Einfluss auszuüben. Höchste Zeit also, von hier zu verschwinden. In der Bodenöffnung könnt Ihr eine Treppe erkennen, die steil nach unten führt. Ihr beschließt, Euer Heil bei dieser Treppe zu suchen, und nähert Euch dieser langsam.

Als Ihr sie erreicht habt, schaut Ihr auf eine steile und abschüssige Treppe herab, die wenige Stufen unter Euch in einen Gang mündet. Und wenn Euch Euer Orientierungssinn nicht trügt, dann führt dieser Gang genau auf den Berg zu. Möglicherweise ein Weg unter dem Bergmassiv hindurch? Von hier oben könnt Ihr noch erkennen, dass auch der Gang von gefrorenen Kerzen beleuchtet wird. Ansonsten ist auch dort keine Menschenseele (und auch nicht die Seele eines anderen Wesens) zu erkennen oder zu erahnen. Plötzlich schießen Euch gleich mehrere Gedanken auf einmal durch den Kopf.

Die Prophezeiung von Kassandra: *Zwei Berge – von Mensch und Natur gemacht. Durch sie hindurch.* Sind damit die Mauer von Energia und der nun vor Euch liegende Berg gemeint?

Die Worte im Tempel: *Wenn der Aufstieg unmöglich scheint, dann senke demütig deinen Blick.* Ist damit gemeint, dass man zunächst die Stufen nach unten blicken muss, bevor man irgendwo auf der anderen Seite des Berges wieder herauskommt?

Mit neu erwachter Neugier und vor Aufregung pochendem Herzen beschließt Ihr herauszufinden, wo der Gang hinführt, und steigt langsam die Stufen hinab. Dabei umfangen Euch auch hier plötzlich dunkle Stimmen und Ihr meint, einen permanenten Ton zu vernehmen, der sich wie ein lang gezogenes „sss" anhört.

http://tiny.cc/9rikcy

3.2 Die Entropie als Zustandsfunktion und der 2. Hauptsatz

Aus Sicht der phänomenologischen Thermodynamik spielt die Entropie S ebenfalls eine wichtige Rolle, da sie (jenseits der bereits beschriebenen statistischen Interpretation) auch als Zustandsfunktion beschrieben werden kann. Diese Zustandsfunktion lässt sich mathematisch folgendermaßen beschreiben:

$$dS = \frac{\delta Q_{rev}}{T} \tag{3.3}$$

Die Größe δQ_{rev} ist die zwischen System und Umgebung bei reversiblem Prozessverlauf ausgetauschte Wärmeenergie. Gl. 3.3 ist insofern bemerkenswert, als die Wärme Q, wie bereits beschrieben, keine Zustandsfunktion ist. Dividiert man die Wärme hingegen durch die Temperatur T, dann entsteht dadurch eine neue Zustandsfunktion, die Entropie S. Rudolf Clausius (1822–1888) bezeichnete diese Funktion auch als „reduzierte Wärme". Da wir uns bereits intensiv mit δQ beschäftigt haben, können wir damit auch für unterschiedliche Prozesse (isochor, isobar) die Entropieänderung berechnen.

Schauen wir uns als konkretes Beispiel die Entropieänderung bei der reversiblen isothermen Expansion eines Gases an. Wie wir bereits in Abschn. 2.4 gesehen haben, lässt sich die zwischen System und Umgebung ausgetauschte Wärmemenge Q aus der Volumenarbeit berechnen, die zwischen System und Umgebung ausgetauscht wurde:

$$\delta Q_{rev} = -\delta W$$

Nach Integration ergibt sich damit:

$$Q_{rev} = -W = +n \cdot R \cdot T \cdot \ln \frac{V_E}{V_A} \tag{3.4}$$

Damit lässt sich die Entropieänderung berechnen gemäß:

$$\Delta S = \frac{Q_{\text{rev}}}{T} = n \cdot R \cdot \ln \frac{V_E}{V_A} \tag{3.5}$$

Beispiel

Wie hoch ist die Entropieänderung, wenn 1 mol eines idealen Gases bei 25 °C von 20 L auf ein Volumen von 40 L expandiert?

$$\Delta S = n \cdot R \cdot T \cdot \ln \frac{V_E}{V_A} = 1\,\text{mol} \cdot 8{,}314 \frac{\text{J}}{\text{mol} \cdot \text{K}} \cdot \ln 2 = 5{,}76\,\text{J} \cdot \text{K}^{-1}$$

Warum verbergen wir das Thema „Entropie" und den 2. Hauptsatz der Thermodynamik auf unserer Insel in den „Ruinen des Chaos"? Das Sprachbild ist nicht zufällig gewählt. Sowohl Ruinen (als Symbol für einen statistisch wahrscheinlicheren Zustand) als auch der Begriff „Chaos" (als Sinnbild für „Unordnung") stehen symbolisch für die Thematik, die wir im Rahmen des 2. Hauptsatzes der Thermodynamik untersuchen. Anders als in der lichtdurchfluteten Stadt Energia begeben wir uns hier auch auf die Reise durch ein dunkles und undurchsichtiges Höhlensystem. Dies beschreibt symbolisch auch die häufig beobachtete Problematik, dass man sich dem Thema 2. Hauptsatz weniger leicht nähern kann als dem 1. Hauptsatz. Das liegt daran, dass die Größe „Entropie", anders als bei der Energie, weniger anschaulich ist und man sich den damit verbundenen Zusammenhängen schwerer nähern kann. Aber das sollte uns nicht davon abhalten, die Reise durch das dunkle Höhlensystem aufzunehmen.

Reversible und irreversible Prozesse

Für den reversiblen Prozess ($p_{\text{ex}} = p_{\text{innen}}$ zu jedem Zeitpunkt des Prozesses) können wir die Entropieänderung nun berechnen. Wie aber sieht es mit der Entropieänderung im irreversiblen Prozess ($p_{\text{ex}} < p_{\text{innen}}$ zu jedem Zeitpunkt) aus? Hier hilft uns nun unser Wissen, dass es sich bei der Entropie um eine Zustandsfunktion handelt. Warum? Als Zustandsfunktion ist die Entropie S wegunabhängig. Es spielt also für die Änderung von S keine Rolle, ob ich durch einen reversiblen oder einen irreversiblen Prozess vom Ausgangs- zum Endzustand komme. Daher kann man zur Berechnung der Änderung die gleiche Formel wie im reversiblen Fall heranziehen.

Dennoch müssen wir in diesem Zusammenhang noch einen wichtigen Punkt beachten. Die Arbeit, die das System im irreversiblen Fall an der Umgebung verrichtet, ist betragsmäßig geringer als die Arbeit, die das System im reversiblen Fall an der Umgebung verrichtet:

$$W_{\text{irr}} = \left| -p_{\text{ex}} \cdot (V_E - V_A) \right| < \left| -n \cdot R \cdot T \cdot \ln \frac{V_E}{V_A} \right| = W_{\text{rev}} \tag{3.6}$$

Damit gilt ebenfalls:

$$Q_{\mathrm{irr}} < Q_{\mathrm{rev}} \qquad (3.7)$$

Für die Entropieänderung bedeutet das:

$$\frac{Q_{\mathrm{irr}}}{T} < \frac{Q_{\mathrm{rev}}}{T} = \Delta S \qquad (3.8)$$

Oder anders gesagt: Die Entropieänderung im irreversiblen Prozess ist geringer als die Entropieänderung im reversiblen Prozess.

Wie bitte? Gerade eben haben wir noch aufgrund der Wegunabhängigkeit der Zustandsfunktion S argumentiert, dass wir die Entropieänderung im reversiblen und im irreversiblen Fall mit ein und derselben Formel berechnen können – und nun sollen es auf einmal unterschiedlich große Beträge sein? Machen wir hier einen Denkfehler?

Schauen wir uns das letzte Beispiel noch einmal näher an und differenzieren zwischen einem reversiblen und einem irreversiblen Fall (bei letzterem beträgt der Enddruck 620 mbar). Im irreversiblen Fall beträgt die Änderung der Entropie:

$$\Delta S = \frac{Q_{\mathrm{irr}}}{T} = \frac{p_{\mathrm{ex}} \cdot \Delta V}{T} = \frac{0{,}620 \cdot 10^5\,\mathrm{Pa} \cdot 0{,}20\,\mathrm{m}^3}{298{,}15\,\mathrm{K}} = 4{,}16\,\mathrm{J} \cdot \mathrm{K}^{-1}$$

Vergleichen wir dieses Ergebnis einmal mit der Entropieänderung im reversiblen Prozess ($\Delta S = 5{,}76\,\mathrm{J} \cdot \mathrm{K}^{-1}$). Tatsächlich ist die Entropieänderung im reversiblen Prozess größer. Aber über welche Entropieänderung reden wir denn eigentlich? Die gesamte Entropieänderung berechnet sich aus der Summe der Entropieänderung des Systems ($\Delta S_{\mathrm{System}}$) und der Entropieänderung der Umgebung ($\Delta S_{\mathrm{Umgebung}}$).

$$\Delta S = \Delta S_{\mathrm{rev}} = \Delta S_{\mathrm{System}} + \Delta S_{\mathrm{Umgebung}} \qquad (3.9)$$

Die in den oben aufgeführten Beispielen berechnete Entropieänderung bezieht sich aber zunächst einmal nur auf die des Systems. In reversiblen Prozessen ist diese auch identisch mit der Gesamtänderung der Entropie.

Bei irreversiblen Prozessen hingegen verbleibt ein Teil der Entropieänderung in der Umgebung und steht dem System fortan nicht mehr zur Verfügung. Vom Betrag her ist die in der Umgebung verbleibende Entropieänderung $\Delta S_{\mathrm{Umgebung}}$ damit genauso groß wie die Differenz aus Entropieänderung im reversiblen Fall und der Entropieänderung im irreversiblen Fall. Für unser Beispiel bedeutet das konkret:

$$\Delta S_{\mathrm{Umgebung}} = \Delta S_{\mathrm{rev}} - \Delta S_{\mathrm{System}} = 5{,}76\,\mathrm{J} \cdot \mathrm{K}^{-1} - 4{,}16\,\mathrm{J} \cdot \mathrm{K}^{-1} = 1{,}60\,\mathrm{J} \cdot \mathrm{K}^{-1}$$

Abb. 3.5 Wärmeübergang zwischen zwei Systemen mit unterschiedlicher Temperatur. Adaptiert nach: Physical Chemistry, Eighth Edition by Atkins & de Paula (2006). By permission of Oxford University Press

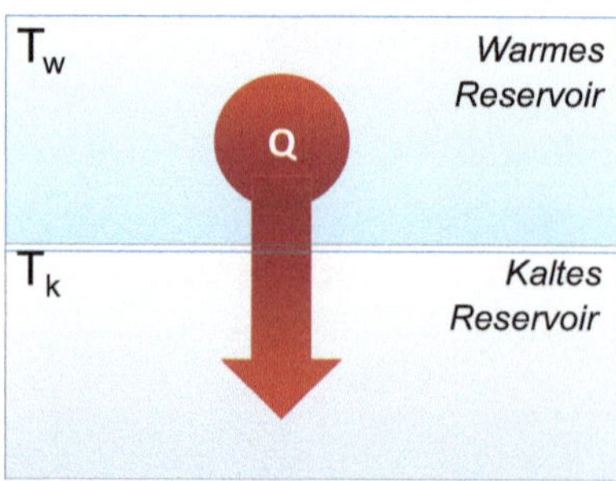

Wenn man also Q_{irr} (oder W_{irr}) einer irreversiblen Expansion vollständig speichern könnte und das System dann reversibel komprimiert, erreicht man nicht wieder den Ausgangszustand, weil die Entropie im spontanen Prozess zugenommen hat. Im obigen Beispiel hätte die Entropie in der Umgebung des Systems um den Betrag von $1{,}60\,\mathrm{J \cdot K^{-1}}$ zugenommen.

Rudolf Clausius hat diese Überlegungen in einer anderen mathematischen Formulierung des 2. Hauptsatzes der Thermodynamik zusammengefasst:

$$\mathrm{d}S \geq \frac{\delta Q}{T} \tag{3.10}$$

Hier gilt im reversiblen Fall das Gleichheitszeichen. Im irreversiblen Fall gilt das Ungleichheitszeichen. (Das heißt: Die Gesamtentropieänderung ist größer als die zwischen System und Umgebung ausgetauschte Wärmemenge Q, dividiert durch die Temperatur T, bei der dieser Austausch stattfindet.)

Ungleichungen erfreuen sich unter Studierenden in vielen Fällen nicht gerade hoher Beliebtheit, da sie auf den ersten Blick weniger intuitiv sind als Gleichungen. Im Fall der Entropie lässt sich die Clausius-Ungleichung durch das beliebte Beispiel des spontanen Wärmeübergangs allerdings sehr schön erläutern (Abb. 3.5).

In diesem Fall haben wir zwei miteinander in Kontakt stehende geschlossene Systeme (z. B. zwei massive Metallblöcke). Wir gehen davon aus, dass die beiden Systeme unterschiedliche Temperaturen besitzen. Das obere System hat eine höhere Temperatur (T_w, warmes Reservoir) als das in der Abbildung unten dargestellte System (T_k, kaltes Reservoir).

Aus Erfahrung wissen wir, dass die Wärme in diesem Fall vom warmen Reservoir in Richtung des kalten Reservoirs fließen wird. Warum das so ist und warum die Wärme nicht vom kalten in Richtung des warmen Reservoirs fließt, lässt sich aus der Clausius-Ungleichung verstehen. Dazu schauen wir uns zunächst die Entropieänderungen in den beiden Teilsystemen an (die Indizes w und k stehen nachfolgend für „warm" und „kalt"):

$$(\mathrm{d}S)_w \geq \frac{\delta Q_w}{T_w} \tag{3.11}$$

$$(\mathrm{d}S)_k \geq \frac{\delta Q_k}{T_k} \tag{3.12}$$

Die Gesamtentropieänderung dS ergibt sich aus der Summe der Entropieänderungen der beiden Teilsysteme:

$$dS = (dS)_w + (dS)_k \geq \frac{\delta Q_w}{T_w} + \frac{\delta Q_k}{T_k} \tag{3.13}$$

Im vorliegenden Fall gehen wir davon aus, dass insgesamt die Wärmemenge δQ vom „warmen" auf das „kalte" Teilsystem übertragen wird. Damit ergeben sich für die Wärmeströme δQ_w und δQ_k:

$$\delta Q_w = -\delta Q \tag{3.14}$$

$$\delta Q_k = +\delta Q \tag{3.15}$$

Setzt man diese beiden Ausdrücke in Gl. 3.13 ein, dann ergibt sich für die Gesamtentropieänderung dS:

$$dS \geq -\frac{\delta Q}{T_w} + \frac{\delta Q}{T_k} \tag{3.16}$$

Klammert man nun noch δQ aus, dann ergibt sich:

$$dS \geq \delta Q \cdot \left(\frac{1}{T_k} - \frac{1}{T_w} \right) \tag{3.17}$$

Schauen wir uns dieses Ergebnis einmal näher an. Wir sind davon ausgegangen, dass $T_w > T_k$. Damit wird $1/T_k > 1/T_w$ und der Term in der Klammer ist damit in diesem Fall größer als null. Für die Wärmemenge gilt ebenfalls $\delta Q > 0$, da in diesem Fall ja tatsächlich eine endliche Wärmemenge übertragen werden soll. Damit lässt sich im Fall unterschiedlicher Temperaturen schließen:

$$dS > 0 \tag{3.18}$$

Die Entropie des Gesamtsystems nimmt bei diesem spontanen Prozess zu. Fassen wir das Gesamtsystem als abgeschlossenes System auf (d. h., es wird keine Wärme auf ein System außerhalb dieser beiden Teilsysteme übertragen), dann lässt sich der 2. Hauptsatz der Thermodynamik auch folgendermaßen formulieren:

2. Hauptsatz der Thermodynamik

Die Entropie eines abgeschlossenen Systems kann bei einer freiwilligen (spontanen) Zustandsänderung nicht abnehmen.

Wäre $T_w < T_k$ (und damit $1/T_k < 1/T_w$), dann wäre d$S < 0$, was nach dem 2. Hauptsatz der Thermodynamik nicht erlaubt wäre. Das würde auch unseren Erfahrungen zuwiderlaufen, da Wärme nicht spontan von einem System niedriger Temperatur auf ein System höherer Temperatur übertragen wird.

Übungsaufgaben

Aufgabe 3.2.1

Ein ideales Gas nimmt bei 250 K und 1013 mbar ein Volumen von 15 L ein. Auf welches Volumen muss man das Gas komprimieren, damit seine Entropie um 5 J/K abnimmt?

Lösung:

http://tiny.cc/lsikcy

Aufgabe 3.2.2

1,0 mol Wasserstoffgas wird irreversibel von einem Ausgangsdruck von 1013 mbar bei einer Temperatur von 0 °C auf das Fünffache seines Ausgangsvolumens expandiert. Wie groß ist die dabei auftretende Entropieänderung in J/K?

Lösung:

http://tiny.cc/dqikcy

Aufgabe 3.2.3

Wie groß ist die Entropieänderung bei der reversiblen isothermen Kompression von 71 g Fluorgas auf die Hälfte des Ausgangsvolumens?

Lösung:

http://tiny.cc/pqikcy

Das Labyrinth

Unten angekommen, findet Ihr Euch in einem gemauerten Gang wieder, der in ein weitläufiges Labyrinth zu führen scheint. Zahlreiche Gänge zweigen links und rechts ab und bereits nach kurzer Zeit wisst Ihr schon nicht mehr genau, wie Ihr hierhergekommen seid. Die Wände des Labyrinths werden beleuchtet von seltsamen Fackeln, die – ähnlich wie die Kerzen im oberen Raum – weder flackern noch rauchen. Interessanterweise scheint die Flamme der Fackeln in einer Art Kugelform gefangen zu sein. So etwas habt Ihr noch nie zuvor gesehen und bei Euch stellt sich das unbestimmte Gefühl ein, dass Ihr in diesen unterirdischen Hallen irgendwie woanders seid … nicht mehr *in Eurer Zeit*. Das Gefühl ist seltsam und Ihr wisst nicht, wo es herkommt, aber es lässt Euch einfach nicht mehr los.

Die Fackeln tauchen die Gänge in ein gedämpftes Licht. Wo flackernde Fackeln normalerweise durch die wabernden Schatten an den Wänden die Präsenz unheimlicher Wesenheiten vorgaukeln, scheint bei den gefrorenen Fackeln um Euch herum gerade das Fehlen dieses Flackerns ein Grund für Eure wachsende Besorgnis zu sein.

Eure Schritte hallen dumpf an den Wänden wider, die Geräusche versickern jedoch irgendwo in der Unendlichkeit der unterirdischen Katakomben, werden von den Wänden gierig verschluckt. Die bedrückende Leere und unendlich scheinende Weite dieser Welt im Untergrund legt sich allmählich, ganz langsam, wie ein unsichtbarer Schleier Schicht für Schicht um Eure Seele. Und beginnt ganz langsam und sachte, Euren Geist zu erdrücken.

Nur mit zunehmender Mühe könnt Ihr Euch noch durch die Gänge bewegen. Euer Zeitgefühl habt Ihr irgendwann genauso verloren wie Eure Orientierung. Es scheint, dass es aus dieser unendlichen Einsamkeit keinen Ausweg mehr gibt.

Und während Ihr noch hilflos durch die unendliche Weite der unterirdischen Welt taumelt, hört Ihr wieder diese schnarrende Stimme in Euren Gedanken. Immer wieder und wieder flüstert sie Geschichten über Chaos und Unordnung … und Ihr hört weiterhin und ohne Unterlass das konstante Summen im Hintergrund, welches wie ein lang gezogenes „sss" durch diese Hallen schallt.

http://tiny.cc/kqikcy

3.3   Berechnung von Entropien

Wir haben in den letzten Kapiteln die Entropie kennengelernt und auch ihre zentrale Bedeutung als Zustandsfunktion im Rahmen der Diskussion des 2. Hauptsatzes der Thermodynamik. Wir haben aber auch gesehen, dass Entropie etwas mit Anordnungsmöglichkeiten von Teilchen zu tun hat und dass eine Zunahme möglicher Anordnungen auch mit einer Zunahme der Entropie verbunden ist. Ein Naturwissenschaftler denkt in diesem Zusammenhang möglicherweise unmittelbar an Phasenübergänge zwischen Aggregatzuständen. Warum? Schauen wir uns als Beispiel die Änderung der Aggregatzustände von Wasser an – und die damit verbundene Entropieänderung (Abb. 3.6).

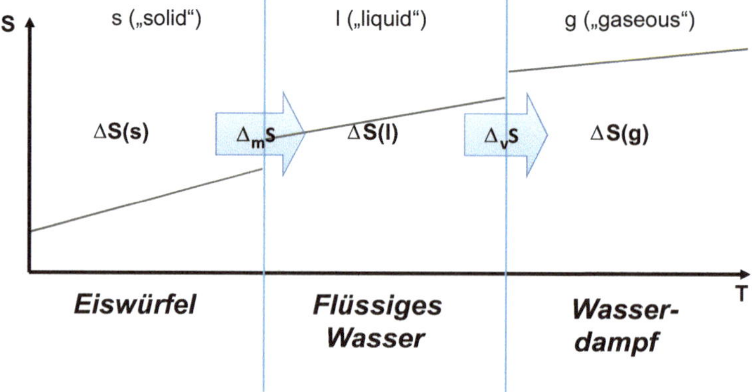

Abb. 3.6 Temperaturabhängigkeit der Entropie am Beispiel Wasser (exemplarisch)

Bei niedrigen Temperaturen liegt Wasser als Eis vor. Die einzelnen Wassermoleküle haben durch die feste Anordnung im Kristallgitter nur eine sehr eingeschränkte Möglichkeit, sich relativ zueinander anzuordnen. Die Entropie S muss demnach in diesem Fall einen verhältnismäßig kleinen Wert annehmen. Mit zunehmender Temperatur bewegen sich die einzelnen Teilchen immer mehr und die Entropie wird schrittweise ebenfalls zunehmen. Am Schmelzpunkt des Wassers passiert nun etwas Interessantes: Es kommt zu einer schlagartigen Änderung der Entropie, da sich die mikroskopische Struktur in der Umgebung der Wassermoleküle ändert. Plötzlich sind die einzelnen Moleküle nicht mehr an einen bestimmten Ort gebunden, sondern können mehr oder weniger frei aneinander vorbeigleiten. Sie werden zwar noch von intermolekularen Wechselwirkungen (v. a. Wasserstoffbrückenbindungen) zusammengehalten, was zu einer Volumenstabilität führt, aber die Formstabilität, die man beim Eis beobachtet hat, ist im flüssigen Wasser nicht mehr gegeben. All das geschieht bei ein und derselben Temperatur, die wir makroskopisch als „Schmelzpunkt" bezeichnen. Die dabei auftretende Entropieänderung bezeichnen wir mit $\Delta_M S$ (das M steht dabei für „melting", der englischen Bezeichnung für „schmelzen"). Da sich die Beweglichkeit (und damit die Anzahl der Anordnungsmöglichkeiten) der einzelnen Moleküle durch diesen Übergang sprunghaft ändert, muss auch die Entropie S an dieser Stelle sprunghaft ansteigen. Erhöht man die Temperatur weiter, dann liegt zunächst einmal nur die flüssige Phase vor. Die Entropie steigt hier wieder graduell an, da sich die Teilchen in der Flüssigkeit nunmehr schneller bewegen. Erst am Siedepunkt kommt es wieder (ähnlich wie beim Schmelzpunkt) zu einer sprunghaften Änderung der Entropie, da die Teilchen im Gas sich nahezu unbeeinflusst voneinander bewegen können (denken Sie an unsere Diskussion des idealen Gases, wo wir intermolekulare Wechselwirkungen ausgeschlossen haben). Die beim Siedevorgang auftretende Entropieänderung bezeichnen wir mit $\Delta_v S$ (das v steht dabei für „vaporization", der englischen Bezeichnung für „verdampfen"). Oberhalb der Siedetemperatur führt eine weitere Temperaturerhöhung dann wieder zu einer graduellen Änderung der Entropie.

Qualitativ verstehen wir damit die Änderung der Entropie bei Änderungen des Aggregatzustandes, denn die Beschreibung am Beispiel Wasser lässt sich auf andere Stoffe übertragen. Aber dem Physicochemiker reicht diese qualitative Betrachtungsweise nicht aus, er möchte auch wissen, wie groß die jeweilige Entropieänderung ist. Er möchte die quantitativen Zusammenhänge verstehen. Also greifen wir noch einmal in den Werkzeugkasten unserer bislang erworbenen thermodynamischen Kenntnisse und schauen nach, ob uns das auch möglich ist. Aus der qualitativen Beschreibung vermuten wir, dass es vermutlich ratsam ist, zwischen der Entropieänderung innerhalb einer Phase und der Entropieänderung beim Phasenübergang zu unterscheiden.

Die Entropieänderung innerhalb einer Phase

Für die Wärmezufuhr zu einem Stoff innerhalb einer Phase können wir die Entropieänderung zwischen zwei Temperaturen T_1 (Ausgangstemperatur) und T_2 (Endtemperatur) aus dem Ansatz $dS = \delta Q_{rev}/T$ bestimmen. Wir gehen dabei von einer isobaren Prozessführung aus. Damit ergeben sich folgende quantitative Zusammenhänge:

$$\delta Q_{rev} = n \cdot c_p \cdot dT \leftrightarrow dS = \frac{\delta Q_{rev}}{T} = \frac{n \cdot c_p \cdot dT}{T} \tag{3.19}$$

Beachten Sie, dass man bei isochorer Prozessführung entsprechend mit der Wärmekapazität bei konstantem Volumen c_v arbeiten muss. Ansonsten bleiben alle anderen Schritte identisch. Um die Entropieänderung ΔS zu bestimmen, muss man Gl. 3.19 noch integrieren:

$$\Delta S = \int_{T_1}^{T_2} dS = S(T_2) - S(T_1) = \int_{T_1}^{T_2} \frac{dQ_{rev}}{T} = \int_{T_1}^{T_2} \frac{n \cdot c_p}{T} dT \tag{3.20}$$

Im geschlossenen System (n = const.) und wenn c_p = const., dann ergibt sich:

$$\Delta S = n \cdot c_p \cdot \int_{T_1}^{T_2} \frac{dT}{T} = n \cdot c_p \cdot \ln \frac{T_2}{T_1} \tag{3.21}$$

Zur Berechnung der Entropieänderung innerhalb einer Phase benötigt man also neben Anfangs- und Endtemperatur sowie der Stoffmenge noch die Wärmekapazität des betrachteten Stoffes innerhalb der jeweiligen Phase. Anhand dieser Gleichung wird auch deutlich, weshalb man für die Berechnung der Entropieänderung in verschiedenen Phasen ebenfalls unterschiedliche Gleichungen benötigt, da sich die Wärmekapazität in den verschiedenen Phasen unterscheidet.

Beispiel

Wie hoch ist die Entropieänderung von 1000 g flüssigem Wasser, wenn dieses von einer Ausgangstemperatur von 25 °C auf eine Endtemperatur von 100 °C erwärmt wird? Die Wärmekapazität von flüssigem Wasser beträgt $c_p = 75{,}2\,\text{J} \cdot \text{mol}^{-1} \cdot \text{K}^{-1}$.

$$n = \frac{m}{M} = \frac{1000\,\text{g}}{18{,}02\,\text{g} \cdot \text{mol}^{-1}} = 55{,}5\,\text{mol}$$

$$\Delta S = n \cdot c_p \cdot \ln \frac{T_2}{T_1} = 55{,}5\,\text{mol} \cdot 75{,}2\,\frac{\text{J}}{\text{mol} \cdot \text{K}} \cdot \ln \frac{373{,}15\,\text{K}}{298{,}15\,\text{K}} = 936\,\frac{\text{J}}{\text{K}}$$

Die molare Entropieänderung (intensive Größe) beträgt:

$$\Delta S_{molar} = \frac{\Delta S}{n} = \frac{936\,\text{J} \cdot \text{K}^{-1}}{55{,}5\,\text{mol}} = 16{,}9\,\frac{\text{J}}{\text{mol} \cdot \text{K}}$$

Die Entropieänderung beim Phasenübergang

Wenn bei einem Phasenübergang (z. B. beim Schmelzen oder Verdampfen) beide Phasen (Feststoff/Flüssigkeit oder Flüssigkeit/Gas) gleichzeitig vorliegen und sich miteinander im Gleichgewicht befinden (auf die genauen Hintergründe des Begriffes „Gleichgewicht" werden wir noch näher eingehen), dann gilt bei isobaren Bedingungen:

$$\Delta_{\mathrm{trans}} H = Q_{\mathrm{rev}} \qquad (3.22)$$

Der Index *trans* steht hierbei für das Wort „transition" (engl. für Übergang), welches allgemein für Phasenübergänge aller Art verwendet wird. Im Gleichgewicht ist der Wärmeübergang reversibel, sodass sich die Entropieänderung über den folgenden Zusammenhang berechnen lässt:

$$\Delta_{\mathrm{trans}} S = n \cdot \frac{\Delta_{\mathrm{trans}} H}{T_{\mathrm{trans}}} \qquad (3.23)$$

Beispiel

Unsere 1000 g Wasser aus dem vorherigen Beispiel sollen nun bei 100 °C vollständig verdampfen. Wie groß ist die dabei auftretende Entropieänderung, wenn die Verdampfungsenthalpie von Wasser $\Delta_v H = 40{,}7\,\mathrm{kJ} \cdot \mathrm{mol}^{-1}$ beträgt?

$$\Delta_v S = n \cdot \frac{\Delta_v H}{T_v} = 55{,}5\,\mathrm{mol} \cdot \frac{40700\,\frac{\mathrm{J}}{\mathrm{mol}}}{373{,}15\,\mathrm{K}} = 6053\,\frac{\mathrm{J}}{\mathrm{K}} = 6{,}05\,\frac{\mathrm{kJ}}{\mathrm{K}}$$

Oder als intensive Größe berechnet:

$$\Delta_v S_{\mathrm{molar}} = \frac{\Delta_v S}{n} = \frac{6053\,\frac{\mathrm{J}}{\mathrm{K}}}{55{,}5\,\mathrm{mol}} = 109\,\frac{\mathrm{J}}{\mathrm{mol} \cdot \mathrm{K}}$$

Die Entropieänderung bei der Verdampfung von Wasser ist also um mehr als den Faktor 6 größer als die Entropieänderung bei der Erwärmung von flüssigem Wasser von 25 °C auf 100 °C! Die Phasenübergänge liefern also für die Entropieänderung den wesentlichen Beitrag.

Die Regel von Pictet und Trouton

Im Zusammenhang mit Entropieänderungen bei Phasenübergängen möchten wir hier noch die empirisch gefundene Regel von Pictet und Trouton erwähnen. Diese Regel besagt, dass für die Verdampfungsentropie vieler Substanzen empirisch festgestellt wurde:

$$\Delta_v S \approx 88\,\mathrm{J} \cdot \mathrm{mol}^{-1} \cdot \mathrm{K}^{-1} \qquad (3.24)$$

Substanz	$\Delta_v H$ in kJ/mol		Abweichung
	nach Pictet-Trouton	*tatsächlich*	
Ethan	16,2	14,7	9 %
n-Propan	20,3	19,0	7 %
n-Butan	24,0	22,4	7 %
Methanol	29,8	37,6	−26 %
Wasser	32,8	40,7	−24 %

Abb. 3.7 Abweichung von der Pictet-Trouton-Regel für unterschiedliche Substanzen

Mittels dieser Regel lassen sich aus Siedepunkten von Stoffen Verdampfungsenthalpien abschätzen:

$$\Delta_v H = \Delta_v S \cdot T_v \approx 88\,\frac{\mathrm{J}}{\mathrm{mol}\cdot\mathrm{K}}\cdot T_v \tag{3.25}$$

Bei dieser Regel ist jedoch zu beachten, dass sie nur für wenig polare oder unpolare Substanzen mit schwachen zwischenmolekularen Kräften gilt. Dieser Zusammenhang lässt sich beim Vergleich der Kohlenwasserstoffe Ethan, Propan und Butan einerseits (die alle durch verhältnismäßig schwache Wechselwirkungen zusammengehalten werden) sowie Methanol und Wasser andererseits (die durch intermolekulare Wasserstoffbrücken zusammengehalten werden) verdeutlichen (Abb. 3.7).

Die Abweichungen im Fall von Methanol und Wasser sind deutlich höher als im Fall der Kohlenwasserstoffe. Bei Anwendung der Regel von Pictet und Trouton ist allerdings generell zu beachten, dass es sich um eine Faustregel handelt, die eine Grobabschätzung gewährleistet. Da es zahlreiche Ausnahmen von der Regel gibt (berechnen Sie zum Beispiel einmal die Verdampfungsenthalpien von Methan oder Schwefelwasserstoff nach der Pictet-Trouton-Regel und vergleichen Sie das Ergebnis mit dem tatsächlichen Wert), sollte man die daraus erhaltenen Ergebnisse mit großer Sorgfalt interpretieren.

Übungsaufgaben

Aufgabe 3.3.1

2 L Wasser ($c_p = 75{,}291\,\mathrm{J}\cdot\mathrm{mol}^{-1}\cdot\mathrm{K}^{-1}$) werden isobar von 25 °C auf 35 °C erwärmt. Wie groß ist die dabei auftretende Änderung der Entropie?

Lösung:

http://tiny.cc/yqikcy

Aufgabe 3.3.2

500 g Korund (Al_2O_3, $M = 101{,}96$ g/mol) werden isobar von 300 °C auf Raumtemperatur (25 °C) abgekühlt. Wie groß ist die dabei auftretende Entropieänderung ΔS (in J/K), wenn die Abhängigkeit der Wärmekapazität c_p von Korund (in $J{\cdot}mol^{-1}{\cdot}K^{-1}$) von der Temperatur T (in K) durch folgende Gleichung näherungsweise beschrieben werden kann?

$$c_p(T) = -30{,}4 + 0{,}485 \cdot T - 0{,}000416 \cdot T^2$$

Lösung:

http://tiny.cc/8qikcy

Aufgabe 3.3.3

100 mL Methanol ($M = 32{,}0416$ g/mol, $\rho = 0{,}7869$ g/mL, $\theta_v = 65$ °C, $c_p(l) = 81{,}6$ $J{\cdot}mol^{-1}{\cdot}K^{-1}$, $c_p(g) = 43{,}89\,J{\cdot}mol^{-1}{\cdot}K^{-1}$, $\Delta_v S = 104{,}1\,J{\cdot}mol^{-1}{\cdot}K^{-1}$) werden von 25 °C auf 100 °C erwärmt. Wie hoch ist die Änderung der Entropie ΔS in J/K des Methanols für diesen Vorgang?

Lösung:

http://tiny.cc/frikcy

Zurück ans Licht

Nach einer Ewigkeit, die Ihr durch das unterirdische Labyrinth gewandert seid, erreicht Ihr plötzlich eine große unterirdische Kaverne. Diese ist in ein diffuses Licht
getaucht. Erst nach einigen Momenten fällt Euch auf, dass dieses Licht nicht von
gefrorenen Kerzen oder Fackeln stammt wie in den bisherigen Bereichen des Labyrinths, durch die Ihr gewandert seid. Etwas irritiert ob dieser Beobachtung geht Ihr
tiefer in die Höhle hinein. Und zu Eurer großen Verwunderung stellt Ihr fest, dass
sich im Zentrum der Höhle ein riesiger See befindet. Das kristallklare Wasser liegt
still und durchscheinend vor Euch, weit weg von der Oberfläche der Erde, die Ihr in
dieser schwärzlichen Dunkelheit nur allzu schmerzlich vermisst.

© Elif Siebenpfeiffer/Ulisses Spiele

Auf der anderen Seite der Kaverne könnt Ihr mehrere Tunnel ausmachen, die aus der riesigen Höhle wieder herausführen. Bevor Ihr Euch jedoch entscheiden könnt, welchem dieser Wege Ihr folgt, hört Ihr schlurfende Schritte aus einem der Tunnel auf Euch zukommen. Als Nächstes macht Ihr ein diffuses Licht und einen wabernden Schatten aus. Schnell versteckt Ihr Euch hinter einem Findling neben dem Eingang, durch den Ihr die Höhle betreten habt. Keine Sekunde zu früh! Mit zusammengekniffenen Augen könnt Ihr eine Gestalt erkennen, die mit einem Spaten und einer Laterne „bewaffnet" herumschleicht und prüfend in alle Richtungen schaut.

Um den Hals der Gestalt baumelt ein Amulett, das ein gebrochenes Rad zeigt. Das Symbol des Todes und der Vergänglichkeit. Irgendwie wundert Euch dieses Detail nicht. Was sonst sollte einen in dieser verlassenen Höhle sonst auch erwarten? Aber was sucht der Mann hier? Sein Gesicht schaut ausdruckslos hin und her. Er scheint Euch noch nicht bemerkt zu haben. Dann schlurft er den Gang entlang, durch den Ihr eben gekommen seid. Als er sich an Euch vorbeibewegt, nehmt Ihr einen stechenden Geruch wahr, der Euch unbekannt ist. Fast schwinden Euch die Sinne. Ihr beschließt, den Mann seiner Wege ziehen zu lassen, und entscheidet Euch dafür, durch den Gang weiter zu gehen, aus dem dieser kurz zuvor die Kaverne betreten hat.

Gerade als Ihr losgehen wollt, bemerkt Ihr auf einmal, wo das Leuchten in der Höhle herkommt. Direkt aus dem Wasser. Es scheint irgendwie, als ob das Wasser selber leuchtet – etwas, was Euch völlig unbekannt ist und worauf Ihr Euch bei aller Fantasie keinen Reim machen könnt.

Die ganze Szenerie vor Euch löst kein besonders angenehmes Gefühl aus. Eure ganze Reise erscheint Euch immer mehr als sinnloses und falsches Unterfangen. Was genau macht Ihr eigentlich hier? Warum versucht Ihr überhaupt, aus diesem unterirdischen Labyrinth zu entkommen? Warum lasst Ihr Euch nicht einfach in das Wasser fallen, das Euch bei genauer Betrachtung immer angenehmer und beruhigender erscheint?

Schritt für Schritt nähert Ihr Euch dem Ufer des Wassers. Dabei bemerkt Ihr gar nicht, wie Euer Blick immer trüber wird und Ihr Euch wie in Trance in Richtung des kühlen (Ist es wirklich kühl? Es schimmert doch so angenehm warm!) Wassers bewegt. Als Euch nur noch wenige Zentimeter von der Wasseroberfläche trennen, hört Ihr plötzlich ein klirrendes Geräusch, das Euch schlagartig in die Realität zurückreißt. Was genau macht Ihr eigentlich hier? Habt Ihr allen Ernstes vorgehabt, in dieser unterirdischen Kaverne baden zu gehen? In einem See, bei dem man trotz des kristallklaren Wassers nicht erkennen kann, was genau im Inneren auf einen wartet? Als Ihr Euch umdreht, seht Ihr noch eine grünliche Flüssigkeit, die langsam in der Erde versickert – neben zahlreichen Glasscherben, die als letzte Überbleibsel von dem Flakon künden, den Ihr bei der Alchimistin Jutta in Energia bekommen habt. Ihr habt keine Ahnung, was genau diese Flüssigkeit eigentlich war, aber vielleicht ist das auch gar nicht so wichtig. Denn irgendwie habt Ihr das unbestimmte Gefühl, dass Euch das heruntergefallene Fläschchen hier und jetzt das Leben gerettet hat.

Ohne noch mehr Zeit zu verlieren, begebt Ihr Euch auf dem schnellsten Weg durch den Felseneingang, aus dem der seltsame Mann kurz vorher kam, wieder in das dahinterliegende Höhlensystem hinein, nur bestrebt, möglichst schnell eine möglichst große Strecke zwischen Euch und den mysteriösen See zu bringen.

Wo Euch im bisherigen Teil des Labyrinths noch das diffuse Licht der gefrorenen Fackeln gefolgt war, seht Ihr in diesem Abschnitt der unterirdischen Welt nun zunächst erst einmal gar nichts mehr. Zunächst. Denn dann, ganz langsam, unendlich und nervenaufreibend langsam, scheint sich irgendwo weit vor Euch ein kleiner heller Punkt abzuzeichnen. Eine weitere Fackel? Eine Kerze? Noch ein See? Als Ihr bei dem letzten Gedanken erschaudernd intuitiv ein wenig langsamer geht, fällt Euch auf, dass der helle Punkt in der Ferne bereits ein wenig größer geworden zu sein scheint … und mit jedem weiteren Schritt immer größer wird.

Erst jetzt fällt Euch gleichzeitig auf, dass die Mühe, die Ihr beim Vorwärtskommen habt, wohl darauf zurückzuführen ist, dass Ihr bergauf geht! Kann es sein, dass Ihr allmählich das unterirdische Labyrinth hinter Euch lasst? Kann es sein, dass dort vor Euch der Ausgang liegt?

Weiter vorne sind jetzt schemenhafte Konturen zu erkennen. Ihr glaubt, sonnenbestrahlte Felsen und eine Bergwiese zu sehen, und beschleunigt unbewusst Eure Schritte. Einige Schritte später wird der Glaube allmählich zur Gewissheit: Vor Euch liegt tatsächlich ein Bild, das Ihr Euch selbst in den kühnsten Träumen nicht vorstellen konntet: ein Berg, eine Wiese und – vor allem – Sonne! Wärmende, wohlige Sonnenstrahlen, die Euch vom Ende Eurer unterirdischen Reise künden und verlockend zu sich rufen. Ihr beschleunigt noch einmal Eure Schritte – und dann steht sie plötzlich vor Euch. Wie aus dem Nichts.

© Anna Steinbauer/Ulisses Spiele

Eine in dunkler Robe gekleidete Frau, die Euch aus blitzenden Augen durchdringend und heimtückisch anblickt. Die Hände nach oben hin geöffnet und weit erhoben, richtet sie das Wort an Euch: „Ihr wagt es, diese dunklen Pfade zu betreten, Fremder. So wisset, dass all jenen, die diese Pfade betreten, der sichere Tod gewiss ist. Niemand anderem als dem dunklen Herren der Nacht und seinen ergebenen Dienern ist es gestattet, hier zu wandeln. Und ich, Adepta Entropia, werde Euch nun für immer und ewig in diesem Reich des Chaos versklaven. Denn Ihr habt es nicht nur gewagt, in dieses Reich einzudringen, sondern habt auch die Warnungen des Labyrinths und des unterirdischen Sees in den Wind geschlagen, die Euch wieder zurück in die Ruinen gebracht hätten, in die Sicherheit menschlicher Behausungen. Jetzt aber seid Ihr viel zu weit weg von Eurer rationalen Realität und den Gedanken der Normalsterblichen. Ihr habt in diesen Katakomben Gefilde betreten, die Euren Geist verdorren lassen werden. Und ich werde Euren Geist nun aufsammeln und meinem Herrn übergeben – dem Mathemagier."

Bei diesen Worten bebt nicht nur ihre ganze Gestalt unheilvoll, sondern auch der flammenförmig geschmiedete Dolch an ihrer Hüfte bewegt sich ehrfurchtgebietend auf und ab.

Als sie beginnt, in einer Euch unbekannten Sprache irgendetwas von „Sadi Sadi Carnot – Adi Adi Abate" zu nuscheln, nehmt Ihr mit einem Mal allen Mut zusammen und werft Euch ihr in einem tollkühnen Hechtsprung todesmutig entgegen. Viel habt Ihr aus den antimathemagischen Seminaren an der Akademie zwar nicht mehr in Erinnerung, aber die Verlockung der Freiheit, die so nah vor Euch liegt, erscheint einfach zu groß, als dass Ihr Euch von einer dahergelaufenen Schwarzmathemagierin (oder was auch immer diese Frau darstellt) von Eurem Ziel abbringen lassen würdet.

Ihr setzt daher alles auf eine Karte und tretet Entropia in einem mathemagischen Zweikampf gegenüber. Und wie von Geisterhand findet Ihr Euch plötzlich in einem Raum wieder, wo es vor Isothermen, Adiabaten, p's und V's nur so wimmelt. Jetzt ist es an Euch zu zeigen, was Ihr gelernt habt und wie gut Ihr seid. Schafft Ihr es, die mächtige Entropia zu bezwingen?

http://tiny.cc/rrikcy

3.4   Der Carnot'sche Kreisprozess und der 3. Hauptsatz

Auf unserer Reise über die Insel der Energie sehen wir allmählich Licht am Ende des Tunnels. Wir haben die Begriffe Energie (1. Hauptsatz der Thermodynamik) und Entropie (2. Hauptsatz der Thermodynamik) kennengelernt. Vielleicht haben wir diese Begriffe nicht vollständig verstanden, aber nun zumindest ein rudimentäres Verständnis davon, was sie bedeuten. Außerdem haben wir uns mit Isothermen, Isobaren, Isochoren und Adiabaten auseinandergesetzt. Wir haben auch gelernt, dass man sich vor der Anwendung einer physikochemischen Gleichung zur Berechnung einer bestimmten Größe zunächst einmal Gedanken um den Geltungsbereich dieser Gleichung machen muss. Und dass man sich in einem bestimmten Fall fragen muss, ob man die Gleichung eigentlich einsetzen darf.

Ideales Gas

	Isotherme	Isobare	Isochore	Adiabate
Konstante	T = const. $\mathrm{d}T = 0$	p = const. $\mathrm{d}p = 0$	V = const. $\mathrm{d}V = 0$	$Q = 0$
Formeln Gasgesetze	$p \cdot V$ = const. $\mathrm{d}(p \cdot V)$ $= p\,\mathrm{d}V + V\,\mathrm{d}p = 0$	$\dfrac{V}{T}$ = const.	$\dfrac{p}{T}$ = const.	$p \cdot V^{\gamma}$ = const. $T \cdot V^{\gamma-1}$ = const. $p^{1-\gamma} \cdot T^{\gamma}$ = const. $\gamma = \dfrac{c_p}{c_V}$
(Volumen-)arbeit W	$W_{\mathrm{rev}} = -nRT \cdot \ln\dfrac{V_E}{V_A}$ $W_{\mathrm{irr}} = -p \cdot (V_E - V_A)$	$W = -p \cdot (V_E - V_A)$ $= -nR \cdot (T_E - T_A)$	$W = 0$ (wegen $\mathrm{d}V = 0$)	$W = nc_V \cdot (T_E - T_A)$
Wärme Q	$Q_{\mathrm{rev}} = +nRT \cdot \ln\dfrac{V_E}{V_A}$	$Q = nc_p \cdot (T_E - T_A)$	$Q = nc_V \cdot (T_E - T_A)$	$Q = 0$
Änderung der Inneren Energie ΔU	$\Delta U = 0$	$\Delta U = nc_V \cdot (T_E - T_A)$	$\Delta U = nc_V \cdot (T_E - T_A)$	$\Delta U = nc_V \cdot (T_E - T_A)$
Änderung der Enthalpie ΔH	$\Delta H = 0$	$\Delta H = nc_p \cdot (T_E - T_A)$	$\Delta H = nc_p \cdot (T_E - T_A)$	$\Delta H = nc_p \cdot (T_E - T_A)$
Änderung der Entropie ΔS	$\Delta S = nR \cdot \ln\dfrac{V_E}{V_A}$	$\Delta S = nc_p \cdot \ln\dfrac{T_E}{T_A}$	$\Delta S = nc_V \cdot \ln\dfrac{T_E}{T_A}$	$\Delta S = 0$

– – – – – – – – experimentell schwer bestimmbar

Abb. 3.8 Formelsammlung zum 1. und 2. Hauptsatz der Thermodynamik

Was heißt das im Klartext? Das bedeutet nichts anderes, als dass unser Werkzeugkoffer der Physikalischen Chemie bereits mit einer ganzen Reihe von mathematischen Gleichungen gefüllt ist. Werfen wir doch einmal einen Blick hinein (Abb. 3.8):

In diesem Werkzeugkasten haben wir noch einmal alle wichtigen Formeln zur Berechnung von Q, W, ΔU, ΔH und ΔS für isotherme, isobare, isochore und adiabatische Prozesse in einem geschlossenen System (n = const.) zusammengefasst. Dabei beschränken wir uns auf den Fall des idealen Gases und nehmen weiterhin an, dass alle Wärmekapazitäten bei den betrachteten Prozessen konstant bleiben sollen. Dabei haben wir einige Formeln ergänzt, die bislang noch nicht explizit hergeleitet wurden, sich aber aus der Anwendung der Hauptsätze der Thermodynamik ergeben. Versuchen Sie doch einmal als Übung, die in Abb. 3.8 aufgeführten Formeln zur Berechnung der Entropieänderung in isobaren und isochoren Prozessen zu verstehen … und das bitte, *bevor* Sie jetzt weiterlesen!

Geschafft? Oder hatten Sie Probleme bei der Herleitung?

Schauen wir uns das Ganze einmal etwas näher an. Beginnen wir mit der Betrachtung für isobare Prozesse. Aus dem 2. Hauptsatz wissen wir, dass für reversible Prozesse gilt:

$$\mathrm{d}S = \frac{\delta Q}{T}$$

Die Wärmeänderung δQ für isobare Prozesse ist identisch mit der Änderung der Enthalpie $\mathrm{d}H$, sodass wir weiter schreiben können:

$$\mathrm{d}S = \frac{\mathrm{d}H}{T} = \frac{n \cdot c_p \cdot \mathrm{d}T}{T} \tag{3.26}$$

Um ΔS bei der Änderung der Temperatur von T_A (Anfangstemperatur) zu T_E (Endtemperatur) zu berechnen, müssen wir nun beide Seiten von Gl. 3.26 integrieren. Dabei wollen wir davon ausgehen, dass die molare Wärmekapazität c_p im betrachteten Temperaturintervall konstant ist:

$$\Delta S = n \cdot c_p \cdot \int_{T_A}^{T_E} \frac{1}{T} \cdot \mathrm{d}T = n \cdot c_p \cdot \ln \frac{T_E}{T_A} \tag{3.27}$$

Dieses Ergebnis entspricht genau der Formel aus der Übersicht von Abb. 3.8. Für die Herleitung der Entropieänderung ΔS bei isochoren Erwärmungen können Sie nun genauso vorgehen (mit dem einzigen Unterschied, dass $\delta Q = \mathrm{d}U$ und die Wärmekapazität bei konstantem Volumen c_v verwendet werden muss). Versuchen Sie es einmal!

Schauen wir uns die ganzen Formeln aus Abb. 3.8 noch einmal an, dann fällt vielleicht zunächst auf, dass es bereits eine ganze Menge Werkzeug ist, die wir auf unserer bisherigen Reise gesammelt haben. Nun mag man sich die Frage stellen: „Wozu brauche ich das alles?" Selbstverständlich kann man damit für bestimmte Prozesse die einzelnen Größen berechnen und sich damit zufriedengeben. Der Werkzeugkasten kann aber noch mehr: Er erlaubt uns die Beschreibung von Kreisprozessen.

Kreisprozesse

Was ist ein Kreisprozess? Nun, er bezeichnet nichts anderes als eine Abfolge bestimmter Prozesse (z. B. Isotherme – Adiabate – Isochore – Isobare – …), bei der Endzustand und Anfangszustand identisch sind (Abb. 3.9). Das bedeutet, dass man ein System (z. B. ein ideales Gas in einem geschlossenen Gefäß) einer Reihe von Zustandsänderungen (das sind dann die erwähnten Prozesse) unterwirft, wobei das System mit der Umgebung Energie in Form von Arbeit und Wärme austauscht und am Ende wieder im Ausgangszustand vorliegt.

Schön und gut – aber warum muss ich mich als angehender Chemiker damit auseinandersetzen? Das sieht auf den ersten Blick recht abstrakt aus, also bedarf es schon einer näheren

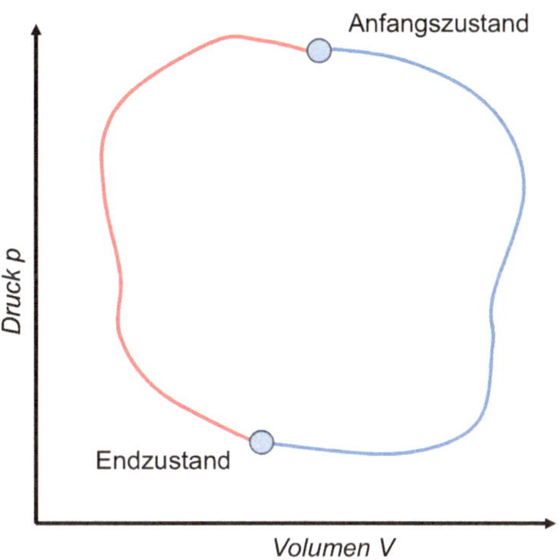

Abb. 3.9 Kreisprozess. Adaptiert nach: Physical Chemistry, Eighth Edition by Atkins & de Paula (2006). By permission of Oxford University Press

Erläuterung, warum man sich damit beschäftigen sollte. Zum einen sind Kreisprozesse Modellsysteme, bei denen man die erlernten Werkzeuge (unsere Gleichungen) einsetzen und dabei ihre Anwendung trainieren kann. Zum anderen sind thermodynamische Kreisprozesse die theoretische Grundlage von Wärmekraftmaschinen (wie z. B. Motoren oder Turbinen) oder Kältekraftmaschinen (z. B. Kühlschrank). Jetzt mögen Sie (nicht ganz unberechtigterweise) protestieren und argumentieren, dass Sie als Chemiker doch keine Motoren, Turbinen oder Kühlschränke konstruieren. Das stimmt. Aber Sie werden sich vielleicht einmal mit Systemen auseinandersetzen, die sich mit Energieumwandlung beschäftigen, seien das Brennstoffzellen oder die Auslegung von biopharmazeutischen Produktionsanlagen, deren Temperatur innerhalb bestimmter Grenzen konstant gehalten werden muss. Und hierfür bieten Kreisprozesse das theoretische Fundament, auf dem Sie dann später im konkreten Fall werden aufbauen können.

Der Kreisprozess von Carnot

Als Studierender der Chemie wird man sich sehr wahrscheinlich mit dem Carnot'schen Kreisprozess als Musterbeispiel eines thermodynamischen Kreisprozesses auseinandersetzen (Abb. 3.10).

Als System im Carnot-Prozess verwenden wir ein ideales Gas, das sich in einem geschlossenen System befinden soll. Damit schließen wir Austausch von Materie zwischen System und Umgebung aus, erlauben es unserem System aber, Energie in Form von Wärme und Arbeit mit der Umgebung auszutauschen.

Unser System befindet sich zu Beginn im Zustand A, der durch den Druck p_A und das Volumen V_A charakterisiert ist. Im ersten Schritt (1) wird das Gas isotherm bei der Temperatur T_w expandiert und erreicht den Zustand B (Druck p_B und Volumen V_B). Anschließend expandiert das Gas adiabatisch (2) und erreicht den Zustand C (Druck p_C und Volumen

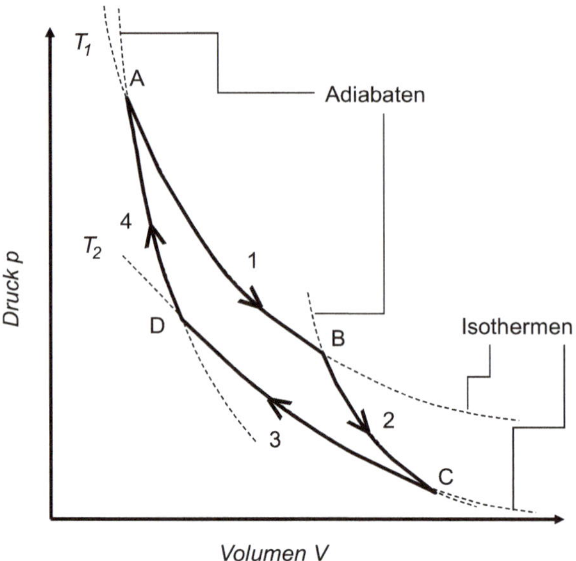

Abb. 3.10 Kreisprozess nach Carnot. Adaptiert nach: Physical Chemistry, Eighth Edition by Atkins & de Paula (2006). By permission of Oxford University Press

V_C). Im dritten Schritt (3) wird das Gas bei der niedrigeren Temperatur T_k isotherm komprimiert und erreicht den Zustand D (Druck p_D und Volumen V_D). Im letzten Schritt (4) wird das Gas adiabatisch komprimiert und erreicht wieder den Ausgangszustand A.

An dieser Stelle könnte man sich die Frage stellen: Wie unterscheide ich eigentlich im p-V-Diagramm Isothermen und Adiabaten? Wie man erkennt, haben die Adiabaten eine größere Steigung als die Isothermen und verlaufen steiler. Ist das immer so? Schauen wir uns für die beiden Fälle einmal an, was wir aus den Gleichungen in unserem Werkzeugkoffer (Abb. 3.8) erkennen können:

Isotherme:

$$p \cdot V = \text{const.} \leftrightarrow p = \frac{\text{const.}}{V} \tag{3.28}$$

Adiabate:

$$p \cdot V^\gamma = \text{const.} \leftrightarrow p = \frac{\text{const.}}{V^\gamma} \tag{3.29}$$

Wenn man für Isotherme und Adiabate die Funktionsgleichung $p = f(V)$ aufstellt, dann erkennt man, dass der Druck im Fall der Isotherme proportional zu V^{-1} und im Fall der Adiabate proportional zu $V^{-\gamma}$ ist. Da wir bereits festgestellt haben, dass $\gamma > 1$ ist, bedeutet dies mathematisch gesehen, dass die Steigung der Adiabaten immer größer sein muss als die der Isothermen.

Damit haben wir unser mathematisches Rüstzeug bereits erfolgreich anwenden können, um die Darstellung des Carnot-Prozesses im p-V-Diagramm qualitativ zu verstehen. Als

Nächstes wollen wir es einmal wagen, auch die quantitativen Zusammenhänge des Carnot-Prozesses zu analysieren. Dazu werden wir uns jeden einzelnen der vier Schritte separat anschauen und am Ende das Gesamtbild zusammensetzen.

Diese Vorgehensweise ist übrigens ein wichtiges methodisches Werkzeug, das wir im Rahmen unseres naturwissenschaftlichen Studiums kennen und anwenden lernen. Die alten Römer kannten dies bereits unter der Devise „divide et impera" („Teile und herrsche"). Auf unseren Fall des Carnot-Prozesses übertragen würde das so viel bedeuten wie: „Den Gesamtprozess wirst du mit einer einzigen Formel nicht berechnen können. Deshalb müssen wir das Problem in Einzelteile zerlegen und diese Einzelteile am Ende wieder zu einem großen Ganzen zusammenfügen." Wir werden uns daher auf den nächsten Seiten mit einer ganzen Reihe von Gleichungen herumschlagen. Achten Sie einmal darauf, wie leicht es Ihnen fällt, das eben formulierte Ziel („die Einzelteile am Ende wieder zusammenfügen") dabei im Auge zu behalten – oder ob Sie an irgendeinem Punkt den sprichwörtlichen Wald vor lauter Bäumen nicht mehr sehen (bzw. in unserem Fall: den Carnot-Prozess vor lauter Gleichungen nicht mehr erkennen).

Schritt 1: Die isotherme Expansion

Bei der schrittweisen Betrachtung unseres Kreisprozesses interessieren uns jeweils die von oder am System verrichtete Arbeit W, die zwischen System und Umgebung ausgetauschte Wärmemenge Q, die Änderung der Inneren Energie des Systems ΔU sowie die Entropieänderung ΔS, die unser System erfährt. Lassen Sie uns gemeinsam – unter Berücksichtigung und Zuhilfenahme unseres Werkzeugkoffers – diese vier Größen anschauen.

Bei der isothermen Expansion verrichtet das System Arbeit an der Umgebung. Diese Arbeit bezeichnen wir als W_1 und sie berechnet sich gemäß der Formel, die wir aus Abb. 3.8 identifizieren können:

$$W_1 = -n \cdot R \cdot T_w \cdot \ln \frac{V_B}{V_A} \tag{3.30}$$

In Abschn. 2.4 haben wir bereits gesehen, dass sich die Innere Energie eines idealen Gases bei einem isothermen Prozess nicht ändert:

$$\Delta U = 0$$

Das bedeutet, dass das System aus der Umgebung Wärmeenergie aufnehmen muss, denn ansonsten könnte es die eben berechnete Energie in Form von Arbeit W_1 an der Umgebung nicht leisten. Die vom System aus der Umgebung aufgenommene Wärmeenergie berechnet sich gemäß:

$$Q_1 = n \cdot R \cdot T_w \cdot \ln \frac{V_B}{V_A} \tag{3.31}$$

Für die Entropieänderung ergibt sich aus der berechneten Wärme:

$$\Delta S_1 = \frac{Q_1}{T_w} = n \cdot R \cdot \ln \frac{V_B}{V_A} \tag{3.32}$$

Schritt 2: Die adiabatische Expansion

Bei der adiabatischen Expansion sollte das Gas ebenfalls Arbeit an der Umgebung verrichten (wegen $dV > 0$). Diese Arbeit W_2 berechnet sich gemäß:

$$W_2 = n \cdot c_V \cdot (T_k - T_w) \tag{3.33}$$

Wegen $T_k < T_w$ wird $W_2 < 0$. Wie wir also richtig vermutet haben, verrichtet das Gas bei der Expansion Arbeit an der Umgebung.

Da keine Wärmeenergie zwischen System und Umgebung ausgetauscht wird ($Q_2 = 0$ wegen des adiabatischen Prozesses), muss für die Änderung der Inneren Energie gelten:

$$\Delta U_2 = W_2 + Q_2 = n \cdot c_V \cdot (T_k - T_w) + 0 = n \cdot c_V \cdot (T_k - T_w) \tag{3.34}$$

Die Innere Energie des Systems wird also bei der adiabatischen Expansion um den Betrag der an der Umgebung geleisteten Arbeit verringert.

Da beim adiabatischen Prozess keine Wärme mit der Umgebung ausgetauscht wird, ist auch die Entropieänderung $\Delta S_2 = 0$. Man bezeichnet adiabatische Prozesse daher auch als isentropische Prozesse (oder Isentropen).

Schritt 3: Die isotherme Kompression

Bei der isothermen Kompression verrichtet die Umgebung Arbeit am System, wodurch das Volumen des Systems entsprechend verringert wird:

$$W_3 = -n \cdot R \cdot T \cdot \ln \frac{V_D}{V_C} \tag{3.35}$$

Wegen $V_D < V_C$ wird das Argument des natürlichen Logarithmus < 1 und der natürliche Logarithmus in der Gleichung < 0. Dadurch wird wiederum $W_3 > 0$, was bedeutet, dass Arbeit am System geleistet wird.

Analog zur Diskussion bei der isothermen Expansion können wir für die übrigen Größen schreiben:

$$Q_3 = n \cdot R \cdot T_k \cdot \ln \frac{V_D}{V_C} \tag{3.36}$$

$$\Delta U_3 = 0 \tag{3.37}$$

$$\Delta S_3 = n \cdot R \cdot \ln \frac{V_D}{V_C} \tag{3.38}$$

Da die Innere Energie bei diesem Schritt konstant bleibt, muss das System also die Wärmeenergie Q_3 an die Umgebung abgeben. Mit diesem Wärmeübergang ist auch eine entsprechende Entropieänderung ΔS_3 verbunden.

Schritt 4: Die adiabatische Kompression

Im vierten und letzten Schritt des Carnot'schen Kreisprozesses wird das System schließlich adiabatisch komprimiert, wobei der Ausgangszustand (p_A, V_A) wieder erreicht wird. Analog zur Diskussion bei der adiabatischen Expansion lassen sich hier folgende quantitative Zusammenhänge feststellen:

$$W_4 = n \cdot c_V \cdot (T_w - T_k) \tag{3.39}$$

$$Q_4 = 0 \tag{3.40}$$

$$\Delta U_4 = n \cdot c_V \cdot (T_w - T_k) \tag{3.41}$$

$$\Delta S_4 = 0 \tag{3.42}$$

Betrachtung des Gesamtprozesses

Nachdem wir zunächst die einzelnen Prozessschritte separat betrachtet haben, wollen wir uns nun wieder dem Gesamtprozess zuwenden. Überlegen wir zunächst einmal, unter welchen Gesichtspunkten wir den Prozess betrachten können. Da es sich um einen Kreisprozess handelt und sich Anfangs- und Endzustand nicht unterscheiden, dürften sich sämtliche Zustandsfunktionen nicht ändern. Im vorliegenden Fall haben wir als Zustandsfunktionen die Innere Energie U und die Entropie S. Um zu untersuchen, ob sich diese Funktionen beim Durchlaufen des Kreisprozesses wirklich nicht ändern, prüfen wir, ob das sogenannte Kreisintegral $\oint dU$ oder $\oint dS$ der entsprechenden Funktion den Wert 0 ergibt. Der Begriff „Kreisintegral" bedeutet dabei nichts anderes, als dass ich die Summe der einzelnen Prozessschritte betrachte, die mich ausgehend von meinem Ausgangszustand über unterschiedliche Zwischenzustände wieder in den Ausgangszustand zurückbringt.

Betrachten wir zunächst das Kreisintegral der Inneren Energie U:

$$\oint dU = \Delta U_1 + \Delta U_2 + \Delta U_3 + \Delta U_4 = 0 + n \cdot c_V \cdot (T_k - T_w) + 0 + n \cdot c_V \cdot (T_w - T_k)$$

$$= n \cdot c_V \cdot (T_k - T_w) - n \cdot c_V \cdot (T_k - T_w) = 0$$

Wie erwartet, ist $\oint dU = 0$, was wir dahingehend interpretieren können, dass die zur Berechnung der einzelnen Prozessschritte verwendeten Formeln zumindest kein falsches Resultat ergeben haben. Man kann also das Kreisintegral zur Prüfung heranziehen, ob man sich bei der Betrachtung eines Kreisprozesses gegebenenfalls verrechnet hat.

Als Nächstes wollen wir uns dem Kreisintegral der Entropie S zuwenden:

$$\oint dS = \Delta S_1 + \Delta S_2 + \Delta S_3 + \Delta S_4 = n \cdot R \cdot \ln \frac{V_B}{V_A} + 0 + n \cdot R \cdot \ln \frac{V_D}{V_C} + 0 \tag{3.43}$$

Diese Gleichung ist etwas schwieriger zu betrachten, da alle vier Volumina (V_A, V_B, V_C, V_D) darin vorkommen. Welcher Zusammenhang besteht zwischen den Volumina? Wieder können wir in unserem Werkzeugkoffer (Abb. 3.8) nach passenden Gleichungen suchen. Aus den Adiabatengleichungen lassen sich beispielsweise folgende Zusammenhänge erkennen:

$$T_w \cdot V_A^{\gamma-1} = T_k \cdot V_D^{\gamma-1} \leftrightarrow T_w^{\frac{c_V}{R}} \cdot V_A = T_k^{\frac{c_V}{R}} \cdot V_D \tag{3.44}$$

$$T_k \cdot V_C^{\gamma-1} = T_w \cdot V_B^{\gamma-1} \leftrightarrow T_k^{\frac{c_V}{R}} \cdot V_C = T_w^{\frac{c_V}{R}} \cdot V_B \tag{3.45}$$

Diese beiden Gleichungen stellen zunächst einmal eine sehr schöne Übungsaufgabe dar, bei der Sie Ihr mathematisches Rüstzeug, das Sie bereits in die Physikalische Chemie mitgebracht haben, testen können. Versuchen Sie, die beschriebene mathematische Äquivalenz der jeweils rechten und linken Gleichung nachzuvollziehen!

Schauen wir uns nun aber unsere beiden Gleichungen näher an (Gl. 3.44 und Gl. 3.45). Multipliziert man diese miteinander (Ja, auch das darf man mathematisch ohne Weiteres tun! Ob es einem in jedem Fall etwas bringt, darf bezweifelt werden, aber Ausprobieren hilft auf jeden Fall!), dann ergibt sich:

$$V_A \cdot V_C \cdot T_k^{\frac{c_V}{R}} \cdot T_w^{\frac{c_V}{R}} = V_D \cdot V_B \cdot T_k^{\frac{c_V}{R}} \cdot T_w^{\frac{c_V}{R}} \tag{3.46}$$

Aus dieser Gleichung können nun auf beiden Seiten die Terme mit der Temperatur gekürzt werden und man erhält nach Umstellen einen Zusammenhang, der für das Kreisintegral der Entropie hilfreich ist:

$$\frac{V_D}{V_C} = \frac{V_A}{V_B} \tag{3.47}$$

Setzen wir diesen Ausdruck in Gl. 3.43 ein, dann ergibt sich für das Kreisintegral:

$$\oint dS = n \cdot R \cdot \ln\frac{V_B}{V_A} + n \cdot R \cdot \ln\frac{V_A}{V_B} = n \cdot R \cdot \ln\frac{V_B}{V_A} - n \cdot R \cdot \ln\frac{V_B}{V_A} = 0 \tag{3.48}$$

Auch für die Entropie lässt sich damit zeigen, dass es beim Durchlaufen des Kreisprozesses zu keiner Änderung kommt (wie wir es aufgrund des Charakters einer Zustandsfunktion auch erwartet hätten). Auch dies soll uns als Kontrolle dienen, ob die zuvor verwendeten Gleichungen korrekt waren.

Bevor wir uns den beiden anderen berechneten Größen (W und Q) zuwenden, stellen wir uns zunächst die Frage, was der Carnot-Prozess denn eigentlich genau macht: im Grunde genommen nichts anderes, als Wärme in Arbeit umzuwandeln. Das ist – noch einmal – schließlich das Funktionsprinzip von Motoren und Turbinen. Was möchten wir also damit erreichen? Idealerweise würden wir die komplette Wärme in Arbeit umwandeln. Denken

Sie hier noch einmal an die Diskussion, die wir ganz zu Beginn unserer Reise geführt haben: Arbeit ist die Energieform, die es uns erlaubt, gerichtete Bewegung durchzuführen (sei das die Bewegung eines Autos oder einer Turbine), Wärme hingegen ist auf ungerichtete Teilchenbewegung zurückzuführen und nicht imstande, unmittelbar in Form von Arbeit genutzt zu werden. Und wäre es nicht praktisch, wenn sich die gesamte Wärmeenergie, die ein Verbrennungsmotor erzeugt (denken Sie nur daran, wie warm ein Motor wird, wenn Sie ein Auto einmal mehrere hundert Kilometer über die Autobahn gefahren haben) in Bewegungsenergie (Arbeit) umwandeln ließe? Gemäß dem 1. Hauptsatz der Thermodynamik ist das durchaus erlaubt, schließlich darf ich nur keine neue Energie erzeugen – aber der Umwandlung der vorliegenden Energie ist durch den 1. Hauptsatz keine Grenze gesetzt. Werfen wir also einen Blick auf die uns interessierende Größe der Arbeit W, die der Carnot-Prozess insgesamt leistet:

$$W = \sum_i W_i = W_1 + W_2 + W_3 + W_4$$

$$= -n \cdot R \cdot T_w \cdot \ln \frac{V_B}{V_A} + n \cdot c_V \cdot (T_k - T_w) - n \cdot R \cdot T_k \cdot \ln \frac{V_D}{V_C} + n \cdot c_V \cdot (T_w - T_k)$$

Die Beiträge der adiabatischen Prozessschritte heben sich gegenseitig gerade auf, sodass insgesamt folgende Arbeit verrichtet wird:

$$W = -n \cdot R \cdot T_w \cdot \ln \frac{V_B}{V_A} - n \cdot R \cdot T_k \cdot \ln \frac{V_D}{V_C}$$

Unter Berücksichtigung von Gl. 3.47 können wir diese Gleichung noch folgendermaßen vereinfachen:

$$W = -n \cdot R \cdot T_w \cdot \ln \frac{V_B}{V_A} - n \cdot R \cdot T_k \cdot \ln \frac{V_A}{V_B} = -n \cdot R \cdot \ln \frac{V_B}{V_A} \cdot (T_w - T_k)$$

Insgesamt verrichtet der Prozess also eine Nettoarbeit $W \neq 0$. Diese lässt sich im p-V-Diagramm identifizieren als diejenige Fläche, die von den einzelnen Prozessschritten (Kurven) eingeschlossen wird. Machen Sie sich an dieser Stelle noch einmal klar (vgl. Abschn. 2.4), dass eine Fläche im p-V-Diagramm einer Energie entspricht (da sie die Einheit J trägt). Je größer also diese Fläche, desto größer der Energiebetrag, den das System beim Durchlaufen des Kreisprozesses an der Umgebung als Arbeit leistet.

Um die Effizienz eines solchen Kreisprozesses zu berechnen, setzt man die vom System an der Umgebung verrichtete Arbeit ins Verhältnis zur aufgenommenen Wärmemenge. Dieser Quotient wird als Wirkungsgrad η des Kreisprozesses bezeichnet:

$$\eta = \frac{|W|}{Q_{\text{zugeführt}}} = \frac{n \cdot R \cdot \ln \frac{V_B}{V_A} \cdot (T_w - T_k)}{n \cdot R \cdot T_w \cdot \ln \frac{V_B}{V_A}} = \frac{T_w - T_k}{T_w} = 1 - \frac{T_k}{T_w} \tag{3.49}$$

Wie man erkennt, ist der Wirkungsgrad des Kreisprozesses nach Carnot in erster Linie abhängig von der Temperaturdifferenz der beiden Umgebungen, aus denen das System Wärme aufnimmt (bei der höheren Temperatur T_w) und an die das System Wärme abgibt (bei der niedrigeren Temperatur T_k). Den maximalen Wirkungsgrad von 1 (das würde bedeuten, dass die gesamte aufgenommene Wärme in Arbeit umgewandelt wird) würde das System bei einer Temperatur von $T_k = 0$ erreichen (wovon man sich durch Einsetzen in Gl. 3.49 leicht überzeugen kann). Da der absolute Nullpunkt allerdings nicht erreicht werden kann (das ist nicht nur ein technisches Problem, sondern wird durch den 3. Hauptsatz der Thermodynamik verboten), gilt für den Wirkungsgrad realer Wärmekraftmaschinen $\eta_{real} < 1$. Damit lässt sich aus dem 2. Hauptsatz der Thermodynamik auch folgern, dass es keine Maschine gibt, die Wärme vollständig in Arbeit umwandelt.

Eine letzte Bemerkung bezüglich Kreisprozessen möchten wir Ihnen an dieser Stelle aber nicht vorenthalten. Wir hatten eingangs des Kapitels Kältekraftmaschinen (mit dem Beispiel Kühlschrank) erwähnt. Wie passen diese in unser Bild? Ein Kühlschrank macht – im Gegensatz zu einer Wärmekraftmaschine – nichts anderes, als Arbeit in Wärme umzuwandeln. Und ganz nebenbei verringert er die Temperatur des Kühlschrankinhalts (den wir als eine der Umgebungen auffassen können). Wie lässt sich das mit einem Kreisprozess beschreiben? Ganz einfach: Sie lassen den Kreisprozess einfach in die entgegengesetzte Richtung ablaufen! In diesem Fall würde die isotherme Expansion bei niedrigerer Temperatur und die isotherme Kompression bei höherer Temperatur ablaufen, was in Summe dazu führt, dass Nettoarbeit am System verrichtet wird – und das System gewissermaßen Wärme von einem Reservoir mit geringer Temperatur (T_k) in ein Reservoir mit höherer Temperatur (T_w) übertragen würde – eben genau das, was man von einem Kühlschrank erwarten würde.

Der 3. Hauptsatz der Thermodynamik

Im Zusammenhang mit Kreisprozessen möchten wir Ihnen zum Abschluss dieses Kapitels noch die wesentlichen Aussagen des 3. Hauptsatzes der Thermodynamik mitgeben. Er macht Aussagen zum absoluten Nullpunkt der Temperatur und der Entropie, die damit in Zusammenhang steht.

Begeben wir uns dazu auf die molekulare Ebene und schauen uns die Teilchen am absoluten Nullpunkt einmal an. Bei $T = 0\,\mathrm{K}$ bewegen sich die Teilchen nicht mehr. Man kann sich das so vorstellen, dass die Teilchen auf ihrem jeweiligen Platz „eingefroren" sind. Für einen idealen Kristall bedeutet aus physikalisch-chemischer Sicht nichts anderes, als dass die Anzahl möglicher Anordnungsmöglichkeiten gleich 1 ist (siehe auch Abschn. 3.1). Die Entropie dieses Zustands wäre dann (gemäß Gl. 3.1) $S = 0\,\mathrm{J} \cdot \mathrm{K}^{-1}$.

In diesem Zusammenhang hat Walther Nernst (1864–1941) das nach ihm benannte Wärmetheorem formuliert:

$$\lim_{T \to 0} (\Delta S) = 0 \tag{3.50}$$

Die Entropieänderung bei allen physikalischen Prozessen und chemischen Reaktionen wird bei Annäherung an den absoluten Nullpunkt der Temperatur gleich null.

Max Planck (1858–1947) erweitere das Wärmetheorem von Nernst:

$$\lim_{T \to 0} S \,(\text{idealer Festkörper}) = 0 \qquad (3.51)$$

Mit der Planck'schen Formulierung (und Festlegung, dass am absoluten Nullpunkt die Entropie gleich null ist) werden damit für chemische Stoffe Absolut-Entropien zugänglich. Bei den Enthalpien sind immer nur Differenzen (ΔH) zugänglich. Daher werden Sie in Tabellenwerken der Physikalischen Chemie bei unterschiedlichen Stoffen immer Enthalpie-Differenzen und Absolut-Entropien angegeben finden. Diese werden uns in den folgenden Kapiteln noch näher beschäftigen, wenn wir uns chemische Reaktionen anschauen.

Ansonsten haben wir mit dem 3. Hauptsatz der Thermodynamik unsere Reise durch die „dunklen Katakomben" unter den Ruinen des Chaos auf der Insel der Energie beendet. Wie Sie vielleicht gemerkt haben, war diese Reise teilweise sehr unbequem und stark abstrakt-mathematisch geprägt. Aber wir haben jetzt die theoretischen Grundlage sowie das mathematische Rüstzeug beisammen, um uns endlich um das zu kümmern, was den Chemiker eigentlich interessiert: chemische Reaktionen! Daher lassen Sie uns jetzt in der Gewissheit, dass wir unsere weiteren Überlegungen auf einem soliden Fundament durchführen werden, die Dunkelheit der Katakomben verlassen und am anderen Ende des durchschrittenen Tunnels wieder in die Sonne treten!

Übungsaufgaben

Aufgabe 3.4.1

Wie hoch ist der thermodynamische Wirkungsgrad einer Dampfmaschine, die nach dem Carnot-Prinzip arbeitet und zwischen den Temperaturen 500 °C und 50 °C betrieben wird?

Lösung:

http://tiny.cc/jsikcy

Aufgabe 3.4.2

Ein thermodynamischer Kreisprozess besteht aus den folgenden vier Schritten: (A) isobare Expansion, (B) isotherme Expansion, (C) isobare Kompression, (D) isotherme Kompression. Skizzieren Sie den Kreisprozess in einem p-V-Diagramm, einem p-T-Diagramm sowie einem V-T-Diagramm!

Lösung:

http://tiny.cc/psikcy

Thermochemie

4

© Springer-Verlag Berlin Heidelberg 2017
T. Daubenfeld, D. Zenker, *Reiseführer Physikalische Chemie*, DOI 10.1007/978-3-662-47932-2_4

Der Weg ins Tal

Ihr wacht mitten auf einer grünen Wiese auf. Wie seid Ihr hierhergekommen? Was ist passiert? Dann holt Euch die Erinnerung wieder ein. Das Labyrinth. Adepta Entropia. War das die Geweihte, die einst den Tempel betreut hat? Dunkel erinnert Ihr Euch, dass Entalpia im Tempel von Energia von ihr gesprochen hat. Offenbar hat der Wahnsinn ihre Sinne vernebelt. Kein Wunder bei all den Dingen, die Ihr im Labyrinth unter dem Berg gesehen und gehört habt! Von all diesen Gedanken rund um „Entropie" und diesem Kram kann einem ja nur schwindlig werden, oder?

Aber Ihr lebt! Das wird Euch plötzlich schlagartig bewusst! Habt Ihr Entropia besiegt? Kann man das überhaupt? Oder hat sie Euch nach allem doch Eurer Wege ziehen lassen? Ihr dreht Euch um und blickt umher. Aber Ihr könnt keinerlei Eingang in den Berg mehr sehen. Ihr wisst nicht, wie Ihr hierhergekommen seid, hofft aber, dass Ihr Euch nun auf der richtigen Seite des Berges befindet.

Noch ein wenig benebelt steht Ihr auf. Eure Beine wackeln noch ein wenig und Ihr steht etwas unsicher, könnt von Eurer Position aus aber bereits ein wenig in Richtung Tal blicken. Von Energia und der Ruine ist nichts mehr zu sehen. Stattdessen macht Ihr in der Entfernung, weit unten im Tal, ein seltsames Gebäude aus, das von mehreren Bäumen umgeben ist. Und irgendwo dahinter zeichnet sich in der Nähe des Wassers ein weiteres Gebäude ab. Der Hafen? Neugierig versucht Ihr mehr zu erkennen, könnt aber aus der großen Entfernung noch nicht viel sehen.

Langsam setzt Ihr dazu an, Euch in Richtung Tal zu begeben. Aber Eure Beine wollen nicht recht, so schummrig ist Euch nach der Reise durch das Labyrinth immer noch.

„Kann ich Euch helfen?", fragt plötzlich eine Stimme hinter Euch. Als Ihr Euch umdreht, seht Ihr eine junge Frau, die Euch mit festem Blick fixiert. Auf dem Rücken trägt sie einen großen Rucksack und ihre Stiefel scheinen bereits bessere Tage gesehen zu haben. An ihrem Gürtel hängt ein Säbel. Dennoch macht sie auf Euch keinen wirklich bedrohlichen Eindruck und richtet kurz darauf erneut das Wort an Euch: „Entschuldigt bitte, ich habe mich noch nicht vorgestellt. Mein Name ist Exotherma."

© Luisa Preissler/Ulisses Spiele

„Ich bin Abenteurerin und bereise den Archipel der Gesetze bereits seit mehreren Jahren. Vor ein paar Monaten bin ich hier auf der Insel der Energie gestrandet und erkunde nun deren Wunder. Derzeit bin ich auf dem Weg in das Refugium des Wissens. Das ist der Ort, den Ihr da unten im Tal sehen könnt. Wenn Ihr mögt, dann begleite ich Euch ein Stück. Ihr seht aus, als ob Ihr ein wenig Unterstützung beim Gehen brauchen könntet!" Bei diesen Worten lächelt sie warmherzig und bietet Euch ihre Hand an. Bereitwillig lasst Ihr Euch von ihr in die Höhe ziehen und einen Wanderstab reichen, den sie auf ihrem Rücken mit sich trägt.

Langsam und unsicher trottet Ihr in Richtung Tal. In Richtung „Refugium des Wissens". Ihr fragt Exotherma, was es damit auf sich hat. Gedankenverloren blickt sie in die Ferne und antwortet:

„Genau weiß ich das auch nicht. Aber irgendwie hat es etwas mit dieser Insel zu tun. Irgendein Geheimnis verbirgt sich tief unter der Oberfläche dieses Eilands. Und im Refugium haben sich vor langer Zeit Gelehrte niedergelassen, um diesem Geheimnis auf die Spur zu kommen. Fragt mich aber nicht, um was es da genau geht. Mich locken eigentlich nur eine warme Suppe und die Aussicht auf ein gemütliches Nachtlager dorthin."

Gelehrte? Geheimnis? Das klingt nun schon eher wie Musik in Euren Ohren! Gegen Essen und Schlaf habt Ihr zwar auch nichts Grundsätzliches einzuwenden, aber geistige Kost in Form eines Geheimnisses, das es zu lösen gilt, lässt Eure Kraft mit jedem weiteren Schritt mehr zurückkehren. Immer weiter bewegt Ihr Ein Richtung Tal und mit jedem Schritt wird das Refugium vor Euch größer und größer. Was werdet Ihr dort finden? Endlich die Erleuchtung, die Ihr Euch auf dieser Reise erhofft habt? Oder nur wieder mehr komplizierte Formeln und unverständliches akademisches Gebrabbel? Ihr wisst es nicht, seid aber gewillt, es herauszufinden!

Auf dem Weg zum Refugium unterhaltet Ihr Euch noch ein wenig mit Eurer Begleiterin. Ihr fragt sie, woher der Name „Exotherma" kommt und was er zu bedeuten hat. Mit einem leichten Schmunzeln antwortet sie Euch, dass der Name etwas mit Reaktionen oder Ähnlichem zu tun habe. So ganz versteht Ihr die Worte nicht, hört aber dennoch gespannt zu.

http://tiny.cc/0qelcy

4.1   Einführung in die Thermochemie

Wir haben es endlich geschafft. Nach dem endlos, manchmal theoretisch-abstrakt und trocken erscheinenden Studium der Hauptsätze haben wir auf der Insel der Energie eine offenbar angenehmere Umgebung erreicht. Hier wollen wir uns nun endlich mit dem beschäftigen, was der Titel unseres Faches eigentlich vorgibt: mit Chemie.

Was ist Chemie eigentlich? Chemie, so haben wir es gelernt, ist die Lehre von den Stoffen, ihren Eigenschaften und ihren Veränderungen. Aha. Und was heißt das jetzt kon-

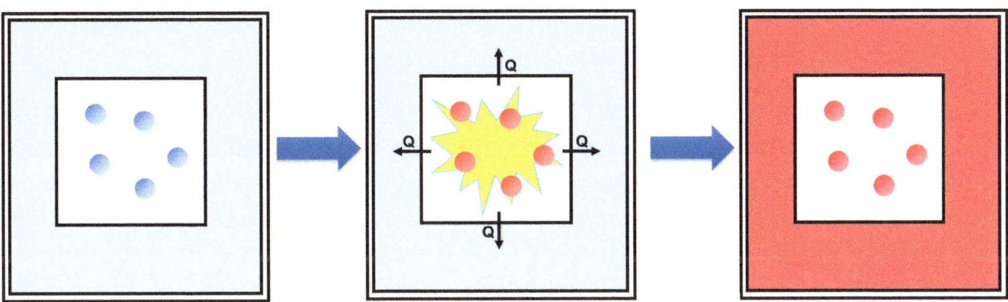

Abb. 4.1 Exotherme chemische Reaktion, die innerhalb eines abgeschlossenen Systems abläuft

kret für den Physikochemiker? Schauen wir uns diese Definition noch einmal näher an: Veränderung von Stoffen. Haben wir uns damit bislang bereits beschäftigt? Blicken wir zurück – nach Energia und in die Ruinen des Chaos. Dort haben wir uns sehr intensiv mit isothermen, isobaren, isochoren und adiabatischen Prozessen beschäftigt. Und das erschien uns ganz sinnvoll, denn immerhin haben wir dabei genau diejenigen Variablen kontrolliert, die wir auch in der experimentellen Praxis am ehesten kontrollieren können: die Temperatur T, den Druck p, das Volumen V und den Wärmestrom Q. Und wir haben all diese Betrachtungen für geschlossene Systeme durchgeführt.

Im Folgenden möchten wir uns näher mit chemischen Reaktionen befassen. Das heißt: Jetzt wollen wir unsere Betrachtungen dahingehend erweitern, dass wir Stoffmengenänderungen zulassen ($dn \neq 0$). Das ist ein fundamentaler Unterschied zu unseren bisherigen Betrachtungen, denn bislang haben wir in unseren Beispielen die Stoffmengenänderung immer gleich null gesetzt. Warum? Weil wir zunächst einmal die Eigenschaften von Isothermen, Isobaren, Isochoren und Adiabaten an sich verstehen wollten – ohne uns die zusätzliche Komplexität von Stoffmengenänderungen einzuhandeln. Aber genau diese interessiert uns doch in der Chemie, denn was sind chemische Reaktionen anderes als thermodynamische Prozesse, bei denen sich die Stoffmengen der beteiligten Reaktanden ändern? Bei diesen Reaktanden sprechen wir von Edukten (die bei der Reaktion verbraucht werden) und Produkten (die bei der Reaktion entstehen).

Der Zweig der Thermodynamik, der sich mit dem Energieumsatz bei chemischen Reaktionen beschäftigt, wird Thermochemie genannt. Präzise formuliert ist die Thermochemie die Lehre von der Energie, die bei chemischen Reaktionen in Form von Wärme zwischen einem System und seiner Umgebung ausgetauscht wird.

Schauen wir uns dazu folgendes Beispiel an (Abb. 4.1).

In einem geschlossenen System laufe eine exotherme chemische Reaktion ab. Die bei der Reaktion frei werdende Wärmeenergie wird über die Systemgrenze an die Umgebung abgegeben. Die Umgebung sei ein Wasserbad, welches sich selber in einem abgeschlossenen System befindet. Dadurch verbleibt die Gesamtenergie innerhalb der Grenzen des abgeschlossenen Systems. Die frei werdende Wärmeenergie führt zu einer Temperaturerhöhung des Wassers, welches das geschlossene System umgibt.

Für den Physikochemiker stellt sich nun die Frage, wie die bei der Reaktion zwischen System und Umgebung ausgetauschte Wärmeenergie bestimmt werden kann. Wir vermuten an dieser Stelle vielleicht, dass die Temperaturänderung des Wassers um unser geschlossenes System herum proportional zur Wärmeenergie ist, die bei der Reaktion freigesetzt wird. Tatsächlich lassen sich durch Messung der Temperaturänderung des Wassers Rückschlüsse auf die bei der Reaktion freigesetzte (oder, bei endothermen Reaktionen, vom System aus der Umgebung aufgenommene) Energie ziehen.

Das Problem: Die Temperatur wird in Kelvin (K) gemessen, eine Energie hingegen hat die Einheit Joule (J). Wir dürfen daher die Messung von T nicht mit der Änderung einer Energie gleichsetzen! Auch hier benötigen wir also eine Verknüpfung zwischen experimenteller Messgröße und physikochemisch relevanter Größe.

Schauen wir uns daher zunächst einmal eine chemische Reaktion etwas näher an. Als Beispiel wurde die formale Reaktion der Umsetzung von Benzoesäure mit Stickstoff und Wasserstoff zu Anilin und Kohlendioxid gewählt:

$$C_6H_5COOH + \frac{1}{2}N_2 + \frac{1}{2}H_2 \rightarrow C_6H_5NH_2 + CO_2 \tag{4.1}$$

Wie lässt sich diese Reaktion allgemein beschreiben? Wie bei jeder chemischen Reaktion sehen wir, dass sich die Stoffmengen der einzelnen beteiligten Spezies nicht unabhängig voneinander ändern können. Jedes Mal, wenn 1 mol Benzoesäure zu Anilin umgesetzt wird, „verschwinden" gleichzeitig 1/2 mol Stickstoff sowie 1/2 mol Wasserstoff – und 1 mol Kohlendioxid entsteht. Man beschreibt eine chemische Reaktion daher aus physikochemischer Sicht zweckmäßig und allgemein mit der folgenden Gleichung:

$$|\nu_A|\,A + |\nu_B|\,B \rightarrow |\nu_C|\,C + |\nu_D|\,D \tag{4.2}$$

In Gl. 4.2 stehen A, B, C und D für die einzelnen bei der Reaktion beteiligten Spezies. Die links vom Reaktionspfeil stehenden Spezies werden als Edukte bezeichnet. Sie werden im Laufe der Reaktion verbraucht. Die rechts vom Reaktionspfeil stehenden Spezies werden als Produkte der Reaktion bezeichnet. Sie werden im Verlauf der Reaktion aus den Edukten gebildet. Die Größen ν_A, ν_B, ν_C und ν_D sind die stöchiometrischen Koeffizienten der jeweiligen Spezies. Für Edukte gilt $\nu_{i,\text{Edukte}} < 0$, da die Stoffmenge der Edukte sich im Verlauf der Reaktion verringert. Für Produkte gilt entsprechend $\nu_{i,\text{Produkte}} > 0$, da die Stoffmenge der Produkte im Verlauf der Reaktion zunimmt.

Was geschieht nun im Verlauf der chemischen Reaktion? Zunächst einmal werden sich die Stoffmengen der beteiligten Spezies verändern. Wie bereits beschrieben, ändern sich die einzelnen Spezies aber nicht unabhängig voneinander, sondern in dem Maße, wie sie stöchiometrisch miteinander verknüpft sind. Im Beispiel von Gl. 4.2 gelten demnach folgende Zusammenhänge:

Für die Edukte:

$$\frac{\Delta n_A}{\Delta n_B} = \frac{n_A \left(\text{Ende}\right) - n_A \left(\text{Anfang}\right)}{n_B \left(\text{Ende}\right) - n_B \left(\text{Anfang}\right)} = \frac{v_A}{v_B} \tag{4.3}$$

Für die Produkte:

$$\frac{\Delta n_C}{\Delta n_D} = \frac{n_C \left(\text{Ende}\right) - n_C \left(\text{Anfang}\right)}{n_D \left(\text{Ende}\right) - n_D \left(\text{Anfang}\right)} = \frac{v_C}{v_D} \tag{4.4}$$

Da die Edukte in gleichem Maße aufgebraucht werden, wie die Produkte entstehen, gilt entsprechend:

$$\frac{\Delta n_A}{\Delta n_B} = \frac{n_A \left(\text{Ende}\right) - n_A \left(\text{Anfang}\right)}{n_B \left(\text{Ende}\right) - n_B \left(\text{Anfang}\right)} = \frac{v_A}{v_B} = \frac{\Delta n_C}{\Delta n_D} = \frac{n_C \left(\text{Ende}\right) - n_C \left(\text{Anfang}\right)}{n_D \left(\text{Ende}\right) - n_D \left(\text{Anfang}\right)} = \frac{v_C}{v_D} \tag{4.5}$$

Wenn wir nun ausgehend von diesen Zusammenhängen von endlichem (Δ) auf differentiellen, d. h. infinitesimal kleinen Umsatz (d) übergehen, dann erhalten wir folgenden Zusammenhang:

$$\frac{\mathrm{d}n_A}{v_A} = \frac{\mathrm{d}n_B}{v_B} = \frac{\mathrm{d}n_C}{v_C} = \frac{\mathrm{d}n_D}{v_D} \tag{4.6}$$

In Gl. 4.6 haben $\mathrm{d}n_A$, $\mathrm{d}n_B$, v_A und v_B jeweils ein negatives Vorzeichen (Edukte), die übrigen Größen ein positives Vorzeichen. Da die $\mathrm{d}n_i$ und v_i jeweils unterschiedliche Werte annehmen können, wird der Quotient aus diesen beiden Größen für eine chemische Reaktion auch als

Reaktionslaufzahl

$$\mathrm{d}\xi = \frac{\mathrm{d}n_i}{v_i} \tag{4.7}$$

definiert. Die Reaktionslaufzahl ist ein Maß dafür, zu welchem Anteil die Reaktion bereits abgelaufen ist. Sie hat die Einheit mol und bewegt sich im Wertebereich zwischen 0 mol (die Reaktion ist noch nicht gestartet) und 1 mol (die Reaktion ist vollständig abgelaufen).

Schauen wir uns das am konkreten Beispiel unserer Umsetzung von Benzoesäure einmal an und nehmen an, dass von ursprünglich 1 mol eingesetzter Benzoesäure insgesamt bereits 0,2 mol reagiert haben. Damit ergeben sich gemäß Reaktionsgleichung folgende Werte für die $\mathrm{d}n_i$ und v_i:

$$\mathrm{d}n_{\text{Benzoesäure}} = -0{,}2\,\text{mol}$$

$$\mathrm{d}n_{\text{Stickstoff}} = -0{,}1\,\text{mol}$$

$$\mathrm{d}n_{\text{Wasserstoff}} = -0{,}1\,\text{mol}$$

$$\mathrm{d}n_{\text{Anilin}} = +0{,}2\,\text{mol}$$

$$dn_{\text{Kohlendioxid}} = +0{,}2\,\text{mol}$$

$$\nu_{\text{Benzoesäure}} = -1$$

$$\nu_{\text{Stickstoff}} = -0{,}5$$

$$\nu_{\text{Wasserstoff}} = -0{,}5$$

$$\nu_{\text{Anilin}} = +1$$

$$\nu_{\text{Kohlendioxid}} = +1$$

Für die Reaktionslaufzahl ergibt sich dann für jede der beteiligten Spezies der Wert $d\xi =$ 0,2 mol:

$$d\xi = \frac{dn_{\text{Benzoesäure}}}{\nu_{\text{Benzoesäure}}} = \frac{-0{,}2\,\text{mol}}{-1} = 0{,}2\,\text{mol}$$

$$d\xi = \frac{dn_{\text{Stickstoff}}}{\nu_{\text{Stickstoff}}} = \frac{-0{,}1\,\text{mol}}{-0{,}5} = 0{,}2\,\text{mol}$$

$$d\xi = \frac{dn_{\text{Wasserstoff}}}{\nu_{\text{Wasserstoff}}} = \frac{-0{,}1\,\text{mol}}{-0{,}5} = 0{,}2\,\text{mol}$$

$$d\xi = \frac{dn_{\text{Anilin}}}{\nu_{\text{Anilin}}} = \frac{0{,}2\,\text{mol}}{1} = 0{,}2\,\text{mol}$$

$$d\xi = \frac{dn_{\text{Kohlendioxid}}}{\nu_{\text{Kohlendioxid}}} = \frac{0{,}2\,\text{mol}}{1} = 0{,}2\,\text{mol}$$

Die Reaktionslaufzahl gestattet es uns also, den Gesamtfortschritt einer Reaktion zu betrachten, ohne auf die unterschiedlichen stöchiometrischen Änderungen der einzelnen beteiligten Spezies eingehen zu müssen.

Die Reaktionslaufzahl ist im Fall einer chemischen Reaktion also diejenige Variable, die als einzige den Fortschritt der Reaktion darstellt. Man kann sie daher dazu verwenden, das Totale Differential der thermodynamischen Zustandsfunktionen um Stoffmengenänderungen zu erweitern. Schauen wir uns das am Beispiel der für chemische Reaktionen besonders wichtigen Zustandsfunktion der Enthalpie H einmal an (bei V = const. gelten die Aussagen sinngemäß auch für die Innere Energie U).

$$dH = \left(\frac{\partial H}{\partial T}\right)_{p,\xi} dT + \left(\frac{\partial H}{\partial p}\right)_{T,\xi} dp + \left(\frac{\partial H}{\partial \xi}\right)_{p,T} d\xi \tag{4.8}$$

Für einen isothermen (T = const. und dT = 0) und isobaren (p = const. und dp = 0) Prozess gilt dann:

$$(dH)_{p,T} = \left(\frac{\partial H}{\partial \xi}\right)_{p,T} d\xi \tag{4.9}$$

An dieser Stelle wollen wir noch einmal kurz innehalten und uns fragen (möglicherweise fragen Sie sich das gerade selbst), woher wir denn eigentlich wissen, dass wir es hier mit einem isothermen und isobaren Prozess zu tun haben. Selbstverständlich wissen wir das nicht, das heißt, möglicherweise ändern sich bei unserem betrachteten Prozess Temperatur und Druck. (Und haben wir weiter oben nicht diskutiert, dass bei einer chemischen Reaktion durch die frei werdende Wärmeenergie die Temperatur sich irgendwie ändern sollte?) An dieser Stelle müssen wir uns allmählich (wenn nicht bereits geschehen) an den Gedanken gewöhnen, dass wir uns nicht alle Dinge, die wir in Form mathematischer Gleichungen in der Thermodynamik sehen, mit einem anschaulichen Äquivalent vorstellen können. Der Hintergedanke hinter der Betrachtung eines isothermen und isobaren Prozesses in diesem Fall ist ganz einfach: Wir möchten unsere Gleichung möglichst vereinfachen. Wir möchten neben der Stoffmengenänderung (die wir durch die Reaktionslaufzahl $d\xi$ erfasst haben) keine anderen „Störgrößen" in unserer Gleichung haben. Ja, wir wissen, dass sowohl Temperatur als auch Druck einen Einfluss haben werden. Aber wir möchten zum gegenwärtigen Zeitpunkt zunächst einmal nur die Stoffmengenänderung betrachten. Nichts anderes. Deswegen blenden wir mögliche Temperatur- und Druckänderungen zunächst einmal aus. Rufen wir uns noch einmal in Erinnerung, dass die Enthalpie eine Zustandsfunktion ist. Es spielt für diese Funktion keine Rolle, auf welchem Wege wir vom Anfangs- in den Endzustand kommen. Das bedeutet, dass wir durchaus auch hypothetische Schritte gehen können, wenn diese uns im Verlauf unserer Betrachtung die Berechnung vereinfachen. Wie nützlich dieses Vorgehen ist, werden wir auf der nächsten Etappe unserer Reise sehen.

Die partielle Ableitung der Enthalpie H nach der Reaktionslaufzahl ξ bei isothermen und isobaren Bedingungen definieren wir als:

Reaktionsenthalpie

$$\Delta_R H = \left(\frac{\partial H}{\partial \xi}\right)_{p,T} \tag{4.10}$$

Die Reaktionsenthalpie ist die bei einer chemischen Reaktion isotherm und isobar frei werdende Reaktionswärme:

$$(dH)_{p,T} = \left(\frac{\partial H}{\partial \xi}\right)_{p,T} d\xi = \Delta_R H \cdot d\xi = (\delta Q_{\text{Reaktion}})_{p,T} \tag{4.11}$$

Die Bestimmung der Reaktionswärme können wir nun analog zu Abschn. 2.2 über die Messung der Temperaturänderung durchführen. Wir würden hier die Gl. 2.7 zugrunde legen:

$$\Delta_R H = Q = n \cdot c_p \cdot \Delta T \tag{4.12}$$

Dabei bezeichnet n die Stoffmenge des Wasserbades (oder welchen Stoff auch immer man in der Umgebung des Systems einsetzt, um die bei der Reaktion abgegebene Wärme „aufzufangen" – meist ist es Wasser), c_p die Wärmekapazität des Wassers und ΔT die gemessene Temperaturänderung.

All diese Gedanken schießen auch unserem Helden durch den Kopf, während er den Weg auf der Insel der Energie Richtung Tal schlendert. Dorthin, wo er bereits rauchende Schornsteine ausgemacht hat. Schauen wir mal, wohin ihn sein Weg nun führt.

Das Refugium des Wissens

Nach einigen Stunden Wegmarsch ins Tal erreicht Ihr schließlich ein riesiges Gebäude, das sich Ehrfurcht gebietend vor Euch auftürmt. Majestätisch und gigantisch, größer als jeder Tempel, den Ihr bislang gesehen habt, thront der Koloss von einem Gebäude inmitten einer friedlichen Landschaft, eingerahmt von sanften Hügeln und saftigen Wiesen, auf denen Ihr Schmetterlinge fliegen sehen könnt. Durch die Luft zieht ein angenehmer Duft nach Kräutern und der warme Wind streichelt liebevoll über Euren von der langen Reise geschundenen Körper.

„Das Refugium des Wissens!", verkündet Exotherma überflüssigerweise. Während Ihr noch ehrfürchtig vor dem Gebäude steht und mit offenem Mund das Bauwerk betrachtet, hat sich Eure Begleiterin mit einem „… mal sehen, ob ich etwas Essbares auftreiben kann …" bereits in die Hallen des Gebäudes begeben. Erst nach einigen Momenten könnt Ihr Euch von dem großartigen Anblick losreißen und betretet selber das Innere des Stein gewordenen Monumentes menschlicher Baukunst.

Darin erwartet Euch zunächst ein großer Empfangssaal, der jedoch bis auf ein paar Holzbänke an den Seiten sehr spartanisch eingerichtet ist. Eine große Treppe führt am anderen Ende eines schwarz-weiß gekachelten Marmorfußbodens in die Höhe.

Die oberen Stockwerke könnt Ihr von hier unten nicht einsehen. Von der Abenteurerin Exotherma ist mittlerweile nichts mehr zu sehen.

Während Ihr noch dasteht, öffnet sich plötzlich eine kleine, unscheinbare Tür zu Eurer Rechten, aus der eine Frau heraustritt, die in ein abgetragenes grünes Gewand gekleidet ist. Mit stoischer Ruhe bewegt sie sich auf Euch zu. Als sie näherkommt, könnt Ihr auch erkennen, dass sie eine kleine Nickelbrille trägt und die Haare streng zusammengebunden hat. Sie trägt ein Buch in ihrer linken Hand und zückt ein Stück Kalkkreide. Dann erst richtet sie das Wort an Euch:

„Seid mir gegrüßt. Willkommen im Refugium des Wissens! Mein Name ist Hessinde. Ich bin eine der Hüterinnen des heiligen Wissens dieser Hallen und mit allen Künsten des Wissens vertraut. Wer seid Ihr und was führt Euch zu uns?"

© Anja Di Paolo/Ulisses Spiele

Ihr berichtet kurz von Eurer Reise und Eurem Ziel, auf dieser Insel die Geheimnisse der Thermodynamik zu erkunden. Und auch, dass Ihr gehört habt, im Refugium des Wissens könne man etwas über das Geheimnis der Insel der Energie erfahren. Bei diesen letzten Worten schaut Ihr Hessinde gespannt an. Kurz darauf antwortet sie (während sie mit der Kreide immer wieder über eine Tafel kritzelt, deren Existenz Euch erst jetzt bewusst wird):

„Wir Gelehrten hier im Refugium erforschen das Geheimnis der Insel seit vielen Jahren. Es würde sehr lange dauern, Euch in alle Geheimnisse einzuweihen. Wenn Ihr jedoch möchtet, dann seht Euch hier gerne um! Es wäre mir und meinen Schwestern eine große Freude, Euch einige Zeit Unterkunft und Verpflegung bieten zu dürfen. Möge dabei sowohl Euer Körper als auch Euer Geist genährt werden.

Um die Geheimnisse dieser Insel zu durchdringen, müsst Ihr eine Menge lernen. Diese Insel basiert auf purer Energie. Das habt Ihr sicherlich bereits in der Stadt Energia festgestellt. Dass diese Energie auch Chaos und Unordnung hervorbringen kann, habt Ihr leidvoll in den Ruinen des Chaos erlebt. Ich bin sehr froh, dass Euer Geist die Begegnung mit Adepta Entropia überstanden hat. Nicht viele überleben den Kontakt mit der Albtraumwelt des Zweiten Satzes mit wachem Verstand.

Aber die Insel hat noch eine andere Seite. Auf dieser stellen Veränderungen des stofflich-materiellen Daseins die wesentliche Basis jeglicher Veränderung dar. Die dahinterliegenden Matrices, ob diese nun astraler oder karmaler Natur sein mögen, lassen sich unter Transformation der …“

Weiter schafft Ihr es nicht zuzuhören. Euer Geist beginnt bei diesem endlosen Monolog abzuschweifen. Ihr betrachtet das Gebäude noch einmal genauer. Dabei fällt Euer Blick auch auf ein Buch, das auf einer der kleinen Holzbänke neben der Tür liegt. Es sieht bereits sehr abgegriffen und häufig benutzt aus. Interessiert greift Ihr nach dem Werk, das sich als „Der Satz von Hess-Inde" entpuppt. Ihr habt davon zwar noch nie etwas gehört, hofft aber, dass die Ausführungen darin klarer sind als die der monologisierenden Gelehrten, die immer noch dozierend vor Euch steht. Irgendwie sind doch diese Dozenten alle gleich, fährt es Euch durch den Kopf. Sobald sie anfangen zu reden, kann nichts auf dieser Welt sie noch stoppen. Nur gut, dass die Dozenten nie merken, dass Ihnen keiner zuhört. Mit einem leichten Seufzer und einem unscheinbaren Kopfschütteln schlagt Ihr das Buch auf und beginnt zu lesen.

http://tiny.cc/lrelcy

4.2   Der Satz von Hess

Wir haben im letzten Abschnitt die Reaktionsenthalpie $\Delta_R H$ kennengelernt. Diese spielt für uns in der Chemie eine fundamentale Rolle, da sie uns eine Aussage darüber erlaubt, welcher Betrag an Wärmeenergie bei einer chemischen Reaktion frei wird (exotherme Reaktionen, $\Delta_R H < 0$) oder der Umgebung entzogen wird (endotherme Reaktionen, $\Delta_R H > 0$). Wie wir am Ende des letzten Abschnitts gesehen haben, können wir über die Temperaturänderung der Umgebung experimentell auf die Reaktionsenthalpie schließen. Heißt das, ich muss nun für alle denkbaren Reaktionen immer wieder aufs Neue eine Reaktionsenthalpie bestimmen? Sicher nicht, denn da die Reaktionsenthalpie eine Zustandsfunktion ist, wird sie für eine gegebene Reaktion immer gleich groß sein.

Aber müssten dann nicht für alle denkbaren chemischen Reaktionen bereits Werte für die Reaktionsenthalpie bekannt sein? Warum sich noch die Mühe machen und mit den theoretischen Hintergründen beschäftigen, wenn man doch eigentlich bereits alles kennt?

Nun, halten wir uns hier einerseits vor Augen, dass die Anzahl bekannter Verbindungen (und damit auch die Anzahl theoretisch möglicher Reaktionen) ständig zunimmt. Dann wird uns vielleicht klar, dass wir nicht von allen denkbaren Reaktionen die Reaktionsenthalpie bereits kennen können. Zum anderen gibt es Reaktionen, bei denen wir keine Möglichkeit haben, die Reaktionsenthalpie experimentell zu bestimmen. Nehmen wir als einfachstes Beispiel die Oxidation von Graphit zu Kohlenmonoxid:

$$C_{gr.} + \frac{1}{2}O_2\,(g) \rightarrow CO\,(g) \tag{4.13}$$

Da dies eine chemische Reaktion ist, wird sie mit einem gewissen Energieumsatz verbunden sein, es existiert also eine Reaktionsenthalpie $\Delta_R H$. Andererseits wissen wir aus der Anorganischen Chemie, dass die Reaktion nicht auf der Stufe von Kohlenmonoxid stehen bleiben wird, sondern abhängig von der Temperatur ein Teil des CO zu CO_2 weiterreagieren wird. Wie kann ich in einem solchen Fall die Reaktionsenthalpie bestimmen?

Gehen wir dazu noch einmal einen Schritt zurück und schauen uns an, wie man sich die Berechnung der Reaktionsenthalpie noch vorstellen kann. Wir gehen davon aus, dass jede an der Reaktion beteiligte Spezies eine eigene intrinsische molare Enthalpie $H_{i,\mathrm{molar}}$ besitzt. Diese Enthalpie spiegelt die energetischen Verhältnisse der Verbindung wider (z. B. Bindungs-, Schwingungs- oder Rotationsenergien, vgl. dazu auch die Diskussion der Inneren Energie in Abschn. 2.1). Unsere allgemeine Reaktion

$$|v_A|\,A + |v_B|\,B \rightarrow |v_C|\,C + |v_D|$$

aus dem letzten Kapitel ließe sich dann energetisch folgendermaßen beschreiben (mit H_{nach} als Enthalpie des Gesamtsystems nach Ablauf der Reaktion und H_{vor} als Enthalpie des Gesamtsystems vor Beginn der Reaktion):

$$H_{\text{nach}} - H_{\text{vor}} = \left(n_{A,\text{nach}} - n_{A,\text{vor}}\right) \cdot H_{A,\text{molar}} + \left(n_{B,\text{nach}} - n_{B,\text{vor}}\right) \cdot H_{B,\text{molar}}$$
$$+ \left(n_{C,\text{nach}} - n_{C,\text{vor}}\right) \cdot H_{C,\text{molar}} + \left(n_{D,\text{nach}} - n_{D,\text{vor}}\right) \cdot H_{D,\text{molar}}$$

Betrachtet man differentielle Stoffmengenumsätze, dann ergibt sich daraus:

$$\mathrm{d}H = H_{A,\text{molar}} \cdot \mathrm{d}n_A + H_{B,\text{molar}} \cdot \mathrm{d}n_B + H_{C,\text{molar}} \cdot \mathrm{d}n_C + H_{D,\text{molar}} \cdot \mathrm{d}n_D$$
$$= \sum_i H_{i,\text{molar}} \cdot \mathrm{d}n_i = \sum_i H_{i,\text{molar}} \cdot \nu_i \cdot \mathrm{d}\xi$$

Beim letzten Schritt der vorhergehenden Herleitung haben wir uns den Zusammenhang aus Gl. 4.7 zunutze gemacht und diese Formel nach $\mathrm{d}n_i$ aufgelöst. Differenzieren wir nun beide Seiten der erhaltenen Gleichung bei isothermen und isobaren Bedingungen nach $\mathrm{d}\xi$, dann erhalten wir einen mathematischen Ausdruck zur Berechnung der Reaktionsenthalpie:

$$\left(\frac{\partial H}{\partial \xi}\right)_{p,T} = \Delta_R H = \sum_i \nu_i \cdot H_{i,\text{molar}} \tag{4.14}$$

Wie hilft uns diese Gleichung jetzt weiter? Die stöchiometrischen Koeffizienten ν_i kennen wir aus der Reaktionsgleichung. Aber wie kommen wir an Werte für $H_{i,\text{molar}}$? Hier haben wir das Problem, dass wir bei der Enthalpie im Rahmen der phänomenologischen Thermodynamik keine Absolutwerte angeben können.

Man behilft sich in der Physikalischen Chemie daher damit, dass man für alle Elemente und Verbindungen einen Referenzwert (Nullpunkt der Enthalpie) definiert. Dieser Referenzwert wird als Standardbildungsenthalpie $\Delta_B H^0$ bezeichnet (das B im Index steht für den Begriff Bildung; im Englischen findet sich für die Bildungsenthalpie in der Regel $\Delta_f H^0$, wobei das f hier für „foundation" steht). Die Definition für die Standardbildungsenthalpie lautet:

Standardbildungsenthalpie

Die Standardbildungsenthalpie $\Delta_B H^0$ bezieht sich für alle Stoffe auf eine Temperatur von 298,15 K und einen Druck von 1,013 bar. Für Elemente in ihrer stabilsten Form unter Standardbedingungen (z. B. H_2 für Wasserstoff, O_2 für Sauerstoff, N_2 für Stickstoff, Graphit für Kohlenstoff) gilt $\Delta_B H^0 = 0\,\text{kJ} \cdot \text{mol}^{-1}$.

Unter Verwendung der Standardbildungsenthalpien lässt sich nun die Reaktionsenthalpie für eine beliebige Reaktion bestimmen. Dieser Zusammenhang wird mathematisch durch folgenden Ausdruck formuliert:

$$\Delta_R H^0 = \sum_i \nu_i \cdot \Delta_B H_i^0 \tag{4.15}$$

Diese Gleichung ist die mathematische Äquivalenz dessen, was wir in der Physikalischen Chemie kennen als den

> **Satz von Hess**
>
> Da die Reaktionsenthalpie eine Zustandsfunktion ist, berechnet sich die Enthalpie einer Reaktion aus der Summe der Enthalpien, in welche die betreffende Reaktion formal zerlegt werden kann.
>
> Oder anders formuliert:
>
> Die Reaktionsenthalpie ist unabhängig vom Reaktionsweg.

Der Satz von Hess ist eines der wichtigsten Instrumente, die uns in der phänomenologischen Thermodynamik zur Verfügung gestellt werden. Er erlaubt uns die Berechnung von Reaktionsenthalpien für Fälle, in denen wir experimentell keine Möglichkeit haben, an Informationen zu kommen. Er ist daher vielleicht eines der bemerkenswertesten Beispiele der Anwendung der theoretischen Grundlagen der Physikalischen Chemie auf praktische Beispiele. Dieser Satz veranschaulicht auf außergewöhnliche Weise den Nutzen, der im Konzept der Zustandsfunktion und ihrer Eigenschaft der Wegunabhängigkeit liegt.

> **Beispiel**
>
> Schauen wir uns das am Beispiel der eben aufgeführten Reaktion der Oxidation von Graphit zu Kohlenmonoxid einmal näher an. Der einfachste Fall liegt für uns dann vor, wenn wir für die einzelnen beteiligten Stoffe die Bildungsenthalpien kennen. Diese Bildungsenthalpien lassen sich aus Tabellenwerken herauslesen:
>
> $$\Delta_B H^0 \left(CO, g \right) = -110{,}53 \, kJ \cdot mol^{-1}$$
> $$\Delta_B H^0 \left(C, gr. \right) = 0 \, kJ \cdot mol^{-1}$$
> $$\Delta_B H^0 \left(O_2, g \right) = 0 \, kJ \cdot mol^{-1}$$
>
> Für die Reaktionsenthalpie berechnet sich damit:
>
> $$\Delta_R H^0 = \Delta_B H^0 \left(CO, g \right) - \Delta_B H^0 \left(C, gr. \right) - \frac{1}{2} \cdot \Delta_B H^0 \left(O_2, g \right) = -110{,}53 \, kJ \cdot mol^{-1}$$

Die Reaktionsenthalpie ist hier identisch mit der Bildungsenthalpie von Kohlenmonoxid. Dies ist nicht überraschend, da die Reaktion ja von den Elementen als Edukten ausgeht, die ja per Definition eine Bildungsenthalpie von $0\,kJ \cdot mol^{-1}$ haben.

Was machen wir aber, wenn keine Standardbildungsenthalpien gegeben sind? In einem solchen Fall können wir den Satz von Hess nutzen, um durch eine Linearkombination bekannter Reaktionen (für die man die Reaktionsenthalpien kennt, beispielsweise aus experimentellen Messungen) die Zielreaktion „herzustellen".

Beispiel

Nehmen wir im vorliegenden Fall einmal an, dass wir aus experimentellen Messungen die Verbrennungsenthalpien $\Delta_C H$ von Graphit und Kohlenmonoxid kennen würden. Als Verbrennungsenthalpie bezeichnet man die Reaktion, die im Fall von Verbindungen, die aus C, H und O bestehen, zu den Oxidationsprodukten Kohlendioxid und Wasser führt (das c steht dabei für das englische Wort „combustion", also Verbrennung). Schauen wir uns die beteiligten Reaktionen einmal an:

$$C_{gr.} + O_2\,(g) \rightarrow CO_2\,(g) \quad \text{mit} \quad \Delta_c H = -393{,}51\,kJ \cdot mol^{-1}$$

$$CO(g) + \frac{1}{2}O_2(g) \rightarrow CO_2(g) \quad \text{mit} \quad \Delta_c H = -282{,}98\,kJ \cdot mol^{-1}$$

Beachten Sie, dass man in der Thermochemie immer auch den Aggregatzustand der beteiligten Spezies mit angeben muss, da auch Phasenübergänge mit einem Energieumsatz verbunden sind (und daher die Reaktion zu flüssigem Kohlendioxid eine ganz andere Reaktionsenthalpie besitzt). Um zu unserer Zielreaktion, der Oxidation von Graphit zu Kohlenmonoxid, zu kommen, drehen wir die zweite Reaktion zunächst um (dabei ändert sich auch das Vorzeichen der Reaktionsenthalpie):

$$C_{gr.} + O_2\,(g) \rightarrow CO_2\,(g) \quad \text{mit} \quad \Delta_c H = -393{,}51\,kJ \cdot mol^{-1}$$

$$CO_2\,(g) \rightarrow CO\,(g) + \frac{1}{2}O_2\,(g) \quad \text{mit} \quad \Delta_R H = -\Delta_c H = +282{,}98\,kJ \cdot mol^{-1}$$

Im nächsten Schritt werden nun die beiden Reaktionen miteinander addiert. Für die Reaktionsgleichungen bedeutet dies, dass man alle Edukte und alle Produkte miteinander addiert. Dadurch erhält man folgende Reaktionsgleichung:

$$C_{gr.} + O_2\,(g) + CO_2\,(g) \rightarrow CO_2\,(g) + CO\,(g) + \frac{1}{2}O_2\,(g)$$

Hier lassen sich auf beiden Seiten noch das Kohlendioxid sowie 0,5 O_2 (g) wegstreichen (stellen Sie sich das einfach so vor, als würden Sie auf den beiden Seiten einer mathematischen Gleichung etwas kürzen), und man erhält als Ergebnis unsere Zielgleichung:

$$C_{gr.} + \frac{1}{2}O_2\,(g) \rightarrow CO\,(g)$$

Auch die Reaktionsenthalpien werden entsprechend miteinander addiert und man erhält für die Nettoreaktion folgende Reaktionsenthalpie:

$$\Delta_R H^0 = -393,51\,kJ \cdot mol^{-1} + 282,98\,kJ \cdot mol^{-1} = -110,53\,kJ \cdot mol^{-1}$$

Das ist genau das gleiche Ergebnis, das wir bereits bei der Berechnung unter Verwendung der Standardbildungsenthalpien erhalten haben. Es spielt also keine Rolle, über welche Zwischenschritte wir das Ergebnis erhalten, solange Ausgangs- und Endzustand identisch sind.

Man würde dieses Ergebnis auch erhalten, wenn man ausgehend von den beiden ursprünglichen Reaktionsgleichungen die zweite Gleichung von der ersten abziehen würde:

$$\Delta_R H^0 = -393,51\,kJ \cdot mol^{-1} - \left(-282,98\,kJ \cdot mol^{-1}\right) = -110,53\,kJ \cdot mol^{-1}$$

Ein etwas komplexerer Fall liegt dann vor, wenn man die Gleichungen nicht unmittelbar miteinander verrechnen kann. Schauen wir uns dazu folgendes Beispiel an. Gesucht sei die Reaktionsenthalpie der vollständigen Verbrennung von 1-Buten:

$$C_4H_8\,(g) + 6O_2\,(g) \rightarrow 4CO_2\,(g) + 4H_2O\,(l)$$

Welchen Wert hat die Reaktionsenthalpie $\Delta_R H$ dieser Reaktion? Bekannt seien die Reaktionsenthalpien der Hydrierung von 1-Buten zu Butan sowie die Verbrennungsenthalpie von Butan:

$$\text{Reaktion I:} \quad C_4H_8\,(g) + H_2\,(g) \rightarrow C_4H_{10}\,(g)$$
$$\Delta_R H^{I} = -126,02\,kJ \cdot mol^{-1}$$
$$\text{Reaktion II:} \quad C_4H_{10}\,(g) + 6,5O_2\,(g) \rightarrow 4CO_2\,(g) + 5H_2O\,(l)$$
$$\Delta_R H^{II} = -2877,04\,kJ \cdot mol^{-1}$$

In Anlehnung an das vorherige Beispiel könnte man jetzt auf die Idee kommen, ausgehend von 1-Buten zunächst durch Hydrierung Butan herzustellen und dieses dann zu verbrennen. Eine einfache Addition der beiden Gleichungen führt uns aber noch nicht ganz zum Ziel, denn wir erhalten als Reaktionsgleichung (nach „Kürzen" von $C_4H_{10}(g)$):

$$\text{Reaktion III:} \quad C_4H_8\,(g) + H_2\,(g) + 6{,}5O_2\,(g) \rightarrow 4CO_2\,(g) + 5H_2O\,(l)$$

Die Reaktionsenthalpie dieser Reaktion berechnet sich ebenfalls aus Addition der Reaktionsenthalpien der beiden beteiligten Reaktionen:

$$\Delta_R H^{III} = \Delta_R H^I + \Delta_R H^{II} = -3003{,}06\,\text{kJ} \cdot \text{mol}^{-1}$$

Das ist aber noch nicht ganz unsere Zielreaktion. Wenn wir diese Gleichung mit der Zielreaktion vergleichen, dann haben wir formal noch folgende Reaktion „zu viel":

$$H_2\,(g) + \frac{1}{2}O_2\,(g) \rightarrow H_2O\,(g)$$

Das ist nichts anderes als die Bildungsreaktion von flüssigem Wasser, die wir also noch von der erhaltenen Gleichung abziehen müssen. Die Bildungsenthalpie von flüssigem Wasser lässt sich aus einem Tabellenwerk herauslesen: $\Delta_B H(H_2O, l) = -285{,}83\,\text{kJ} \cdot \text{mol}^{-1}$. Damit erhalten wir unsere Zielgleichung und die Reaktionsenthalpie:

$$\begin{aligned}
\text{Reaktion IV:} \quad & C_4H_8\,(g) + 6O_2\,(g) \rightarrow 4CO_2\,(g) + 4H_2O\,(l) \\
& \Delta_R H^{IV} = -3306{,}06\,\text{kJ} \cdot \text{mol}^{-1} - \left(-285{,}83\,\text{kJ} \cdot \text{mol}^{-1}\right) \\
& \qquad\quad = -2717\,\text{kJ} \cdot \text{mol}^{-1}
\end{aligned}$$

Dieses Ergebnis würden wir übrigens auch erhalten, wenn wir die Reaktionsenthalpie aus tabellierten Bildungsenthalpien berechnen würden. Versuchen Sie es einmal!

Weiterführende Bemerkungen zum Satz von Hess

Der Satz von Hess spielt für die Berechnung von Reaktionsenthalpien eine zentrale Rolle. Er ist aber nicht auf die Enthalpie beschränkt. Grundsätzlich lässt sich der Satz von Hess auf jede beliebige Zustandsfunktion übertragen. Praktische Relevanz besitzt unter anderem die Berechnung von Reaktionsentropien $\Delta_R S$. Ähnlich wie bei den Reaktionsenthalpien lassen sich hier Standardreaktionsentropien $\Delta_R S^0$ (bei 25 °C und 1013 mbar) und Standardbildungsentropien $\Delta_B S^0$ definieren. Der wesentliche Unterschied zu den Enthalpien besteht allerdings darin, dass die Standardbildungsentropien der Elemente $\Delta_B S^0(\text{Elemente}) \neq 0\,\text{J} \cdot \text{mol}^{-1} \cdot \text{K}^{-1}$ sind. Die Ursache darin ist im 3. Hauptsatz der Thermodynamik zu suchen, da dieser Absolut-Entropien zugänglich macht – auch für Elemente! Jedem chemischen Element und jeder Verbindung ist daher eine Standardentropie S^0 zugeordnet, die in einschlägigen Tabellenwerken aufgeführt ist. Damit lässt sich der Satz von Hess für die Zustandsfunktion der Entropie in der folgenden Form schreiben:

$$\Delta_R S^0 = \sum_i \nu_i \cdot S_i^0 \tag{4.16}$$

Beispiel

Schauen wir uns als ein Beispiel die Berechnung der Reaktionsentropie für die bereits mehrfach betrachtete Reaktion der Oxidation von Graphit zu Kohlenmonoxid an:

$$C_{gr.} + \frac{1}{2}O_2\,(g) \rightarrow CO\,(g)$$

Die Standardentropien der beteiligten Stoffe betragen:

$$S^0\,(CO, g) = 197{,}67\,J \cdot mol^{-1} \cdot K^{-1}$$
$$S^0\,(C, gr.) = 5{,}740\,J \cdot mol^{-1} \cdot K^{-1}$$
$$S^0\,(O_2, g) = 205{,}138\,J \cdot mol^{-1} \cdot K^{-1}$$

Damit ergibt sich als Reaktionsentropie:

$$\Delta_R S^0 = S^0\,(CO, g) - S^0\,(C, gr.) - \frac{1}{2} \cdot S^0\,(O_2, g)$$
$$= \left(197{,}67 - 5{,}740 - \frac{1}{2} \cdot 205{,}138\right) \frac{J}{mol \cdot K} = 89{,}361 \frac{J}{mol \cdot K}$$

Beachten Sie noch, dass wir bei der Berechnung im vorletzten Schritt die Zahlenwerte der Standardentropien in der Klammer zusammengezogen und die Einheit $J \cdot mol^{-1} \cdot K^{-1}$ ausgeklammert haben. Dies erspart uns Schreibarbeit und schafft mehr Überblick über unsere Gleichung. Beachten Sie bitte auch, dass Sie sich immer angewöhnen, die Einheiten in jeder Gleichung mit dazuzuschreiben, da sich ansonsten sehr schnell Fehler im Ergebnis einschleichen können!

Wir haben nun das Werkzeug in der Hand, Standardreaktionsenthalpien und Standardreaktionsentropien zu berechnen. Berechtigterweise werden Sie jetzt vielleicht den Einwand haben, dass aber viele Reaktionen gerade nicht bei Standardbedingungen ablaufen. Vor allem Temperatur und Druck sind meist unterschiedlich von den Werten, die wir bei den

Standardbedingungen vorfinden. Wie man die daraus resultierenden Abweichungen von den Standardwerten quantitativ erfasst und welche Größenordnung diese haben, möchten wir im folgenden Abschnitt näher betrachten. Wir bleiben also vorerst noch ein wenig im Refugium des Wissens und unterhalten uns noch ein wenig mit den Gelehrten an diesem Ort.

Übungsaufgaben

Aufgabe 4.2.1

Gasförmiges Schwefeldioxid kann mittels Wasserstoff zu Schwefelwasserstoff reduziert werden. Wie hoch ist die Standardreaktionsenthalpie für diese Reaktion? Verwenden Sie zur Berechnung folgende Daten:

$$\Delta_B H^0 \,(\mathrm{SO_2, g}) = -296{,}83\,\mathrm{kJ \cdot mol^{-1}}$$

$$\Delta_B H^0 \,(\mathrm{H_2S, g}) = -20{,}63\,\mathrm{kJ \cdot mol^{-1}}$$

$$\Delta_B H^0 \,(\mathrm{H_2O, l}) = -285{,}83\,\mathrm{kJ \cdot mol^{-1}}$$

Lösung:

http://tiny.cc/wrelcy

Aufgabe 4.2.2

Wie hoch ist die Reaktionsenthalpie der Oxidation von Cyclohexan ($\mathrm{C_6H_{12}}$) zu Glucose ($\mathrm{C_6H_{12}O_6}$)? Verwenden Sie zur Berechnung folgende Daten:

$$\mathrm{C_6H_{12} + H_2 \rightarrow C_6H_{14}} \quad \Delta_R H^0 = -42{,}7\,\mathrm{kJ \cdot mol^{-1}}$$

$$\Delta_B H^0 \,(\mathrm{C_6H_{14}}) = +198{,}7\,\mathrm{kJ \cdot mol^{-1}}$$

$$\Delta_B H^0 \,(\mathrm{CO_2}) = -393{,}51\,\mathrm{kJ \cdot mol^{-1}}$$

$$\Delta_B H^0 \,(\mathrm{H_2O}) = -285{,}83\,\mathrm{kJ \cdot mol^{-1}}$$

$$\Delta_c H^0 \,(\mathrm{C_6H_{12}O_6}) = -2802{,}04\,\mathrm{kJ \cdot mol^{-1}}$$

Lösung:

http://tiny.cc/4qelcy

Aufgabe 4.2.3

Berechnen Sie die Standardreaktionsentropie $\Delta_R S^0$ der Reduktion von gasförmigem Schwefeldioxid zu Schwefelwasserstoff! Verwenden Sie zur Berechnung folgende Daten:

$$S^0\,(SO_2, g) = 248{,}22\,J \cdot mol^{-1} \cdot K^{-1}$$
$$S^0\,(H_2, g) = 130{,}684\,J \cdot mol^{-1} \cdot K^{-1}$$
$$S^0\,(H_2S, g) = 205{,}79\,J \cdot mol^{-1} \cdot K^{-1}$$
$$S^0\,(H_2O, g) = 69{,}91\,J \cdot mol^{-1} \cdot K^{-1}$$

Lösung:

http://tiny.cc/5relcy

Die Studiosa

Ihr wisst nicht mehr genau, wie Ihr Euch letztlich von Hessinde loseisen konntet, aber schließlich habt Ihr es unter einem Vorwand geschafft, ihrer nicht enden wollenden „Vor-Lesung" zu entrinnen. So schnell Ihr könnt, bewegt Ihr Euch auf die Treppe an der entgegengesetzten Seite der Halle zu und lauft auf dieser zunächst einmal ziellos nach oben. Hauptsache erst einmal weg von dieser unangenehmen Lehrerfahrung (auch wenn Ihr zugeben müsst, dass sich das Buch äußerst spannend gelesen hat).

„Na, hat Euch die alte Hessinde mit ihrem angestaubten Gequatsche mürbe geredet? Macht Euch nichts daraus, so geht es vielen, die zuerst hierherkommen. Eigentlich ist sie ganz nett, aber manchmal ein wenig schrullig. Man gewöhnt sich daran."

Die Stimme gehört einer jungen Frau, die es sich auf dem Sims bequem gemacht hat, der sich in einem großen Bogen rund um das erste Stockwerk zieht, weit oberhalb der Halle. Die schwindelerregende Höhe scheint sie jedoch nicht zu schrecken. Vielmehr ist sie in die Lektüre eines Pergaments vertieft, auf dem Schriftzeichen zu erkennen sind, die Ihr in Eurem bisherigen Leben noch nicht zu Gesicht bekommen habt.

© Anja Di Paolo/Ulisses Spiele

„Mein Name ist Lara Kirchhoff. Ich bin Studentin hier im Refugium und versuche, hinter die Geheimnisse der Insel der Energie zu kommen", stellt sie sich Euch vor. Nachdem Ihr Eure Geschichte (gefühlt zum tausendsten Mal) erzählt habt, schaut sie interessiert auf: „Ihr habt gegen Entropia gekämpft? In einem mathemagischen Zweikampf? Ich kenne niemanden, der das heilen Geistes überlebt hat!" In ihren Augen beginnt so etwas wie leichte Ehrfurcht aufzuflackern. Und Ihr fragt Euch, wie heil Euer Geist nach der bisherigen Reise eigentlich noch ist. Was hat Kassandra noch einmal von dem Ende der Reise und Eurem Geist gesagt? So richtig wisst Ihr es nicht mehr, allzu Gutes schwant Euch aber nicht.

Bevor Ihr diesen Gedanken aber zu Ende denken könnt, spricht Lara weiter: „Wisst Ihr, dass Entropia einen noch viel mächtigeren und gefährlicheren Herren haben soll? Man nennt ihn den Mathemagier. Er soll auf der Insel der Phasen seine Burg haben, eine Insel nördlich von hier. Gesehen hat ihn indes noch niemand, sodass man diese Geschichte wohl als Legende abtun muss. Keine Legende hingegen ist meine Forschung. Wollt Ihr mal sehen?"

Mit Begeisterung öffnet sie wieder ihr Pergament und hält es Euch vor die Nase. Ihr könnt genauso wenig erkennen wie vorher. Aber Lara lässt sich dadurch nicht beirren und redet weiter: „Meine Forschungen befassen sich mit dem Einfluss von Tag und Nacht auf die energetischen Kraftlinien dieser Insel." (Ihr versteht kein Wort.) „Lasst mich das einmal so erklären: Bei Tage werdet Ihr gewärmt von den Strahlen der Sonne – bei Nacht fröstelt es Euch, da die Sonne weg ist und nur der Mond mit seinem kalten Licht über der Insel steht. Und je nachdem, wie warm oder kalt es ist – manche reden auch von so etwas wie „Temperaturm" oder so ähnlich –, können einige Prozesse schneller oder leichter vonstattengehen. Zum Beispiel das Rauschen der Bäume oder das Kriechen der Schnecken. Wenn Ihr Interesse habt, dann kann ich Euch ein wenig mehr darüber erzählen!"

Ihr versteht zwar nicht allzu viel von dem, was Euch die Studentin da erzählt, beschließt aber, ihr Angebot anzunehmen, um ein wenig tiefer in das Geheimnis der Insel vorzudringen. Und Lara Kirchhoff beginnt zu erzählen.

http://tiny.cc/3sikcy

4.3 Der Kirchhoff'sche Satz

Chemische Reaktionen laufen in der Regel nicht unter Standardbedingungen ab. Natürlich interessiert es den Physikochemiker, wie sich die Reaktionsenthalpie unter den jeweiligen Reaktionsbedingungen ändert. Intuitiv vermuten wir (völlig zu Recht!), dass die Reaktionsenthalpie bei Änderung der Temperatur ebenfalls einen anderen Wert annehmen wird. Die Frage ist nun, wie man diese Änderung berechnen kann. Selbstverständlich kann man sich damit begnügen, dass man eine entsprechende Formel zur Berechnung auswendig lernt. Unser Ratschlag ist aber: Tun Sie das bitte nicht! Es ist für den Studierenden der Physikalischen Chemie (und wir glauben nicht nur hier) von elementarer Bedeutung, auch zu wissen, wie die Gleichungen zustande gekommen sind. Denn möglicherweise werden Sie irgendwann einmal auf ein Problem stoßen, das wir als Menschheit bislang noch nicht gelöst haben (das ist doch schließlich der Ehrgeiz eines jeden Naturwissenschaftlers, oder?) – und werden spätestens dann neue „Werkzeuge" benötigen, um dieses Problem zu bearbeiten. Und in der Physikalischen Chemie sind die mathematischen Gleichungen nun einmal die Werkzeuge, mit denen wir der Natur zu Leibe rücken, um ihr Geheimnisse zu entlocken. Wir wählen also den vermeintlich schwierigeren und unbequemen Weg und tauchen noch einmal in die Welt unserer Gleichungen ab.

Stellen wir uns zunächst einmal die Frage: Was suchen wir denn eigentlich? Dann merken wir vielleicht, wie schwierig es ist, unsere Frage in die Sprache der Mathematik zu übersetzen. Denken Sie hier vielleicht einmal an Ihre Schulzeit zurück: Auch dort war es doch viel einfacher und bequemer, eine vorgegebene Rechenoperation durchzuführen, als sich mühevoll durch eine Textaufgabe zu kämpfen und dort erst einmal nach einem Ansatz zu suchen, oder? Aber gerade darum geht es in den quantitativen Naturwissenschaften: die Fähigkeit zu erlernen, eine Frage in der Sprache der Mathematik zu formulieren. Denn dann haben wir die Möglichkeit, unseren gesammelten Schatz an mathematischen Gleichungen und Methoden anzuwenden, um möglicherweise neue Erkenntnisse zu gewinnen.

Was also suchen wir im vorliegenden Fall? Es geht uns um die Temperaturabhängigkeit der Reaktionsenthalpie. Oder anders formuliert: Wie ändert sich die Reaktionsenthalpie, wenn sich die Temperatur ändert? Oder mathematisch formuliert:

$$\left(\frac{\partial \Delta_R H}{\partial T} \right)_p$$

Das mag auf den ersten Blick kompliziert aussehen, aber auch nur dann, wenn man noch nicht weiß, was man mit diesem Ausdruck weiter anfangen soll. Also was? Halten wir uns noch einmal vor Augen, was wir über die Reaktionsenthalpie wissen. Sie ist eine Zustandsfunktion. Und was wissen wir über eine Zustandsfunktion? Sie ist wegunabhängig. Das haben wir bereits zuvor beim Satz von Hess ausgekostet und in unserem Sinne genutzt. Wir wissen ferner, dass für Zustandsfunktionen der Satz von Schwarz gilt, das heißt, die Vertauschbarkeit der zweiten partiellen Ableitungen ist gegeben. Schön und gut, aber was soll uns das hier nützen? Werfen wir einmal einen näheren Blick auf unsere gesuchte Größe und erinnern uns daran, dass die Reaktionsenthalpie nichts anderes ist als die partielle Ableitung der Enthalpie H nach der Reaktionslaufzahl ξ:

$$\left(\frac{\partial \Delta_R H}{\partial T} \right)_p = \left(\frac{\partial}{\partial T} \left(\frac{\partial H}{\partial \xi} \right)_{p,T} \right)_p = \left(\frac{\partial^2 H}{\partial T \partial \xi} \right)_p \tag{4.17}$$

Die gesuchte Größe ist also nichts anderes als die zweite Ableitung der Zustandsfunktion H nach der Reaktionslaufzahl ξ und der Temperatur T. Wenden wir darauf einmal den Satz von Schwarz an und schauen, was am Ende herauskommt:

$$\left(\frac{\partial \Delta_R H}{\partial T} \right)_p = \left(\frac{\partial}{\partial T} \left(\frac{\partial H}{\partial \xi} \right)_{p,T} \right)_p = \left(\frac{\partial^2 H}{\partial T \partial \xi} \right)_p \triangleq \left(\frac{\partial^2 H}{\partial \xi \partial T} \right)_p = \left(\frac{\partial}{\partial \xi} \left(\frac{\partial H}{\partial T} \right)_p \right)_{p,T}$$
$$= \left(\frac{\partial c_p}{\partial \xi} \right)_{p,T} = \Delta c_p \tag{4.18}$$

Interessanterweise ist die gesuchte Größe nichts anderes als die Änderung der Wärmekapazität im Verlauf der Reaktion. Analog zum Satz von Hess lässt sich dafür auch schreiben:

$$\Delta c_p = \sum_i v_i \cdot c_{p,i} \tag{4.19}$$

Man muss also entsprechend die Wärmekapazitäten bei konstantem Druck (bei der Verwendung der Zustandsfunktion Innere Energie entsprechend die Wärmekapazitäten bei konstantem Volumen) mit den jeweiligen stöchiometrischen Koeffizienten der an der Reaktion beteiligten Spezies multiplizieren und erhält auf diese Weise die gesuchte Größe Δc_p.

Das Erstaunliche an diesem Ergebnis ist, dass wir eine einfache Formel haben, die es uns erlaubt, mittels tabellierter Werte (für c_p) eine Aussage über die Temperaturabhängigkeit der Reaktionsenthalpie zu treffen. Bei der Herleitung des Zusammenhangs haben wir nichts anderes getan, als unseren mathematischen „Werkzeugkasten" zu verwenden. Dabei sind zwischendurch zwar einige recht kompliziert anmutende Ausdrücke entstanden, aber das Endergebnis erlaubt uns eine sehr praxisnahe Anwendung. Das ist ebenfalls ein wesentliches Charakteristikum der Physikalischen Chemie, das uns noch an verschiedenen Stellen begegnen wird. Scheuen Sie sich also nicht davor, das Werkzeug, welches Sie haben, auch zu verwenden – auch wenn Sie es nicht gleich beim ersten Mal beherrschen sollten. Übung macht eben den Meister!

Aber zurück zu unserer Fragestellung. Wir wissen jetzt Folgendes:

$$\left(\frac{\partial \Delta_R H}{\partial T} \right)_p = \sum_i v_i \cdot c_{p,i} \tag{4.20}$$

Damit wissen wir nun, wie sich die Reaktionsenthalpie in Abhängigkeit von der Temperatur ändert. Um jetzt aber zu erfahren, welchen Wert die Reaktionsenthalpie bei einer anderen Temperatur (T_2) als der Standardtemperatur (T_1) annimmt, müssen wir diese Gleichung noch integrieren. Dabei erhalten wir im einfachsten Fall (wenn alle $c_{p,i} = $ const.):

$$\Delta_R H(T_2) = \Delta_R H(T_1) + \int_{T_1}^{T_2} \left(\sum_i v_i \cdot c_{p,i} \right) dT = \Delta_R H(T_1) + \left(\sum_i v_i \cdot c_{p,i} \right) \cdot (T_2 - T_1) \tag{4.21}$$

Dieser Zusammenhang ist auch als Kirchhoff'scher Satz bekannt. Er besagt, dass sobald wir die Reaktionsenthalpie bei einer Temperatur kennen (zweckmäßigerweise nimmt man dafür in der Regel die Standardreaktionsenthalpie), wir die Reaktionsenthalpie bei jeder beliebigen anderen Temperatur berechnen können, sofern wir die dazugehörigen Werte der Wärmekapazitäten $c_{p,i}$ kennen.

Beispiel

Wie hoch ist die Reaktionsenthalpie für die Reaktion

$$C_{gr.} + \frac{1}{2}O_2\,(g) \rightarrow CO\,(g)$$

bei einer Temperatur von 100 °C? Die Standardreaktionsenthalpie hatten wir bereits im vorhergehenden Kapitel berechnet: $\Delta_R H^0 = -110{,}53\,\mathrm{kJ\cdot mol^{-1}}$. Die Wärmekapazitäten der beteiligten Spezies sind:

$$c_p\,(CO, g) = 29{,}14\,\mathrm{J\cdot mol^{-1}\cdot K^{-1}}$$
$$c_p\,(O_2, g) = 29{,}355\,\mathrm{J\cdot mol^{-1}\cdot K^{-1}}$$
$$c_p\,(C, gr.) = 8{,}527\,\mathrm{J\cdot mol^{-1}\cdot K^{-1}}$$

Damit ergibt sich unter Anwendung des Kirchhoff'schen Satzes:

$$\Delta_R H\,(373\,\mathrm{K}) = \Delta_R H\,(298\,\mathrm{K}) + \left\{ c_p\,(CO, g) - c_p\,(C, gr.) - 1/2 \cdot c_p\,(O_2, g) \right\}$$
$$\cdot\,(373\,\mathrm{K} - 298\,\mathrm{K})$$
$$= -110{,}53\,\frac{\mathrm{kJ}}{\mathrm{mol}} + (29{,}14 - 8{,}527 - 14{,}678) \cdot 10^{-3}\,\frac{\mathrm{kJ}}{\mathrm{mol\cdot K}} \cdot 75\,\mathrm{K}$$
$$= -110{,}08\,\frac{\mathrm{kJ}}{\mathrm{mol}}$$

Beachten Sie bei der Berechnung, dass die Wärmekapazitäten die Einheit Joule (J) haben, die Reaktionsenthalpien aber üblicherweise mit Kilojoule (kJ) angegeben werden. Daher muss bei der Verwendung des Kirchhoff'schen Satzes der Faktor 1000 mit berücksichtigt werden.

Das Ergebnis der Berechnung ist insofern erstaunlich, als es vom Zahlenwert her sehr nahe bei dem Wert für die Standardreaktionsenthalpie liegt. Das bedeutet, dass eine Temperaturänderung von immerhin 75 °C keinen wesentlichen Einfluss (die Änderung ist kleiner als 0,5 %) auf den Zahlenwert der Reaktionsenthalpie hatte. Dieses Ergebnis findet man in ähnlicher Form auch für andere Reaktionen.

Etwas anders ist der Fall gelagert, wenn die Temperaturänderung so groß ist, dass wir auch Phasenübergänge von einer oder mehreren der beteiligten Spezies mit berücksichtigen müssen. Da sich die Wärmekapazität einer Spezies je nach Aggregatzustand ändert, müssen wir das auch bei der Anwendung des Kirchhoff'schen Satzes berücksichtigen.

Beispiel

Schauen wir uns als Beispiel dazu die Bildungsenthalpie von H_2O bei einer Temperatur von 170 °C an, die sich auf folgende Reaktion bezieht (denken Sie daran, dass Wasser unter Normaldruck bei einer Temperatur von 100 °C gasförmig wird):

$$H_2\,(g) + \frac{1}{2}O_2\,(g) \xrightarrow{170°C} H_2O\,(g)$$

Die Standardbildungsenthalpie von Wasser beträgt $\Delta_B H^0(H_2O, l) = -285,83\,kJ \cdot mol^{-1}$. Wenn wir den Kirchhoff'schen Satz anwenden möchten, benötigen wir dafür zunächst noch die Wärmekapazitäten der beteiligten Spezies:

$$c_p\,(H_2O, l) = 75,291\,J \cdot mol^{-1} \cdot K^{-1}$$
$$c_p\,(H_2O, g) = 33,58\,J \cdot mol^{-1} \cdot K^{-1}$$
$$c_p\,(H_2, g) = 28,824\,J \cdot mol^{-1} \cdot K^{-1}$$
$$c_p\,(O_2, g) = 29,355\,J \cdot mol^{-1} \cdot K^{-1}$$

Der Ansatz ist in diesem Fall zunächst einmal grundsätzlich der gleiche wie im Fall des obigen Beispiels ohne Phasenübergänge. Jedoch wird in der flüssigen Phase nur bis maximal zu derjenigen Temperatur integriert, bei der eine der an der Reaktion beteiligte Spezies den Aggregatzustand wechselt (in diesem Fall Wasser bei 100 °C oder 373 K). Anschließend wird die Übergangsenthalpie der jeweiligen Spezies addiert (in diesem Fall die Verdampfungsenthalpie $\Delta_v H$ von Wasser) und danach in der Gasphase bis zur Maximaltemperatur von 170 °C integriert (und hier entsprechend der Wert von c_p in der Gasphase zur Berechnung zugrunde gelegt). In Form einer mathematischen Gleichung sieht das dann folgendermaßen aus:

$$\Delta H\,(443\,K) = \Delta H\,(298\,K) + \int_{298\,K}^{373\,K} \left\{ c_p\,(H_2O, l) - c_p\,(H_2, g) - 1/2 \cdot c_p\,(O_2, g) \right\} dT$$

$$+ \Delta_v H\,(H_2O) + \int_{373\,K}^{443\,K} \left\{ c_p\,(H_2O, g) - c_p\,(H_2, g) - 1/2 \cdot c_p\,(O_2, g) \right\} dT$$

Der erste Term in der Gleichung ist wieder die Standardreaktionsenthalpie. Der zweite Term beschreibt den Beitrag der Erwärmung des flüssigen Wassers zur Änderung der Enthalpie. Der dritte Term, die Verdampfungsenthalpie, beschreibt den Beitrag des Phasenübergangs zur Gesamtenthalpieänderung. Und das letzte Integral ist schließlich der Beitrag der Temperaturerhöhung des gasförmigen Wassers zur Gesamtenthalpieänderung der Reaktion.

Setzt man die oben angegebenen Zahlenwerte in die Gleichung ein und beachtet die Umrechnung der Einheiten (J und kJ!), dann ergibt sich:

$$\Delta H\,(443\,\text{K}) = -285{,}83\,\frac{\text{kJ}}{\text{mol}} + 31{,}79 \cdot 10^{-3}\,\frac{\text{kJ}}{\text{mol} \cdot \text{K}} \cdot 75\,K + 44{,}01\,\frac{\text{kJ}}{\text{mol}}$$

$$- 9{,}92 \cdot 10^{-3}\,\frac{\text{kJ}}{\text{mol} \cdot \text{K}} \cdot 70\,\text{K}$$

$$= -285{,}83\,\frac{\text{kJ}}{\text{mol}} + 2{,}38\,\frac{\text{kJ}}{\text{mol}} + 44{,}01\,\frac{\text{kJ}}{\text{mol}} - 0{,}69\,\frac{\text{kJ}}{\text{mol}}$$

$$= -240{,}13\,\frac{\text{kJ}}{\text{mol}}$$

Dieser Wert unterscheidet sich deutlich von dem Wert der Reaktionsenthalpie, den wir in der flüssigen Phase gefunden haben. Andererseits liegt er in der gleichen Größenordnung der Standardbildungsenthalpie von Wasser in der Gasphase: $\Delta_B H^0(H_2O, g) = -241{,}82\,\text{kJ} \cdot \text{mol}^{-1}$.

Sollten die Wärmekapazitäten $c_{p,i}$ der an der Reaktion beteiligten Stoffe innerhalb einer Phase im betrachteten Temperaturintervall nicht konstant sein, dann muss explizit integriert werden (siehe dazu auch die Beispielrechnung in Abschn. 2.2).

Druckabhängigkeit der Reaktionsenthalpie

Die Reaktionsenthalpie hängt neben der Temperatur T auch vom Druck p ab. Ähnlich wie im Fall der Temperaturabhängigkeit kann man sich für die Druckabhängigkeit der Reaktionsenthalpie folgenden Term anschauen:

$$\left(\frac{\partial \Delta_R H}{\partial p} \right)_T$$

Für ideale Gase ist dieser Term gleich null. Für alle anderen Fälle ist der Term klein und im Vergleich zur Temperaturabhängigkeit in der Praxis vernachlässigbar. Da chemische Reaktionen häufig unter isobaren Bedingungen durchgeführt werden, ist die Druckabhängigkeit von $\Delta_R H$ in der Praxis meist von untergeordneter Bedeutung.

Damit besitzen wir nun das mathematische Handwerkszeug, um die bei chemischen Reaktionen zwischen System und Umgebung ausgetauschte Wärmemenge bei unterschiedlichen Bedingungen (v. a. bei Temperaturänderungen) zu berechnen. Diese Information ist für die Praxis von großer Bedeutung, beispielsweise in der chemischen Verfahrenstechnik bei der Auslegung von Produktionsanlagen.

Dennoch möchten wir uns mit diesem Ergebnis alleine nicht zufriedengeben. Wir beherrschen jetzt zwar die mathematische Beschreibung des Wärmeaustauschs bei chemischen

Reaktionen, aber uns interessiert ja auch die Arbeit, die bei einer chemischen Reaktion frei wird (beziehungsweise aufgewendet werden muss). Ferner müssen wir uns zum Abschluss unserer Rundreise auf der Insel der Energie auch noch einmal Gedanken machen zur Frage der Freiwilligkeit von chemischen Reaktionen, also inwiefern eine gegebene Reaktion aus thermodynamischer Sicht freiwillig (spontan) abläuft oder nicht. Es lohnt sich für uns also weiterhin, noch ein wenig im Refugium des Wissens zu bleiben.

Übungsaufgaben

Aufgabe 4.3.1

Wie hoch ist die Reaktionsenthalpie der Reduktion von Schwefeldioxid zu Schwefelwasserstoff bei einer Temperatur von 80 °C? Verwenden Sie zur Berechnung die in den Übungsaufgaben in Abschn. 4.2 berechneten Werte sowie die folgenden Angaben:

$$c_p\,(\mathrm{SO_2, g}) = 39{,}87\,\mathrm{J \cdot mol^{-1} \cdot K^{-1}}$$
$$c_p\,(\mathrm{H_2, g}) = 28{,}824\,\mathrm{J \cdot mol^{-1} \cdot K^{-1}}$$
$$c_p\,(\mathrm{H_2S, g}) = 34{,}23\,\mathrm{J \cdot mol^{-1} \cdot K^{-1}}$$
$$c_p\,(\mathrm{H_2O, l}) = 75{,}291\,\mathrm{J \cdot mol^{-1} \cdot K^{-1}}$$

Lösung:

http://tiny.cc/ktikcy

Aufgabe 4.3.2

Wie hoch ist die Reaktionsentropie der Reduktion von Schwefeldioxid zu Schwefelwasserstoff bei einer Reaktionstemperatur von 80 °C?

Lösung:

http://tiny.cc/5sikcy

Aufgabe 4.3.3

Um wie viel Prozent ändert sich die molare Bildungsentropie von Korund (Al_2O_3) bei Erhöhung der Temperatur von $25\,°C$ auf $50\,°C$? Verwenden Sie zur Berechnung die folgenden Daten:

$$S^0\,(Al) = 28{,}33\,J \cdot mol^{-1} \cdot K^{-1};$$

$$S^0\,(O_2) = 205{,}138\,J \cdot mol^{-1} \cdot K^{-1};$$

$$S^0\,(Al_2O_3) = 50{,}92\,J \cdot mol^{-1} \cdot K^{-1}$$

$$c_p\,(Al) = 24{,}35\,J \cdot mol^{-1} \cdot K^{-1};$$

$$c_p\,(O_2) = 29{,}355\,J \cdot mol^{-1} \cdot K^{-1};$$

$$c_p\,(Al_2O_3) = 79{,}04\,J \cdot mol^{-1} \cdot K^{-1}$$

Lösung:

http://tiny.cc/ftikcy

Aufgabe 4.3.4

Die Standardreaktionsenthalpie der Reaktion $CO + \frac{1}{2}O_2 \rightarrow CO_2$ beträgt $\Delta_R H^0 = -282{,}98\,kJ \cdot mol^{-1}$. Wie hoch ist die Reaktionsenthalpie bei einer Temperatur von $500\,°C$? Verwenden Sie zur Berechnung die folgenden Angaben (beachten Sie die Temperaturabhängigkeit der Wärmekapazitäten!):

$$c_p\,(CO) = \left(21{,}57 + 0{,}0637 \cdot T - 4{,}05 \cdot 10^{-5} \cdot T^2\right) J \cdot mol^{-1} \cdot K^{-1}$$

$$c_p\,(O_2) = \left(27{,}96 + 0{,}00418 \cdot T - 1{,}67 \cdot 10^{-7} \cdot T^2\right) J \cdot mol^{-1} \cdot K^{-1}$$

$$c_p\,(CO_2) = \left(27{,}63 + 0{,}00502 \cdot T\right) J \cdot mol^{-1} \cdot K^{-1}$$

Lösung:

http://tiny.cc/drelcy

Magistra Equilibra

Den ganzen Tag lang seht Ihr Euch im Refugium des Wissens um und könnt eine Menge über die Insel der Energie und deren Geheimnisse lernen. So allmählich kommt auch Euer Körper wieder zu Kräften und Ihr beginnt allmählich, die Zusammenhänge zu verstehen, welche die Insel wie ein unsichtbares Netz überspannen.

Als Ihr schließlich abends (im Gemäuer wird es bereits dunkel) in das oberste Stockwerk des Gebäudes spaziert, fällt Euer Blick in eine offen stehende Kammer, aus der noch ein wenig flackerndes Licht scheint. Als Ihr Euch der Kammer nähert, könnt Ihr im Inneren eine Frau sehen, die an einem Schreibpult steht und mit einem Federkiel Notizen in einem Buch macht. Auch sie ist von oben bis unten in grüne Gewänder gehüllt und trägt eine Halskette in Form einer Schlange – das Symbol der Weisheit und des Wissens, wie Euch Eure Dozenten an der Mathematisch-Physikalischen Akademie immer wieder eingeschärft haben.

Nach einiger Zeit schaut sie von ihrer Arbeit auf und blickt Euch mit durchdringenden Augen an. „Seid willkommen, Wissbegieriger. Man nennt mich Magistra Equilibra und ich bin so etwas wie die oberste Gelehrte hier in diesen Hallen." Ihr wundert Euch ein wenig, dass es so wenige männliche Gelehrte hier gibt. Genau genommen seid Ihr bislang noch keinem Einzigen begegnet. Aber bevor Ihr den Gedanken weiterverfolgen könnt, beginnt die Magistra wieder zu reden.

„Euren Gedanken kann ich entnehmen, dass Ihr eine weite Reise hinter Euch gebracht habt. Und dass Ihr ebenso noch eine weite Reise vor Euch habt." Während Ihr Euch noch verblüfft fragt, warum die Dame Gedanken lesen kann, fährt sie bereits fort:

„Eure Reise wird Euch in fremde und gefährliche Gefilde führen. Um dort zu bestehen, müsst Ihr Euch noch mit dem notwendigen Wissen ausrüsten. Kommt und setzt Euch hier hin." (Dabei deutet sie auf einen Stuhl, der mitten im Raum steht und von dem aus man eine sehr gute Sicht auf ihr Pult sowie die dahinter stehenden Tafel hat.) „Keine Angst, es wird keine so langweilige Vorlesung wie bei Hessinde werden", sagt sie mit einem wissenden Lächeln. „Ich muss Euch aber um Eurer Selbst willen etwas über das große Gleichgewicht erzählen. Denn ohne dieses Wissen werdet Ihr Eure Reise nicht überstehen." Und mit diesen Worten beginnt sie zu erzählen.

http://tiny.cc/erelcy

4.4 Freie Energie und Freie Enthalpie

Wir haben bei der Einführung der Entropie als Zustandsfunktion und der Formulierung $dS \geq 0$ immer die Gültigkeit des 2. Hauptsatzes in einem abgeschlossenen System betont. Praktisch relevante Systeme sind jedoch nicht abgeschlossene, sondern geschlossene Systeme (beispielsweise eine Reaktionsmischung in einem Dreihalskolben, der mit einem Heizpilz erwärmt wird). Die für uns entscheidende Frage ist also:

Wie lautet das Kriterium für freiwillig (spontan) ablaufende Prozesse in geschlossenen Systemen?

Wir werden bei der Beantwortung dieser Frage die Erkenntnisse, die wir aus dem 1. und dem 2. Hauptsatz der Thermodynamik gewonnen haben, in sinnvoller Weise kombinieren und dadurch allgemeingültige Aussagen identifizieren, die uns helfen, diese Frage für eine konkrete chemische Reaktion zu beantworten.

Als Ausgangspunkt unserer Überlegungen möchten wir mit dem 2. Hauptsatz der Thermodynamik in der Formulierung der Ungleichung von Clausius starten:

$$\mathrm{d}S \geq \frac{\delta Q}{T}$$

Durch Umstellen dieser Gleichung erhalten wir:

$$\mathrm{d}S - \frac{\delta Q}{T} \geq 0 \tag{4.22}$$

Um nun die Frage nach der Freiwilligkeit von chemischen Reaktionen zu untersuchen, betrachten wir Gl. 4.22 für isochore (z. B. geschlossener Kolben) und isobare (z. B. offenes Becherglas) Reaktionsbedingungen. Diese Betrachtung erlaubt es uns, die Zustandsfunktionen Innere Energie U und Enthalpie H mit in unsere Überlegungen einzubeziehen.

Isochore Prozesse: die Helmholtz'sche Freie Energie A

Bei isochoren Prozessen (V = const.) wird (wenn wir uns weiterhin auf die Betrachtung von Volumenarbeit beschränken wollen) wegen $\mathrm{d}V = 0$ keine Arbeit zwischen System und Umgebung ausgetauscht ($\delta W = 0$). Damit gilt aufgrund des 1. Hauptsatzes der Thermodynamik, dass die zwischen System und Umgebung ausgetauschte Wärmeenergie δQ mit der Änderung der Inneren Energie $\mathrm{d}U$ identisch sein muss:

$$(\delta Q)_V = \mathrm{d}U \tag{4.23}$$

Setzt man Gl. 4.23 in Gl. 4.22 ein, dann ergibt sich:

$$\mathrm{d}S - \frac{\mathrm{d}U}{T} \geq 0 \tag{4.24}$$

Multipliziert man beide Seiten der Gleichung mit der Temperatur T und stellt die Gleichung um, dann ergibt sich:

$$\mathrm{d}U - T \cdot \mathrm{d}S \leq 0 \tag{4.25}$$

An dieser Stelle definiert man die

Helmholtz'sche Freie Energie

$$A = U - T \cdot S \tag{4.26}$$

Das Totale Differential dieser Funktion unter isothermen und isochoren Bedingungen lautet:

$$(\mathrm{d}A)_{T,V} = \mathrm{d}U - T \cdot \mathrm{d}S \qquad (4.27)$$

Dieser Ausdruck ist identisch mit Gl. 4.25 und stellt daher das Kriterium für freiwillige Reaktionen in isochoren Prozessen dar:

$$(\mathrm{d}A)_{T,V} = \mathrm{d}U - T \cdot \mathrm{d}S \leq 0 \qquad (4.28)$$

Isobare Prozesse: die Gibbs'sche Freie Enthalpie G

Bei isobaren Prozessen (p = const.) gilt wegen dp = 0, dass die zwischen System und Umgebung ausgetauschte Wärmeenergie δQ mit der Änderung der Enthalpie dH identisch sein muss:

$$(\delta Q)_p = \mathrm{d}H \qquad (4.29)$$

Setzt man Gl. 4.29 in Gl. 4.22 ein, dann ergibt sich:

$$\mathrm{d}S - \frac{\mathrm{d}H}{T} \geq 0 \qquad (4.30)$$

Multipliziert man beide Seiten der Gleichung mit der Temperatur T und stellt die Gleichung um, dann ergibt sich:

$$\mathrm{d}H - T \cdot \mathrm{d}S \leq 0 \qquad (4.31)$$

Hier definiert man analog zu den isochoren Prozessen die

Gibbs'sche Freie Enthalpie

$$G = H - T \cdot S \qquad (4.32)$$

Das Totale Differential dieser Funktion unter isothermen und isobaren Bedingungen lautet:

$$(\mathrm{d}G)_{p,T} = \mathrm{d}H - T \cdot \mathrm{d}S \qquad (4.33)$$

Dieser Ausdruck ist identisch mit Gl. 4.31 und stellt daher das Kriterium für freiwillige Reaktionen in isobaren Prozessen dar:

$$(\mathrm{d}G)_{p,T} = \mathrm{d}H - T \cdot \mathrm{d}S \leq 0 \qquad (4.34)$$

Freiwillige Prozesse in geschlossenen Systemen

In einem geschlossenen System verläuft ein physikalischer Prozess oder eine chemische Reaktion also dann freiwillig, wenn die Freie Energie A oder die Freie Enthalpie G abnimmt. Das Kriterium für das Erreichen des Gleichgewichtszustands ist demnach:

$$\mathrm{d}A = 0 \tag{4.35}$$

$$\mathrm{d}G = 0 \tag{4.36}$$

Die Funktionen $A = U - T{\cdot}S$ und $G = H - T{\cdot}S$ sind Zustandsfunktionen mit allen mathematischen Konsequenzen. Für sie gelten also Wegunabhängigkeit, die Existenz eines Totalen Differentials sowie die Gültigkeit des Satzes von Schwarz. Wir können ebenso sämtliche in den letzten Kapiteln erworbenen Erkenntnisse (Satz von Hess, Kirchhoff'scher Satz) auf die beiden Funktionen erweitern, da diese allgemein für alle thermodynamischen Zustandsfunktionen gelten müssen.

Welche Bedeutung aber haben die Funktionen A und G? Schauen wir uns dazu noch einmal die allgemeine Kombination von 1. Hauptsatz ($\mathrm{d}U = \delta Q + \delta W$) und 2. Hauptsatz der Thermodynamik an:

$$\mathrm{d}S \geq \frac{\delta Q}{T} = \frac{\mathrm{d}U - \delta W}{T} \tag{4.37}$$

Es muss daher folgender Zusammenhang gelten:

$$\mathrm{d}S \geq \frac{\mathrm{d}U - \delta W}{T} \tag{4.38}$$

Multipliziert man beide Seiten dieser Gleichung mit der Temperatur T und stellt die Gleichung um, dann ergibt sich der Zusammenhang mit der Helmholtz'schen Freien Energie:

$$T \cdot \mathrm{d}S - \mathrm{d}U = -\mathrm{d}A \geq -\delta W \tag{4.39}$$

Diesen letzten Ausdruck kann man dahingehend interpretieren, dass die Freie Energie A ein Maß dafür ist, welche Arbeit W das System an der Umgebung verrichten kann. Wie sich aus Gl. 4.39 erkennen lässt, führt die Verrichtung von Arbeit des Systems an der Umgebung ($-\delta W$) zu einer Abnahme der Helmholtz'schen Freien Energie ($-\mathrm{d}A$).

Auch im Fall der Freien Enthalpie lässt sich eine entsprechende Betrachtung durchführen. Die Kombination von 1. und 2. Hauptsatz der Thermodynamik sieht hier folgendermaßen aus (unter der Berücksichtigung von $H = U + p \cdot V$ und $(\mathrm{d}H)_p = \mathrm{d}U + p\mathrm{d}V$:

$$\mathrm{d}S \geq \frac{\delta Q}{T} = \frac{\mathrm{d}U - \delta W}{T} = \frac{\mathrm{d}H + p\mathrm{d}V - \delta W}{T} \tag{4.40}$$

Das Umstellen dieser Gleichung analog zur Vorgehensweise bei der Freien Energie ergibt:

$$T\mathrm{d}S - \mathrm{d}H = -\mathrm{d}G \geq -\left(\delta W - p\mathrm{d}V\right) \tag{4.41}$$

Das Umstellen von Gl. 4.41 ergibt:

$$\mathrm{d}G \geq \delta W - \delta W_{\text{Volumen}} \tag{4.42}$$

Anders ausgedrückt: Die Freie Enthalpie G ist die maximale (reversible) mit dem System erzielbare Arbeit abzüglich der Volumenarbeit. Da im Fall der Freien Energie A keine Volumenarbeit auftritt (isochorer Prozess!), kann man allgemein formulieren:

Helmholtz'sche Freie Energie und Gibbs'sche Freie Enthalpie

Die Helmholtz'sche Freie Energie A und die Gibbs'sche Freie Enthalpie G stellen die maximale, also reversibel erzielbare Arbeit eines Systems dar.

Ein Beispiel hierfür wäre die elektrochemische Arbeit, die zum Beispiel bei einer Brennstoffzelle freigesetzt würde. Die Gibbs'sche Freie Enthalpie hat daher vor allem für die Elektrochemie eine besondere Bedeutung.

Die Freie Enthalpie G

Für chemische Reaktionen hat die Freie Enthalpie G eine besonders bedeutsame Rolle, da sie nur von intensiven Variablen (Druck p und Temperatur T) abhängt. Wir werden diese Funktion daher im Folgenden noch ein wenig näher beleuchten, da wir sie insbesondere auf unserer weiteren Reise über die Inseln der Thermodynamik, vor allem für die Insel der Phasen, benötigen werden.

Wie wir gesehen haben, ist die Freie Enthalpie G also ein Maß für die Freiwilligkeit einer Reaktion bei p = const. Man definiert, wie bereits weiter oben erwähnt, analog Freie Standardreaktionsenthalpien $\Delta_R G^0$ und Freie Standardbildungsenthalpien $\Delta_B G^0$. Damit ergeben sich folgende zentrale Zusammenhänge, die für die Thermodynamik von fundamentaler Bedeutung sind und als Gibbs-Helmholtz-Gleichung bekannt sind:

$$\Delta_R G^0 = \Delta_R H^0 - T \cdot \Delta_R S^0 \tag{4.43}$$

$$\Delta_B G^0 = \Delta_B H^0 - T \cdot \Delta_B S^0 \tag{4.44}$$

Da auch der Satz von Hess gilt, lässt sich die Freie Standardreaktionsenthalpie aus den Freien Standardbildungsenthalpien der an der Reaktion beteiligten Stoffe berechnen:

$$\Delta_R G^0 = \sum_i \nu_i \cdot \Delta_B G_i^0 \tag{4.45}$$

In Tabellenwerken der Physikalischen Chemie lassen sich Werte für die Freie Standardbildungsenthalpie chemischer Elemente und Verbindungen finden. Alternativ lassen sich die Werte für $\Delta_B G^0$ aus den Werten für $\Delta_B H^0$ und $\Delta_B S^0$ gemäß Gl. 4.44 berechnen.

Beispiel

Schauen wir uns noch einmal das bereits mehrfach diskutierte Beispiel der Oxidation von Graphit zu Kohlenmonoxid an:

$$C_{gr.} + \frac{1}{2} O_2 \, (g) \rightarrow CO \, (g)$$

Hierfür hatten wir bereits folgende Werte identifiziert:

$$\Delta_R H^0 = -110{,}53 \, kJ \cdot mol^{-1}$$

$$\Delta_R S^0 = +89{,}361 \, J \cdot mol^{-1} \cdot K^{-1}$$

Mit Gl. 4.43 ergibt sich damit die Freie Standardreaktionsenthalpie $\Delta_R G^0$:

$$\Delta_R G^0 = \Delta_R H^0 - T \cdot \Delta_R S^0 = -110{,}53 \, \frac{kJ}{mol} - 298{,}15 \, K \cdot 89{,}361 \cdot 10^{-3} \, \frac{kJ}{mol \cdot K}$$

$$= -137{,}17 \, \frac{kJ}{mol}$$

Dieses Ergebnis entspricht auch der Freien Standardbildungsenthalpie $\Delta_B G^0$ von Kohlenmonoxid, da die Reaktion von den Elementen in der stabilsten Form ausgeht.

Alternativ könnte man die Freie Standardreaktionsenthalpie gemäß Gl. 4.45 basierend auf tabellierten Werten für die Freie Bildungsenthalpie der einzelnen an der Reaktion beteiligten Stoffe $\Delta_R G^0$ berechnen. Als tabellierte Werte für $\Delta_B G^0$ finden sich:

$$\Delta_B G^0 \, (CO, g) = -137{,}17 \, kJ \cdot mol^{-1}$$

$$\Delta_B G^0 \, (O_2, g) = 0 \, kJ \cdot mol^{-1}$$

$$\Delta_B G^0 \, (C, gr.) = 0 \, kJ \cdot mol^{-1}$$

An diesen Werten erkennt man unmittelbar, dass die Freie Reaktionsenthalpie, wenn man diese mit den Freien Standardbildungsenthalpien berechnet, den gleichen Wert ergibt wie bei der Berechnung über Reaktionsenthalpie und -entropie:

$$\Delta_R G^0 = -137{,}17 \, kJ \cdot mol^{-1}$$

Des Weiteren erkennt man auch, dass – ähnlich wie für Standardbildungsenthalpien – für die Freie Standardbildungsenthalpie chemischer Elemente in ihrem jeweils stabilsten Zustand gilt:

$$\Delta_B G^0 \,(\text{Elemente}) = 0 \, \text{kJ} \cdot \text{mol}^{-1} \tag{4.46}$$

Beispiel

Als ein weiteres, etwas komplexeres Beispiel wollen wir uns an dieser Stelle noch die vollständige Verbrennung von Glucose anschauen:

$$C_6H_{12}O_6 \,(s) + 6O_2 \,(g) \rightarrow 6CO_2 \,(g) + 6H_2O \,(l)$$

Die Freien Standardbildungsenthalpien für die an der Reaktion beteiligten Stoffe sind:

$$\Delta_B G^0 \,(C_6H_{12}O_6, s) = -910 \, \text{kJ} \cdot \text{mol}^{-1}$$
$$\Delta_B G^0 \,(O_2, g) = 0 \, \text{kJ} \cdot \text{mol}^{-1}$$
$$\Delta_B G^0 \,(CO_2, g) = -394{,}36 \, \text{kJ} \cdot \text{mol}^{-1}$$
$$\Delta_B G^0 \,(H_2O, l) = -237{,}13 \, \text{kJ} \cdot \text{mol}^{-1}$$

Damit errechnet sich für die Freie Standardreaktionsenthalpie $\Delta_R G^0$:

$$\Delta_R G^0 = 6 \cdot \Delta_B G^0 \,(CO_2, g) + 6 \cdot \Delta_B G^0 \,(H_2O, l) - \Delta_B G^0 \,(C_6H_{12}O_6, s)$$
$$- 6 \cdot \Delta_B G^0 \,(O_2, g)$$
$$= \{6 \cdot (-394{,}36) + 6 \cdot (-237{,}13) - (-910) - 6 \cdot 0\} \frac{\text{kJ}}{\text{mol}}$$
$$= -2879 \frac{\text{kJ}}{\text{mol}}$$

Dieser Wert entspricht gleichzeitig der Freien Standardverbrennungsenthalpie von Glucose, da es sich in diesem Fall um eine Verbrennungsreaktion handelt. Wie man am Ergebnis erkennen kann, verläuft die Verbrennung von Glucose also thermodynamisch freiwillig. Oder anders ausgedrückt: Wenn ein Stück Traubenzucker mit Sauerstoff in Kontakt kommt, dann erfolgt die Verbrennung zu Kohlendioxid und Wasser spontan.

An dieser Stelle macht es Sinn, dass wir für einen Moment innehalten und einmal darüber nachdenken, was „freiwillig" oder „spontan" im Kontext der Thermodynamik eigentlich bedeutet. Wenn wir von unserem Stück Traubenzucker ausgehen, dann wissen wir doch aus Erfahrung, dass ich dieses gefahrlos in die Hand nehmen oder auf einen Tisch legen kann, ohne dass es plötzlich Feuer fängt und verbrennt. Würde das aber nicht dem Ergebnis unserer Rechnung widersprechen? Oder haben wir den Begriff „freiwillig" noch nicht ausreichend verstanden?

Unter dem thermodynamischen Begriff der Freiwilligkeit (oder Spontaneität) verstehen wir etwas anderes als unter dem gleichen Begriff, der uns aus der Alltagssprache bekannt ist. Wenn eine chemische Reaktion thermodynamisch freiwillig abläuft, dann bedeutet das zunächst einmal nur, dass die Produkte der Reaktion energetisch gesehen auf einem niedrigeren Niveau liegen als die Edukte der Reaktion. Was bedeutet, dass bei der Reaktion die Produkte favorisiert werden. Die Thermodynamik gibt uns aber keinerlei Auskunft darüber, wie lange es dauert, bis dieser Zustand (den wir als Gleichgewicht kennenlernen werden) erreicht wird. In der Thermodynamik gehen wir davon aus, dass sich dieser Gleichgewichtszustand bereits eingestellt hat – und wir blenden sämtliche Prozesse aus, die zu diesem Gleichgewicht führen. Oder anders ausgedrückt: Die Zeit spielt in der Thermodynamik als Variable keine Rolle. Erst in der Reaktionskinetik wird der Zeitverlauf chemischer Reaktionen näher betrachtet und der Weg von den Edukten zu den Produkten näher verstanden werden.

Schauen wir uns das für unser Beispiel des Traubenzuckers noch einmal an. Was hindert die Glucose denn, unmittelbar mit Sauerstoff zu den Produkten zu reagieren? Nun, bei allen chemischen Reaktionen, und seien sie auch noch so freiwillig, müssen zuallererst einmal chemische Bindungen gebrochen werden (die der Edukte), bevor neue Bindungen geknüpft werden können (die der Produkte). Daher ist für jede chemische Reaktion (auch für alle Reaktionen mit $\Delta_R G^0 < 0$!) zunächst eine Aktivierungsenergie erforderlich (Abb. 4.2), damit die Reaktion in Gang kommt. Diese Aktivierungsenergie lässt sich beispielsweise interpretieren als kinetische Energie der Teilchen, die groß genug sein muss, um eine chemische Bindung zu spalten. Die Aktivierungsenergie ist eine Art „energetische Investition", die das System zunächst tätigen muss, um die in der Reaktion steckende Freie Reaktionsenthalpie „zurückzubekommen".

Aus Sicht der Thermodynamik sieht man diese Aktivierungsenergie nicht, da sie am Ende mit der frei werdenden Energie „verrechnet" wird und ich am Ende nur die Energiedifferenz zwischen Edukten und Produkten tatsächlich „messen" (oder präziser ausgedrückt: aus experimentell zugänglichen Daten ermitteln) kann. Die Thermodynamik ist gewissermaßen „blind" gegenüber der Reaktionskinetik, also dem tatsächlichen Verlauf einer chemischen Reaktion.

Wozu soll dann die Freie Reaktionsenthalpie nützlich sein, wenn sie mir keinen Anhaltspunkt über den tatsächlichen Verlauf einer Reaktion liefert? Nun, wie bereits gesagt stellt ΔG die maximale (reversible) Nichtvolumenarbeit dar, die ein System leisten kann. Die

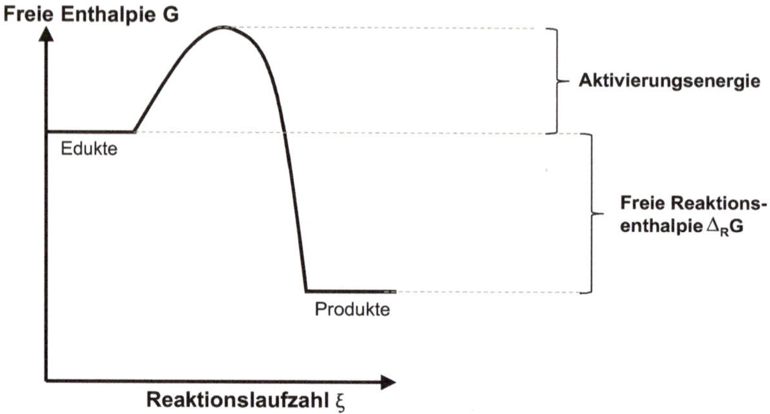

Abb. 4.2 Energieschema mit Aktivierungsenergie

Freie Enthalpie ist also ein Maß für das Potenzial eines Systems, Arbeit zu verrichten, und erlaubt uns daher eine Klassifikation unterschiedlicher thermodynamischer Systeme hinsichtlich des energetischen Potenzials, welches in ihnen steckt. Inwiefern dieses Potenzial tatsächlich umgesetzt werden kann, kann die Thermodynamik allerdings nicht beantworten. Hier muss man auf die Gesetze der Reaktionskinetik zurückgreifen.

Und seien wir froh, dass „thermodynamisch freiwillig" nicht bedeutet, dass eine chemische Reaktion tatsächlich auch vor und von unseren Augen beobachtbar spontan ablaufen würde: Denn wir alle sind als biologische Systeme ebenfalls aus thermodynamischer Sicht metastabile Systeme. Wenn wir uns nur für einen Moment vor Augen halten, dass wir zu einem nicht unerheblichen Teil aus Kohlenhydraten bestehen, für deren Oxidation mit Sauerstoff zu Kohlendioxid und Wasser immer $\Delta_R G < 0$ gilt, dann sind wir vielleicht froh darüber, dass es so etwas wie eine Aktivierungsenergie gibt, die verhindert, dass wir alle „spontan" verbrennen und uns gewissermaßen in Luft auflösen. Oder anders herum gedacht: Die Tatsache, dass wir uns über solche Begriffe überhaupt Gedanken machen und Sie diese Zeilen hier lesen können, obwohl für uns $\Delta_R G < 0$ gilt, sollte Beweis genug sein, dass man den Begriff der thermodynamischen Freiwilligkeit nicht auf den tatsächlichen kinetischen Verlauf chemischer Reaktionen erweitern sollte.

In der Hoffnung, dass dies auch weiterhin so bleiben möge und wir uns beim Lesen dieses Buches nicht in Luft auflösen, schauen wir uns als Nächstes an, ob wir die bei der Freien Energie und der Freien Enthalpie gewonnenen Erkenntnisse möglicherweise noch weiter verallgemeinern können.

Übungsaufgaben

Aufgabe 4.4.1

Wie hoch ist die Freie Standardreaktionsenthalpie $\Delta_R G^0$ für die Reduktion von Schwefeldioxid zu Schwefelwasserstoff? Verwenden Sie zur Berechnung zunächst die Informationen aus den Übungsaufgaben aus Abschn. 4.2. Zur Berechnung der Freien Standardbildungsenthalpien der beteiligten Stoffe verwenden Sie bitte die folgenden Daten:

$$\Delta_B G^0 \,(SO_2, g) = -300{,}19 \,\mathrm{kJ \cdot mol^{-1}}$$
$$\Delta_B G^0 \,(H_2S, g) = -33{,}56 \,\mathrm{kJ \cdot mol^{-1}}$$
$$\Delta_B G^0 \,(H_2O, l) = -237{,}13 \,\mathrm{kJ \cdot mol^{-1}}$$

Lösung:

http://tiny.cc/wtikcy

Aufgabe 4.4.2

Wie hoch ist die Freie Reaktionsenthalpie $\Delta_R G$ für die Reduktion von Schwefeldioxid zu Schwefelwasserstoff bei einer Temperatur von 80 °C? Verwenden Sie zur Berechnung die Ergebnisse der Übungsaufgaben aus Abschn. 4.3!

Lösung:

http://tiny.cc/rrelcy

Der Garten von Guggenheim

Nachdem Ihr den ganzen Abend in der Kammer von Magistra Equilibra verbracht habt, fallt Ihr in einen tiefen, traumlosen Schlaf. Am nächsten Morgen wacht Ihr auf einer Bank an der Außenseite des Gebäudes auf. Ihr wisst nicht, wie Ihr dort hingekommen seid, macht Euch darüber aber nicht wirklich viele Gedanken, denn was Ihr mit Euren noch müden Augen seht, lässt Euren Mund staunend offen stehen.

Vor Euch seht Ihr eine Art *Garten* (wenn man das so nennen kann), in dem vier schmucke Pavillons stehen, die jeweils auf den Kanten eines gedachten Vierecks positioniert sind. An den Ecken dieses imaginären Vierecks, jeweils zwischen den Pavillons, plätschern insgesamt vier Brunnen gemächlich vor sich hin. Das Erstaunlichste aber sind die leuchtenden *Buchstaben*, die in den Pavillons zu schweben scheinen: U, H, A und G könnt Ihr erkennen. Während Ihr noch ungläubig staunt, ertönt hinter Euch eine Stimme:

„Ja, so geht es den meisten, die den Garten von Guggenheim zum ersten Mal betreten." Hinter Euch steht ein junges Mädchen, das in bunte Kleider gehüllt ist und einen Wanderstab bei sich trägt, welchen das Abbild eines Euch unbekannten Vogels ziert.

„Man nennt mich nur *die Reisende*. Ich bin hier im Refugium und im Garten schon viele Male gewesen und entdecke doch jedes Mal etwas Neues. Ferne Länder habe ich bereits bereist, aber immer wieder zieht es mich wie magisch zurück an diesen Ort, zu diesem Fundament der Ordnung, des Gleichgewichts und der Ruhe. Hier kann ich Kraft tanken für all meine Reisen, wohin sie mich auch immer führen."

© Anja Di Paolo/Ulisses Spiele

Ihr schaut *die Reisende* an. Trotz ihres jugendlichen Äußeren scheint sie bereits eine Menge Erfahrung gesammelt und Weisheit erworben zu haben. Anders könnt Ihr die ruhige Stimme und den leicht entrückten Blick nicht deuten, mit dem sie sich den vor Euch liegenden Garten ansieht. Ihr fragt Euch (und auch sie), was es denn mit diesem Garten auf sich hat.

„Dieser Garten ist so etwas wie das pulsierende Herz des ganzen Archipels der Gesetze. Hier laufen alle physikochemischen und mathemagischen Kraftlinien zusammen und werden gebündelt. Hier werdet Ihr die höchste Erkenntnis auf Eurer Reise finden. Studiert sie sorgfältig und gewissenhaft. Ihr werdet sie auf Eurer Reise bitter nötig haben. Viel Glück!"

Noch bevor Ihr etwas erwidern könnt, ist sie bereits aus Eurem Blickfeld verschwunden und wandelt zu einem der Brunnen hin. Ihr schaut Euch das Bauwerk noch einmal ganz genau an. Was meint sie damit, dass Ihr hier die „höchste Erkenntnis" finden werdet? So richtig einleuchten will Euch das nicht.

Aber während Ihr so dasteht und die ganze Szenerie betrachtet, entfaltet sich in Eurem Kopf tatsächlich ein Bild, von dem Ihr niemals gedacht hättet in der Lage zu sein, dieses überhaupt sehen zu können. Ehrfürchtig beginnt Ihr die einzelnen Gedanken und Fäden zusammenzuweben und so entsteht ein großes und mächtiges Bild in Eurem Kopf, das Euch die Insel der Energie in einem ganz anderen Licht erscheinen lässt.

http://tiny.cc/vsikcy

4.5   Die Gibbs'schen Fundamentalgleichungen

Wir haben auf unserer Reise über die Insel der Energie bislang vier Zustandsfunktionen kennengelernt, die sich mit der Größe „Energie" beschäftigen: die Innere Energie U, die Enthalpie H, die Freie Energie A und die Freie Enthalpie G. Diese Größen sind für uns noch recht abstrakt, da wir sie nicht unmittelbar messen können. Daher wäre es hilfreich zu wissen, wie diese Funktionen mit messbaren Größen zusammenhängen.

Darüber hinaus hegen wir vielleicht den Verdacht, dass diese vier Zustandsfunktionen, wenn sie sich schon alle mit ein und derselben Größe beschäftigen, in irgendeiner Weise zusammenhängen. Wir wollen uns also zum Abschluss unseres Besuchs im Refugium des Wissens noch einmal mit allen diesen Funktionen auseinandersetzen.

Die Innere Energie U

Lassen Sie uns bei der Betrachtung der Inneren Energie zunächst noch einmal vom 1. Hauptsatz der Thermodynamik ausgehen:

$$dU = \delta Q + \delta W \tag{4.47}$$

Wir möchten uns weiterhin auf Volumenarbeit beschränken ($\delta W = -p\,dV$) und können ferner aus dem 2. Hauptsatz für die bei reversiblen Prozessen zwischen System und Umgebung ausgetauschte Wärme schreiben:

$$\delta Q = T\,dS$$

Setzen wir diese Ausdrücke in Gl. 4.47 ein, dann ergibt sich:

$$dU = T dS - p dV \qquad (4.48)$$

Diese Gleichung beschreibt die Änderung der Inneren Energie U für eine reversible Zustandsänderung in einem geschlossenen System. Und da U eine Zustandsfunktion ist, gilt diese Gleichung selbstverständlich auch, wenn die Zustandsänderung nicht reversibel ist. Schauen wir uns diese Funktion noch ein wenig näher an. Da wir wissen, dass die Innere Energie als Zustandsfunktion ein Totales Differential besitzt, können wir aus Gl. 4.48 erkennen, dass die Funktion U offenbar von den Variablen S und V abhängt, denn genau diese beiden Größen werden in Gl. 4.48 variiert ($\dots dS$ und $\dots dV$). Für das Totale Differential können wir daher auch schreiben:

$$dU = \left(\frac{\partial U}{\partial S}\right)_V dS + \left(\frac{\partial U}{\partial V}\right)_S dV \qquad (4.49)$$

Sowohl Gl. 4.48 als auch Gl. 4.49 beschreiben beide die Änderung der Inneren Energie dU in geschlossenen Systemen, müssen also mathematisch identisch sein. Durch Koeffizientenvergleich können wir hier folgende Zusammenhänge identifizieren:

$$\left(\frac{\partial U}{\partial S}\right)_V = T \qquad (4.50)$$

$$\left(\frac{\partial U}{\partial V}\right)_S = -p \qquad (4.51)$$

Damit hätten wir an dieser Stelle bereits einen Zusammenhang zwischen der Inneren Energie und messbaren Größen (Druck p und Temperatur T) gefunden. Schauen wir uns als Nächstes einmal an, was wir bei den übrigen Zustandsfunktionen erhalten.

Die Enthalpie H

Die Enthalpie H hatten wir aus der Inneren Energie U in Abschn. 2.3 definiert als:

$$H = U + p \cdot V$$

Das Totale Differential dieser Funktion lautet:

$$dH = dU + p dV + V dp \qquad (4.52)$$

In dieser Gleichung ersetzen wir nun das Totale Differential dU durch den Ausdruck in Gl. 4.48:

$$dH = T dS - p dV + p dV + V dp \qquad (4.53)$$

Die beiden mittleren Terme in dieser Gleichung heben sich gerade gegenseitig auf und es ergibt sich damit für das Totale Differential der Enthalpie:

$$dH = TdS + Vdp \tag{4.54}$$

Diese Gleichung beschreibt die Änderung der Enthalpie H für eine reversible Zustandsänderung in einem geschlossenen System. Die Funktion H hängt gemäß Gl. 4.54 von den Variablen S und p ab, denn genau diese beiden Größen werden dort verändert ($\ldots dS$ und $\ldots dp$). Für das Totale Differential können wir daher auch schreiben:

$$dH = \left(\frac{\partial H}{\partial S}\right)_p dS + \left(\frac{\partial H}{\partial p}\right)_S dp \tag{4.55}$$

Sowohl Gl. 4.54 als auch Gl. 4.55 beschreiben die Änderung der Enthalpie dH in geschlossenen Systemen, müssen also, wie wir es bereits bei der Inneren Energie diskutiert haben, mathematisch identisch sein. Durch Koeffizientenvergleich können wir hier folgende Zusammenhänge identifizieren:

$$\left(\frac{\partial H}{\partial S}\right)_p = T \tag{4.56}$$

$$\left(\frac{\partial H}{\partial p}\right)_S = V \tag{4.57}$$

Die Freie Energie A

Für die Freie Energie A gehen wir nunmehr ebenso vor. Unser Ausgangspunkt ist die Definitionsgleichung für die Freie Energie:

$$A = U - TS$$

Das Totale Differential lautet:

$$dA = dU - TdS - SdT \tag{4.58}$$

Auch hier setzen wir nun Gl. 4.48 für den Ausdruck dU ein:

$$dA = TdS - pdV - TdS - SdT \tag{4.59}$$

In diesem Ausdruck heben sich der erste und der dritte Term auf der rechten Seite der Gleichung gegenseitig auf und es bleibt übrig:

$$dA = -pdV - SdT \tag{4.60}$$

Diese Funktion hängt ab von den Variablen Volumen V und Temperatur T. Damit lässt sich für das Totale Differential auch schreiben:

$$dA = \left(\frac{\partial A}{\partial V}\right)_T dV + \left(\frac{\partial A}{\partial T}\right)_V dT \tag{4.61}$$

Der Koeffizientenvergleich mit Gl. 4.60 liefert folgende Zusammenhänge:

$$\left(\frac{\partial A}{\partial V}\right)_T = -p \tag{4.62}$$

$$\left(\frac{\partial A}{\partial T}\right)_V = -S \tag{4.63}$$

Die Freie Enthalpie G

Als letzte Gleichung wollen wir uns noch den Ausdruck für die Freie Enthalpie G anschauen. Auch hier gehen wir zunächst von der Definitionsgleichung aus:

$$G = H - TS$$

Das Totale Differential dieser Funktion lautet:

$$dG = dH - TdS - SdT \tag{4.64}$$

Setzen wir in diesen Ausdruck Gl. 4.54 für dH ein, dann ergibt sich:

$$dG = TdS + VdP - TdS - SdT \tag{4.65}$$

Auch in diesem Ausdruck heben sich der erste und der dritte Term auf der rechten Seite gegenseitig auf und man erhält:

$$dG = Vdp - SdT \tag{4.66}$$

Damit hängt die Freie Enthalpie G offenbar von den Variablen Druck p und Temperatur T ab. Das ist insofern von Bedeutung, als es sich damit um zwei intensive Variablen handelt, die sich experimentell verhältnismäßig einfach steuern lassen (isobare oder isotherme Bedingungen). Dies erklärt auch, warum die Freie Enthalpie G in der Chemie eine solch bedeutsame Rolle spielt. Das Totale Differential der Funktion lautet demnach:

$$dG = \left(\frac{\partial G}{\partial p}\right)_T dp + \left(\frac{\partial G}{\partial T}\right)_p dT \tag{4.67}$$

Der Koeffizientenvergleich mit Gl. 4.66 liefert folgende Zusammenhänge:

$$\left(\frac{\partial G}{\partial p}\right)_T = V \tag{4.68}$$

$$\left(\frac{\partial G}{\partial T}\right)_p = -S \tag{4.69}$$

Kapitel 4

Abb. 4.3 Das Guggenheim-Schema

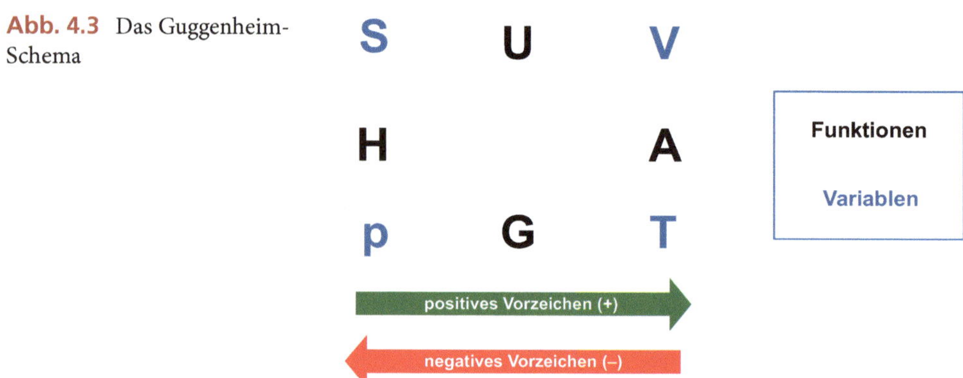

Insbesondere die letzten beiden Gleichungen werden uns bei unserer weiteren Reise noch wertvolle Dienste leisten (auch wenn man das nach der ganzen abstrakten Rechnerei im Moment nicht recht glauben möchte).

Das Guggenheim-Schema

Die in den vorangegangenen Abschnitten hergeleiteten Gleichungen lassen sich durch das folgende Schema merken, welches von Edward Guggenheim (1901–1970) entwickelt wurde (Abb. 4.3):

Das Schema lässt sich durch den Satz „SUV Hilft Allen pei Großen Taten" (begradigt: „Suff hilft allen bei großen Taten") verhältnismäßig leicht merken. Das soll selbstverständlich kein Aufruf zum übermäßigen Konsum flüssiger Genussmittel sein (und einen solchen würden wir einem Chemiker selbstverständlich an keiner Stelle seines Studiums unterstellen wollen …), hilft aber vielleicht beim Behalten einer der zentralen Merkregeln der Physikalischen Chemie.

Was besagt das Guggenheim-Schema? In den vier Ecken befinden sich jeweils die vier Variablen (Entropie S, Volumen V, Druck p, Temperatur T), von denen die Zustandsfunktionen U, H, A und G (welche sich in der Mitte der jeweils vier Seiten des Schemas befinden) abhängen. Jede Zustandsfunktion ist dabei von den beiden Variablen „eingerahmt", von denen sie jeweils abhängt (die Zustandsfunktion U von den Variablen S und V, die Funktion H von den Variablen S und p, die Funktion A von den Variablen V und T und schließlich die Funktion G von den Variablen p und T).

Wenn man nun, ausgehend von einer der Funktionen, eine partielle Ableitung bilden möchte, dann bewegt man sich zunächst auf die jeweilige Variable, nach der abgeleitet werden soll, und durchquert dann diagonal das Guggenheim-Schema. Die Variable, die der partiellen Ableitung einer Funktion nach einer bestimmten Größe entspricht, befindet sich jeweils in der Ecke, welcher der Größe gegenüberliegt (also zum Beispiel die Temperatur T, die gemäß Gl. 4.50 der partiellen Ableitung der Inneren Energie U nach

Abb. 4.4 Partielle Ableitung der Freien Enthalpie G nach dem Druck p

Abb. 4.5 Partielle Ableitung der Freien Enthalpie G nach der Temperatur T

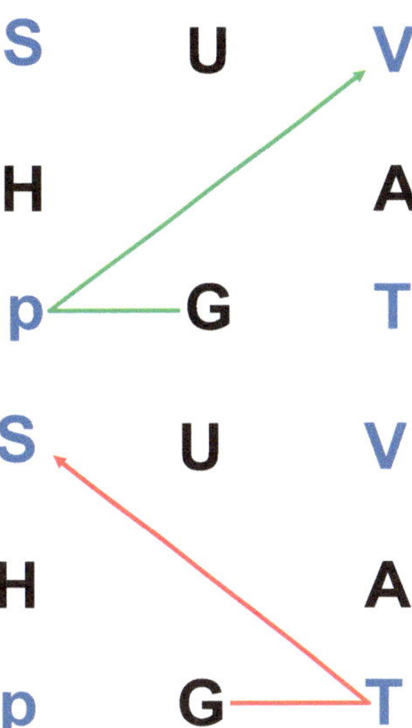

der Entropie S entspricht). Durchquert man dabei das Guggenheim-Schema von links nach rechts, dann bekommt die partielle Ableitung ein positives Vorzeichen. Durchquert man das Guggenheim-Schema dabei von rechts nach links, dann bekommt die partielle Ableitung ein negatives Vorzeichen.

Schauen wir uns das am Beispiel der partiellen Ableitungen der Freien Enthalpie G an. Die partielle Ableitung der Freien Enthalpie nach dem Druck p ist das Volumen V (Abb. 4.4). Das positive Vorzeichen kommt dadurch zustande, dass man das Guggenheim-Schema von links nach rechts durchquert.

Die partielle Ableitung der Freien Enthalpie G nach der Temperatur T ist $-S$ (Abb. 4.5). Da man dadurch das Guggenheim-Schema von rechts nach links durchquert, bekommt die partielle Ableitung ein negatives Vorzeichen.

Allgemein ergeben sich damit vier partielle Ableitungen mit positivem Vorzeichen und vier partielle Ableitungen mit negativem Vorzeichen (Abb. 4.6).

Das chemische Potenzial μ

Am Ende unserer Reise auf der Insel der Energie möchten wir die im vorherigen Abschnitt betrachteten Funktionen noch um die Variable der Stoffmenge erweitern. Natürlich. Denn schließlich interessieren uns neben den Variablen p oder T in der Chemie doch vor allem Änderungen der Stoffmenge n. Jede der vier betrachteten Funktionen (U, H, A und G) hängen dabei von der Stoffmenge n ab. Stellvertretend möchten wir uns zunächst die Freie Enthalpie G ansehen. Lässt man Stoffmengenänderungen zu, dann lautet das Totale

Abb. 4.6 Die acht partiellen Ableitungen, die sich aus dem Guggenheim-Schema ableiten

$$\left(\frac{\partial U}{\partial S}\right)_V = T \qquad \left(\frac{\partial U}{\partial V}\right)_S = -p$$

$$\left(\frac{\partial H}{\partial S}\right)_p = T \qquad \left(\frac{\partial A}{\partial V}\right)_T = -p$$

$$\left(\frac{\partial H}{\partial p}\right)_S = V \qquad \left(\frac{\partial A}{\partial T}\right)_V = -S$$

$$\left(\frac{\partial G}{\partial p}\right)_T = V \qquad \left(\frac{\partial G}{\partial T}\right)_p = -S$$

Differential:

$$dG = \left(\frac{\partial G}{\partial T}\right)_{p,n_i} dT + \left(\frac{\partial G}{\partial p}\right)_{T,n_i} dp + \sum_i \left(\frac{\partial G}{\partial n_i}\right)_{p,T,n_{j\neq i}} dn_i \qquad (4.70)$$

Das Summenzeichen am Ende bedeutet, dass man die Änderung der Stoffmenge eines jeden einzelnen, im System befindlichen Stoffes separat betrachtet. Für ein System, das aus zwei Komponenten 1 und 2 besteht (z. B. Wasser und Ethanol), wird diese Gleichung zu:

$$dG = \left(\frac{\partial G}{\partial T}\right)_{p,n_1,n_2} dT + \left(\frac{\partial G}{\partial p}\right)_{T,n_1,n_2} dp + \left(\frac{\partial G}{\partial n_1}\right)_{p,T,n_2} dn_1 + \left(\frac{\partial G}{\partial n_2}\right)_{p,T,n_1} dn_2 \qquad (4.71)$$

In Gl. 4.70 und 4.71 taucht neu für uns die partielle Ableitung der Freien Enthalpie G nach der Stoffmenge auf. Diese Ableitung bezeichnen wir als:

Chemisches Potenzial

$$\mu_i = \left(\frac{\partial G}{\partial n_i}\right)_{p,T,n_{j\neq i}} \qquad (4.72)$$

Das chemische Potenzial μ_i ist ein Maß dafür, inwiefern ein System durch Änderungen der Stoffmenge der Komponente i (z. B. durch chemische Reaktionen oder Phasenübergänge) einen energetisch günstigeren (oder ungünstigeren) Zustand erreichen kann. Wir werden uns mit dieser Größe auf unserer weiteren Reise sehr intensiv beschäftigen, da sie den Schlüssel darstellt, um die Thermodynamik der Phasengleichgewichte zu verstehen. Für den Moment geben wir uns mit der reinen Definition zufrieden.

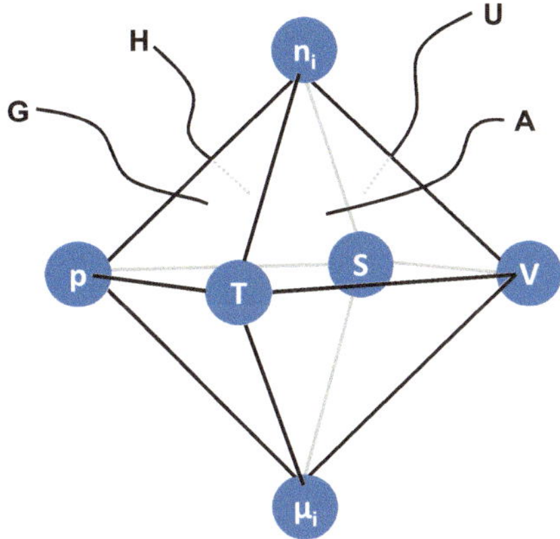

Abb. 4.7 Erweiterung des Guggenheim-Schemas zum Oktaeder durch Berücksichtigung der Stoffmenge n als Variable

Neben der partiellen Ableitung der Freien Enthalpie G nach der Stoffmenge n gilt die Definitionsgleichung für das chemische Potenzial auch für alle übrigen Zustandsfunktionen, die wir im Rahmen dieses Kapitels betrachtet haben. Also:

$$\mu_i = \left(\frac{\partial G}{\partial n_i}\right)_{p,T,n_{j\neq i}} = \left(\frac{\partial U}{\partial n_i}\right)_{S,V,n_{j\neq i}} = \left(\frac{\partial H}{\partial n_i}\right)_{S,p,n_{j\neq i}} = \left(\frac{\partial A}{\partial n_i}\right)_{T,V,n_{j\neq i}} \tag{4.73}$$

Dieser Zusammenhang lässt sich durch Erweiterung des Guggenheim-Schemas in die dritte Dimension veranschaulichen (Abb. 4.7). Die einzelnen Funktionen stellen nun die Seiten eines Oktaeders dar, wobei die Ecken des Oktaeders die jeweiligen Variablen darstellen. Das Guggenheim-Schema aus Abb. 4.3 ist dann nichts anderes als der Schnitt durch das Zentrum des Oktaeders. Die Stoffmenge, die nun oberhalb dieser quadratischen Grundfläche „schwebt", hat auf der gegenüberliegenden Seite das chemische Potenzial μ_i als Pendant. Da jede der vier Funktionen an die Stoffmenge n als Variable „grenzt", wird dadurch bei der partiellen Ableitung immer das chemische Potenzial μ_i erreicht (wobei man von oben nach unten gehend immer ein positives Vorzeichen erhält).

Der Vollständigkeit halber sei erwähnt, dass durch diese Form der Abbildung auf der „Unterseite" des Oktaeders vier weitere Funktionen entstehen, die von μ_i als Variable abhängen. Auf diese Funktionen möchten wir jedoch im Rahmen unseres Buches nicht näher eingehen, da sie den Rahmen des Werkes sprengen würden und für unsere weitere Reise nicht von unmittelbarem Belang sind.

Mit dem chemischen Potenzial im Gepäck haben wir nun unser Rüstzeug beisammen, um uns auf den nächsten Teil unserer Reise zu begeben. Wir werden uns daher auf den Weg machen, die Insel der Phasen zu erreichen, um dort die Geheimnisse der Phasengleichgewichte zu erkunden. Und dort werden wir das chemische Potenzial μ_i als wesentlichen Schlüssel brauchen, um diese Geheimnisse zu lüften.

Auf zu neuen Ufern!

Nachdem Ihr den Garten von Guggenheim ausgiebig durchwandert habt und die mathemagische Kraft Euch nun durchströmt, fühlt Ihr Euch größer, stärker und mächtiger als jemals zuvor. Und Euer Wissensdurst ist nun stärker als je zuvor erwacht. Ihr möchtet mehr über den Archipel der Gesetze erfahren. Und Ihr beschließt, Euch zur nächsten Insel aufzumachen, der Insel der Phasen. Ein wenig mulmig ist Euch zumute, da Ihr mehrfach Gerüchte über diesen sogenannten Mathemagier gehört habt, der dort sein Unwesen treiben soll. Aber mit all dem Wissen aus dem Refugium im Gepäck fühlt Ihr Euch stark genug, um auch einer solchen Gefahr (wenn es denn überhaupt eine sein sollte) trotzen zu können.

So macht Ihr Euch schließlich auf zum Anlegeplatz unterhalb des Refugiums, wo bereits ein Schiff vor Anker liegt, das zum Auslaufen bereit ist.

„Zum Gruße, Wanderer!", ruft Euch ein Fährmann zu, der mit seiner Pfeife im Mund gerade dabei ist, das Schiff wassertauglich zu bekommen. „Wo soll die Reise hingehen?"

Ihr berichtet dem Mann von Eurem Plan, die Insel der Phasen zu besuchen. Nachdenklich blickt er Euch an, als würde er für einen Moment überlegen, wie er Euch dieses Vorhaben am besten ausreden kann. Aber der flüchtige Moment geht schnell vorüber. Er blickt Euch an und sagt dann: „Alsdann, an Bord mit Euch! Der Wind steht günstig und wir sollten in See stechen, bevor die Sonne im Zenit steht!"

Das lasst Ihr Euch nicht zweimal sagen. Ihr springt auf das Schiff und verlasst wenig später die Insel der Energie in Richtung Norden. Die salzige Seeluft prickelt in Eurer Nase und der Wind bläht nicht nur das Segel des Schiffes auf, sondern weht auch fordernd durch Euer Haar. So als würde er Euch einen Vorgeschmack auf das geben wollen, was Euch auf der nächsten Insel erwartet.

© Colin Michael Ashcroft/Ulisses Spiele

Etwas wehmütig schaut Ihr auf die Insel der Energie zurück, die langsam hinter Euch zurückfällt. Ihr habt dort viele Abenteuer erlebt und eine Menge gelernt. Ob es auch ausreichend war, um auf Eurer weiteren Reise zu bestehen? Ihr wisst es nicht.

Schließlich aber dreht Ihr Euch um und schaut voller Tatendrang und Begeisterung nach Norden, wo Ihr fern am Horizont bereits die Ausläufer der Insel der Phasen ausmachen könnt. Mit einem Schulterzucken schüttelt Ihr alle Zweifel und ängstlichen Gedanken ab und blickt gespannt und voller Vorfreude Euren neuen Herausforderung entgegen.

Die Insel der Phasen

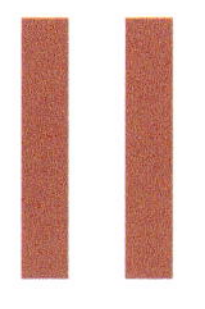

Grundbegriffe der Phasengleichgewichte

© Springer-Verlag Berlin Heidelberg 2017
T. Daubenfeld, D. Zenker, *Reiseführer Physikalische Chemie*, DOI 10.1007/978-3-662-47932-2_5

Die Insel der Phasen

„Willkommen, Unwürdiger!

Ihr wagt es also tatsächlich, den Weg in das Reich der Phasen einzuschlagen. So wisset denn, dass in diesem Reich ein mächtiger und großer Mathemagier herrscht, den die Einheimischen nur Dáò'byn Fêlled nennen, was so viel bedeutet wie ‚Herrscher und Behüter der Physikalischen Chemie'. Sein Herrschaftssitz befindet sich auf dem höchsten Gipfel des Reiches, dem ‚Einsamen Berg', zu dem nur ein steiler und gefährlicher Pfad hinaufführt.

Seit Menschengedenken hat es niemand mehr gewagt, seinen Fuß auf diesen Berg zu setzen, geschweige denn den Herrscher aufzusuchen. Und ausgerechnet *Ihr* wollt ihn sogar herausfordern? Ausgerechnet Ihr wollt ihm seinen Thron entreißen, indem Ihr den Berg selber besteigt und den Mathemagier in seiner Burg bezwingt? Glaubt Ihr denn wirklich, dass Ihr mächtiger seid als er?

Dann seid gewarnt: Der Weg zu seinem Herrschaftssitz ist von unzähligen Hindernissen und Gefahren, von unlösbaren Rätseln und unüberwindlichen Aufgaben versperrt. Denn nur die wenigsten, die sich bislang auf diese Reise begaben, kamen überhaupt wieder zurück. Und von denen, die zurückkamen, erzählt man sich, dass sie nach ihrer Rückkehr geistig umnachtet waren und nur noch wirres Zeug von ‚Müs, X-en oder Ypsilons' redeten. Ich möchte erst gar nicht wissen, welch schauerliche Geheimnisse den Geist dieser armen Abenteurer derart zerrüttet haben mögen.

So Ihr denn aber wirklich gehen wollt, wünsche ich Euch viel Glück auf Eurer Reise. Euer Weg führt direkt geradeaus in den kleinen Ort Fundamentalia, der an der südöstlichen Küste der Insel liegt.

Mögen die Hauptsätze über Euch wachen!"

Willkommen auf unserer zweiten Insel. Wie Sie im Eingangstext vielleicht bereits gemerkt haben, wird es auf unserer weiteren Reise um das Thema „Phasengleichgewichte" gehen. Was eine Phase ist, haben wir bereits ganz zu Beginn unserer Reise auf der Insel der Energie gelernt: ein Bereich, innerhalb dessen sich physikalische Größen nicht sprunghaft ändern. Die vor uns liegende Insel der Phasen wird uns tiefer in die Geheimnisse dieses Begriffs einführen. Aber warum eigentlich?

Lassen Sie uns auch hier zunächst einmal überlegen, warum sich angehende Chemikerinnen und Chemiker überhaupt mit diesem Thema auseinandersetzen müssen. Reicht denn die bisherige Betrachtung der thermodynamischen Gesetze nicht aus? Und warum brauchen wir dafür eine komplette zweite Insel? Ist das Thema wirklich so umfangreich und aufwendig?

Nun, als Chemiker haben wir es später in der Regel nicht mit Reinstoffen zu tun (diese haben wir auf der Insel der Energie bereits kennengelernt), sondern mit Gemischen unterschiedlicher Stoffe. Des Weiteren wissen wir, dass auch Reinstoffe in unterschiedlichen Aggregatzuständen (die ebenfalls Phasen darstellen) vorliegen können. Selbst für einen Reinstoff kann es daher sein, dass wir in einem System mit unterschiedlichen Phasen ein Gleichgewicht vorliegen haben, das wir nicht mehr alleine mit der physikalisch-chemischen Beschreibung eines Reinstoffes verstehen können. Und seien wir ehrlich zu uns selber: An diesem Punkt unserer Reise verstehen wir von alledem noch viel zu wenig, um es mit den praktischen Herausforderungen aufzunehmen, die später in diesem Feld auf uns warten. Begeben wir uns also auf die Reise über die Insel der Phasen, um mehr zu Phasengleichgewichten und Mischphasen zu erfahren.

Was erwartet uns auf der Insel? Zunächst einmal werden wir uns mit dem für unsere Reise durch die Welt der Phasengleichgewichte notwendigen Rüstzeug versehen müssen. Wir werden dazu den Ort „Fundamentalia" besuchen und dort noch einmal etwas über Stoffmengenanteile erfahren, das chemische Potenzial näher betrachten, etwas über Aktivitäten und das chemische Gleichgewicht sowie schließlich über die Phasenregel von Gibbs lernen. Auf unserer weiteren Reise haben wir die Thematik der Phasengleichgewichte derart strukturiert, dass wir schrittweise zu immer komplexeren Systemen übergehen. Zunächst einmal beschäftigen wir uns mit Systemen, die nur aus einer Komponente bestehen (Reinstoffe), und betrachten die Gesetzmäßigkeiten, die bei deren Phasengleichgewichten auftauchen. Diese Systeme möchten wir 1K-Systeme taufen (das „K" steht für „Komponenten"). Anschließend betrachten wir Mischungen aus zwei Komponenten, die aber zunächst einmal nur in einer Phase vorliegen sollen (2K-Systeme). Im nächsten Teil wird es um Phasengleichgewichte gehen, bei denen die eine Phase ein Gemisch aus zwei Komponenten und die andere Phase ein Reinstoff ist (1K/2K-Systeme, wobei der Schrägstrich andeutet, dass zwei Phasen miteinander im Gleichgewicht stehen sollen). Darauf aufbauend werden wir uns Phasengleichgewichte aus zwei Phasen ansehen, bei denen beide Phasen Mischphasen sind (2K/2K-Systeme). Beschließen werden wir unsere Diskussion am Ende mit der Betrachtung ternärer Systeme, also Mischphasen, die aus drei Komponenten bestehen (3K-

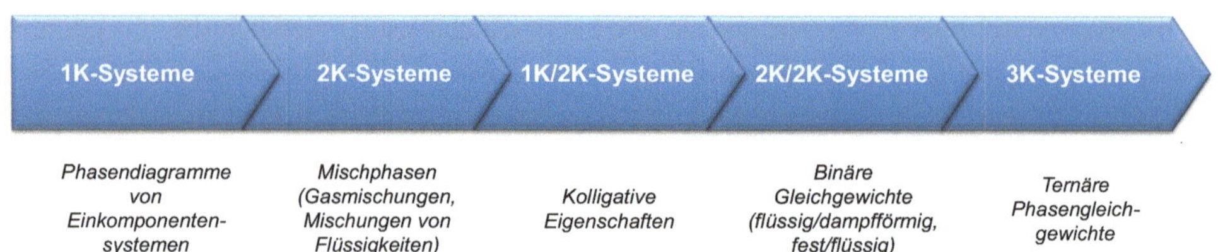

Abb. 5.1 Systematik der nachfolgenden Kapitel zum Thema Phasengleichgewichte

Systeme). Diese Systematik, die sich unserem Wissen nach von anderen Lehrbüchern der Physikalischen Chemie unterscheidet, ist schematisch in Abb. 5.1 noch einmal dargestellt.

Was sollten Sie auf der Reise noch beachten? Wir werden es mit einer ganzen Reihe mathematischer Gleichungen und vor allem unterschiedlicher Diagramme zu tun bekommen. Hier sollten Sie sich ebenfalls immer klarmachen, welchen Geltungsbereich diese haben, also wo ich die einzelnen Gleichungen und Diagramme anwenden darf – und wo nicht! Bei den Diagrammen werden wir des Weiteren sehr intensiv diskutieren, wie diese zu lesen sind und was sie eigentlich aussagen (ein Aspekt, der unserer Erfahrung nach in vielen Fällen in nicht ausreichender Tiefe von Lehrbüchern vermittelt wird). Wir wünschen Ihnen auch bei der Erkundung dieser Insel viel Vergnügen – und eine gute Reise! Begeben wir uns aber nun in den Ort Fundamentalia.

Fundamentalia

„Seid willkommen in Fundamentalia!

In diesem Ort werdet Ihr alles finden, was Ihr auf Eurem beschwerlichen Weg zum Einsamen Berg benötigt. Der Mathemagier hat Euch auf dem bevorstehenden Weg zahlreiche Hindernisse in den Weg gestellt, auf die Ihr Euch vorbereiten müsst. In den einzelnen Gebäuden in unserem beschaulichen Dorf findet Ihr aber hilfreiche Werkzeuge, mit denen Ihr es vielleicht schaffen werdet, die Rätsel zu lösen, die Euch gestellt werden.

Ihr könnt innerhalb des Ortes jederzeit alle Gebäude betreten und Euch darin umsehen. In jedem Haus werdet Ihr in einer anderen Fähigkeit trainiert – und könnt selber ausprobieren, wie weit Euer Training bereits vorangeschritten ist. Habt also nur Mut und tretet näher heran und hinein!

Wenn Ihr der Meinung seid, dass Ihr hier nichts Neues mehr findet, und Euer Training abgeschlossen glaubt, dann führt Euch Euer Weg weiter über die Brücke zum kleinen Eiland von Gibbs. Doch gebt Acht: Der kauzige Alte, der dort lebt, ist ziemlich wählerisch darin, wem er Zugang zu seinem Haus gewährt. Ihr solltet Euch also vorher sehr genau in Fundamentalia umschauen, bevor Ihr den Weg zu ihm einschlagt.

Man sagt, er spreche nur mit denjenigen, die seine Sprache ausreichend beherrschen. Und seine Sprache, das ‚Phasisch', ist nicht ganz einfach! Auch hier werden Euch die Dinge helfen, die Ihr in Fundamentalia findet.

Ich wünsche Euch viel Spaß beim Erkunden des Ortes und viel Erfolg auf Eurem weiteren Weg!"

Diese Worte eines Bürgers von Fundamentalia klingen noch immer in Euren Ohren, als Ihr Euch an die Erkundung des Ortes macht. Zumindest war der Empfang hier deutlich angenehmer als seinerzeit in Energia. In Fundamentalia beschließt Ihr, zunächst einmal die Schmiede zu besuchen. Wenn es gegen einen gefährlichen Gegner wie den Mathemagier geht, dann scheint dies eine gute Adresse zu sein, um sich zu bewaffnen.

Als Ihr Euch der Schmiede nähert, könnt Ihr schon von draußen den typischen Klang vernehmen, wenn Metall auf Metall trifft. Als Ihr das Gebäude betretet, kommt zu dem Lärm eine fast unerträgliche Hitze dazu. Dann seht Ihr weiter vorne hinter einem Amboss einen hünenhaften Mann, der mit kräftigen Schlägen seines Hammers ein Metallstück bearbeitet. Eine lederne Schürze schützt ihn dabei vor herumfliegenden Funken. Als er Euch bemerkt, hält er in seiner Arbeit inne. „Die Hauptsätze zum Gruße, Fremder! Was führt Euch in unser beschauliches Nest?"

Ihr berichtet ihm von Eurem Vorhaben. Dabei verfinstert sich seine Miene immer mehr. „Ich verstehe. Auch wenn ich es nicht wirklich gutheißen kann. Mein eigener Sohn Thorben hat vor Jahren den gleichen Pfad beschritten – und ist nie mehr zurückgekommen. Ich weiß bis heute nicht, was ihm zugestoßen ist. Aber wenn Ihr willens seid, Euer Vorhaben in die Tat umzusetzen, dann werde ich Euch jegliche Hilfe zuteilwerden lassen! Vor allem mag Euch das hier helfen."

© Ben Maier/Ulisses Spiele

Er dreht sich um und holt aus dem hinteren Teil der Schmiede eine metallene Schrifttafel vom Regal. „Das hier ist eines der Geheimnisse, welche die Zunft der Schmiede seit Generationen vom Vater an den Sohn weitergibt. Bitte nehmt es an Euch, auf dass es Euch eine Hilfe sein wird. Und wenn Ihr mir nach Eurer Rückkehr …" (sehr hoffnungsvoll klingt er dabei nicht) „… Kunde vom Schicksal meines Sohnes bringen könntet, dann wäre mir damit mehr als gedankt."

Ihr versprecht es dem Schmied und nehmt das Metallstück an Euch. Es ist eine Schrifttafel, auf der die wichtigsten Regeln der Zunft der Schmiede für ein „zünftiges Arbeiten an Esse und Amboss" beschrieben werden. Eine Passage, bei der es um die Zusammensetzung des Schmiedegutes geht, fällt Euch dabei besonders ins Auge:

„… der Stoffmengenanteil (oder auch Molenbruch genannt) wird (als intensive Größe) häufig verwendet, um den prozentualen Anteil einer Komponente in einem Gemisch anzugeben. Ein Stoffmengenanteil von 0 wäre gleichbedeutend mit der Abwesenheit der jeweiligen Komponente in der Mischung. Ein Stoffmengenanteil von 1 würde bedeuten, dass die betreffende Komponente als Reinstoff vorliegt. Alchemisten und Magier verwenden den Stoffmengenanteil auch in sogenannten Phasendiagrammen, um beispielsweise die x-Achse einheitlich zu skalieren. (Der Stoffmengenanteil variiert immer zwischen 0 und 1 – die Stoffmenge selbst kann aber erheblich davon abweichen!) …"

Ihr versteht zwar noch nicht genau, wie Euch das auf Eurer Reise weiterhelfen soll, bedankt Euch aber und tretet wieder aus der Schmiede heraus.

5.1   Der Stoffmengenanteil

Wir haben den Stoffmengenanteil bereits auf der Insel der Energie kennengelernt, als wir uns Gasmischungen angesehen haben. Zur Erinnerung: Der Stoffmengenanteil (oder auch Molenbruch) bezeichnet den Anteil eines bestimmten Stoffes an der Gesamtstoffmenge eines Systems. In einem System aus n_A mol einer Komponente A und n_B mol einer Komponente B wäre der Stoffmengenanteil x_A der Komponente A:

$$x_A = \frac{n_A}{n_A + n_B} \tag{5.1}$$

Würde man zu dieser Mischung nun noch n_C mol einer Komponente C hinzufügen, dann würde sich der Stoffmengenanteil der Komponente A folgendermaßen berechnen:

$$x_A = \frac{n_A}{n_A + n_B + n_C} \tag{5.2}$$

Es ist nicht überraschend, dass uns ausgerechnet der Schmied des Ortes diese Dinge erzählt, da er sich mit der Bearbeitung von Stahl sehr gut auskennt. Und Stahl ist nichts anderes als Eisen, das nach der Norm DIN EN 10020:2000-07 einen Kohlenstoffgehalt von bis zu 2 % besitzt. Was hat das mit einem Stoffmengenanteil zu tun? Schauen wir uns dieses Beispiel einmal näher an: Mit „Kohlenstoffgehalt" ist präzise der Massenanteil ω von Kohlenstoff gemeint. Ähnlich wie der Stoffmengenanteil lässt sich dieser Massenanteil für unser Stahl-Beispiel berechnen als:

$$\omega_C = \frac{m_C}{m_C + m_{Fe}} \tag{5.3}$$

Dabei steht m für die Masse der jeweiligen beteiligten Stoffe und die Indizes C und Fe stehen für das jeweilige Elementsymbol von Kohlenstoff (C) und Eisen (Fe), die in unserem Beispiel betrachtet werden sollen (der Einfachheit halber gehen wir von einem Gemisch aus zwei Komponenten aus, obwohl Stahl in der Praxis noch weitere Zusätze besitzt). Wenn wir von einer Gesamtmasse von 1 kg ausgehen, dann ergeben sich folgende Massen:

$$m_C = \omega_C \cdot m_{gesamt} = 0{,}02 \cdot 1000\,g = 20\,g$$

$$m_{Fe} = (1 - \omega_C) \cdot m_{gesamt} = 0{,}98 \cdot 1000\,g = 980\,g$$

Beachten Sie bei der letzten Rechnung, dass wir den Massenanteil von Eisen durch den Massenanteil von Kohlenstoff ausdrücken können. Das Gleiche gilt für den Stoffmengenanteil (oder den Volumenanteil), da immer gelten muss:

$$\sum_i \omega_i = 1 \tag{5.4}$$

$$\sum_i x_i = 1 \tag{5.5}$$

Oder konkret ausgedrückt für eine Mischung aus zwei Komponenten A und B:

$$\omega_A + \omega_B = 1$$

$$x_A + x_B = 1$$

Das heißt: Wenn wir eine der beiden Massen- oder Stoffmengenanteile kennen, dann können wir entsprechend den anderen berechnen.

Doch zurück zu unserem Stahl-Beispiel. Mit den aus dem Periodensystem der Elemente bekannten Atommassen können wir als Nächstes die Stoffmengen für Kohlenstoff und Eisen ausrechnen:

$$n_C = \frac{m_C}{M_C} = \frac{20\,g}{12{,}011\,\frac{g}{mol}} = 1{,}7\,mol$$

$$n_{Fe} = \frac{m_{Fe}}{M_{Fe}} = \frac{980\,g}{55{,}845\,\frac{g}{mol}} = 17{,}5\,mol$$

Mit den nun bekannten Stoffmengen lässt sich für unseren Stahl nun der Stoffmengenanteil des Kohlenstoffs berechnen:

$$x_C = \frac{n_C}{n_C + n_{Fe}} = \frac{1{,}7\,mol}{1{,}7\,mol + 17{,}5\,mol} \approx 0{,}09\,mol$$

Der Stoffmengenanteil von Kohlenstoff in Stahl beträgt demnach etwa 9 % (bei einem Massenanteil an Kohlenstoff von 2 %). Der Stoffmengenanteil von Eisen im gleichen Stahl beträgt dementsprechend:

$$x_{Fe} = 1 - x_C = 1 - 0{,}09 = 0{,}91$$

Wie man an diesem Beispiel erkennen kann, sind Stoffmengenanteil und Massenanteil zwei Seiten ein und derselben Medaille und wir haben über die Atommassen (beziehungsweise die molaren Massen für Verbindungen) das geeignete mathematische Rüstzeug, um die entsprechenden Anteile ineinander umzurechnen.

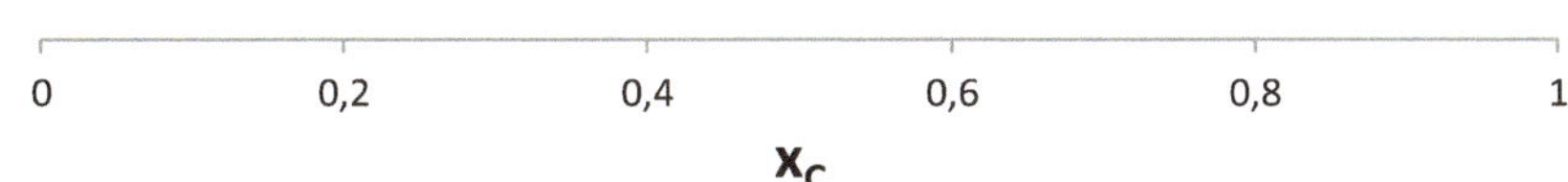

Abb. 5.2   Wertebereich der Abszisse bei binären Systemen

Warum betrachten wir das Thema Stoffmengenanteil hier so ausführlich? Nun, wir werden es auf unserer Reise mit Mischphasen zu tun bekommen. Wodurch ist eine Mischphase charakterisiert? Doch wohl zunächst über ihre Zusammensetzung, und genau diese können wir mit dem Stoffmengenanteil beschreiben. Die Stärke des Stoffmengenanteils liegt dabei darin, dass wir mit ihm die Zusammensetzung eines Systems mit möglichst wenig Information beschreiben können. So ist die Zusammensetzung eines binären Systems (d. h. eines Systems, welches aus zwei Komponenten besteht) durch eine einzige Zahl beschreibbar: den Stoffmengenanteil von einer der beiden Komponenten.

Beachten Sie hierbei auch die Stärke des Stoffmengenanteils als intensive Größe. Mit der Angabe „In Stahl beträgt der Stoffmengenanteil von Kohlenstoff 0,09" haben Sie jede beliebige Menge Ihres Stahls beschrieben. Die Angabe „Im Stahl liegen 1,7 mol Kohlenstoff vor" bezieht sich dagegen nur auf eine Gesamtmasse von 1 kg. Bei einer Masse von 1,3 kg müssten Sie bei Bezug auf die Stoffmenge eine andere Zahl angeben – der Stoffmengenanteil von $x_C = 0{,}09$ bleibt hingegen gleich. Insofern ist der Stoffmengenanteil ein Paradebeispiel für den großen Dienst, den uns intensive Einheiten in der Physikalischen Chemie leisten.

Der Stoffmengenanteil erlaubt uns darüber hinaus noch mehr: Er „normiert" die Beschreibung binärer Systeme. Denn jedes System, das aus zwei Komponenten besteht, wird sich irgendwo im Bereich von $0 \leq x \leq 1$ befinden (unabhängig davon, welche Komponente ich betrachten möchte). Damit haben wir an dieser Stelle bereits eine wichtige Erkenntnis für binäre Systeme gewonnen, die uns auf unserer Reise von enormer Bedeutung sein wird. Denn in Diagrammen, die binäre Systeme beschreiben, wird die Abszisse („x-Achse") immer den Wertebereich $0 \leq x \leq 1$ abdecken.

Wir müssen uns nur dafür entscheiden, welchen Stoffmengenanteil wir auftragen möchten. Auf unser Stahl-Beispiel bezogen müssen wir also entweder x_C oder x_{Fe} auftragen. In Abb. 5.2 ist eine exemplarische Abszisse für das Stahl-Beispiel aufgezeigt, wobei hier x_C als Variable gewählt wurde.

Mit anderen Worten: Das Wissen um den Stoffmengenanteil erlaubt es uns, bei vielen Diagrammen, denen wir begegnen werden, die x-Achse zu verstehen. Das erscheint Ihnen für den Moment vielleicht trivial … und ist es auch aus Sicht eines erfahrenen Physikochemikers. Die Erfahrung zeigt jedoch, dass man sich die hier diskutierten Aspekte häufig nicht mehr klar genug vor Augen führt, wenn man sich mit konkreten Diagrammen konfrontiert sieht. Und dort, das werden wir noch sehen, kann man sich sehr schnell in einer Situation befinden, bei der man den sprichwörtlichen Wald vor lauter Bäumen nicht mehr sieht. Es ist daher notwendig und sinnvoll, sich die in diesem Abschnitt aufgeführten Details über

den Stoffmengenanteil immer vor Augen zu halten. Damit hat uns der Schmied von Fundamentalia eine wichtige Kenntnis vermittelt, die uns auf unserer Reise ein Licht sein mag, wenn es um uns herum dunkel zu werden droht. Nach diesem Besuch und dem Studium des vorliegenden Kapitels haben wir uns aber erst einmal eine kleine Stärkung verdient und begeben uns zum Bäcker von Fundamentalia, aus dessen Haus uns ein köstlicher Duft entgegenströmt.

Übungsaufgaben

Aufgabe 5.1.1

40 mL Benzol ($\rho = 0{,}879\,\mathrm{g\cdot cm^{-3}}$; $M = 78{,}11\,\mathrm{g\cdot mol^{-1}}$) und 60 mL Toluol ($\rho = 0{,}866\,\mathrm{g\cdot cm^{-3}}$; $M = 92{,}14\,\mathrm{g\cdot mol^{-1}}$) werden gemischt. Wie groß ist der Stoffmengenanteil beider Komponenten in der dabei entstehenden Mischung?

Lösung:

http://tiny.cc/0telcy

Aufgabe 5.1.2

Berechnen Sie den Stoffmengenanteil der einzelnen Gase in einem Gemisch aus 40 g Helium, 40 g Stickstoffgas und 40 g Sauerstoffgas!

Lösung:

http://tiny.cc/yuelcy

Aufgabe 5.1.3

Wie viel Gramm Kaliumchlorid befinden sich in einem binären Gemisch aus 5 mol-% KCl und 5 g NaCl?

Lösung:

http://tiny.cc/0uelcy

Die Bäckerei

Als Euer Magen zu knurren beginnt, beschließt Ihr, Euch in der Bäckerei etwas Essbares zu besorgen. Beschwingt macht Ihr Euch auf den Weg dorthin. Bereits vor der Tür strömt Euch der angenehme Duft frischen Brotes entgegen. Und dieser wird noch intensiver, als Ihr die Tür geöffnet habt. Ein bärtiger Bäcker mit weißer Schürze und einer Mütze in gleicher Farbe steht an einem Tisch und rollt gerade Teig aus.

© Anja Di Paolo/Ulisses Spiele

„Ah, Kundschaft! Was kann ich Gutes für Euch tun?" Ihr schildert ihm Eure Absicht und er schaut bewundernd zu Euch herüber. „Dann habt Ihr wahrlich Großes vor, das ist noch keinem geglückt. Aber ich bin sicher, dass es Euch gelingen kann … mit der richtigen Ausrüstung. Hier, nehmt ein paar meiner Brote mit. Die sind gut haltbar und werden nicht so schnell grau. Ein Alchemist namens Activitus hat mir für den Teig eine spezielle Mischung hergestellt, die ihn haltbarer macht, faselte dabei irgendetwas von 'Konservenstoffen' oder so. Verrückter Wissenschaftler. Als Bäcker erkläre ich mir das so, dass das Brot weniger 'aktiv' ist und damit länger lebt." Als er Eure skeptische und fragende Miene sieht, bemerkt er: „Oh, Entschuldigung, ich spreche Fachchinesisch, natürlich. Lasst mich Euch kurz erklären, was es mit diesem 'aktiv' auf sich hat. Vielleicht hilft Euch das Wissen ja auch auf Eurem Weg weiter." Und er beginnt zu erzählen …

http://tiny.cc/hselcy

5.2   Die Aktivität

Wir haben uns auf unserer bisherigen Reise durch die Inseln der Thermodynamik vornehmlich mit sogenannten „idealen Systemen" auseinandergesetzt. Vielleicht erinnern Sie sich noch an das ideale Gasgesetz? Dieses haben wir ganz zu Beginn unserer Reise kennengelernt. Wenn wir uns nun anschicken, den Weg über die Insel der Phasen anzutreten, dann müssen wir uns zuvor noch mit dem Gedanken vertraut machen, dass es bei den zumeist kondensierten Phasen, die wir betrachten werden, zu signifikanten Abweichungen von diesem idealen Verhalten kommt. Woran liegt das? In kondensierten Phasen befinden sich die Teilchen in der Regel in unmittelbarer Nähe zueinander, sodass intermolekulare Wechselwirkungen zwischen ihnen ausgebildet werden können (im idealen Gas haben wir diese Wechselwirkungen vernachlässigt). Ein Beispiel dafür wäre eine Elektrolytlösung (z. B. NaCl in Wasser gelöst), bei der die einzelnen Ionen jeweils durch Ionen ungleichnamiger Ladung angezogen und von Ionen gleichnamiger Ladung abgestoßen werden. Die Bewegung eines einzelnen Teilchens ist damit nicht mehr unabhängig von den übrigen, da man statistisch gesehen in der Nachbarschaft eines Kations vermehrt Anionen antreffen sollte und umgekehrt (Abb. 5.3). Dadurch verringert sich die Beweglichkeit der einzelnen Ionen und es wird von außen eine geringere Konzentration beobachtet, als tatsächlich in

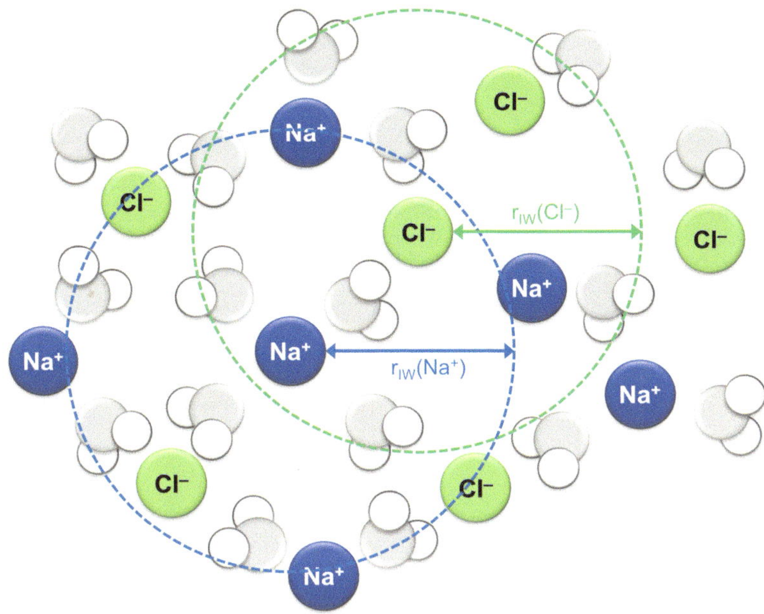

Abb. 5.3 Ionenwolken

Lösung vorliegt. Diese verringerte Konzentration wird in der Physikalischen Chemie als „Aktivität" bezeichnet.

Die Aktivität a_i einer Ionensorte i wird berechnet gemäß:

$$a_i = f_i \cdot c_i \tag{5.6}$$

In Gl. 5.6 bezeichnen a_i die Aktivität (in $\mathrm{mol \cdot L^{-1}}$), c_i die Konzentration (in $\mathrm{mol \cdot L^{-1}}$) und f_i den Aktivitätskoeffizienten (dimensionslos) der Ionensorte i. Der Aktivitätskoeffizient ist gewissermaßen ein „Korrekturfaktor", der angibt, welcher Anteil der Einwaagekonzentration c_i tatsächlich nach außen hin auch aktiv ist. Dabei ist in den meisten Fällen $f_i < 1$, das heißt, die Aktivität ist im Vergleich zur eigentlichen Konzentration verringert. Es ist jedoch zu beachten, dass der Aktivitätskoeffizient keine Konstante ist, sondern $f_i = f(c)$ gilt: Der Aktivitätskoeffizient hängt seinerseits ab von der Konzentration. In Abb. 5.4 ist dieser Sachverhalt exemplarisch für unterschiedliche Alkalihalogenide aufgeführt.

Die gelösten Ionen haben einen weiteren Effekt, den wir an dieser Stelle zunächst einmal nur qualitativ verstehen wollen, auf unserer weiteren Reise dann an gegebener Stelle aber noch einmal quantitativ näher untersuchen werden. Die Ionen verhindern nämlich in einem gewissen Maße, dass sich Wassermoleküle ungehindert in die Gasphase „bewegen" können. Man kann sich das so vorstellen, dass einige Wassermoleküle durch Ionen, die an der Grenzfläche vorliegen, am „Verlassen" der Lösung gehindert werden. Was ist die

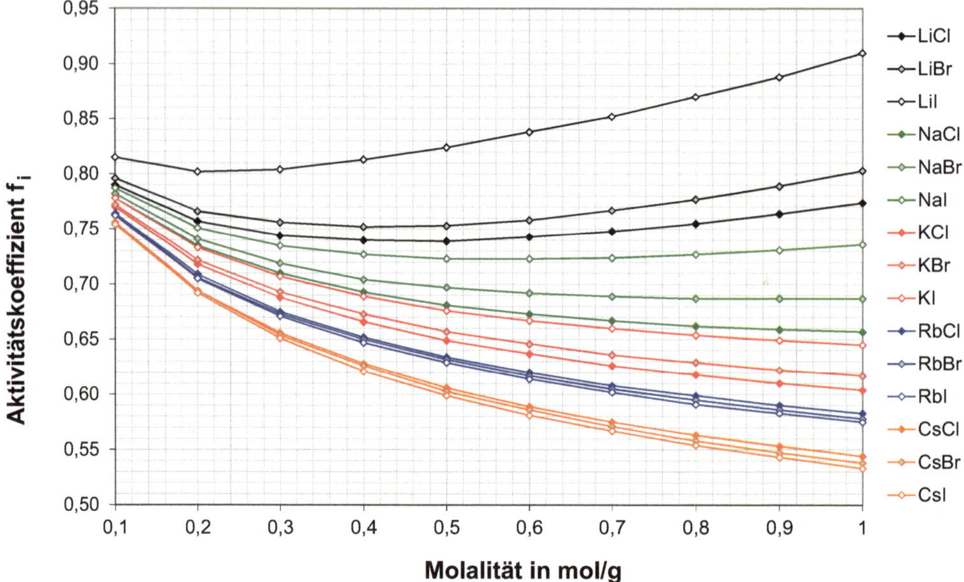

Abb. 5.4 Aktivitätskoeffizienten unterschiedlicher Alkalihalogenide

Konsequenz? Ich werde über einer Salzlösung einen geringeren Druck messen als bei der reinen Flüssigkeit. Wir werden dabei sehen, dass das Verhältnis aus gemessenem Druck und Druck des Reinstoffes gerade dem Stoffmengenanteil (bzw. der Aktivität) des gelösten Stoffes entspricht.

Wir werden auf unserer Reise ferner sehen, dass es Fälle geben kann, bei denen ein Aktivitätskoeffizient $f_i > 1$ vorliegt. Zum jetzigen Zeitpunkt mögen wir uns das vielleicht noch nicht vorstellen wollen, aber dennoch kann es nicht schaden, dass wir vom Bäcker hier ein wenig Brot erstehen (sinnbildlich für die „geistige Verpflegung", die wir in diesem Kapitel bekommen werden), sodass wir auf unserer Reise keinen Hunger leiden müssen. Und wer weiß: Vielleicht kommt der Moment, in dem wir das Thema „Aktivität" und „Aktivitätskoeffizient" noch einmal auspacken müssen. Für den Moment soll es uns genügen zu wissen, dass der Aktivitätskoeffizient ein Maß für die Abweichung eines Systems von idealen Verhalten darstellt.

Nachdem wir uns nun aber gestärkt haben, wollen wir unsere Erkundung des Ortes Fundamentalia fortsetzen und begeben uns als Nächstes in die Schreibstube des Ortes. Vielleicht können wir an diesem „belesenen" Ort ein wenig Weisheit ergattern.

Übungsaufgaben

Aufgabe 5.2.1

Der Dampfdruck einer $6 \cdot 10^{-3}$ M-Lösung aus Natriumnitrat in Wasser bei einer Temperatur von 100 °C beträgt 990 mbar. Wie hoch ist die Aktivität des Wassers in dieser Lösung?

Lösung:

http://tiny.cc/6selcy

Aufgabe 5.2.2

113 g einer nichtflüchtigen Substanz ($M = 100\,\text{g} \cdot \text{mol}^{-1}$) werden in 1,0 kg Wasser bei 100 °C gelöst. Berechnen Sie den Aktivitätskoeffizienten von Wasser in dieser Lösung, wenn der Partialdruck von Wasser über der Lösung $p(\text{H}_2\text{O}) = 960$ mbar beträgt.

Lösung:

http://tiny.cc/9selcy

Die Schreibstube

Nachdem Ihr Euch in der Bäckerei gestärkt habt, fällt Euch ein weiteres Gebäude ins Auge, das außen mit „Schreibstube" beschriftet ist. Als Ihr an dessen Tür klopft, kommt zunächst keine Antwort. Also drückt Ihr vorsichtig die Klinke – und die Tür ist nicht verschlossen! Ihr betretet langsam das Innere des Hauses und müsst dabei aufpassen, nicht auf den unzähligen Schriftstücken, Pergamenten und Folianten auszurutschen, die überall auf dem Fußboden verstreut liegen. „Halt, halt, halt – bringt mir bloß nichts durcheinander!" Ein junger Mann kommt Euch entgegen und balanciert dabei mit traumwandlerischer Sicherheit einen großen Stapel von Papieren.

Komisch. Irgendwie habt Ihr das Gefühl, ihm schon einmal irgendwo begegnet zu sein. Aber Ihr könnt Euch beim besten Willen nicht erinnern, wo. Dann fällt es Euch doch wieder ein! Der junge Schreiber aus Energia, den Ihr seinerzeit auf der Insel der Energie getroffen habt! Erfreut sprecht Ihr ihn darauf an.

„Ach, Ihr habt meinen Zwillingsbruder getroffen? Das freut mich aber! Geht es ihm gut? Na ja, so gut es einem wahrscheinlich gehen kann, wenn man irgendwo auf der Insel der Energie sein täglich Brot verdient, oder? Ich jedenfalls bin froh, dass es mich hierher verschlagen hat!"

© Anja Di Paolo/Ulisses Spiele

Er blickt Euch noch einmal genau an und spricht weiter: „Und Ihr müsst der Abenteurer sein, von dem jeder im Dorf spricht. Ich kann mir schon denken, was Ihr von mir wollt. Aber vergesst es! Eine Audienz bei meinem Herren, dem Herrn Dr. Gibbs, werde ich Euch nicht verschaffen können! Erstens empfängt er keinen Besuch, der so unwürdig daherkommt wie Ihr, und zweitens seht Ihr ja, dass ich hier beschäftigt bin. Das sind alles noch Schriftstücke, die in sein Haus gebracht werden sollen, und ich muss diese vorher sorgfältig katalogisieren! Also stört mich nicht dabei, ja? Wenn Ihr wollt, könnt Ihr mir aber beim Einsortieren einiger Pergamente behilflich sein.“

Ehe Ihr Euch verseht, hat er Euch eine Kiste voller Schriftstücke in den Arm gedrückt und in das Nachbarzimmer geschoben. „Das ist gut so, danke für Eure Unterstützung. Bitte sortiert die Bücher in das Regal dort hinten ein.“ Mit diesen Worten ist er wieder verschwunden und Ihr hört ihn nebenan die Treppe hochpoltern. Da Ihr nicht unverrichteter Dinge das Haus verlassen wollt, sortiert Ihr zumindest einige Bücher ein. Dabei fällt Eure Aufmerksamkeit auf einen dicken Folianten, der den vielsagenden Titel „Der wahre Schlüssel zur Insel der Phasen“ trägt. Leider sind die meisten Seiten vom Zahn der Zeit stark angenagt, sodass Ihr nicht alles lesen könnt. Aber offensichtlich scheinen einige Seiten am Anfang noch gut erhalten zu sein. Neugierig blättert Ihr die Seiten durch.

http://tiny.cc/wselcy

5.3 Das chemische Potenzial

Wir hatten am Ende unserer Reise auf der Insel der Energie bereits das chemische Potenzial μ kennengelernt. Aber wie das häufig am Ende einer Reise (oder einer Etappe) so ist, kann es ja sein, dass der Aufbruch etwas überhastet vonstattenging, weil neue Abenteuer an fremden Gestaden in Aussicht standen. Oder anders ausgedrückt: Am Ende eines Kapitels hat man meist das Gefühl, dass die behandelten Themen nicht mehr ganz so wichtig sind. (Beobachten Sie das einmal bei sich selbst, wenn Sie das nächste Mal in einem Lehrbuch blättern!) Daher möchten wir vor dem eigentlichen Beginn unserer Reise über die Insel der Phasen den Begriff des chemischen Potenzials noch einmal genauer unter die Lupe nehmen.

Warum? Das chemische Potenzial μ ist der Schlüssel, um die Geheimnisse der Insel der Phasen zu verstehen. Ohne diese Größe wird es uns nicht möglich sein, auch nur in die Nähe des Mathemagiers auf dem Berg der Insel zu kommen, geschweige denn ihm seine Geheimnisse zu entreißen. Warum das so ist, werden Sie noch rechtzeitig vor unserem eigentlichen Aufbruch erfahren, sodass wir zunächst einmal an Ihre Geduld appellieren müssen und darum bitten, uns für den Moment einmal zu glauben, dass wir das chemische Potenzial unbedingt benötigen. Nun ist die Größe μ aber für Anfänger in der Physikalischen Chemie eine erfahrungsgemäß sehr abstrakte Größe, sodass wir uns hier noch einmal ein wenig näher mit ihrer Interpretation befassen wollen.

Starten möchten wir unsere Betrachtung mit dem Totalen Differential der Freien Enthalpie G. Der Einfachheit halber gehen wir zunächst einmal davon aus, dass wir einen Reinstoff haben:

$$\mathrm{d}G = -S\mathrm{d}T + V\mathrm{d}p + \mu\mathrm{d}n \tag{5.7}$$

Unter isobaren und isothermen Bedingungen gilt dann:

$$(\mathrm{d}G)_{p,T} = \mu\mathrm{d}n \tag{5.8}$$

Wenn man beide Seiten dieser Gleichung nach der Stoffmenge n ableitet, ergibt sich:

$$\mu = \left(\frac{\partial G}{\partial n}\right)_{p,T} \tag{5.9}$$

Gl. 5.9 lässt sich dahingehend interpretieren, dass das chemische Potenzial für einen Reinstoff die Änderung der Freien Enthalpie des betrachteten Systems bei der Zugabe einer differentiellen Stoffmenge $\mathrm{d}n$ des Stoffes ist. Man kann das chemische Potenzial in diesem Sinne auch als molare Freie Enthalpie des Systems bezeichnen. Es ist also eine intensive Größe (und damit unabhängig von der Gesamtmasse des Systems).

Als Nächstes wollen wir uns nun vorstellen, dass die bei isobaren und isothermen Bedingungen vorliegende Phase aus mehreren Komponenten (1,2,3, …) besteht. In diesem Fall würde für das Totale Differential der Freien Enthalpie gelten:

$$(\mathrm{d}G)_{p,T} = \sum_{i=1}^{i=k} \mu_i\mathrm{d}n_i = \mu_1\mathrm{d}n_1 + \mu_2\mathrm{d}n_2 + \ldots + \mu_k\mathrm{d}n_k \tag{5.10}$$

Sinngemäß zu Gl. 5.9 gilt dann entsprechend für das chemische Potenzial μ_i der Komponente i:

$$\mu_i = \left(\frac{\partial G}{\partial n_i}\right)_{p,T,n_{j\neq i}} \tag{5.11}$$

Wie lässt sich Gl. 5.11 interpretieren? Sie stellt die Änderung der Freien Enthalpie G des Systems bei Zugabe einer differentiellen Stoffmenge dn_i der Komponente i dar (wobei alle übrigen Stoffmengen konstant bleiben). Auch μ_i ist eine intensive Größe.

Schauen wir uns als Nächstes einmal den Fall an, dass unser System aus zwei Komponenten A und B besteht, die innerhalb einer Phase vorliegen, zu Beginn aber noch nicht vollständig miteinander vermischt sind. Hier wollen wir annehmen, dass es zu einem Stofffluss vom Teilsystem A zum Teilsystem B kommt. Dabei werden dn_A mol von A in das Teilsystem übertragen, in dem anfangs nur B vorliegt (dieses wollen wir als „Teilsystem B" bezeichnen – und das andere Teilsystem als „Teilsystem A"). Mit $dn_A = -dn_A$ (lies: Stoffmenge in Teilsystem A wird um den Betrag dn_A verringert.) und $dn_B = +dn_A$ (Stoffmenge in Teilsystem B wird um den Betrag der Stoffmenge erhöht, die das Teilsystem A verlässt, also dn_A) ergibt sich für die Änderung der Freien Enthalpie:

$$(dG)_{p,T} = -\mu_A dn_A + \mu_B dn_A = (\mu_B - \mu_A)\, dn_A \tag{5.12}$$

Schauen wir uns diese Gleichung etwas näher an und halten uns die Bedingungen für spontane Prozesse (siehe Abschn. 4.5) noch einmal vor Augen, dann erkennen wir folgende Grenzfälle:

$\mu_A > \mu_B \rightarrow dG < 0$ (exergonischer Prozess, thermodynamisch freiwillig)

$\mu_A < \mu_B \rightarrow dG > 0$ (endergonischer Prozess, thermodynamisch nicht freiwillig)

$\mu_A = \mu_B \rightarrow dG = 0$ (thermodynamisches Gleichgewicht)

Wie lässt sich diese Erkenntnis jetzt interpretieren? Da wir angenommen haben, dass in unserem Fall eine Stoffmenge spontan von Teilsystem A nach Teilsystem B fließt, bedeutet diese Erkenntnis, dass eine Stoffmenge immer von Gebieten mit hohem chemischem Potenzial in Gebiete mit im Vergleich dazu niedrigerem chemischem Potenzial fließt (ganz so, wie man es sinnbildlich auch von einem Wasserfall her kennt). Das gleiche Prinzip gilt auch für alle Phasengleichgewichte und für alle chemischen Reaktionen: Triebkraft für all diese Prozesse ist letztlich der Unterschied im chemischen Potenzial zwischen den einzelnen Teilsystemen.

Eine aus unserer Sicht bemerkenswerte Erkenntnis! Vielleicht können Sie nach dieser (zugegebenermaßen doch teilweise abstrakten Betrachtung) noch nicht sofort mehr mit dem chemischen Potenzial μ anfangen als vorher – aber immerhin verstehen Sie schon einmal, wie wir anhand dieser Größe eine Entscheidung darüber treffen können, inwiefern ein physikalischer Prozess oder eine chemische Reaktion aus thermodynamischer Sicht freiwillig ablaufen wird. Allmählich dämmert uns damit vielleicht, dass diese Größe – abstrakt, wie sie sein mag – ein wesentlicher Bestandteil unseres Werkzeugkastens werden sollte, wenn wir uns auf die anstehende Reise machen.

Akzeptieren wir für den Moment einmal, dass dem so wäre. Akzeptieren wir einmal, dass wir das chemische Potenzial benötigen und keine Möglichkeit haben, uns ohne nähere

Kenntnis von μ auf unsere Reise zu machen. Da wir wissen, dass die Freie Enthalpie G von den intensiven Variablen T und p abhängt, möchten wir uns auch noch einmal anschauen, wie es um die Temperatur- und Druckabhängigkeit des chemischen Potenzials bestellt ist. Dazu nutzen wir die Tatsache, dass die Freie Enthalpie eine Zustandsfunktion ist, für die der Satz von Schwarz gilt. Die Vorgehensweise ist identisch zu unserer Methodik aus Abschn. 4.3 (nähere Erläuterungen siehe dort, insbesondere bei Gl. 4.18) und der Nutzung des Guggenheim-Schemas aus Abschn. 4.5:

$$\left(\frac{\partial \mu_i}{\partial T}\right)_p = \left(\frac{\partial}{\partial T}\left(\frac{\partial G}{\partial n_i}\right)_{p,T,n_{j\neq i}}\right)_p = \frac{\partial^2 G}{\partial T \partial n_i} = \frac{\partial^2 G}{\partial n_i \partial T} = \left(\frac{\partial}{\partial n_i}\left(\frac{\partial G}{\partial T}\right)_{p,n_i}\right)_{p,T,n_{j\neq i}}$$

$$= \left(\frac{\partial (-S)}{\partial n_i}\right)_{p,T,n_{j\neq i}} = -S_{i,\text{molar}} \tag{5.13}$$

$$\left(\frac{\partial \mu_i}{\partial p}\right)_T = \left(\frac{\partial}{\partial p}\left(\frac{\partial G}{\partial n_i}\right)_{p,T,n_{j\neq i}}\right)_T = \frac{\partial^2 G}{\partial p \partial n_i} = \frac{\partial^2 G}{\partial n_i \partial p} = \left(\frac{\partial}{\partial n_i}\left(\frac{\partial G}{\partial p}\right)_{T,n_i}\right)_{p,T,n_{j\neq i}}$$

$$= \left(\frac{\partial (V)}{\partial n_i}\right)_{p,T,n_{j\neq i}} = -V_{i,\text{molar}} \tag{5.14}$$

Alles klar? Oder drohen Sie ob der komplizierten Herleitung aus der Kurve zu fliegen? Keine Bange, so geht es den meisten Studierenden, wenn sie diese Zusammenhänge zum ersten Mal sehen. Aber warum mache ich mir diese Mühe? Was gewinne ich denn mit diesem zunächst einmal abstrakten Wissen? Schauen wir uns das anhand der Temperaturabhängigkeit des chemischen Potenzials einmal näher an:

$$\left(\frac{\partial \mu_i}{\partial T}\right)_p = -S_{i,\text{molar}} \tag{5.15}$$

In Worten ausgedrückt: Die Änderung des chemischen Potenzials in Abhängigkeit von der Temperatur entspricht der negativen molaren Entropie. Damit kann man auf den ersten Blick vielleicht nicht allzu viel anfangen. Aber schauen wir uns einmal an, wie sich die Funktion μ in Abhängigkeit von der Temperatur T entwickelt (Abb. 5.5):

Woher kann ich diesen Verlauf vorhersagen? Zunächst einmal mache ich mir klar, dass ich mit steigender Temperatur ($\mathrm{d}T > 0$) neben einer zunehmend höheren Bewegung der Teilchen innerhalb einer Phase an einem bestimmten Punkt die Änderung von Aggregatzuständen beobachten kann: Ist der Stoff zunächst noch ein Feststoff, so wird er bei Temperaturerhöhung irgendwann flüssig (am Schmelzpunkt T_M) und bei weiterer Temperaturerhöhung erhalte ich (am Siedepunkt T_v) schließlich den gasförmigen Aggregatzustand. Was weiß ich noch? Im gleichen Maße, wie sich der Aggregatzustand von fest über flüssig zu gasförmig verändert, nimmt auch meine molare Entropie zu ($\mathrm{d}S > 0$). Auch innerhalb eines Aggregatzustandes nimmt die molare Entropie zu, da sich die einzelnen Teilchen schneller bewegen (und damit gemäß unseren Überlegungen aus Abschn. 3.1

Abb. 5.5 Temperaturab-
hängigkeit des chemischen
Potenzials mit Berücksichtigung unterschiedlicher Phasen.
Adaptiert nach: Physical Chemistry, Eighth Edition by
Atkins & de Paula (2006). By
permission of Oxford University Press

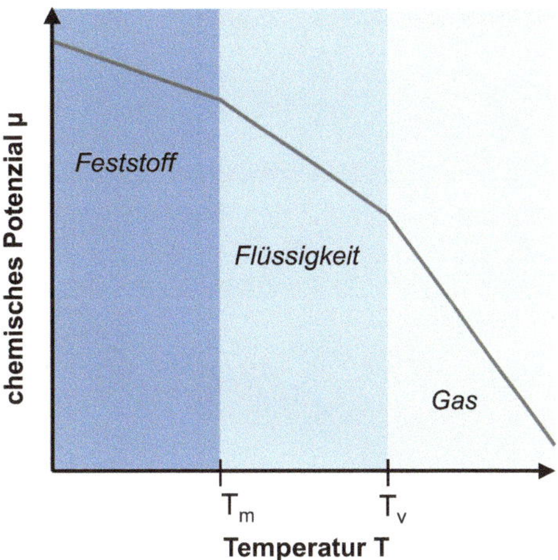

Abb. 5.5 Temperaturabhängigkeit des chemischen Potenzials mit Berücksichtigung unterschiedlicher Phasen. Adaptiert nach: Physical Chemistry, Eighth Edition by Atkins & de Paula (2006). By permission of Oxford University Press

das thermodynamische Gewicht zunimmt). Fasst man diese Erkenntnisse zusammen und vergleicht die Aussagen $dS > 0$ bei $dT > 0$ durch Koeffizientenvergleich mit Gl. 5.15, dann kann das chemische Potenzial mit steigender Temperatur nur abnehmen (Abb. 5.5). Diese Überlegung gilt generell, das heißt für sämtliche Systeme, bei denen die Entropie S bei Temperaturerhöhung steigt.

Auch diese letzte Erkenntnis ist für einen Physikochemiker immer wieder ein Erlebnis, da man allein mithilfe abstrakter Überlegungen zu Aussagen über eine Größe kommt, die man ihrerseits selber noch nicht vollständig verstanden hat. Wir erahnen aber schon, dass die Gleichungen, die wir hergeleitet haben, eine wichtige Rolle auf unserem weiteren Weg spielen werden. Wir sollten auf unserer Reise unbedingt diesem Dr. Gibbs einen Besuch abstatten! Zuvor aber möchten wir uns im Krämerladen noch ein wenig nach brauchbarer Ausrüstung für unsere Reise umsehen.

Im Krämerladen

Nach Eurem Studium der Folianten in der Schreibstube beschließt Ihr, Euch im ört-
lichen Krämerladen mit weiteren Utensilien für die anstehende Reise einzudecken.
Dort angekommen, öffnet Euch ein etwas älterer Mann mit schief stehenden Augen
und strähnigen, fettigen Haaren, die sich um eine Halbglatze herumwinden. „Nur
hereinspaziert! Ihr müsst Abenteuer sein, nehme ich an, waren ja lange keine mehr
hier! Jaja, das sehe ich gleich – die kommen alle frohen Mutes hierher auf unsere Insel, meinen, sie könnten auf die Schnelle ihr Glück machen, und enden nachher als
…" Er räuspert sich. „Aber was rede ich da. Ich nehme an, Ihr möchtet Euch hier
für Eure Reise ausrüsten? Dann habt Ihr genau den Richtigen gefunden, da ich alles
habe, was Ihr braucht. Zumindest … fast alles."

© Florian Stitz/Ulisses Spiele

Ihr seht Euch eine Weile im Laden um und beschließt, Nahrungsmittel, Wasser und Kletterausrüstung mitzunehmen (immerhin wollt Ihr irgendwann einmal auf einen Berg). Als Ihr alles bezahlt habt, blickt Euch der Krämer noch einmal an, schaut sich etwas ängstlich um und meint dann mit verschwörerischer Stimme: „Ich hätte da vielleicht noch etwas für Euch. Etwas, was Euch jenseits von weltlichen Gütern auf Eurem Weg helfen könnte." Als Ihr keine Anstalten macht, ihn zu unterbrechen, deutet er das als Interesse an seinem Angebot und fährt fort: „Ihr müsst wissen: Der Weg zum Berg mag vielleicht manch einem schwer erscheinen, und viele behaupten, dass es nicht möglich wäre, den Gefahren zu trotzen. Aber ich habe hier ein Pergament, auf dem einige geheime Zaubersprüche fixiert sind, die Euch helfen können. Wenn Ihr mögt, dann werft einen Blick darauf. Es kostet Euch nur ein paar Minuten Eurer kostbaren Zeit." Bei diesen Worten kramt er eine alte Schriftrolle unter der Ladentheke hervor und Ihr werft einen Blick darauf: „Das chemische Gleichgewicht". Was sich dahinter verbergen mag?

http://tiny.cc/ltelcy

5.4 Das chemische Gleichgewicht

Unsere Reise über die Insel der Phasen beschäftigt sich vornehmlich mit dem Thema „Phasengleichgewichte". Mit dem chemischen Potenzial halten wir bereits einen wesentlichen Baustein für das Verständnis dieser Thematik in unseren Händen. In diesem Kapitel möchten wir uns nun noch den Begriff des Gleichgewichts ein wenig näher ansehen. Das „Gleichgewicht" haben wir bereits in Abschn. 4.4 im Zusammenhang mit der Freien Enthalpie G kennengelernt. Wie lässt sich die Änderung der Freien Enthalpie für einen physikalischen Prozess (z. B. das Lösen eines Salzes in Wasser) oder eine chemische Reaktion (z. B. die Verbrennung von Glucose) allgemein beschreiben? Schauen wir uns dazu das Totale Differential von G unter isothermen und isobaren Bedingungen an:

$$(dG)_{p,T} = \sum_i \mu_i dn_i \tag{5.16}$$

Wenn wir nun noch berücksichtigen (siehe Gl. 4.7), dass $dn_i = v_i \cdot d\xi$, dann ergibt sich daraus:

$$(dG)_{p,T} = \sum_i \mu_i v_i d\xi \tag{5.17}$$

Leitet man nun beide Seiten dieser Gleichung nach der Reaktionslaufzahl ξ ab, dann ergibt sich die Änderung der Freien Reaktionsenthalpie:

$$\Delta_R G = \left(\frac{\partial G}{\partial \xi}\right)_{p,T} = \sum_i \mu_i \cdot v_i \tag{5.18}$$

Wir müssen also für den Prozess, der uns interessiert, nur noch den Wert des chemischen Potenzials der einzelnen beteiligten Spezies kennen und können dann die Änderung der Freien Enthalpie berechnen. Kommt Ihnen das bekannt vor? Das ist nichts anderes als die Kernaussage des Satzes von Hess. Und da die Freie Enthalpie G auch eine Zustandsfunktion ist, wundert es uns nicht, dass wir diesen Satz auch hier anwenden können.

Das chemische Potenzial in Mischphasen

Welchen Wert aber hat das chemische Potenzial μ für die einzelnen beteiligten Stoffe? Zunächst einmal müssen wir an dieser Stelle den Wert des chemischen Potenzials einer Komponente in einer Mischphase betrachten. Warum? Sowohl bei einer chemischen Reaktion als auch bei Phasengleichgewichten haben wir es meist mit Mischphasen zu tun, bei denen mehrere Komponenten in einer Phase vorliegen. Wir führen daher für den Wert des chemischen Potenzials in Mischphasen folgende Formel ein:

$$\mu_i = \mu_i^* + R \cdot T \cdot \ln x_i \tag{5.19}$$

Die Formel haben wir an dieser Stelle nicht hergeleitet, sie „fällt gewissermaßen vom Himmel". Aber geht es uns im Leben nicht mit vielen Dingen zunächst so, die wir in einem Krämerladen entdecken? Wir wissen nicht, wo das Ding eigentlich herkommt, aber es erscheint uns (mehr oder weniger) nützlich – und wir kaufen es halt einfach mal. Auch Gl. 5.19 wollen wir hier einmal „kaufen". Aber ist sie wirklich nützlich? Wie wir noch sehen werden, enthält diese Gleichung eine ganz wesentliche Aussage, mit der wir Mischphasen überhaupt erst thermodynamisch verstehen können – dazu aber an gegebener Stelle noch mehr. Wir wollen uns jetzt erst einmal mit der Struktur von Gl. 5.19 beschäftigen und anschauen, was eigentlich genau in dieser Gleichung steht.

Die linke Seite ist ganz offensichtlich unser gesuchtes chemisches Potenzial unserer Komponente i in der Mischphase. Welche Bedeutung aber hat der Term μ_i^* auf der rechten Seite der Gleichung? Um das herauszufinden, schauen wir uns zunächst den zweiten Term auf der rechten Seite an. Und wie bei jeder Analyse einer mathematischen Gleichung in der Physikalischen Chemie überlegen wir zunächst einmal, ob wir bezüglich des Wertebereiches gewisse Einschränkungen machen können. Die Größe R ist die ideale Gaskonstante und als solche ein feststehender Wert, der nicht variiert werden kann. Wir wissen, dass $R =$ 8,314 J·mol^{-1}·K^{-1} beträgt und dass dieser Wert damit auf jeden Fall immer > 0 ist. Die Temperatur T (immer angegeben in der Einheit der absoluten thermodynamischen Temperatur K) wird ebenfalls immer einen Wert > 0 annehmen. Damit bleibt noch der natürliche Logarithmus in der Gleichung übrig. Dieser trägt als Argument den Stoffmengenanteil x_i der betrachteten Spezies. Dieser kann höchstens in einem Wertebereich zwischen $0 \leq x_i \leq 1$ variieren. Dabei bedeutet „0", dass der Stoff in der betreffenden Mischung nicht vorliegt (die Gleichung verliert in diesem Fall ihre Bedeutung), und „1", dass es sich um einen Reinstoff handelt (und damit keine Mischung vorliegt). $0 \leq x_i \leq 1$: Diese Aussage gilt grundsätzlich immer, wenn wir es mit Stoffmengenanteilen in der Physikalischen Chemie zu tun haben.

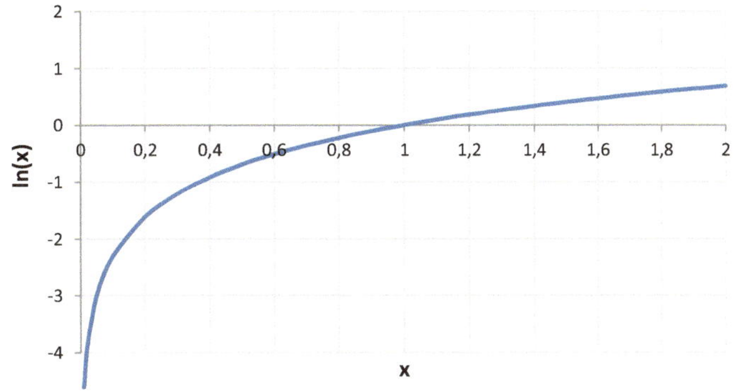

Abb. 5.6 Verlauf der ln-Funktion

Ein Wert von $x_i < 0$ oder $x_i > 1$ wird zwar ab und an von manch einem Studierenden der Physikalischen Chemie in Klausuren oder Praktikumsprotokollen (oft nach einer missglückten Berechnung) propagiert, ist aber nichtsdestotrotz immer ein falscher Wert. Bitte beherzigen Sie das – das gibt Ihnen bei der Beschreibung physikochemischer Systeme bereits eine gewisse Sicherheit und Routine, weil eben nicht alle Werte denkbar und möglich sind!

Und gerade die Aussage $0 \leq x_i \leq 1$ stellt für uns bei der Betrachtung von Gl. 5.19 eine wesentliche Erleichterung dar. Warum? Halten wir uns noch einmal kurz vor Augen, wie die Funktion des natürlichen Logarithmus $f(x) = \ln(x)$ einer reellen Zahl x verläuft (Abb. 5.6). Bei $x = 1$ nimmt die Funktion den Wert 0 an: $\ln(1) = 0$. Bei Werten von $0 \leq x \leq 1$ nimmt der Logarithmus einen negativen Wert an: $\ln(x) < 0$ für alle $0 < x < 1$.

Und was soll das jetzt heißen? Schließen Sie einmal kurz die Augen und überlegen, warum wir uns eigentlich mit dieser Frage beschäftigen. Wissen Sie es noch? Wenn nicht, dann fangen Sie bitte noch einmal zu Beginn des vorletzten Abschnittes an zu lesen („Die linke Seite ist ganz offensichtlich …"). Und wenn Sie dann erneut hier angelangt sind, können Sie die Frage vielleicht beantworten!

Die Antwort liegt auf der Hand: Da sowohl die Gaskonstante R als auch die Temperatur T immer einen positiven Wert haben und $\ln(x_i)$ für alle echten Mischphasen mit $0 \leq x_i \leq 1$ einen negativen Wert annimmt, wird auch der zweite Term auf der rechten Seite von Gl. 5.19 auf jeden Fall ein negatives Vorzeichen tragen. Immer. Nur wenn wir es mit einem Reinstoff zu tun haben, bei dem $x_i = 1$ gilt, nimmt die rechte Seite wegen $\ln(1) = 0$ den Wert 0 an. In diesem letzteren Fall (einem Reinstoff) vereinfacht sich Gl. 5.19 zu:

$$\mu_i = \mu_i^* \quad (\text{für } x_i = 1) \tag{5.20}$$

Damit haben wir ein Verständnis für die Größe μ_i^* gewonnen: Sie beschreibt das chemische Potenzial des Reinstoffs. Und gleichzeitig haben wir durch unsere „Vorzeichen-Analyse" herausgefunden, dass der Wert des chemischen Potenzials eines jeden Stoffes in einer Mischung abnehmen wird – und zwar genau um den Betrag des Produktes $R \cdot T \cdot \ln(x_i)$. Schaut man sich diesen Sachverhalt für eine Temperatur von 25 °C einmal an, dann ergibt sich für die Differenz des chemischen Potenzials der Mischphase und des Reinstoffs:

$$\Delta\mu_i = \mu_i - \mu_i^* = R \cdot T \cdot \ln x_i \qquad (5.21)$$

Trägt man $\Delta\mu_i$ gegen den Stoffmengenanteil x_i auf, dann erkennt man, dass die Differenz immer größer wird, je geringer der Stoffmengenanteil x_i wird. Für $x_i \to 1$ geht $\Delta\mu_i \to 0$. Dieses Ergebnis lässt sich aus der Diskussion des vorherigen Kapitels verstehen, da die Differenz der chemischen Potenziale zweier Zustände ja gerade die Triebkraft physikalischer Prozesse und chemischer Reaktionen ist. Und wenn wir den Prozess „Vermischen" betrachten, dann ist offenbar das chemische Potenzial einer Mischphase immer geringer als das eines jeden(!) Reinstoffs, der in der Mischung vorkommt. Das bedeutet, dass jeder(!) Stoff das Bestreben hat, sich mit anderen zu vermischen. Das würden wir auch unter Berücksichtigung des 2. Hauptsatzes der Thermodynamik vermuten, da Mischprozesse immer thermodynamisch freiwillig (spontan) verlaufen. Zumindest ist das für alle idealen Mischungen der Fall (die den wesentlichen Teil unserer Betrachtungen darstellen werden). Bei realen Mischungen muss die spezifische Wechselwirkung zwischen den einzelnen beteiligten Stoffen mit berücksichtigt werden und man kann durch attraktive (anziehende) oder repulsive (abstoßende) Wechselwirkungen durchaus auch eine Zunahme des chemischen Potenzials in einer Mischung beobachten (in diesem Fall wäre die Mischung gegenüber dem Reinstoff thermodynamisch nicht begünstigt). In diesem Fall würde man (wie bereits in Abschn. 5.2 angedeutet) den Stoffmengenanteil x_i durch die Aktivität a_i ersetzen.

Ist das nicht erstaunlich? Noch immer können wir uns sicher nicht anschaulich vorstellen, was sich unter der Größe „chemisches Potenzial μ_i" tatsächlich verbirgt – und sind dennoch in der Lage, mithilfe dieser Größe Schritt für Schritt ein Verständnis physikochemischer Prozesse zu gewinnen. Was man in der Auslage eines Krämerladens nicht alles entdecken kann …

Physikochemische Beschreibung des chemischen Gleichgewichts

Wir müssen jetzt nur noch die soeben gewonnenen Erkenntnisse anwenden und setzen dafür Gl. 5.21 in Gl. 5.18 ein:

$$\Delta_R G = \left(\frac{\partial G}{\partial \xi}\right)_{p,T} = \sum_i \mu_i \cdot v_i = \sum_i v_i \cdot (\mu_i^* + R \cdot T \cdot \ln x_i) \qquad (5.22)$$

Nach Ausmultiplizieren der Klammer und Umstellen erhalten wir:

$$\Delta_R G = \sum_i v_i \cdot \mu_i^* + \sum_i v_i \cdot R \cdot T \cdot \ln x_i \qquad (5.23)$$

Da wir unter isothermen Bedingungen arbeiten (die Temperatur T kann als Konstante vor das Summenzeichen gezogen werden) und unter Berücksichtigung der Rechenregel

$a \cdot \ln(b) = \ln(b^a)$ können wir Gl. 5.23 umformen in:

$$\Delta_R G = \sum_i \nu_i \cdot \mu_i^* + R \cdot T \cdot \sum_i \ln\left(x_i^{\nu_i}\right) = \sum_i \nu_i \cdot \mu_i^* + R \cdot T \cdot \ln\left(\prod_i x_i^{\nu_i}\right) \tag{5.24}$$

Im letzten Schritt haben wir noch folgende Rechenregel berücksichtigt:

$$\sum_i \ln\left(a_i^{b_i}\right) = \ln\left(\prod_i a_i^{b_i}\right) \tag{5.25}$$

Wie aber müssen wir diese Gleichung nun interpretieren? Der erste Term auf der rechten Seite ist nichts anderes als die Freie Standard(reaktions)enthalpie für die Umsetzung der reinen Edukte zu den Produkten (das kann durchaus auch ein Phasenübergang sein, den man ebenfalls formell als Reaktion bezeichnen kann). Diesem Term möchten wir die Bezeichnung $\Delta_R G^*$ geben. Der rechte Term auf der rechten Seite beschreibt darüber hinaus den Beitrag von Mischungseffekten zur gesamten Freien Reaktionsenthalpie. Dieser Beitrag (auch als Restreaktionsarbeit bezeichnet) gibt an, um welchen Betrag die Freie Reaktionsenthalpie sich durch die Vermischung der einzelnen an der Reaktion beteiligten Stoffe ändert.

Wenn sich unser Prozess nun im Gleichgewicht befindet, dann gilt gemäß unseren bisherigen Überlegungen $\Delta_R G = 0$. Damit lässt sich aus Gl. 5.24 schlussfolgern, dass im Gleichgewicht gelten muss:

$$\Delta_R G^* = -R \cdot T \cdot \ln\left(\prod_i x_{i,eq}^{\nu_i}\right) = -R \cdot T \cdot \ln K \tag{5.26}$$

Hier haben wir eine neue Größe eingeführt: die Gleichgewichtskonstante K. Sie gibt das Verhältnis der einzelnen an der Reaktion (bzw. dem Prozess) beteiligten Spezies im thermodynamischen Gleichgewicht an. Sicherlich haben Sie die Gleichgewichtskonstante bereits bei der Diskussion des Massenwirkungsgesetzes in anderen Fächern kennengelernt. Damit lässt sich für die Freie Reaktionsenthalpie ganz allgemein schreiben:

$$\Delta_R G = -R \cdot T \cdot \ln\left(\prod_i x_{i,eq}^{\nu_i}\right) = -R \cdot T \cdot \ln K + R \cdot T \cdot \ln\left(\prod_i x_i^{\nu_i}\right) \tag{5.27}$$

Erinnern wir uns noch einmal kurz zurück an die Insel der Energie. Dort haben wir gegen Ende (im Refugium des Wissens, siehe Abschn. 4.4) die Gleichung $\Delta G = \Delta H - T \cdot \Delta S$ kennengelernt. Selbstverständlich gilt diese Gleichung auch für unsere Freie Reaktionsenthalpie $\Delta_R G$:

$$\Delta_R G = \Delta_R H - T \cdot \Delta_R S \tag{5.28}$$

Wir hatten in Abschn. 4.2 und Abschn. 4.3 bereits gesehen, wie man die einzelnen Bestandteile von Gl. 5.28 berechnet. Durch die Verknüpfung von Gl. 5.28 mit Gl. 5.27 erhalten wir nunmehr auf einen Schlag die Möglichkeit, aus der Messung makroskopischer Daten (sprich: Die Zustandsfunktionen Enthalpie H und Entropie S sind uns im Wesentlichen durch Messung der Temperatur T zugänglich.) einen Zugang zur Aussage über das chemische Gleichgewicht einer Reaktion/eines Prozesses zu erhalten. Mit anderen Worten: Die Messung der Temperatur T ermöglicht uns eine Aussage über die Gleichgewichtskonstante K einer Reaktion. Die Kenntnis von $\Delta_R G^*$ ermöglicht uns ferner, eine Aussage über die Lage des Gleichgewichts einer chemischen Reaktion/eines physikalischen Prozesses zu treffen.

Beispiel

Welchen Wert hat die Gleichgewichtskonstante der Isomerisierung von *cis*-2-Buten zu *trans*-2-Buten? Wir betrachten die folgende Reaktion:

$$cis - C_4H_8 \, (g) \rightarrow trans - C_4H_8 \, (g)$$

Aus Tabellenwerken können wir die Freien Standardbildungsenthalpien der beteiligten Stoffe entnehmen (oder aus den Standardbildungsenthalpien und Standardentropien entsprechend berechnen, siehe Abschn. 4.4):

$$\Delta_B G^* \, (cis - C_4H_8, g) = 65{,}95 \, \text{kJ} \cdot \text{mol}^{-1}$$
$$\Delta_B G^* \, (trans - C_4H_8, g) = 63{,}06 \, \text{kJ} \cdot \text{mol}^{-1}$$

Damit ergibt sich für die Freie Standard-Reaktionsenthalpie nach dem Satz von Hess:

$$\Delta_R G^* = \Delta_B G^* \, (trans - C_4H_8, g) - \Delta_B G^* \, (cis - C_4H_8, g) = (63{,}06 - 65{,}95) \, \frac{\text{kJ}}{\text{mol}}$$
$$= -2{,}89 \, \frac{\text{kJ}}{\text{mol}}$$

Die Reaktion verläuft also insgesamt thermodynamisch freiwillig (exergonisch). Aber bedeutet das auch, dass die gesamte vorliegende Menge an *cis*-2-Buten zu *trans*-2-Buten umgesetzt wird? Wir sind nun in der Lage, auf diese Frage eine Antwort zu geben. Setzt man nämlich das Ergebnis aus der letzten Berechnung nun in Gl. 5.26 ein, dann ergibt sich nach Umstellen der Gleichung bei einer Temperatur von 25 °C:

$$\ln K = -\frac{\Delta_R G^*}{R \cdot T} = -\frac{(-2890) \, \text{J} \cdot \text{mol}^{-1}}{8{,}314 \text{J} \cdot \text{mol}^{-1} \cdot \text{K}^{-1} \cdot 298{,}15 \, \text{K}} = 1{,}17$$

Um den Wert der Gleichgewichtskonstanten zu erhalten, muss man nun noch auf beide Seiten dieser Gleichung die Exponentialfunktion anwenden. Wir erhalten:

$$K = \frac{x_{trans-2-\text{Buten}}}{x_{cis-2-\text{Buten}}} = e^{1,17} = 3,22$$

Im Gleichgewicht liegt damit eine etwas mehr als dreimal so hohe Konzentration an *trans*-2-Buten im Vergleich zur Konzentration an *cis*-2-Buten vor. Dieses Ergebnis hätten wir mit unseren organisch-chemischen Grundkenntnissen qualitativ bereits vermutet, da im *trans*-2-Buten durch die im Vergleich zum *cis*-2-Buten geringere sterische Hinderung der beiden terminalen Methylgruppen eine höhere thermodynamische Stabilität vorliegt. Gleichzeitig sehen wir aber auch, dass der Energieunterschied zwischen den beiden Isomeren keine vollständige „Reaktion" ermöglicht, sondern die Ausbildung eines Gleichgewichtszustandes, bei dem auf etwas mehr als drei Moleküle *trans*-2-Buten jeweils ein Molekül *cis*-2-Buten kommt. Der Werkzeugkasten der Physikalischen Chemie hilft uns also jenseits des qualitativen Verständnisses bei der quantitativen Beschreibung der vorliegenden Sachverhalte.

Die van't Hoff'sche Reaktionsisobare

Für chemische Reaktionen interessiert es uns in der Praxis häufig, wie wir durch Änderung der äußeren Bedingungen (vor allem durch Variation von Druck und Temperatur) das chemische Gleichgewicht verschieben können. An dieser Stelle möchten wir exemplarisch das Beispiel der Abhängigkeit der Gleichgewichtskonstanten von der Temperatur betrachten. Um hier einen quantitativen Zusammenhang herstellen zu können, gehen wir von Gl. 5.26 aus und setzen die Gibbs-Helmholtz-Gleichung $\Delta G = \Delta H - T \cdot \Delta S$ ein:

$$\ln K = -\frac{\Delta_R G^*}{R \cdot T} = -\frac{\Delta_R H^*}{R \cdot T} + \frac{\Delta_R S^*}{R} \tag{5.29}$$

Wir leiten nun beide Seiten von Gl. 5.29 nach $1/T$ ab und gehen weiterhin davon aus, dass sowohl die Reaktionsenthalpie $\Delta_R H^*$ als auch die Reaktionsentropie $\Delta_R S^*$ nicht von der Temperatur abhängig seien:

$$\left(\frac{\partial \ln K}{\partial \left(\frac{1}{T}\right)}\right) = -\frac{\Delta_R H^*}{R} \tag{5.30}$$

Wie lässt sich diese Gleichung interpretieren? Die linke Seite ist nichts anderes als die Steigung des Wertes von $\ln(K)$ als Funktion der inversen Temperatur $1/T$. Wenn die Reaktion exotherm ist ($\Delta_R H^* < 0$), dann ist die Steigung nach Gl. 5.30 positiv. In diesem Fall würde bei steigender Temperatur (wenn wir in Abb. 5.7 von T_1 nach T_2 „gehen" [mit $T_2 > T_1$],

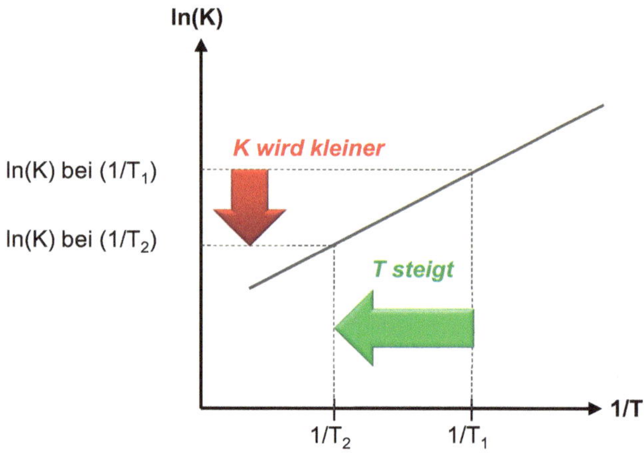

Abb. 5.7 Temperaturabhängigkeit der Gleichgewichtskonstanten bei einer exothermen Reaktion

dann würden wir auf der Abszisse „nach links wandern", da $1/T_2$ einen geringeren Wert besitzt als $1/T_1$) der Wert von $\ln(K)$ kleiner werden, d. h., das Gleichgewicht der Reaktion würde auf die Seite der Edukte verschoben (Abb. 5.7).

Wäre die Reaktion endotherm ($\Delta_R H^* > 0$), dann hätte die Steigung der Funktion ein negatives Vorzeichen und eine Temperaturerhöhung hätte eine Verschiebung des Gleichgewichts der Reaktion auf die Seite der Produkte zur Folge.

Diese Überlegung ist nichts anderes als das Ihnen vielleicht bekannte Prinzip von Le Chatelier, welches wir hier durch die sogenannte van't Hoff'sche Reaktionsisobare (Gl. 5.30) dargestellt finden.

Für Reaktionen in der Gasphase möchten wir das Prinzip von Le Chatelier anhand eines (hoffentlich) anschaulichen Beispiels qualitativ erläutern (Abb. 5.8).

In diesem Beispiel haben wir Wasserstoffmoleküle (H_2, blau) und Stickstoffmoleküle (N_2, rot), die zu Ammoniak (NH_3) reagieren. Bei dieser Reaktion entstehen aus vier Gasmolekülen ($3H_2 + N_2$) zwei Gasmoleküle ($2NH_3$). Eine Druckerhöhung führt daher dazu, dass im System mehr Ammoniakmoleküle entstehen, weil das System dadurch dem äußeren Zwang (höherer Druck) ausweicht (durch Verringerung der Anzahl an Molekülen in der Gasphase).

Ausgerüstet mit dem Werkzeug der Betrachtung des chemischen Gleichgewichts verlassen wir den Krämerladen und schauen uns ein letztes Mal in der beschaulichen Ortschaft Fundamentalia um. Wir haben hier einiges gelernt und unseren Werkzeugkoffer aufbessern dürfen. Wir haben uns noch einmal über Stoffmengenanteile Gedanken gemacht, haben uns Aktivitäten angesehen, das chemische Potenzial näher unter die Lupe genommen – und schließlich das chemische Gleichgewicht selber betrachtet. Mit all diesem neuen Wissen und den neuen Fähigkeiten im Gepäck wenden wir dem Ort nunmehr den Rücken zu und begeben uns auf unsere gefahrvolle Reise über die Insel der Phasen. Eine Bemerkung an

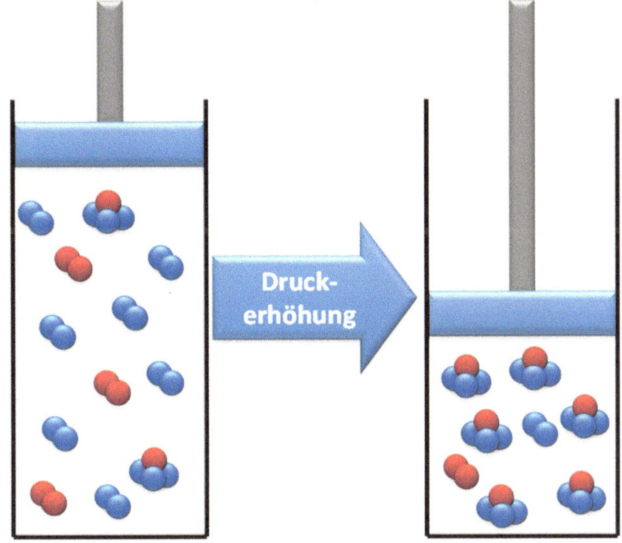

Abb. 5.8 Prinzip von Le Chatelier bei Gasphasenreaktionen am Beispiel der Ammoniaksynthese (*blaue Kugeln*: Wasserstoff, *rote Kugeln*: Stickstoff)

dieser Stelle: Sollten Sie das Gefühl haben, dass Ihr Werkzeugkoffer noch relativ leicht ist, dann fehlt Ihnen offenbar noch das ein oder andere Rüstzeug. In diesem Fall sollten Sie ein wenig in Fundamentalia verweilen und sich noch einmal in den einzelnen Gebäuden näher umsehen. Es lohnt sich! Denn ohne fundierte Grundkenntnisse werden Sie sicherlich den Anforderungen auf der Insel der Phasen nicht gewachsen sein!

Unser Weg auf der Insel der Phasen führt uns zunächst auf das kleine Eiland des Dr. Gibbs, bei dem wir erwartungsvoll anklopfen …

Übungsaufgaben

Aufgabe 5.4.1

Wie hoch ist die Gleichgewichtskonstante der Reduktion von Schwefeldioxid zu Schwefelwasserstoff bei einer Temperatur von 25 °C? Verwenden Sie zur Berechnung die Informationen aus Abschn. 4.2 und Abschn. 4.4!

Lösung:

http://tiny.cc/utelcy

Aufgabe 5.4.2

Die Gleichgewichtskonstante der Isomerisierung von *cis*-2-Penten zu *trans*-2-Penten bei 400 K beträgt $K = 3{,}0$. Welchen Wert hat die Freie Reaktionsenthalpie $\Delta_R G^0$ bei dieser Temperatur?

Lösung:

http://tiny.cc/luelcy

Aufgabe 5.4.3

Benzoesäure kann durch Umsetzung mit Wasserstoff und Stickstoff formal zu Anilin umgewandelt werden:

$$C_6H_5COOH + \frac{1}{2}N_2 + \frac{1}{2}H_2 \rightarrow C_6H_5NH_2 + CO_2$$

Läuft diese Reaktion bei einer Temperatur von 25 °C freiwillig ab? Recherchieren Sie zur Berechnung dieser Aufgabe die in der Aufgabenstellung fehlenden Werte in physikalisch-chemischen Tabellenwerken!

Lösung:

http://tiny.cc/4telcy

Das Eiland des Dr. Gibbs

Als Ihr aus dem Krämerladen herauskommt, steht die Sonne bereits hoch am Himmel und Ihr beschließt, noch heute den Weg zum Eiland von Dr. Gibbs einzuschlagen. Gerade als Ihr das Dorf verlassen wollt, hört Ihr ein verschwörerisches „Pssst!" aus einer Seitengasse.

Als Ihr näher hinschaut, sehr Ihr einen älteren Mann mit ungesunder Hautfarbe, dessen grünlich schimmernde Kleidung einen wohlhabenderen Eindruck macht als der Kerl, der in selbiger steckt.

© Nele Klumpe/Ulisses Spiele

„Ich habe gehört, dass Ihr auf dem Weg zum Mathemagier seid. Ich würde Euch raten umzukehren, wenn Euch Euer Leben – und vor allem Euer geistiges Heil – lieb sind! Viele haben schon vor Euch versucht, den Berg zu erklimmen, und sind von dort niemals wieder zurückgekehrt. Aber wenn Ihr wirklich dorthin wollt, dann könnte ich Euch das hier verkaufen." Bei diesen Worten holt er ein vergilbtes, staubiges und abgegriffenes Pergament aus seiner Tasche. „Die Altvorderen nannten diese

Dokumente hier ‚Formelsammlung' und sie sollen Wunder wirken gegen die mathemagischen Barrieren, die Euch Euer Feind in den Weg stellt. Ich kann sie Euch zu einem Spottpreis anbieten."

Ihr schaut Euch das zerbrechlich wirkende Pergament an. Tatsächlich enthält es eine ansehnliche Anzahl unterschiedlicher Formeln und mathemagischer Rituale, die Ihr zwar nicht wirklich versteht, die Euch aber dennoch (oder gerade deswegen?) als sinnvolle Investition erscheinen. Ihr bezahlt also den (aus Eurer Sicht) unverschämt hohen Preis für das staubige Etwas und der Alte verschwindet, nachdem er sich artig bedankt hat. Ihr wundert Euch zwar ein wenig darüber, warum er so schnell verschwunden ist, zuckt dann aber nur die Schultern und setzt Euren Weg in Richtung des Eilands von Dr. Gibbs fort.

Nach einigen Stunden Fußmarsch (die Sonne neigt sich bereits hinter dem Gipfel des drohend über Euch aufragenden Berges) erreicht Ihr schließlich die Insel. Über eine schmale Holzbrücke betretet Ihr das kleine Eiland, auf dem ein beschauliches und einladendes Haus steht. Die würzige Abendluft lädt zum Verweilen ein, aber Ihr macht Euch noch einmal klar, welche Aufgabe Ihr hier zu erfüllen habt, und tretet in das Haus ein.

Dort begrüßt Euch ein alter Mann mit schlohweißem Bart und blau-goldenem Skapulier. In seiner Linken hält er in einem ebenfalls blau-goldenen Handschuh einen großen Wanderstab. Er spricht mit dunkler, klarer Stimme zu Euch:

„Seid mir gegrüßt in meinem Heim, wissbegieriger Novize! Mein Name ist Joseph Wilhelm Gibbs, und ich bin der Hüter der Phasenregel. Jenseits meines Eilands beginnen die Wildnis des Einsamen Berges und das Reich des Mathemagiers. Ihr werdet keinen Zutritt zu seinen Gefilden bekommen, wenn Ihr Euch nicht als würdig erweist, diesen Weg auch zu beschreiten.

© Ben Maier/Ulisses Spiele

Ihr findet in meinem bescheidenen Heim viele Informationen zur Phasenregel, zu Komponenten und zu Freiheitsgraden. Leider neige ich aufgrund meines Alters aber manchmal zur Vergesslichkeit, sodass ich nicht immer genau weiß, ob sich alle Informationen korrekt an ihrem jeweiligen Platz befinden. Am besten durchstöbert Ihr also alle Ecken und Winkel meines Hauses, um sicherzugehen, dass Euch nichts entgeht.

Denn sobald Ihr den Weg von meinem Eiland hinunter in Richtung der Wildnis des Einsamen Berges beschreitet, werdet Ihr irgendwann auf die Wächter treffen. Sie kann man nur bezwingen, wenn man die Rätsel der Phasen zu lösen imstande ist. Kein Sterblicher weiß genau, welch furchtbare Aufgaben die Wächter Euch stellen mögen, sodass Ihr gut daran tut, Euch auf alle erdenklichen Möglichkeiten vorzubereiten …

Meine Bibliothek steht Euch zum Studium der Phasenregel zur Verfügung. Ich wünsche Euch viel Erfolg bei Eurer Suche nach Wissen. Und einen starken Geist und Willen, um gegen die Gefahren der Insel zu bestehen."

Ihr freut Euch, in Dr. Gibbs jemanden gefunden zu haben, der Euch offenbar sehr wohlgesonnen ist (und der so gar nicht zu dem Bild passen will, das der Schreiber in Fundamentalia von ihm gemalt hat). Ihr bedankt Euch herzlich und beginnt, die Bibliothek im Haus von Dr. Gibbs zu durchstöbern.

http://tiny.cc/8relcy

5.5 Die Phasenregel von Gibbs

Wir haben nun bereits eine ganze Reihe wichtiger Grundbegriffe gelernt, die wir bei der bevorstehenden Betrachtung von Phasengleichgewichten benötigen. Bevor wir uns aber endgültig auf die Reise begeben und konkrete Fälle von Phasengleichgewichten betrachten, möchten wir uns auf der Insel des Dr. Gibbs zunächst noch einmal einige abschließende allgemeine Gedanken zum Thema machen.

Welche zentrale Frage steht für uns bei der Analyse von Phasengleichgewichten eigentlich im Vordergrund? Um diese Frage zu beantworten, machen wir uns zunächst noch einmal Gedanken zum Begriff „Phasengleichgewicht". Was bedeutet er denn eigentlich? Nicht mehr und nicht weniger, als dass bei einer bestimmten Temperatur und einem bestimmten Druck (Merken Sie etwas? Das sind genau die Variablen der Zustandsfunktion G …) eine bestimmte Anzahl von Phasen miteinander im Gleichgewicht stehen. Ein Beispiel hierfür könnte das Gleichgewicht zwischen Eis und flüssigem Wasser bei einem Druck von 1013 mbar und einer Temperatur von 0 °C sein. Und was heißt „Gleichgewicht"? In diesem Fall bedeutet es nichts anderes, als dass bei den vorliegenden Bedingungen (sprich: konstantem Druck p und konstanter Temperatur T) ein auf makroskopischer Ebene (d. h. messbarer und durch Zustandsgrößen beschreibbarer) zeitlich unveränderlicher Zustand vorliegt, den das System freiwillig nicht verlässt (sehen Sie sich hierzu gerne noch einmal den Gleichgewichtsbegriff aus Abschn. 1.1 an und vergleichen die dortige allgemeine Definition mit dem konkreten Fall an dieser Stelle).

Um dies ein wenig näher zu illustrieren, schauen wir uns einen Eiswürfel in flüssigem Wasser bei einer Temperatur von 25 °C an (z. B. das Eis in einem Cocktailglas an einem nicht mehr ganz so warmen Sommertag). Auch hier liegt scheint zunächst einmal ein „Gleichgewicht" vorzuliegen. Warten wir aber lange genug, dann stellen wir fest, dass der Eiswürfel geschmolzen ist und wir insgesamt nur flüssiges Wasser haben. Dieses Verhalten diktie-

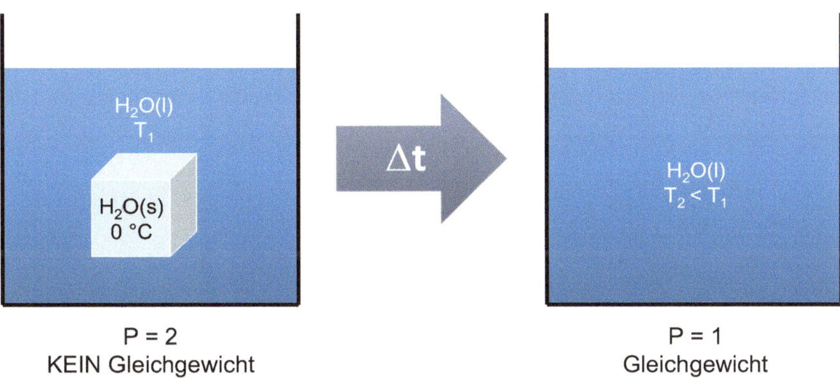

Abb. 5.9 Auflösung eines Eiswürfels in Wasser (links: kein Gleichgewicht, rechts: Gleichgewicht)

ren uns der 0. Hauptsatz (Temperaturausgleich) und der 2. Hauptsatz der Thermodynamik (Richtung des Wärmeflusses von „warm" nach „kalt", d. h. von hoher zu niedriger Temperatur, siehe Abschn. 3.2). Der Unterschied zwischen dem scheinbaren Gleichgewicht des Eiswürfels in Wasser und dem Gleichgewicht nach Temperaturausgleich ist in Abb. 5.9 noch einmal zusammengefasst.

Was also interessiert uns im Fall der Phasengleichgewichte? Wir gehen zunächst einmal davon aus, dass wir den Zustand des Gleichgewichts mit unserem System bereits eingenommen haben. Und weiterhin möchten wir genau diesen Zustand (das Gleichgewicht) nicht verlassen. Die erste Frage, die wir uns also stellen wollen, ist folgende:

„Wie viele Variablen können wir unabhängig voneinander verändern, ohne dass eine der unter bestimmten Bedingungen im Gleichgewicht miteinander stehenden Phasen verschwindet?"

Der Physikochemiker formuliert diese Anzahl an Variablen als die Anzahl der **Freiheitsgrade** des Systems. Neben den Freiheitsgraden müssen wir dazu noch die Anzahl der **Phasen** (Bereiche ohne sprunghafte Änderung [intensiver] physikalischer Größen) sowie die Anzahl der **Komponenten** (chemisch unabhängige Bestandteile des Systems – vor allem in Mischphasen von Bedeutung) betrachten. Hier möchten wir im Folgenden die Gedanken unseres geistigen Gastgebers dieses Kapitels, Josiah Willard Gibbs (1839–1903), nachvollziehen, der unter Berücksichtigung dieser drei Größen eine allgemeine Formel zur Berechnung der Freiheitsgrade eines beliebigen thermodynamischen Systems hergeleitet hat.

Gibbs ging von der Überlegung aus, dass die Anzahl der Freiheitsgrade im Gleichgewicht dadurch gegeben ist, dass man von der Gesamtzahl der Variablen N_{var} (= maximale Anzahl an Freiheitsgraden) die Anzahl der Gleichgewichtsbedingungen N_{GG} (= einschränkende Randbedingungen) abzieht:

$$F = N_{\mathrm{var}} - N_{\mathrm{GG}} \tag{5.31}$$

Als Nächstes schauen wir uns die Größen N_{var} und N_{GG} näher an. Wie kann man die Gesamtzahl der Variablen quantifizieren? Nehmen wir an, dass im Gleichgewicht insgesamt P Phasen miteinander im Gleichgewicht stehen. In jeder Phase sollen sich jeweils K Komponenten befinden. Thermodynamisch lässt sich jede einzelne Phase durch den Druck p, die Temperatur T und $K - 1$ Stoffmengenanteile beschreiben (der letzte Stoffmengenanteil ist durch $\sum K_i = 1$ festgelegt). Damit ergibt sich für die Anzahl der Variablen:

$$N_{\mathrm{var}} = P \cdot (K - 1 + 2) = P \cdot (K + 1) \tag{5.32}$$

Wie sieht es mit der Anzahl der Gleichgewichtsbedingungen aus? Schauen wir uns dazu die einzelnen Variablen an. Bezüglich der Temperatur muss gemäß unserer weiter oben geführten Überlegung gelten, dass T in allen Phasen gleich sein muss. Wäre dies nicht der Fall, dann würde daraus ein Wärmefluss resultieren. Da wir im Gleichgewicht aber keinen Wärmefluss (Änderung der Energie einer Phase) haben dürfen, müssen die Temperaturen konsequenterweise identisch sein. Das Gleiche gilt auch für den Druck p. Der Druck ist gewisser Weise ein Maß dafür, wie häufig und mit welcher Energie Teilchen aufeinanderprallen. Bei einem hohen Druck passiert das häufiger und intensiver als bei einem niedrigen Druck. Wäre p daher bei zwei benachbarten Phasen nicht identisch, dann würde auch daraus entsprechend ein Ungleichgewicht entstehen, welches sich durch Druckausgleich (analog dem Wärmefluss im Fall der Temperatur) zunächst in einen Gleichgewichtszustand bewegen müsste. Aufgrund des 0. Hauptsatzes der Thermodynamik benötigen wir für Temperatur und Druck hier jeweils $P - 1$ Gleichgewichtsbedingungen (für P Phasen benötigt man insgesamt $P - 1$ mathematisch unabhängige Bedingungen).

Neben Druck p und Temperatur T müssen darüber hinaus sämtliche chemische Potenziale μ_i der einzelnen Komponenten in allen Phasen gleich sein:

$$\mu_{1,\mathrm{Phase\ 1}} = \mu_{1,\mathrm{Phase\ 2}} = \cdots = \mu_{1,\mathrm{Phase}\,P}$$
$$\mu_{2,\mathrm{Phase\ 1}} = \mu_{2,\mathrm{Phase\ 2}} = \cdots = \mu_{2,\mathrm{Phase}\,P}$$
$$\cdots$$
$$\mu_{K,\mathrm{Phase\ 1}} = \mu_{K,\mathrm{Phase\ 2}} = \cdots = \mu_{K,\mathrm{Phase}\,P}$$

Für alle K Komponenten benötigt man damit jeweils $P - 1$ Gleichgewichtsbedingungen (Anzahl der Gleichungen, analog zur Diskussion von Druck und Temperatur). Damit ergibt sich für die Gesamtzahl an Gleichgewichtsbedingungen:

$$N_{\mathrm{GG}} = (K + 2) \cdot (P - 1) \tag{5.33}$$

Jetzt setzen wir Gl. 5.32 und 5.33 in Gl. 5.31 ein und berechnen daraus die Anzahl an Freiheitsgraden:

$$F = P \cdot (K + 1) - (K + 2) \cdot (P - 1) = P \cdot K + P - P \cdot K + K - 2 \cdot P + 2 = K - P + 2$$

Dieses Ergebnis ist auch bekannt als:

> **Gibbs'sche Phasenregel**
>
> $$F = K - P + 2 \tag{5.34}$$

Was bedeutet dieses Ergebnis eigentlich? Können wir daraus (jenseits einer zugegebenermaßen eleganten und mathematisch attraktiven Herleitung) etwas für die Praxis ableiten? Schauen wir uns die Gleichung dazu einmal genauer an.

Die erste Frage, die Sie sich jedes Mal stellen sollten, wenn Sie sich eine Gleichung anschauen, lautet: Gibt es Einschränkungen bezüglich des Wertebereiches? Im Fall von F ist es so, dass die Anzahl der Freiheitsgrade minimal $F = 0$ sein darf. Hier hätten wir ein sogenanntes invariantes System, bei dem weder Druck p noch Temperatur T verändert werden dürfen, ohne dass es zum Verschwinden einer Phase kommt. Für eine einzige Komponente ($K = 1$) hat das die Konsequenz, dass maximal drei Phasen ($P = 3$) miteinander im Gleichgewicht stehen können, da man in diesem Fall erhält:

$$F = 1 - 3 + 2 = 0 \tag{5.35}$$

Ein Beispiel hierfür wäre der Tripelpunkt von Wasser (auf den wir im folgenden Kapitel noch zu sprechen kommen werden).

Damit halten wir als eine zentrale Konsequenz für Phasengleichgewichte an dieser Stelle bereits fest, dass im thermodynamischen Gleichgewicht niemals(!) vier oder mehr Phasen miteinander im Gleichgewicht stehen dürfen! Behalten Sie diesen Gedanken im Hinterkopf – wir werden ihn in der Folge noch einmal zu konkreten Beispielen aufgreifen.

Aber zurück zur Gibbs'schen Phasenregel. Verringern wir die Anzahl der Phasen in unserem Einkomponentensystem, dann erhöhen wir gleichzeitig die Anzahl der Freiheitsgrade. Haben wir beispielsweise nur zwei Phasen, die vorliegen, dann wird $F = 1$ und wir können eine Variable frei wählen, ohne dass eine der beiden miteinander im Gleichgewicht stehenden Phasen verschwindet. Wir können also beispielsweise den Druck p oder die Temperatur T frei wählen. Die jeweils andere Variable wäre dann allerdings festgelegt. Nehmen wir als Beispiel den Siedepunkt von Wasser. Wasser siedet bekanntlich bei einer Temperatur von 100 °C. Weniger bekannt ist dabei, dass diese Temperatur für einen Druck von 1013 mbar gilt. Verringert man den Druck (oder im Sinne der Gibbs'schen Phasenregel ausgedrückt: Wählt man einen anderen Wert für die Variable p ...), dann gibt es für einen gegebenen Druck nur eine einzige Temperatur T, bei der ebenfalls ein Gleichgewicht zwischen flüssigem und gasförmigem Wasser vorliegt (auch diese wird dann als Siedetemperatur beschrieben – dann nur eben bei einem niedrigeren Druck). Umgekehrt kann ich die Temperatur T frei wählen, würde dann damit aber den Druck p festlegen.

Abb. 5.10 Würfel

Liegt schlussendlich nur eine einzige Phase ($P = 1$) vor, dann haben wir (wiederum für unser Beispiel eines Einkomponentensystems) gemäß der Phasenregel zwei Freiheitsgrade ($F = 2$). In diesem Fall können wir also sowohl den Druck p als auch die Temperatur T frei wählen, ohne dass es zu einer Veränderung der Anzahl der Phasen kommt.

Wir werden die Gibbs'sche Phasenregel in den folgenden Kapiteln noch mehrfach aufgreifen, um diesem (an dieser Stelle zugegebenermaßen noch recht theoretischen) Konstrukt mehr Leben einzuhauchen. Zum Abschluss dieses Kapitels möchten wir Ihnen noch eine kleine Analogie als Merkregel mit auf den Weg geben, um sich die Phasenregel von Gibbs besser merken zu können. Die Formel $F = K - P + 2$ kann man sich sehr einfach mit einem Würfel merken, für den gilt:

$$\text{Flächen} = \text{Kanten} - (\text{Eck})\,\text{Punkte} + 2$$

Beachten Sie, dass die Anfangsbuchstaben der einzelnen Komponenten der „Formel" dabei identisch sind mit den Variablen, die in der Gibbs'schen Phasenregel stehen. Schauen wir uns das am Beispiel eines Würfels an (Abb. 5.10).

Der Würfel hat zwölf Kanten und acht Eckpunkte. Daraus ergibt sich:

$$F\,(\text{lächen}) = 12 - 8 + 2 = 6$$

Gemäß unserer Rechnung besitzt der Würfel also sechs Flächen. Und in der Tat (das wissen Sie auch aus Ihrer Erfahrung) entspricht dieses Ergebnis der Realität. Wir hoffen, dass dieses Beispiel Ihnen dabei hilft, sich die Gibbs'sche Phasenregel besser zu merken (ansonsten streichen Sie die Analogie gleich wieder aus Ihren Gedanken!). Diese als „Eselsbrücken" bekannten Analogien haben sich in der Praxis bereits an vielen Stellen bewährt!

Was machen wir nun als Nächstes? Wir haben das methodische Rüstzeug beisammen, um uns nun auf die Reise über die Insel der Phasen zu begeben. Und wir werden in der Folge der Reihe nach die einzelnen „Bestandteile" der Phasenregel von Gibbs nach und nach diskutieren. Wir schauen uns also Systeme mit einer unterschiedlichen Anzahl von Komponenten K und einer unterschiedlichen Anzahl von Phasen P an. Das wollen wir mit allmählich steigendem Schwierigkeitsgrad tun (deshalb auch das Bild des Berges, den wir auf der Insel besteigen wollen). Wir möchten Ihnen an dieser Stelle daher zunächst einmal einen Überblick über den weiteren Verlauf unserer Reise geben.

Beginnen werden wir unsere Betrachtung der Phasengleichgewichte in Kap. 6 mit den Einkomponentensystemen ($K = 1$). Hier werden wir die Phasenregel von Gibbs (wie bereits in den letzten Absätzen angedeutet) anwenden und uns mit den unterschiedlichen Aggregatzuständen beschäftigen.

Als Nächstes schauen wir uns Mischphasen mit zwei Komponenten an ($K = 2$), wobei wir diese nach unterschiedlichen Phasen differenzieren werden. Zunächst beschäftigen wir uns mit einphasigen binären Mischphasen (*2K/1P-Systeme*) und werden dort unter anderem ideale und reale Systeme voneinander zu unterscheiden lernen (Kap. 7). Danach werden wir in Kap. 8 und Kap. 9 Systeme mit zwei Phasen betrachten (*2K/2P-Systeme*), wobei zunächst nur in einer der beiden Phasen eine Mischung vorliegt, die andere Phase hingegen ein Reinstoff ist (wir möchten diese daher als *2K/1K-Systeme* bezeichnen). Hier werden wir in Kap. 8 zunächst die sogenannten kolligativen Eigenschaften diskutieren (von lat. colligere, dt. sammeln), zu denen unter anderem Siedepunktserhöhung und Gefrierpunktserniedrigung gerechnet werden. Anschließend betrachten wir in Kap. 9 binäre Systeme, bei denen in beiden Phasen ein Gemisch vorliegt (diese möchten wir in unserer Nomenklatur daher als *2K/2K-Systeme* bezeichnen). Hier schauen wir uns die Phasengrenzen fest/flüssig sowie flüssig/gasförmig an und werden beispielsweise Dampfdruckdiagramme, Siedediagramme und Gleichgewichtsdiagramme kennenlernen.

Auf dem Gipfel der Insel angelangt (Kap. 10), werden wir unsere Betrachtung der Phasengleichgewichte dann mit einem kurzen Ausblick auf ternäre Systeme, also Mischungen aus drei Komponenten ($K = 3$), beschließen (*3K/1P-Systeme*). Dort werden wir mit dem Dreiecksdiagramm eine besondere Form der Darstellung von Mischphasen und Phasengleichgewichten kennenlernen.

Übungsaufgaben

Aufgabe 5.5.1

In einem geschlossenen und vollständig evakuierten Dreihalskolben wird Magnesiumcarbonat erhitzt. Dabei entsteht ein farb- und geruchloses Gas. Wie viele Komponenten hat das beschriebene System?

Lösung:

http://tiny.cc/mselcy

Aufgabe 5.5.2

Wie groß ist die Anzahl der Freiheitsgrade F im System, welches in der vorherigen Aufgabe beschrieben wird?

Lösung:

http://tiny.cc/fuelcy

Aufgabe 5.5.3

Wie hoch ist die Anzahl der Freiheitsgrade F in einer binären Mischung aus Natriumnitrat und Kaliumnitrat, wenn die Schmelze der Mischung mit dem Feststoff unter isobaren und isothermen Bedingungen im Gleichgewicht steht?

Lösung:

http://tiny.cc/xselcy

Einkomponenten-systeme

6

© Springer-Verlag Berlin Heidelberg 2017
T. Daubenfeld, D. Zenker, *Reiseführer Physikalische Chemie*, DOI 10.1007/978-3-662-47932-2_6

Die Waldwildnis

Nachdem Ihr das Eiland von Gibbs hinter Euch gelassen habt, liegt nunmehr der Marsch zum Berg vor Euch. Ihr denkt noch an all die unangenehmen Träume der letzten Nacht, als Ihr von Freiheitsgraden und Komponenten geträumt habt – und erinnert Euch verschwommen daran, zwischen all den Träumen ein dumpfes und höhnisches Lachen gehört zu haben. Vielleicht das des Mathemagiers?

Aber all das ist jetzt gerade vergessen und gehört dem Gestern an. Tief atmet Ihr die kühle Morgenluft ein, die vom leichten Salzgeruch einer vom Meer heranwehenden Brise durchsetzt ist. Durch sanft zum Wasser hin abfallende und von saftigem Grün bewachsene Hügel marschiert Ihr gemächlich weiter. Die Insel ist hier sehr ruhig und Euren Marsch begleiten einige Vögel, die munter am Himmel zwitschern und ab und zu an Euch vorbeifliegen, so als wollten sie Eure Reise musikalisch untermalen. Beschwingt setzt Ihr Euren Weg weiter fort.

Nach einiger Zeit könnt Ihr vor Euch einen kleinen Wald ausmachen, an dessen Rand mehrere kleinere Gebäude stehen. Zu Eurer Rechten liegt ein kleiner See, der in seltsamen Farben glänzt und glitzert. Eine herrliche Idylle! Am liebsten würdet Ihr Euch sofort in die Sonne legen und ausruhen. Wäre da nicht der Gedanke an den Mathemagier, der Euch immer wieder einholt.

Also beschließt Ihr weiterzugehen, um dem Mathemagier endlich näher zu kommen, und fragt Euch, welche Gefahren nun auf Eurem Weg lauern mögen.

Nach einiger Zeit nähert Ihr Euch einem kleinen Haus, das einsam und allein am Rande des großen Waldes steht. Von vorne ist nichts zu erkennen, aber Ihr könnt sehen, dass sich eine kleine Rauchfahne aus dem Schornstein kräuselt, und vernehmt zudem dumpfe Geräusche von der anderen Seite des Gebäudes.

Als Ihr das Haus umrundet, könnt Ihr das gleichmäßige monotone Schlagen einer Hacke ausmachen, die dabei ist, den Boden umzupflügen. Der schwitzende Mann, der die Hacke schwingt, bemerkt Euch zunächst nicht und geht weiter seinem Tagewerk nach. Erst als Ihr fast bei ihm seid, dreht er sich herum. Erfreut blickt er Euch an, lässt seine Hacke sinken und bietet Euch sofort einen der saftigen Äpfel an, die in einer Schüssel auf einem nahen Tisch stehen. Offenbar ist er froh, ein wenig Ablenkung von seiner Arbeit zu haben. Er nimmt sich einen langen Stab, auf dem er seinen beleibten Körper schnaufend abstützt, und beginnt mit Euch zu sprechen.

„Seid willkommen, Fremder. Was führt Euch hierher? Normalerweise besuchen mich nur die Tiere des Waldes ab und an." Nachdem Ihr dem Mann erklärt habt, wo Ihr herkommt, was Ihr hier tut und wo Ihr hinwollt, seht Ihr Spuren von Angst und Panik in ihm aufsteigen. „Ihr müsst völlig übergeschnappt sein! Wisst Ihr denn nicht, dass Dáò'byn Fêlled jeden in den Wahnsinn treibt, der ihm zu nahe kommt? Noch niemand hat seinen Herrschaftssitz jemals klaren Verstandes wieder verlassen. Wenn ich Euch einen Ratschlag geben darf: Flieht, solange Ihr noch könnt. Das ist die einzige Möglichkeit, Euren Geist noch zu retten!"

Wieder einmal wundert Ihr Euch über so viel Aberglaube und Unfug. Offensichtlich ist diese ganze Insel verrückt geworden und dem Mathemagier derart untertan, dass sich niemand mehr wagt, auch nur ansatzweise darüber nachzudenken, dass es auch ein Leben in Freiheit, ein Leben fernab der mathemagischen Knute geben könnte. Ein Leben, bei dem man nicht ständig das Gefühl haben muss, aus dem Hinterhalt von Integralen angefallen zu werden, die der Mathemagier immer wieder über die Insel hetzt. Ganz zu schweigen von seiner gefährlichsten Kreatur, dem Totalen Differential, das er Legenden zufolge mit dem geheimnisumwobenen Satz von Schwarz

beschwören kann. Aber schon lange hat diese Kreatur auf der Insel nicht mehr ge-
wütet. Hoffen wir, dass es dabei bleibt.

© Ben Maier/Ulisses Spiele

Der Gärtner vor Euch (offensichtlich handelt es sich um einen solchen) hat aber trotz
seines Unverständnisses bezüglich Eures Ziels Mitleid und bietet Euch ein wenig Essen und Trinken an. Die Mahlzeit ist zwar karg, aber dennoch kräftigend. Und am
Ende beginnt er ein wenig zu erzählen: „Wisst Ihr, das Leben als Gärtner in dieser
Wildnis mag Euch schwer erscheinen, aber dennoch lebe ich im Einklang mit der
ganzen Insel, da ich die Kraft der Erde, des Wassers und der Luft immer wieder in
den Bäumen spüre. Ihre Wurzeln sind fest wie der Fels, durch ihre Stämme und Äste
fließt flüssiges Wasser wie Blut und ihre Kronen wiegen sich in der Luft wie Vögel
im Wind. Im Sommer, wenn es warm ist, bewegt sich der Baum, als wenn er leben-

dig wäre. Und im Winter, wenn die Temperaturen eisig sind, ist er erstarrt wie eine Eissäule. Damit ist der Baum ein Sinnbild der Insel, ein Sinnbild der Phasen selbst."

Ihr seid verwundert, so viel philosophische Erkenntnisse aus dem Munde eines einfachen Gärtners vernehmen zu dürfen. Und Ihr erinnert Euch daran, dass Ihr schon einmal etwas über diese seltsamen Phasen gehört habt.

http://tiny.cc/6uelcy

6.1 Phasendiagramme

Um sich einen besseren Überblick über Phasengleichgewichte zu verschaffen, nutzt der Physikochemiker meist sogenannte „Phasendiagramme". Anders als auf unserer bisherigen Reise werden also nicht mathematische Gleichungen das Zentrum unserer Diskussionen sein (keine Sorge, die Mathematik wird nicht zu kurz kommen, aber alleine nicht ausreichend sein, um uns dem Verständnis des Themas näherzubringen), sondern grafische Darstellungen des Zusammenhangs unterschiedlicher Größen, die für Phasengleichgewichte relevant sind.

Da wir unsere Betrachtungen mit Einkomponentensystemen ($K = 1$) beginnen möchten, stellt sich uns zunächst die Frage: Wie soll dieses Diagramm denn eigentlich gestaltet sein? Und was soll es überhaupt darstellen? Nun, unser Ziel sollte sein, dass wir aus dem Phasendiagramm der uns interessierenden Komponente sämtliche Phasen (in der Regel handelt es sich um Aggregatzustände) herauslesen können. Das bedeutet konkret, dass wir erkennen, unter welchen Bedingungen ein Stoff fest, flüssig oder gasförmig vorliegt. Daher stellen wir uns als Nächstes die Frage, wovon es denn eigentlich abhängt, welcher Aggregatzustand vorliegt? Wie wir bereits auf unserer bisherigen Reise gesehen haben, sind das in der Regel die intensiven Zustandsvariablen Druck p und Temperatur T. Was wäre also naheliegender, als genau diese beiden Größen als Variablen zu nutzen und sie in einem Diagramm gegeneinander aufzutragen. Und genau das machen wir in der Physikalischen Chemie immer, wenn wir ein Phasendiagramm eines sogenannten Einkomponentensystems zeichnen. Ein Beispiel eines solchen Diagramms ist in Abb. 6.1 aufgeführt, welches das Phasendiagramm von Wasser zeigt.

Was können wir in diesem Phasendiagramm erkennen? Wir sehen zunächst einmal verschiedene Linien darin, die sich in einigen Punkten vereinen. Darüber hinaus können wir

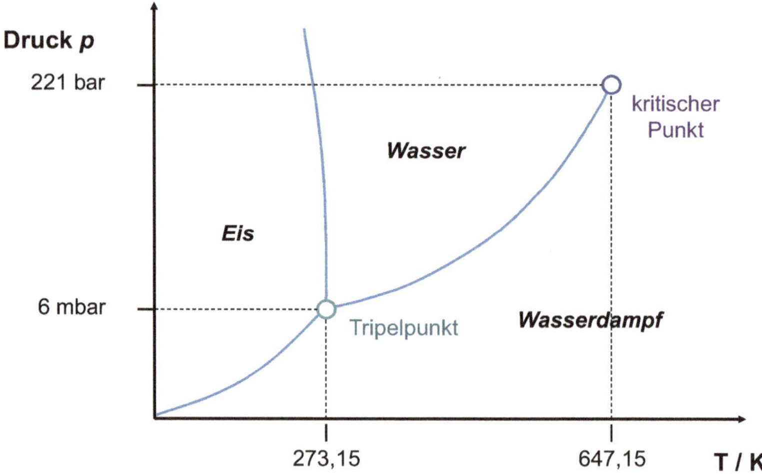

Abb. 6.1   Phasendiagramm von Wasser. Adaptiert nach: Physical Chemistry, Eighth Edition by Atkins & de Paula (2006). By permission of Oxford University Press.

Bereiche entdecken, wo es zu einem bestimmten Wert von p unterschiedliche Werte von T gibt – und umgekehrt. Mit unserem bisherigen mathematischen Werkzeug, das im Wesentlichen in der Analysis im Rahmen von Kurvendiskussionen geschult worden ist, kommen wir hier offensichtlich nicht weiter. Wie also liest man ein solches Phasendiagramm?

Stellen Sie sich ein Phasendiagramm grundsätzlich immer als eine Art „Spielfeld der Natur" vor. Die Natur (oder eben wir als Chemiker im Labor) entscheiden zunächst einmal darüber, an welchen Stellen der Ordinate (y-Achse) und Abszisse (x-Achse) wir uns befinden. Mit anderen Worten: Die Umgebung legt fest, bei welchem Druck p und bei welcher Temperatur T wir uns befinden. Wenn wir bei dem jeweiligen Druck und der gewählten Temperatur eine zu den jeweiligen Achsen senkrechte Linie einzeichnen, dann schneiden sich diese beiden Linien an einem bestimmten Punkt irgendwo auf unserem Spielfeld. Und genau an diesem Punkt können wir nun feststellen, in welcher Form unser betrachteter Stoff vorliegt. Dies ist in Abb. 6.2 ebenfalls am Beispiel Wasser für einen Druck von $p = 1013$ mbar und eine Temperatur von $T = 393{,}15$ K dargestellt.

Unter diesen Bedingungen liegt Wasser gasförmig vor. Schauen wir uns die Phasenregel für dieses konkrete Beispiel einmal an. Wir haben eine Komponente (Wasser, $K = 1$) und eine Phase (gasförmige Phase, $P = 1$). Damit ergibt sich bezüglich der Zahl an Freiheitsgraden in diesem Fall:

$$F = 1 - 1 + 2 = 2$$

Wir können also ausgehend von unserem aktuellen Punkt sowohl Temperatur als auch Druck (das sind unsere beiden Freiheitsgrade) jeweils unabhängig voneinander ändern,

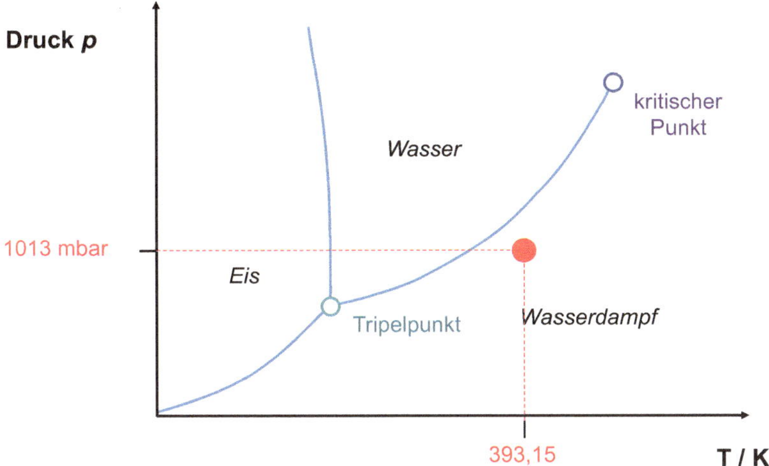

Abb. 6.2   Gasförmiges Wasser im Phasendiagramm

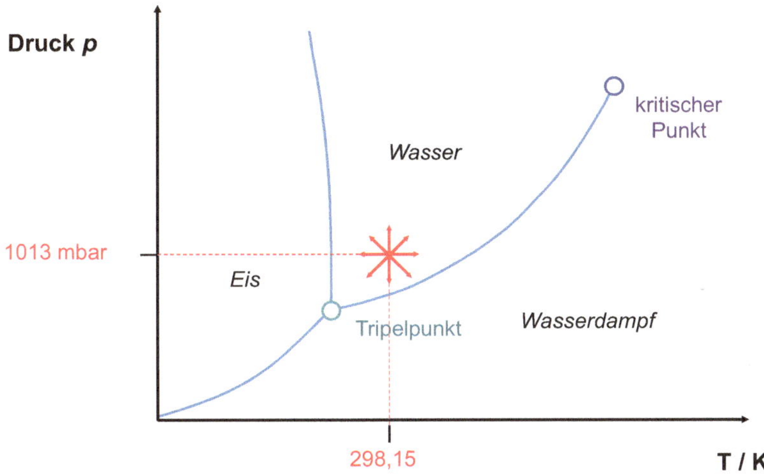

Abb. 6.3   Änderungen von p und T im Einphasengebiet, die nicht zum Phasenübergang führen (rote Pfeile deuten auf Änderungen von p und T ausgehend vom ursprünglichen Zustand hin)

ohne dass sich an der Anzahl der Phasen etwas verändert. Solange wir innerhalb der gasförmigen Phase bleiben und sich an den Randbedingungen für die Gibbs'sche Phasenregel nichts ändert, werden wir diese zwei Freiheitsgrade immer besitzen. Dies ist in Abb. 6.3 für Änderungen von p und T in der Umgebung von $p = 1013$ mbar und $T = 298$ K illustrativ dargestellt.

Ein Phasendiagramm lässt sich als „Spielwiese" also dahingehend interpretieren, dass man sich überall auf der vom Koordinatensystem aufgespannten Fläche aufhalten darf – unabhängig von den Linien, die in dem Diagramm gezeichnet sind. Die einzelnen dargestellten Bereiche stellen die Existenzbereiche von Phasen dar, geben dem Betrachter also eine Vorstellung davon, unter welchen Bedingungen von Druck und Temperatur bestimmte Phasen stabil sind oder miteinander im Gleichgewicht stehen. Anders als bei den Ihnen bislang bekannten Beispielen für Graphen sollte man sich bei den Phasendiagrammen also nicht alleine von den Linien leiten lassen, sondern die gesamte Fläche der Betrachtung unterziehen.

Schauen wir uns die einzelnen Linien im Diagramm ein wenig näher an. Was stellen diese eigentlich dar? Wenn ich p und T entsprechend wähle, dann kann es sein, dass man genau auf einer der Linien landet. Auf diesen Linien stehen jeweils zwei Phasen miteinander im Gleichgewicht, also beispielsweise Flüssigkeit/Dampf, Feststoff/Flüssigkeit oder Feststoff/Dampf. Hier liegen somit zwei Phasen miteinander im Gleichgewicht vor ($P = 2$) und die Anzahl der Freiheitsgrade ist, wie wir bereits im letzten Kapitel gesehen haben, gemäß der Gibbs'schen Phasenregel auf einen beschränkt ($F = 1$). Diese Linien bezeichnen wir als Phasengrenzlinien, da sie jeweils zwei Phasen voneinander trennen.

Am Schnittpunkt dreier Phasengrenzlinien liegt ein sogenannter Tripelpunkt vor, an dem drei Phasen miteinander im Gleichgewicht stehen ($P = 3$). Der Tripelpunkt ist gemäß der Gibbs'schen Phasenregel ein invarianter Punkt ($F = 0$). Wie auf dem Eiland von Gibbs bereits diskutiert, dürfen sich in einem Phasendiagramm niemals mehr als drei Phasengrenzlinien in einem Punkt schneiden – ein „Quadrupelpunkt" ist also verboten, da für einen solchen $F < 0$ würde, was nach Gibbs nicht erlaubt ist. Umso erstaunlicher ist es, dass sich die Natur an diese Phasenregel auch „hält", d. h. dass es in realen Phasendiagrammen tatsächlich keine solchen Punkte gibt, an denen sich mehr als drei Linien schneiden. Dies zeigt unserer Ansicht nach auf eindrucksvolle Weise den praktischen Nutzen des zunächst recht theoretischen Modells der Gibbs'schen Phasenregel für reale Systeme.

Schauen wir uns als Nächstes einmal die Existenzbereiche der einzelnen Phasen an. Können wir eigentlich eine Aussage darüber treffen, welche Phase in welchem Bereich liegt? Das steht in einem Phasendiagramm meist nicht immer dabei, sodass wir unter Umständen gezwungen sein könnten, die Bereiche für fest, flüssig und gasförmig selber zu identifizieren. Wonach kann ich mich dann richten? Hierzu betrachtet man zweckmäßigerweise das Verhalten der kleinsten Teilchen bei Veränderung von Druck und Temperatur.

Erhöht man beispielsweise den Druck, wird dadurch der Abstand zwischen den einzelnen Teilchen verringert und man wird in zunehmendem Maße kondensierte Phasen (Flüssigkeit, Feststoff) erhalten. Umgekehrt wird man bei niedrigem Druck eher eine gasförmige Phase erwarten. „Durchquert" man das Phasendiagramm einer Komponente also „von unten nach oben" (oder physikochemisch exakter ausgedrückt: Erhöht man unter isothermen Bedingungen den Druck p), dann erwartet man nacheinander die Reihenfolge Dampf – Flüssigkeit/Feststoff (die Unterscheidung zwischen Feststoff und Flüssigkeit lässt sich nicht ohne Weiteres verallgemeinern, wie wir noch sehen werden).

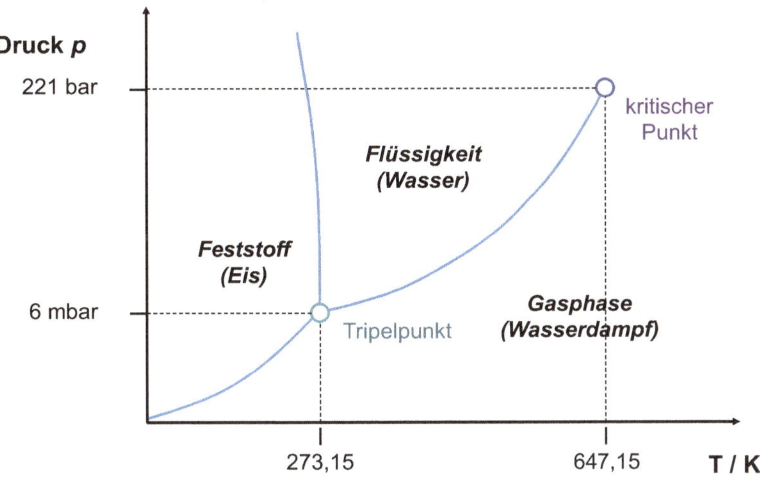

Abb. 6.4 Phasendiagramm von Wasser mit Bezeichnung aller Gebiete

Erhöht man andererseits die Temperatur, dann bewegen sich die Teilchen immer schneller und man erwartet, dass sich kondensierte Phasen (die sich mit „weniger stark bewegten Teilchen" leichter bilden lassen) weniger gut bilden – und es umgekehrt zur Ausbildung einer gasförmigen Phase kommt. Da man dabei das Phasendiagramm „von links nach rechts durchschreitet" (oder physikochemisch exakt ausgedrückt: die Komponente unter isobaren Bedingungen erwärmt), würde man in dieser Richtung die Phasen Feststoff – Flüssigkeit – Dampf erwarten. Mit dieser Überlegung können wir nun die einzelnen Bereiche in unserem Phasendiagramm genauer bezeichnen (Abb. 6.4).

Jetzt können wir auch den einzelnen Linien in unserem Phasendiagramm eine physikalische Bedeutung geben. Die Phasengrenzlinie zwischen Feststoff und Flüssigkeit stellt die sogenannte Schmelzkurve der betrachteten Komponente dar. Sie ist eine quantitative Beschreibung der Abhängigkeit des Schmelzpunktes (in °C) vom Druck – und umgekehrt. Analog dazu werden die Phasengrenzlinien Flüssigkeit/Dampf als Siedekurve (oder auch als Dampfdruckkurve, wie wir in Abschn. 6.2 noch sehen werden) und Feststoff/Dampf als Sublimationskurve bezeichnet. Bei Übergängen zwischen den einzelnen Phasen wird jeweils eine der Phasengrenzlinien überschritten. Die jeweiligen Prozesse tragen dabei bestimmte Bezeichnungen, die wir aus unserem Alltag oder aus dem Labor kennen: Schmelzen, Erstarren, Verdampfen, Kondensieren, Sublimieren oder Resublimieren (Abb. 6.5). Diese als Phasenübergänge bezeichneten Prozesse werden wir uns in Abschn. 6.2 noch etwas näher ansehen.

In Abb. 6.4 haben wir ferner den letzten noch ausstehenden Punkt ebenfalls bezeichnet: den kritischen Punkt. Dieser repräsentiert das Wertepaar aus Druck p und Temperatur T, jenseits dessen man nicht mehr zwischen Flüssigkeit und Dampf differenzieren kann, da die Dichten dieser beiden Phasen jenseits des kritischen Punktes identisch werden. Auf diese

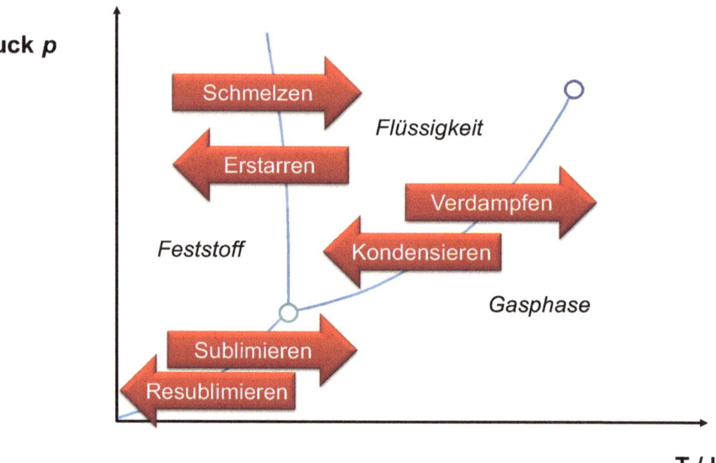

Abb. 6.5 Phasendiagramm mit Bezeichnung aller Phasenübergänge

Weise ist es theoretisch (und auch praktisch!) möglich, flüssiges Wasser zu verdampfen, ohne dass man eine Phasenänderung wahrnehmen würde.

Welchen praktischen Nutzen besitzen Phasendiagramme jenseits der Tatsache, dass wir aus ihnen die Existenzbereiche einzelner Aggregatzustände eines Stoffes erkennen können? Man kann aus ihnen ferner erkennen, ob und wie man ausgehend von einem bestimmten Punkt durch die Veränderung von Druck p oder Temperatur T einen genau definierten Endzustand erreichen kann. Was heißt das konkret? Schauen wir uns dazu die schematische Darstellung der Phasendiagramme von Wasser und Kohlendioxid an (Abb. 6.6). Im Rahmen dieses Buches haben wir darauf verzichtet, die exakten Phasendiagramme darzustellen, um auf die wesentlichen Unterschiede besser hinweisen zu können. Diese Methodik („Genauigkeit opfern, um Verständlichkeit zu erhöhen") hat sich unserer Ansicht nach für das Verständnis komplexer Systeme als hilfreich erwiesen. Wir möchten Sie dazu ermuntern, ebenfalls von dieser Methodik in Ihrem Studium (nicht nur der Physikalischen Chemie) Gebrauch zu machen. Und wir laden Sie natürlich dazu ein, die exakten Phasendiagramme von Wasser und Kohlendioxid in entsprechenden Lehrbüchern oder Werken der Physikalischen Chemie zu recherchieren! Nun aber zu unseren beiden Abbildungen:

Beide sehen auf den ersten Blick ähnlich aus. Es gibt jedoch einen wesentlichen Unterschied: die Steigung der Schmelzkurve. Diese hat bei Wasser eine negative Steigung, bei Kohlendioxid besitzt sie eine positive Steigung. Das hat zur Konsequenz, dass man Wasser isotherm durch Druckerhöhung verflüssigen kann. (In diesem Fall würde man ausgehend vom Feststoff die Schmelzkurve bei einem bestimmten Druck in Richtung Flüssigkeit überschreiten.) Bei Kohlendioxid ist das nicht möglich, da von jedem Existenzpunkt des Feststoffs ausgehend durch alleinige Druckerhöhung keine Verflüssigung möglich ist. Die Ursache für diesen Unterschied liegt im vorliegenden Beispiel in der molekularen Struktur

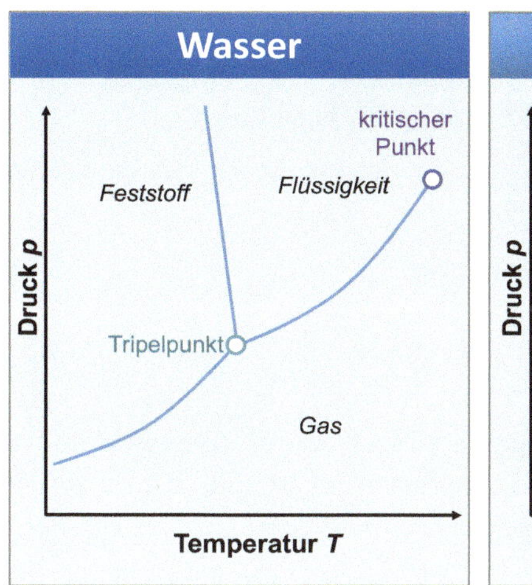

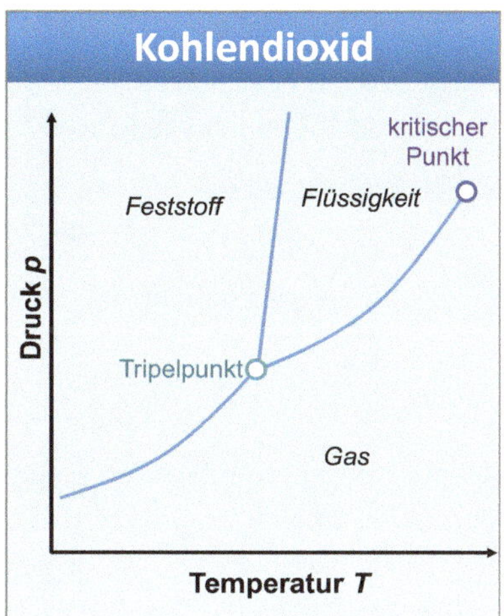

Abb. 6.6 Phasendiagramme von Wasser und Kohlendioxid

des Wassers in den kondensierten Phasen begründet: Im Eis liegen die einzelnen Wassermoleküle in Form eines „Käfigs" miteinander über Wasserstoffbrücken verbundener Moleküle vor. Dieser Käfig ist „innen hohl", sodass die Dichte von Eis (Feststoff) kleiner ist als die Dichte von flüssigem Wasser. Aus diesem Grund frieren Seen im Winter übrigens immer von oben zu (was die Fische freut, da sie ansonsten im Wasser buchstäblich „einfrieren" würden).

Eine interessante Anekdote dazu: im Physikunterricht der Schule wird das Beispiel der Druckverflüssigung von Wasser häufig aufgeführt, um zu begründen, weshalb man im Winter Schlittschuhlaufen kann. Schlittschuhlaufen benötigt einen dünnen Film aus flüssigem Wasser zwischen Schlittschuhkufen und Eis. Und durch den Druck, den der Schlittschuhfahrer ausübt, kann sich das Eis ja gemäß dem Phasendiagramm von Wasser verflüssigen. Aber stimmt das wirklich? Schauen wir uns das anhand eines konkreten Beispiels einmal an.

Beispiel

Bei einer Temperatur von $-1\,°C$ benötigt man einen Druck von etwa 140 bar, um Eis zum Schmelzen zu bringen. Kann ein Schlittschuhläufer diesen Druck aufbringen? Gehen wir einmal davon aus, dass ein Professor der Physikalischen Chemie ($m = 90\,kg$) Schlittschuh laufen würde. Seine beiden Kufen wären jeweils 30 cm lang und 0,5 mm breit. Welchen Druck würde er ausüben?

Der Druck berechnet sich als Kraft F (relevant ist hier die Gewichtskraft) pro Fläche A. Mit unserem Wissen aus der Physik können wir berechnen:

$$F = m \cdot g = 90\,\text{kg} \cdot 9{,}81\,\frac{\text{m}}{\text{s}^2} = 882{,}9\,\text{N}$$

$$A = 0{,}30\,\text{m} \cdot 0{,}0005\,\text{m} = 1{,}5 \cdot 10^{-4}\,\text{m}^2$$

$$p = \frac{F}{A} = \frac{882{,}9\,\text{N}}{1{,}5 \cdot 10^{-4}\,\text{m}^2} = 5{,}9 \cdot 10^6\,\text{Pa} = 59\,\text{bar}$$

Ein Schlittschuhfahrer mit einer geringeren Masse würde entsprechend noch weniger Druck ausüben können. Und selbst wenn unser Beispiel-Fahrer auf nur einer Kufe fahren würde (in diesem Fall würde die gesamte Gewichtskraft auf dieser einen Kufe lasten und sich der Druck auf 118 bar verdoppeln), wäre der resultierende Druck alleine nicht ausreichend für eine Verflüssigung von Wasser. Ganz zu schweigen von der Problematik, die wir bei noch niedrigeren Temperaturen hätten, da der zum Schmelzen des Eises erforderliche Druck mit sinkender Temperatur noch weiter ansteigen würde (bei einer Temperatur von nur $-5\,^\circ\text{C}$ würde der Schmelzdruck bereits etwa 685 bar betragen). Durch Druckerhöhung ist eine Verflüssigung von Eis also theoretisch möglich, aber zum Schlittschuhlaufen alleine reicht das noch nicht aus. Hier spielt die Temperaturerhöhung des Eises aufgrund von Wärmeenergie, die bei der Reibung der Schlittschuhkufen mit dem Eis entsteht, eine entscheidende Rolle. In unserem Phasendiagramm würden wir uns also „nach oben rechts" bewegen (wahrscheinlich mehr „nach rechts" [aufgrund der Temperaturänderung] als „nach oben" [aufgrund der Druckänderung]) und auf diese Weise das Existenzgebiet der flüssigen Phase erreichen.

Fassen wir also noch einmal zusammen: Mit einem Phasendiagramm sind wir in der Lage, die Existenzbereiche unterschiedlicher Aggregatzustände eines Stoffes zu erkennen, und können beschreiben, unter welchen Bedingungen (bei welchem Druck und bei welcher Temperatur) Phasenübergänge stattfinden werden. So lassen sich für isobare Zustandsänderungen die Temperatur und für isotherme Zustandsänderungen der Druck angeben, bei denen der Phasenübergang jeweils stattfinden wird.

Wenn man als Einsteiger in die Physikalische Chemie zum ersten Mal auf Phasendiagramme trifft, sollte man sich zunächst einmal verdeutlichen, wie diese „zu lesen" sind. Dabei sollte man sich vor Augen halten, dass jeder Punkt im Diagramm grundsätzlich eine physikalische Relevanz hat und vom System eingenommen werden kann. Auch im Labor lassen sich durch geeignete Wahl der experimentellen Bedingungen schließlich Druck p und Temperatur T frei wählen – und der Stoff, den man betrachtet, muss dann entsprechend die Phase annehmen, die im Phasendiagramm angegeben ist. Daher fungiert das Phasendiagramm tatsächlich wie eine Art „Spielfeld", auf dem festgelegt wird, welche Phase(n) man bei einer bestimmten Temperatur und einem bestimmten Druck für den betrachteten Stoff wird beobachten können.

Übungsaufgaben

Aufgabe 6.1.1

Wie groß ist die Anzahl der Freiheitsgrade F bei Wasser …

1. … innerhalb einer Phase (s, l oder g)?
2. … auf einer Phasengrenzlinie (z. B. Dampfdruckkurve)?
3. … am Tripelpunkt?

Lösung:

http://tiny.cc/yvelcy

Aufgabe 6.1.2

Worauf ist es zurückzuführen, dass man Eis durch Druckerhöhung verflüssigen kann?

Lösung:

http://tiny.cc/avelcy

Aufgabe 6.1.3

Warum gibt es in Phasendiagrammen keinen „Quadrupelpunkt", d. h. einen Punkt, an dem vier Phasengrenzlinien zusammentreffen?

Lösung:

http://tiny.cc/hvelcy

Ein Turm im Wald

Als Ihr Euch nach dem Besuch beim Gärtner in den eigentlichen Wald begebt, wird es allmählich ruhiger um Euch herum. Das Rauschen des Meeres und das Zwitschern der Vögel verstummen allmählich, als der Weg tiefer zwischen die Bäume führt. Nach einiger Zeit wird es dann plötzlich ganz still. Zu still. Ihr merkt, dass sich Euch die Nackenhaare aufstellen, und spürt, irgendetwas stimmt hier nicht. Kurz darauf erblickt Ihr einen seltsamen Turm, der sich mitten im Wald vor Euch in den Himmel schraubt.

Bevor Ihr Euch verseht, steht plötzlich eine Frau mit kräuseligen weißgrauen Haaren vor Euch. Auf ihrer Schulter sitzt ein krächzender Rabe, in ihrer Hand hält sie einen Besen mit krummem Stiel – und einen Moment später wisst Ihr, wen Ihr vor Euch habt: die Rabenhexe aus dem Finsterwald, die Herrin des Waldes. Irgendwo in der Bibliothek der Mathematisch-Physikalischen Akademie habt Ihr einmal ein Buch über sie gelesen. Damals habt Ihr es als Märchenbuch abgetan. Man erzählt sich schaurige Geschichten über sie – etwa dass sie harmlose Wanderer anlockt und dann in Bäume, Tiere oder Schlimmeres verwandelt. Na ja, in diesem Fall würdet Ihr zumindest nicht dem Mathemagier in die Hände fallen, das wäre doch immerhin auch etwas, oder?

© Verena Biskup (geb. Schneider)/Ulisses Spiele

Aber irgendwie scheint die Hexe keinerlei Anstalten zu machen, Euch zu verwandeln. Im Gegenteil. Sie scheint Euch offenbar gar nicht zu bemerken, so sehr ist sie mit ihrem Raben beschäftigt. Doch dann hört Ihr plötzlich ihre hell klingende Stimme in Eurem Kopf. „Seid mir gegrüßt, Wanderer und Abenteurer. Ich weiß, woher Ihr kommt, ich weiß, wohin Ihr geht – und ich weiß vielleicht auch, was Euer Schicksal sein wird. Habt keine Angst und beschreitet mutig weiter Euren Weg. Man erzählt sich viele schaurige Geschichten über mich, aber die meisten davon hat Dáò'byn Fêlled in die Welt gesetzt, um mir zu schaden. Früher einmal habe ich die reinen Phasen auf der ganzen Insel betreut. Damals, bevor dieser Mathemagier mit seinen Horden aus Gleichungen, Zahlen und Diagrammen unsere schöne Insel verdorben hat. Jetzt ist dieser Wald das Letzte, was mir noch geblieben ist."

An dieser Stelle spürt Ihr die tiefe Traurigkeit, die in ihrer Stimme liegt. Sie fährt fort zu erzählen: „Aber mit Eurer Ankunft hat sich alles geändert. Jetzt hoffe ich, dass Ihr die Macht des Mathemagiers brechen könnt, auf dass die Insel wieder befreit werde. Und dass Ihr auch jenen Menschen, deren Geist vom Mathemagier bereits vergiftet ist, wieder neuen Mut schenken könnt. Ich kann leider nicht mit Euch gehen, um Euch im Kampf zur Seite zu stehen, möchte Euch aber dennoch helfen. Ich verrate Euch ein Geheimnis, das Euch auf dem Weg zu Dáò'byn Fêlled von großer Hilfe sein wird. Hört genau zu, dann werdet Ihr für den Weg, der vor Euch liegt, besser gewappnet sein."

Und dann hört Ihr eine andere Stimme in Euren Gedanken, die zu erzählen beginnt.

http://tiny.cc/3velcy

6.2 Phasengleichgewichte

Wir haben im letzten Abschnitt einen ersten Blick auf Phasendiagramme geworfen, genauer gesagt auf ein sogenanntes Druck-Temperatur-Diagramm (p-T-Diagramm), wie es zur Beschreibung von Einkomponentensystemen üblicherweise angewendet wird. Wir haben weiterhin gesehen, dass uns ein Phasendiagramm erlaubt, die Bereiche zu erkennen, in denen bestimmte Phasen (Aggregatzustände) eines Stoffes stabil sind. Jetzt wollen wir uns auf unserer Insel ein wenig tiefer in die „Waldwildnis" hineinwagen und diese Phasendiagramme etwas näher betrachten. Dabei wird es uns vielleicht manchmal wie einem Wanderer gehen, der zum ersten Mal einen Wald durchschreitet und diesen vor lauter Bäumen nicht mehr zu sehen droht. Und stellen wir uns nicht selbst an dieser Stelle die Frage, warum wir uns denn noch weiter mit den Phasendiagrammen beschäftigen sollen? Was müssen wir denn jenseits der qualitativen Diskussion des letzten Kapitels noch verstehen? Welche Informationen fehlen uns denn jetzt noch? Wir sind doch in der Lage, ein solches Diagramm zu interpretieren, also können wir die „Waldwildnis" doch einfach umgehen, oder?

Vielleicht können wir das sogar. Aber dann laufen wir unter Umständen Gefahr, bei unserer zentralen Konfrontation mit dem Mathemagier nicht ausreichend gerüstet zu sein. Wir haben also die Wahl: Gehen wir jetzt und hier den einfachen und bequemen Weg oder dringen an dieser Stelle (wo es möglicherweise noch verhältnismäßig einfach ist) tiefer in die Materie ein, um unser Verständnis für Phasengleichgewichte zu vertiefen? Wir überlassen

Ihnen an dieser Stelle die Wahl! Wenn Sie der Meinung sind, bereits genug über Phasendiagramme erfahren zu haben, dann springen Sie direkt zu Kap. 7. Wenn nicht, dann setzen wir unseren Weg in und durch die „Waldwildnis" gemeinsam fort.

Wenn Sie sich für den Wald entschieden haben, sollten Sie sich jetzt am besten einmal die Frage stellen, was uns denn eigentlich noch zum Verständnis von Phasendiagrammen fehlt. Aus unserer Sicht sind es vor allem zwei Fragen, die es näher anzuschauen lohnt:

- Warum sind eigentlich in bestimmten Bereichen von Druck und Temperatur die im Phasendiagramm ausgewiesenen Phasen stabil? Wer entscheidet denn darüber?
- Warum verlaufen die Phasengrenzlinien im Phasendiagramm eigentlich so, wie sie verlaufen? Kann man hinter diesem Verlauf ein Muster erkennen oder ist der Verlauf purer Zufall?

Diese Fragen sind von fundamentaler Bedeutung für die Physikalische Chemie – nicht nur weil wir damit die vor uns liegenden Phasendiagramme besser verstehen können. Vielmehr repräsentieren diese beiden Fragen die Grundeinstellung eines Studierenden der Physikalischen Chemie – und das im ursprünglichen Sinne des Wortes „studieren" (vom lateinischen studere, dt. sich bemühen). Auch wir, die Autoren, bemühen uns permanent um ein Verständnis der Physikalischen Chemie – und wir betrachten es als vermessen, anzunehmen, dass wir alle Geheimnisse dieses Faches bereits vollständig durchdrungen hätten. Entscheidend sind jedoch für uns die Neugier auf das Unbekannte sowie der unbedingte Wille, die Gesetzmäßigkeit hinter unserer Beobachtung zu finden. Das ist im Übrigen einer der aus unserer Sicht wesentlichen Unterschiede zwischen einem Studium und einer Ausbildung in diesem Fachgebiet. In diesem Sinne können und möchten wir Sie dazu ermuntern, uns nicht nur auf unserer Reise durch die Physikalische Chemie zu folgen, sondern auch selber neue Pfade zu entdecken und zu beschreiten, die Sie auf Ihrem ganz persönlichen Weg der Erkenntnis weiter voranschreiten lassen. Vielleicht hilft Ihnen dabei das Zitat von Winston Churchill: „You know you will never get to the end of the journey. But this, so far from discouraging, only adds to the joy and the glory of the climb." Im Sinne unserer Reise über die Insel der Phasen freuen wir uns auf jeden Fall darauf, von einer mathemagisch begabten Hexe nun mehr über die Geheimnisse der Phasengleichgewichte erfahren zu dürfen.

Stabilität von Phasen

Wenn wir uns Gedanken um die Stabilitätsbereiche einzelner Phasen machen, müssen wir uns mit der Frage beschäftigen, welches Kriterium denn eigentlich festlegt, ob eine bestimmte Phase thermodynamisch stabil ist. Wir haben hier bereits das chemische Potenzial μ als Entscheidungskriterium kennengelernt. Bei einer bestimmten Temperatur entscheidet diese Größe darüber, welche Phase jeweils die stabilste ist. Dabei gibt es für einen bestimmten Stoff nicht nur ein chemisches Potenzial, sondern jede einzelne Phase hat bei jeder Temperatur und jedem Druck einen bestimmten Wert. Das kommt Ihnen komisch vor? Dann schauen Sie noch einmal auf der Insel von Gibbs nach, ob Sie dort nicht ein paar Ausrüstungsgegenstände verloren haben – immerhin haben wir das dort bereits diskutiert. Wirklich? Auch wir waren als Studierende immer wieder überrascht, wenn abstrakte Konzepte plötzlich für konkrete Fälle angewendet wurden und wir das Gefühl hatten, dass vor unseren Augen mathemagische Zauberei oder gar ein Wunder ablief, das sich unserer Erkenntnis entzog. Daher möchten wir versuchen, Sie hier Schritt für Schritt auf der Reise durch unsere Gedanken mitzunehmen.

Phasenstabilität I: Temperaturabhängigkeit des chemischen Potenzials

Beginnen wir wieder mit Wasser als Beispiel und schauen uns zunächst isobare Bedingungen an. Bei einem Druck von 1013 mbar und einer Temperatur von $-10\,°C$ liegt Wasser üblicherweise als Feststoff (Eis) vor. Das kann doch nur bedeuten, dass bei diesen Bedingungen das chemische Potenzial von Eis einen geringeren Wert besitzt als das chemische Potenzial von flüssigem Wasser oder Wasserdampf. Wir kennen zwar nicht den exakten Wert des chemischen Potenzials von Wasser, können diese Schlussfolgerung aber hier basierend auf unseren bisherigen Überlegungen ziehen.

Gehen wir beim gleichen Druck zu einer Temperatur von $25\,°C$, dann ist bei Wasser auf einmal die flüssige Phase stabil, was bedeuten muss, dass $\mu(H_2O,l)$ unter diesen Bedingungen den kleinsten Wert unter den chemischen Potenzialen der Aggregatzustände (Phasen) von Wasser hat. Bei einer Temperatur von $120\,°C$ schließlich hat $\mu(H_2O,g)$ demnach den kleinsten Wert aller denkbaren Phasen von Wasser.

Wie kann man diesen Befund erklären? Wenn wir ein wenig in unserer Ausrüstung kramen, finden wir (aus Abschn. 5.3) folgende Gleichung im Gepäck:

$$\left(\frac{\partial \mu}{\partial T}\right)_p = -S_{\text{molar}} \tag{6.1}$$

Und weiterhin haben wir uns das ja auch schon in Abb. 5.5 näher angeschaut. An dieser Stelle möchten wir die Abbildung ein wenig erweitern, um sie für unseren hier erforderlichen Zweck anzupassen (Abb. 6.7).

Wir erkennen jetzt, dass es sich nicht um eine Gerade handelt, die an zwei Stellen einen „Knick" (der Mathematiker würde hier von einer Unstetigkeit sprechen) besitzt, sondern tatsächlich um drei voneinander unabhängige Geraden, die mit unterschiedlichen Steigungen verlaufen. Im „Idealbild" aus Abb. 6.7 ist die Steigung jeweils pro Aggregatzustand konstant, d. h., die Funktion $\mu(T)$ ist jeweils eine Gerade. Die Werte für die molare Entropie S_{molar} von Wasser eines jeden Aggregatzustands können wir einem Tabellenwerk entnehmen und finden für Wasser Werte in der folgenden Größenordnung:

$$S_{\text{molar}}\,(H_2O,s) = 38{,}0\,J\cdot mol^{-1}\cdot K^{-1}$$

$$S_{\text{molar}}\,(H_2O,l) = 69{,}9\,J\cdot mol^{-1}\cdot K^{-1}$$

$$S_{\text{molar}}\,(H_2O,g) = 188{,}8\,J\cdot mol^{-1}\cdot K^{-1}$$

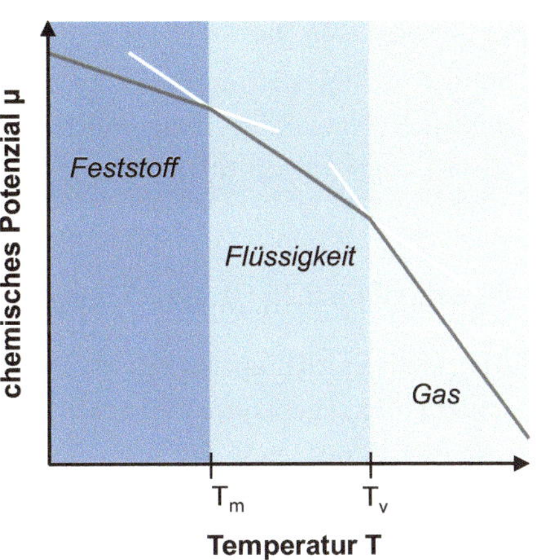

Abb. 6.7 Temperaturabhängigkeit des chemischen Potenzials. Adaptiert nach: Physical Chemistry, Eighth Edition by Atkins & de Paula (2006). By permission of Oxford University Press

Setzt man diese Werte in Gl. 6.1 ein, dann ergeben sich folgende Steigungen:

$$\left(\frac{\partial \mu\,(\mathrm{H_2O,s})}{\partial T}\right)_p = -38{,}0\,\mathrm{J \cdot mol^{-1} \cdot K^{-1}}$$

$$\left(\frac{\partial \mu\,(\mathrm{H_2O,l})}{\partial T}\right)_p = -69{,}9\,\mathrm{J \cdot mol^{-1} \cdot K^{-1}}$$

$$\left(\frac{\partial \mu\,(\mathrm{H_2O,g})}{\partial T}\right)_p = -188{,}8\,\mathrm{J \cdot mol^{-1} \cdot K^{-1}}$$

Die Steigung der Funktion $\mu(T)$ verläuft also zunächst einmal immer negativ und in der Reihenfolge fest – flüssig – gasförmig in zunehmendem Maße immer steiler. Schauen wir uns das in Abb. 6.7 noch einmal an, dann erkennen wir, dass bei niedriger Temperatur zunächst das chemische Potenzial von Eis am geringsten ist. Da die Steigung des chemischen Potenzials von flüssigem Wasser aber steiler verläuft, wird ab einer bestimmten Temperatur gelten: $\mu(\mathrm{H_2O,l}) < \mu(\mathrm{H_2O,s})$. Das ist bei 1013 mbar oberhalb einer Temperatur von 0 °C der Fall. Von außen beobachten wir dann, dass unser Eis schmilzt.

Das gleiche Argument lässt sich auf das Sieden von Wasser übertragen. Da das chemische Potenzial von gasförmigem Wasser mit zunehmender Temperatur schneller abnimmt als das chemische Potenzial von flüssigem Wasser, muss ab einem bestimmten Punkt gelten: $\mu(\mathrm{H_2O,g}) < \mu(\mathrm{H_2O,l})$. Diesen Punkt bezeichnen wir als Siedepunkt des Wassers (100 °C bei einem Druck von 1013 mbar).

Fassen wir die wesentliche Erkenntnis noch einmal zusammen. Mit dem chemischen Potenzial als Werkzeug haben wir eindeutig nachweisen und thermodynamisch belegen können, dass mit steigender Temperatur unterschiedliche Aggregatzustände stabil werden. Dabei ist die generelle Reihenfolge immer, dass mit steigender Temperatur zunächst Feststoff, dann Flüssigkeit und ab einer bestimmten Temperatur schließlich der gasförmige Aggregatzustand stabil werden.

Manchmal geht der Feststoff auch unmittelbar in die gasförmige Phase über, man spricht dann von Sublimation. In einem solchen Fall (sprich: beim jeweiligen Druck) ist das chemische Potenzial der flüssigen Phase bei keiner Temperatur kleiner als das chemische Potenzial von Feststoff oder Dampf.

Phasenstabilität II: Druckabhängigkeit des chemischen Potenzials

Als Nächstes richten wir unsere Aufmerksamkeit auf die Druckabhängigkeit des chemischen Potenzials. Diese Betrachtung erlaubt uns, qualitativ zu verstehen, ob beispielsweise bei einer Druckerhöhung der Schmelzpunkt einer Substanz hin zu geringeren Temperaturen verschoben wird (wie wir es am Beispiel des Wassers gesehen haben) oder ob bei einer Druckerhöhung der Schmelzpunkt hin zu höheren Temperaturen verschoben wird (dieser Fall läge beispielsweise bei Kohlendioxid vor).

Auch hier werfen wir zunächst einen Blick in unseren Werkzeugkasten, den wir in Fundamentalia bestückt haben, und finden darin folgende Formel:

$$\left(\frac{\partial \mu}{\partial p}\right)_T = V_{\text{molar}} \tag{6.2}$$

Wenn wir ähnlich wie im Fall der Temperaturabhängigkeit des chemischen Potenzials auch hier eine Quantifizierung vornehmen wollen, müssen wir uns also eine Vorstellung von der Größenordnung von V_{molar} verschaffen. Wie kann ich diese Größe berechnen? Hier hilft im Zweifelsfall immer ein Blick auf die Einheit der Größe:

$$\left[V_{\text{molar}}\right] = \frac{\text{cm}^3}{\text{mol}} \tag{6.3}$$

Wie in Abschn. 2.2 bereits beschrieben, analysieren wir auch hier die Einheit der beiden Seiten von Gl. 6.2: Die eckigen Klammern um die Größe bedeuten so viel wie „Einheit von {Größe innerhalb der eckigen Klammer} ist".

Als Nächstes können wir uns die Frage stellen, aus welchen uns bekannten Größen wir die Einheit $\text{cm}^3 \cdot \text{mol}^{-1}$ „herstellen" können. Das ist durchaus wörtlich gemeint, denn wenn wir es schaffen, für den uns interessierenden Stoff irgendwelche stoffspezifischen Größen miteinander zu verrechnen, welche uns die gesuchte Größe am Ende liefern, dann haben wir das Berechnungsziel erreicht. Idealerweise halten wir nach intensiven Größen Ausschau, da wir ja möglichst allgemeingültige (d. h. systemgrößenunabhängige) Aussagen über unseren Stoff treffen wollen.

In unserem Fall suchen wir einerseits eine Größe, in der die Einheit cm^3 vorkommt. Hier denken wir vielleicht an die Dichte ρ mit $[\rho] = \text{g} \cdot \text{cm}^{-3}$. Damit haben wir jetzt die Einheit g „zu viel" und brauchen noch die Einheit mol. Dabei kommen wir dann vielleicht auf die

Idee, die molare Masse M mit $[M] = \mathrm{g \cdot mol^{-1}}$ zu verwenden. Es ergibt sich das molare Volumen:

$$V_{\mathrm{molar}} = \frac{M}{\rho} \tag{6.4}$$

Vielleicht ist Ihnen diese Formel bereits aus der Stöchiometrie bekannt und selbstverständlich können Sie es auch vorziehen, die jeweilige Formel einfach auswendig zu lernen. Aber gibt es Ihnen nicht ein gewisses Gefühl von Macht über die Materie, wenn Sie wissen, wie man sich eine solche Formel im Zweifelsfall selber herleiten kann? Dann haben Sie nämlich schon einen Blick hinter die Kulissen der Physikalischen Chemie geworfen und festgestellt, dass hier bei Weitem nicht „gezaubert", sondern auch nur mit Wasser gekocht wird.

Apropos Wasser: Selbiges möchten wir hier noch einmal als Beispiel bemühen, um unsere Betrachtung der Druckabhängigkeit des chemischen Potenzials mit konkreten Werten zu füllen. Für die feste und flüssige Phase von Wasser ergibt sich bei der Schmelztemperatur von 0 °C:

$$\left(\frac{\partial \mu\,(\mathrm{H_2O, s})}{\partial p}\right)_T = V_{\mathrm{molar}}\,(\mathrm{H_2O, s}) = \frac{M\,(\mathrm{H_2O})}{\rho\,(\mathrm{H_2O, s})} = \frac{18{,}02\,\mathrm{g \cdot mol^{-1}}}{0{,}91800\,\mathrm{g \cdot cm^{-3}}} = 19{,}63\,\frac{\mathrm{cm^3}}{\mathrm{mol}} \tag{6.5}$$

$$\left(\frac{\partial \mu\,(\mathrm{H_2O, l})}{\partial p}\right)_T = V_{\mathrm{molar}}\,(\mathrm{H_2O, l}) = \frac{M\,(\mathrm{H_2O})}{\rho\,(\mathrm{H_2O, l})} = \frac{18{,}02\,\mathrm{g \cdot mol^{-1}}}{0{,}99984\,\mathrm{g \cdot cm^{-3}}} = 18{,}02\,\frac{\mathrm{cm^3}}{\mathrm{mol}} \tag{6.6}$$

Wie müssen wir dieses Ergebnis nun interpretieren? Es ist die Veränderung des chemischen Potenzials μ in Abhängigkeit vom Druck bei isothermen Bedingungen. Mathematisch betrachtet heißt das nichts anderes, als dass man die Funktion $\mu(T)$ bei der betrachteten Temperatur (in unserem Fall 0 °C) um genau diesen Betrag in die angegebene Richtung verschieben muss. Da wir ein positives Vorzeichen haben, wird das chemische Potenzial mit Erhöhung des Drucks auf jeden Fall zunehmen (das ist immer der Fall, da sowohl M als auch V_{molar} stets ein positives Vorzeichen haben). Wir wollen weiterhin näherungsweise davon ausgehen, dass die Dichte von Eis und flüssigem Wasser sich nicht signifikant in Abhängigkeit von der Temperatur ändert, d. h. $V_{\mathrm{molar}} \approx$ const. sowohl für den Feststoff als auch für die flüssige Phase gilt. In diesem Fall müssen wir unsere jeweiligen Kurven für $\mu(T)$ lediglich um den Betrag des molaren Volumens V_{molar} nach oben, d. h. in Richtung zunehmenden chemischen Potenzials verschieben.

Schauen wir uns einmal an, was das im Fall von Wasser bedeutet (Abb. 6.8). Die Kurve für den Feststoff wird um einen größeren Betrag angehoben als die Kurve für das flüssige Wasser. Das hat zur Konsequenz, dass der Schnittpunkt beider Kurven zu niedrigeren Temperaturen hin verschoben wird: Die Schmelztemperatur wird verringert.

Diese Erkenntnis können wir dahingehend verallgemeinern, dass grundsätzlich immer dann, wenn $V_{\mathrm{molar,l}} < V_{\mathrm{molar,s}}$ ist, der Schmelzpunkt durch Druckerhöhung hin zu niedrigeren Temperaturen verschoben wird. Umgekehrt, wenn $V_{\mathrm{molar,l}} > V_{\mathrm{molar,s}}$ ist, wird der

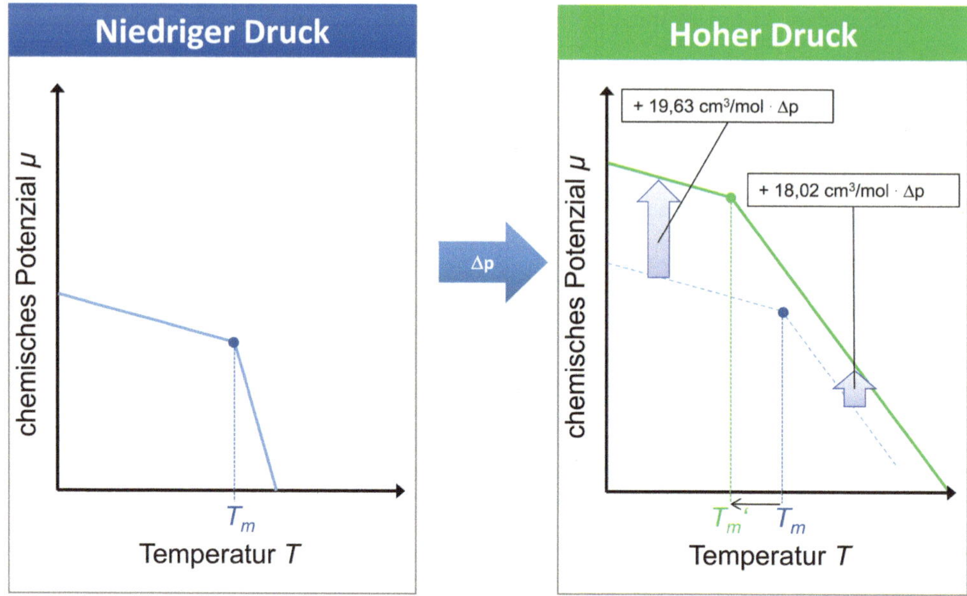

Abb. 6.8 Druckabhängigkeit des chemischen Potenzials von Wasser

Schmelzpunkt mit steigendem Druck hin zu höheren Temperaturen verschoben. Diese Überlegungen sind in Abb. 6.9 noch einmal zusammengefasst.

Auch diese Erkenntnis ist unserer Ansicht nach ganz formidabel, da wir nur mit Kenntnis der molaren Masse M (diese können wir aus der Summenformel unserer Komponente für die Zusammensetzung und dem Periodensystem der Elemente für die Atommassen herausfinden – oder müssen Sie ernsthaft noch molare Massen in Tabellenwerken recherchieren?) und der Dichte ρ (diese können Sie aus Tabellenwerken für die gesuchte Komponente herausfinden) Aussagen über die Druckabhängigkeit des Schmelzpunktes einer Komponente machen können.

Verlauf der Phasengrenzlinien

Mit der Analyse der Temperatur- und Druckabhängigkeit des chemischen Potenzials μ haben wir bereits jenseits der rein phänomenologischen Beschreibung eines Phasendiagramms bereits eine Menge über den Aufbau eines p-T-Diagramms verstanden. Wir möchten nun noch einen Schritt weiter gehen und uns die Frage stellen, ob es denn auch eine Möglichkeit gibt, den tatsächlichen exakten Verlauf der Phasengrenzlinien vorherzusagen. Anders ausgedrückt: Von welchen physikalischen Größen hängt der Verlauf dieser Linien ab – oder ist der Verlauf etwa völlig willkürlich (an letzteres glauben wir mittlerweile schon nicht mehr so recht …)?

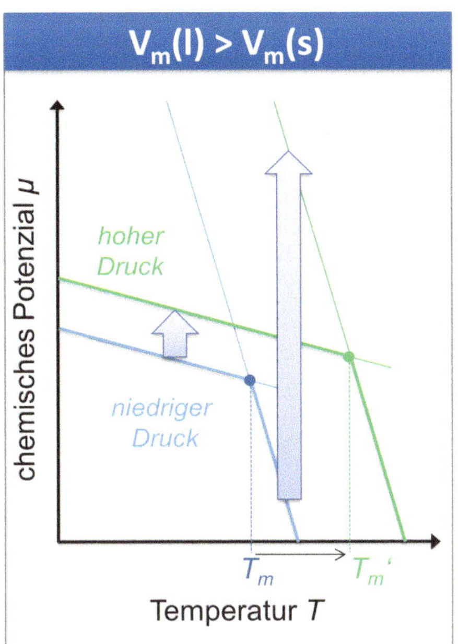

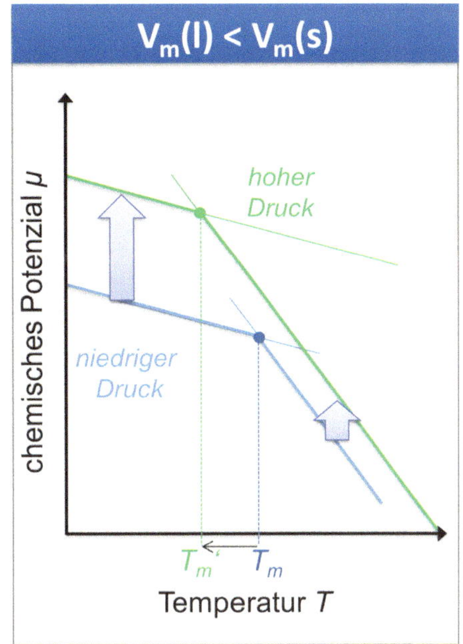

Abb. 6.9 Der Schmelzpunkt kann je nach Größe des molaren Volumens in Feststoff und Flüssigkeit durch Druckerhöhung entweder zunehmen (links) oder abnehmen (rechts). Adaptiert nach: Physical Chemistry, Eighth Edition by Atkins & de Paula (2006). By permission of Oxford University Press

Auch an dieser Stelle ein kleines Vorwort: Selbstverständlich könnten wir Ihnen hier und jetzt die entsprechende Formel zur Berechnung geben, Sie lernen diese auswendig (oder schreiben sie in eine Formelsammlung) und bestehen dann damit Ihre Klausur (oder auch nicht). Das machen wir aber nicht, weil wir Sie auf die finale Konfrontation mit dem Mathemagier vorbereiten wollen. Und der schert sich nicht um einfache Formeln, sondern kann nur bezwungen werden, wenn man versteht, wo diese Formeln herkommen, welchen Geltungsbereich sie haben und wie sie untereinander zusammenhängen. Daher ist es unabdingbar, dass wir den beschwerlichen Weg gehen und unser Werkzeug konsequent anwenden lernen, um diese Formeln für uns buchstäblich zu entdecken. Auch eine Goldschmiedin wird am ersten Tag ihrer Ausbildung keinen teuren Schmuck herstellen können, weil sie die Werkzeuge ihres Fachs noch nicht anwenden kann (und noch nichts oder wenig von Löten, Punktieren oder der Nutzung einer Mattschlagbürste weiß). Ebenso tun Sie sich sicherlich noch schwer mit dem chemischen Potenzial, mit Ableitungen oder Diagrammen. Aber diese stellen nun einmal die Werkzeuge der Thermodynamik dar. Und ebenso wie wir der Goldschmiedin dankbar sind, wenn sie durch fachgerechte Anwendung ihrer Werkzeuge schönen Schmuck herstellt, sollten wir den Anspruch an uns selbst haben, die Werkzeuge unseres Faches nutzen zu lernen, um darüber ein tiefes Verständnis der Thermodynamik im Speziellen und der Chemie im Allgemeinen zu bekommen. In diesem Zusammenhang soll Albert Einstein (1879–1955) einmal folgenden Satz geprägt

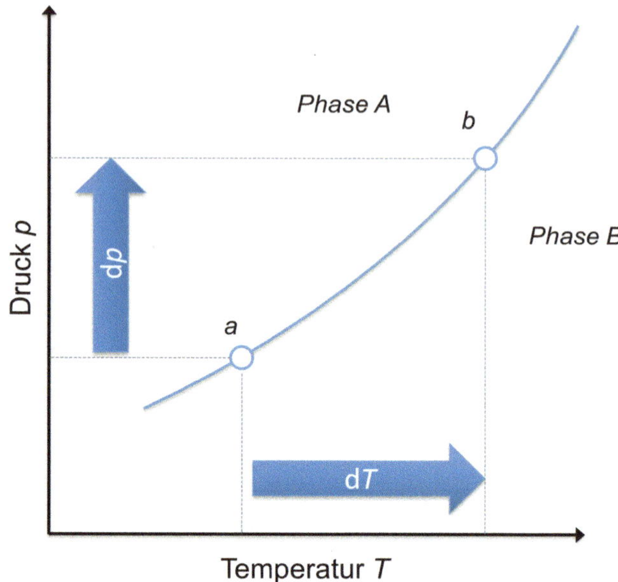

Abb. 6.10 Währendes Gleichgewicht durch gleichzeitige Änderung von Druck p und Temperatur T. Adaptiert nach: Physical Chemistry, Eighth Edition by Atkins & de Paula (2006). By permission of Oxford University Press

haben: „Schämen sollen sich die Menschen, die sich gedankenlos der Wunder der Wissenschaft und Technik bedienen und nicht mehr davon geistig erfasst haben als die Kuh von der Botanik der Pflanzen, die sie mit Wohlbehagen frisst." Denken Sie einmal darüber nach.

Aber genug der Vorrede. Schauen wir unserer Hexe weiter über die Schulter und lassen wir zu, dass sie uns noch ein wenig mehr von ihrer Zauberkunst beibringt, auf dass diese uns auf unserer weiteren Reise von Nutzen sein möge!

Die Clausius-Clapeyron-Gleichung

Bislang haben wir unsere Betrachtung auf isotherme und isobare Prozesse beschränkt, d. h. eine der beiden intensiven Variablen p und T jeweils konstant gehalten. Als Nächstes wollen wir nun betrachten, wie wir ein Phasengleichgewicht bei gleichzeitiger Änderung beider Variablen aufrechterhalten können.

Was heißt das konkret? Stellen wir uns einmal vor, bei einem bestimmten Druck p und einer bestimmten Temperatur T würde ein Gleichgewicht zwischen einer Phase A und einer Phase B herrschen (Abb. 6.10, Punkt a). Nun ändern wir gleichzeitig den Druck um den Betrag dp und die Temperatur um den Betrag dT derart, dass wir in unserem neuen Zustand weiterhin das Gleichgewicht zwischen den Phasen A und B aufrechterhalten (Abb. 6.10, Punkt b).

Wie können wir diesen Fall quantitativ beschreiben? Im Punkt A muss gemäß der Phasenregel von Gibbs neben $T_A = T_B$ und $p_A = p_B$ auch $\mu_A = \mu_B$ gelten (das chemische Potenzial der betrachteten Komponente in beiden Phasen muss gleich groß sein). Ausgehend davon erweitern wir unsere Betrachtung nun auf das sogenannte **währende Gleichgewicht**. Hier muss die Änderung beider chemischen Potenziale in den Phasen A und B immer identisch groß sein, damit keine der beiden Phasen verschwindet:

$$\mathrm{d}\mu_A = \mathrm{d}\mu_B \tag{6.7}$$

Hier können wir als Nächstes wieder in unseren Werkzeugkasten greifen und das Totale Differential der Funktion μ auf beiden Seiten der Gleichung bilden:

$$\left[\left(\frac{\partial\mu}{\partial T}\right)_p \mathrm{d}T + \left(\frac{\partial\mu}{\partial p}\right)_T \mathrm{d}p\right]_A = \left[\left(\frac{\partial\mu}{\partial T}\right)_p \mathrm{d}T + \left(\frac{\partial\mu}{\partial p}\right)_T \mathrm{d}p\right]_B \tag{6.8}$$

Mit unserem Wissen aus Abschn. 5.3 (siehe Gl. 5.13 und 5.14) können wir dafür auch schreiben:

$$-S_{\mathrm{molar,A}} \cdot \mathrm{d}T + V_{\mathrm{molar,A}} \cdot \mathrm{d}p = -S_{\mathrm{molar,B}} \cdot \mathrm{d}T + V_{\mathrm{molar,B}} \cdot \mathrm{d}p \tag{6.9}$$

In dieser Gleichung können wir nun alle Terme mit $\mathrm{d}p$ und $\mathrm{d}T$ jeweils zusammenfassen und es ergibt sich:

$$(S_{\mathrm{molar,B}} - S_{\mathrm{molar,A}}) \cdot \mathrm{d}T = (V_{\mathrm{molar,B}} - V_{\mathrm{molar,A}}) \cdot \mathrm{d}p \tag{6.10}$$

Durch Umstellen und Berücksichtigung von $S_{\mathrm{molar,B}} - S_{\mathrm{molar,A}} = \Delta_{\mathrm{Trans}}S$ ($\Delta_{\mathrm{Trans}}S$: molare Entropieänderung des Phasenübergangs von Phase A nach Phase B) und $V_{\mathrm{molar,B}} - V_{\mathrm{molar,A}} = \Delta_{\mathrm{Trans}}V$ ($\Delta_{\mathrm{Trans}}V$: Änderung des molaren Volumens beim Phasenübergang von Phase A nach Phase B) ergibt sich:

$$\left(\frac{\mathrm{d}p}{\mathrm{d}T}\right)_{\substack{\text{koex im} \\ \text{Gleichgewicht}}} = \frac{\Delta_{\mathrm{Trans}}S}{\Delta_{\mathrm{Trans}}V} \tag{6.11}$$

Die Bezeichnung „*koex im Gleichgewicht*" soll dabei darauf hinweisen, dass Druck und Temperatur derart geändert werden, dass keine der beiden miteinander im Gleichgewicht koexistierenden Phasen verschwindet.

Im Gleichgewicht gilt ferner die Gibbs-Helmholtz-Gleichung $\Delta G = \Delta H - T \cdot \Delta S$ und wegen $\Delta G = 0$:

$$\Delta G = 0 = \Delta H - T \cdot \Delta S$$

Daraus ergibt sich durch Umstellen:

$$\Delta S = \frac{\Delta H}{T} \tag{6.12}$$

Setzt man Gl. 6.12 in Gl. 6.11 ein, dann erhält man die:

Clausius-Clapeyron-Gleichung

$$\left(\frac{dp}{dT}\right)_{\substack{\text{koex im} \\ \text{Gleichgewicht}}} = \frac{\Delta_{\text{Trans}} H}{T_{\text{Trans}} \cdot \Delta_{\text{Trans}} V} \tag{6.13}$$

Diese Gleichung ist ein zentrales Element für die Beschreibung des Phasengleichgewichts von Einkomponentensystemen. Sie hat überdies generelle Gültigkeit, da wir bei ihrer Herleitung keine Näherungen gemacht haben. Allgemein betrachtet beschreibt diese Gleichung die Steigung (oder anders ausgedrückt: die Veränderung) der Funktion p in Abhängigkeit der Variablen T (das ist die Interpretation der linken Seite von Gl. 6.13). Neben den molaren Volumina und der Übergangstemperatur benötigen wir nur noch die jeweilige Enthalpieänderung des Übergangs, um hier eine quantitative Beschreibung zu ermöglichen. Da diese Größen alle relativ leicht zugänglich sind (Periodensystem, Tabellenwerke), vermuten wir hier, dass es prinzipiell möglich sein sollte, eine exakte quantitative Beschreibung spezifischer Phasengrenzlinien zu konstruieren. Im Folgenden werden wir uns mit der konkreten Beschreibung der drei unterschiedlichen Fälle von Phasengrenzlinien befassen: der Phasengrenzlinie flüssig/gasförmig, der Phasengrenzlinie fest/flüssig sowie der Phasengrenzlinie fest/gasförmig.

Die Phasengrenzlinie flüssig/gasförmig

Werfen wir zunächst einmal einen Blick auf die Phasengrenzlinie zwischen flüssiger und gasförmiger Phase. Unser Ziel ist es, ausgehend von der Clausius-Clapeyron-Gleichung einen exakten Ausdruck für den Druck p als Funktion der Temperatur T zu erhalten. Dazu müssen wir Gl. 6.13 integrieren. Bevor wir dies tun, überlegen wir aber zunächst einmal, ob wir die rechte Seite in irgendeiner Form vereinfachen können, da wir (zu Recht!) vermuten, dass auch die Änderung des molaren Volumens beim Verdampfen ($\Delta_{\text{Trans}} V = \Delta_v V$) abhängig von der Temperatur ist und daher bei der Integration mit berücksichtigt werden muss.

Für die Änderung des molaren Volumens beim Verdampfungsvorgang schreiben wir:

$$\Delta_v V = V_{\text{molar,gasförmig}} - V_{\text{molar,flüssig}} \approx V_{\text{molar,gasförmig}} = \frac{R \cdot T}{p} \tag{6.14}$$

Wir vernachlässigen also bei dieser Herleitung einfach das molare Volumen der flüssigen Phase gegenüber dem molaren Volumen der Gasphase (erste Näherung) und nehmen an, dass sich die gasförmige Phase wie ein ideales Gas verhält, wir also das ideale Gasgesetz (Gl. 1.11) zur quantitativen Beschreibung verwenden können (zweite Näherung).

Dürfen wir das eigentlich? Wie unterschiedlich sind denn die molaren Volumina von gasförmiger und flüssiger Phase? Schauen wir uns das am Beispiel Wasser einmal an. Für die flüssige Phase erhalten wir:

$$V_{\text{molar}}(H_2O, l) = \frac{M(H_2O)}{\rho(H_2O, l)} = \frac{18{,}02\,\text{g} \cdot \text{mol}^{-1}}{0{,}99984\,\text{g} \cdot \text{cm}^{-3}} = 18{,}02\,\frac{\text{cm}^3}{\text{mol}}$$

Für das gasförmige Wasser erhalten wir (unter Verwendung des idealen Gasgesetzes) bei einer Temperatur von $0\,°C$ (damit es vergleichbar mit dem molaren Volumen des flüssigen Wassers wird):

$$V_{\text{molar}}(H_2O, g) = \frac{R \cdot T}{p} = \frac{8{,}314\,\text{J} \cdot \text{mol}^{-1} \cdot \text{K}^{-1} \cdot 273{,}15\,\text{K}}{1{,}013 \cdot 10^5\,\text{Pa}} \approx 22.420\,\frac{\text{cm}^3}{\text{mol}}$$

Das molare Volumen der gasförmigen Phase beträgt also mehr als das Tausendfache des molaren Volumens der flüssigen Phase, womit die Näherung, die wir in Gl. 6.14 gemacht haben, gerechtfertigt erscheint. Wir nehmen damit einen Fehler von weniger als 0,1 % (Differenz bezogen auf den Absolutwert) in Kauf – und erhalten damit umgekehrt eine Gleichung, die sich wesentlich einfacher integrieren lässt. Setzen wir nämlich das Ergebnis aus Gl. 6.14 in Gl. 6.13 ein, dann erhalten wir (unter Verwendung der Verdampfungsenthalpie $\Delta_v H$, d. h. der für den Verdampfungsvorgang erforderlichen Wärmeenergie):

$$\frac{\mathrm{d}p}{\mathrm{d}T} = \frac{p \cdot \Delta_v H}{R \cdot T^2} \tag{6.15}$$

Dies ist eine Differentialgleichung erster Ordnung, die wir nach Trennung der Variablen integrieren können. Die Variablentrennung ergibt:

$$\frac{\mathrm{d}p}{p} = \frac{\Delta_v H}{R \cdot T^2} \cdot \mathrm{d}T \tag{6.16}$$

Nun integriert man die linke Seite dieser Gleichung im Bereich von p_1 (Ausgangsdruck) bis p_2 (Enddruck) und die rechte Seite im Bereich der zu diesen beiden Drücken korrespondierenden Temperaturen T_1 (Ausgangstemperatur) und T_2 (Endtemperatur):

$$\int_{p_1}^{p_2} \frac{\mathrm{d}p}{p} = \frac{\Delta_v H}{R} \cdot \int_{T_1}^{T_2} \frac{\mathrm{d}T}{T^2} \tag{6.17}$$

Als Ergebnis erhält man:

$$\ln \frac{p_2}{p_1} = -\frac{\Delta_v H}{R} \cdot \left(\frac{1}{T_2} - \frac{1}{T_1} \right) \tag{6.18}$$

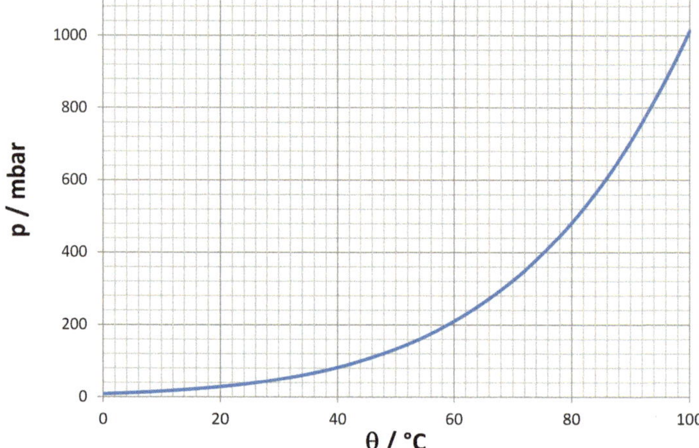

Abb. 6.11   Dampfdruckkurve von Wasser

Löst man diese Gleichung nach p_2 auf, dann erhält man die gesuchte Formel, mit der sich die Dampfdruckkurve einer Substanz berechnen lässt:

$$p_2 = p_1 \cdot e^{-\frac{\Delta_v H}{R} \cdot \left(\frac{1}{T_2} - \frac{1}{T_1} \right)} \tag{6.19}$$

Diese Formel erlaubt es mir, ausgehend von einem Referenzpunkt (p_1, T_1) den Dampfdruck p_2 einer Substanz bei jeder beliebigen Temperatur T_2 zu berechnen. Als Referenzpunkt verwendet man am besten den Normalsiedepunkt, d. h. die Siedetemperatur bei $p_1 = 1013$ mbar. Für Wasser wäre dies beispielsweise $T_1 = 373{,}15$ K. Daneben benötigt man noch die Verdampfungsenthalpie $\Delta_v H$, die man für den betreffenden Stoff ebenfalls einem Tabellenwerk entnehmen kann. Für Wasser findet man beispielsweise $\Delta_v H = 40{,}66$ kJ·mol^{-1}. Damit kann man beispielsweise den Dampfdruck berechnen, den man benötigt, um Wasser bei einer Temperatur von 80 °C (373,15 K) zum Sieden zu bringen:

$$p_2 = 1013\,\text{mbar} \cdot e^{-\frac{40660\,\text{J}\cdot\text{mol}^{-1}}{8{,}314\,\text{J}\cdot\text{mol}^{-1}} \cdot \left(\frac{1}{353{,}15\,\text{K}} - \frac{1}{373{,}15\,\text{K}} \right)} = 482\,\text{mbar}$$

Umgekehrt ausgedrückt: Wenn man den Druck in einer Vakuumapparatur, in der sich reines Wasser befindet, auf 482 mbar senkt, dann siedet Wasser bereits bei einer Temperatur von 80 °C.

Berechnet man für viele unterschiedliche Temperaturen den Dampfdruck, dann erhält man die Dampfdruckkurve, also die Abhängigkeit des Dampfdrucks p von der Siedetemperatur T (Abb. 6.11):

Aus der Dampfdruckkurve lässt sich ablesen, welche Temperatur man benötigt, um eine Substanz bei einem bestimmten Druck zum Sieden zu bringen (und umgekehrt). Diese

Information ist beispielsweise bei Verfahren der Stofftrennung von Bedeutung, z. B. wenn man in der Präparativen Organischen Chemie ein Lösungsmittel im Rotationsverdampfer abdestillieren möchte.

Weiterhin erhält man für unbekannte Substanzen durch Gl. 6.19 die Möglichkeit, durch Messung von Druck und Temperatur eine solche Dampfdruckkurve aufzunehmen und daraus die Verdampfungsenthalpie $\Delta_v H$ einer Substanz zu bestimmen.

Generell erkennt man, dass der Dampfdruck mit zunehmender Temperatur größer wird. Dieses Resultat würden wir auch erwarten, da mit steigender Temperatur mehr Teilchen in die Gasphase übergehen und der Druck daher entsprechend zunimmt. Umgekehrt wird eine Druckverringerung (z. B. durch eine Vakuumpumpe) dazu führen, dass für die Teilchen in der Gasphase „mehr Platz" zur Verfügung steht und man daher eine geringere Temperatur benötigt, um die Substanz zum Sieden zu bringen. Wir sind also dank der Dampfdruckkurve in der Lage, den Verlauf der Phasengrenzlinie flüssig/gasförmig eindeutig vorherzusagen.

Die Phasengrenzlinie fest/flüssig

Schauen wir uns als Nächstes die Phasengrenzlinie zwischen fester und flüssiger Phase an. Die Clausius-Clapeyron-Gleichung für diesen Fall lautet:

$$\frac{dp}{dT} = \frac{\Delta_M H}{T_M \cdot \Delta_M V} \tag{6.20}$$

In Gl. 6.20 sind $\Delta_M H$ die Schmelzenthalpie, T_M die Schmelztemperatur und $\Delta_M V$ die Änderung des molaren Volumens beim Schmelzvorgang. Letzteres berechnet sich über folgende Formel:

$$\Delta_M V = V_{\mathrm{molar,l}} - V_{\mathrm{molar,s}} = M \cdot \left(\frac{1}{\rho_l} - \frac{1}{\rho_s} \right) \tag{6.21}$$

In Gl. 6.21 sind $V_{\mathrm{molar,l}}$ das molare Volumen der flüssigen Phase, $V_{\mathrm{molar,s}}$ das molare Volumen der festen Phase, M die molare Masse der Substanz und ρ_l bzw. ρ_s die Dichte der flüssigen bzw. festen Phase.

Auch in diesem Fall möchten wir Gl. 6.20 eigentlich gerne durch entsprechende Näherungen (wie im Fall des Phasenübergangs flüssig/gasförmig) vereinfachen und integrieren. Schließlich suchen wir ja nach einer Möglichkeit, für alle denkbaren Phasenübergänge den Druck p als Funktion der Temperatur T darzustellen. Welche Vereinfachungen sind in diesem Fall möglich? Schauen wir uns dazu vor allem die Änderung des molaren Volumens einmal genauer an.

Da sowohl die feste als auch die flüssige Phase als kondensierte Phasen nahezu inkompressibel sind, kann man näherungsweise davon ausgehen, dass sich das molare Volumen von

Feststoff oder Flüssigkeit durch Variation von Druck oder Temperatur nahezu nicht ändert (erste Näherung: $\Delta_M V \approx$ const.). Da sich auch die Schmelztemperatur in Abhängigkeit vom Druck nahezu nicht ändert, können wir auch diese näherungsweise als konstant ansehen (zweite Näherung: $T_M \approx$ const.).

Nun mögen Sie bezüglich der letzten Näherung einwenden: Aber der Schmelzdruckkurve kann man doch entnehmen, dass sich die Temperatur durchaus in Abhängigkeit vom Druck ändert (vgl. Abb. 6.4). Achten Sie aber einmal auf die Skalierung der Ordinate: Diese ist in logarithmischer Skalierung aufgetragen! Das bedeutet, dass Druckänderungen hier nicht linear, sondern zum Teil exponentiell sind und es daher auch zu signifikanten Änderungen der Temperatur kommen kann. Für Bereiche, in denen sich der Druck nicht exponentiell ändert, ist die zweite Näherung, die wir oben getroffen haben, aber durchaus zutreffend.

Zusammenfassend kann man damit für den Verlauf der Schmelzdruckkurve folgende Näherung machen:

$$\frac{\mathrm{d}p}{\mathrm{d}T} = \frac{\Delta_M H}{T_M \cdot \Delta_M V} \approx \text{const.}$$

Damit lässt sich Gl. 6.20 sehr einfach integrieren zu:

$$\frac{\Delta p}{\Delta T} \approx \frac{\Delta_M H}{T_M \cdot \Delta_M V} \tag{6.22}$$

Wie müssen wir diese Gleichung lesen? Sie bedeutet doch nichts anderes als „Änderung des Schmelzdruckes in Abhängigkeit von der Temperatur" und gibt die Steigung der Funktion $p(T)$ bei Veränderung von T an. Diese Änderung ist linear, wie wir es im Phasendiagramm auch erkennen können.

Schauen wir uns als Nächstes das Vorzeichen der Steigung an. Wir haben an den Beispielen Wasser und Kohlendioxid gesehen, dass die Steigung der Schmelzdruckkurve sowohl positiv als auch negativ sein kann. Aus Gl. 6.22 lässt sich nun auch verstehen, woran das liegt: Je nachdem, ob die Dichte der festen oder flüssigen Phase den größeren Wert besitzt, wird entweder $\Delta_M V < 0$ (gemäß Gl. 6.21 bei $\rho_l > \rho_s$) oder $\Delta_M V > 0$ (gemäß Gl. 6.21 bei $\rho_l < \rho_s$). Die Änderung des molaren Volumens ist ausschlaggebend für das Vorzeichen der Steigung der Schmelzdruckkurve, da sowohl die Schmelztemperatur T_M als auch die Schmelzenthalpie $\Delta_M H$ immer einen positiven Wert annehmen (die Schmelzenthalpie deshalb, da der Schmelzprozess immer endotherm ist). Damit können wir jetzt auch eindeutig nachweisbar (nämlich aus der Clausius-Clapeyron-Gleichung) verstehen, inwiefern die Dichten von Feststoff und Flüssigkeit ausschlaggebend für den Verlauf der Schmelzdruckkurve sind.

Sind wir damit fertig? Nicht ganz, denn wir sollten uns noch kurz mit der Frage beschäftigen, ob unsere quantitative Betrachtung auch eine Vorstellung davon liefert, welche Größenordnung die Steigung der Schmelzdruckkurve annimmt. Schauen wir uns dazu wiederum am Beispiel Wasser einmal konkrete Werte an. Für Wasser berechnen sich folgende

Werte (siehe auch Gl. 6.5 und Gl. 6.6 zur Berechnung von $\Delta_M V$ gemäß Gl. 6.21):

$$\Delta_M H = 6,0\,\mathrm{kJ}\cdot\mathrm{mol}^{-1} = 6000\,\mathrm{J}\cdot\mathrm{mol}^{-1}$$

$$T_M = 273,15\,\mathrm{K}$$

$$\Delta_M V = -1,61\,\mathrm{cm}^3\cdot\mathrm{mol}^{-1} = -1,61\cdot10^{-6}\,\mathrm{m}^3\cdot\mathrm{mol}^{-1}$$

Setzt man diese Werte in Gl. 6.22 ein, dann ergibt sich:

$$\frac{\mathrm{d}p}{\mathrm{d}T} = \frac{6000\,\mathrm{J}\cdot\mathrm{mol}^{-1}}{273,15\,\mathrm{K}\cdot\left(-1,61\cdot10^{-6}\right)\,\mathrm{m}^3\cdot\mathrm{mol}^{-1}} = -1,36\cdot10^7\,\mathrm{Pa}\cdot\mathrm{K}^{-1} = -136\,\mathrm{bar}\cdot\mathrm{K}^{-1}$$

Mit anderen Worten: Wenn sich die Schmelztemperatur nur um ein einziges Grad Celsius erhöht, verringert sich der Schmelzdruck um sage und schreibe 136 bar. Oder anders ausgedrückt: Wenn man den Druck um gewaltige 136 bar erhöht, dann verringert sich die Schmelztemperatur von Wasser gerade einmal um ein mickriges Grad Celsius.

Anmerkung: In den letzten beiden Sätzen sind wir gegenüber Wasser und den physikalischen Größen Druck und Temperatur sehr „persönlich" geworden und haben eine ganze Reihe von wertenden Adjektiven zur Beschreibung herangezogen. Dies sollten Sie selbstverständlich in einem wissenschaftlichen Dokument niemals machen! Es dient an dieser Stelle lediglich dazu, den dargestellten Sachverhalt plastischer darzustellen.

Wie man aus dieser Beispielrechnung ersieht, ist der steile Verlauf der Schmelzdruckkurve auf die geringe Volumenänderung beim Schmelzen zurückzuführen (und damit letztlich auf die Inkompressibilität kondensierter Phasen). Eine Vernachlässigung der molaren Volumina (wie wir sie bei der Herleitung der Formel für die Dampfdruckkurve vorgenommen haben) ist hier aufgrund der ähnlichen Größenordnung nicht zulässig.

Auch für die Schmelzdruckkurve kann man daher den Kurvenverlauf aus relativ leicht zugänglichen Größen wie der Schmelzenthalpie, der molaren Masse und den Dichten der beteiligten Phasen bestimmen. Vor allem aber – und das ist für den Physikochemiker ein sehr befriedigendes Ergebnis – kann man den Verlauf der experimentell ermittelten Kurve aus diesen Daten und den theoretischen Überlegungen heraus verstehen! Und das gibt uns doch schon wieder einmal ein klein wenig mehr „Macht", die wir am Ende unserer Reise dann hoffentlich gegen den Mathemagier einsetzen können, oder?

Die Phasengrenzlinie fest/gasförmig

Wenden wir uns zum Abschluss des Kapitels noch einmal der Phasengrenzlinie zwischen fester und gasförmiger Phase zu. Da wir bei der Sublimation von einer kondensierten Phase (Feststoff) in die Gasphase übergehen, ändert sich das molare Volumen in signifikanter Weise, da $V_{\mathrm{molar,g}} \gg V_{\mathrm{molar,s}}$. Deshalb können wir diesen Fall analog zum Phasenübergang flüssig/gasförmig betrachten und die dort getroffenen Näherungen auch an dieser Stelle

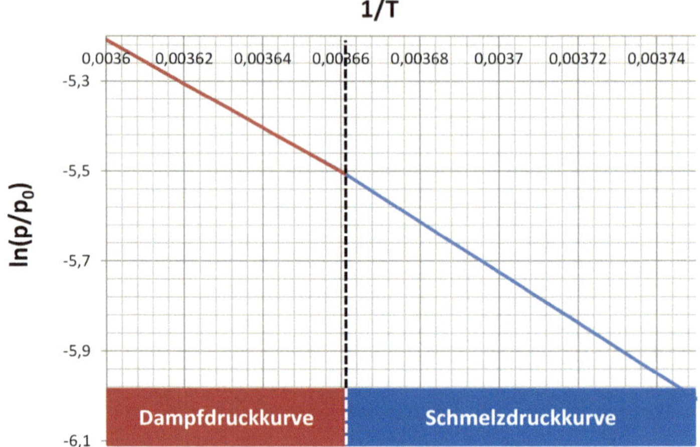

Abb. 6.12 Vergleich der Steigungen von Dampfdruckkurve und Schmelzdruckkurve

verwenden. Da wir anstelle der Verdampfungsenthalpie hier allerdings die Sublimationsenthalpie $\Delta_\mathrm{sub}H$ verwenden müssen, erhalten wir (analog zu Gl. 6.19):

$$p_2 = p_1 \cdot e^{-\frac{\Delta_\mathrm{sub}H}{R}\cdot\left(\frac{1}{T_2}-\frac{1}{T_1}\right)} \tag{6.23}$$

Gemäß dem Satz von Hess (Abschn. 4.2) errechnet sich die Sublimationsenthalpie als Summe von Schmelzenthalpie $\Delta_M H$ und Verdampfungsenthalpie $\Delta_v H$:

$$\Delta_\mathrm{sub}H = \Delta_M H + \Delta_v H \tag{6.24}$$

Warum ist das so? Für unsere betrachtete Verbindung spielt es keine Rolle, ob der Übergang vom Ausgangszustand „Feststoff" in den Endzustand „Gas" direkt erfolgt (Sublimation) oder ob man eine „Zwischenstation" im flüssigen Zustand (nach dem Schmelzen) einlegt, bevor man durch Verdampfen schließlich die Gasphase erreicht. In beiden Fällen muss gemäß dem Satz von Hess die gleiche Energie erforderlich sein.

Da die Sublimationsenthalpie damit um den Betrag der Schmelzenthalpie $\Delta_M H$ größer ist als die Verdampfungsenthalpie, kann man durch Koeffizientenvergleich von Gl. 6.23 mit Gl. 6.19 schlussfolgern, dass die Sublimationsdruckkurve (die mit Gl. 6.23 berechnet wird) steiler verlaufen muss als die Dampfdruckkurve (die mit Gl. 6.19 berechnet wird). Dies erkennt man mathematisch daran, dass im Argument der Exponentialfunktion im Fall von Gl. 6.23 ein größerer Wert im Zähler des Bruches vor der Klammer steht und daher die Steigung der Schmelzdruckkurve größer ist als die Steigung der Dampfdruckkurve (Abb. 6.12).

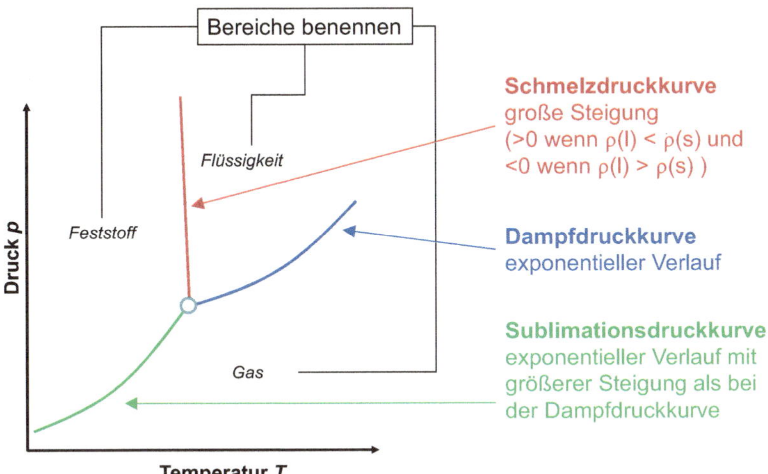

Abb. 6.13 Theoretische Konstruktion eines Phasendiagramms, basierend auf den Erkenntnissen aus der Clausius-Clapeyron-Gleichung

Zusammenfassung: Aussehen von Phasendiagrammen

Fassen wir unsere Überlegungen zum Aussehen von Phasendiagrammen noch einmal abschließend zusammen. Wir sind nach dem intensiven Studium von Dampfdruckkurve, Schmelzdruckkurve und Sublimationsdruckkurve nunmehr in der Lage, für einen beliebigen Stoff einen ersten Entwurf für ein Phasendiagramm zu erstellen. Wir haben das in Abb. 6.13 exemplarisch noch einmal zusammenfassend skizziert.

Der Aufenthalt im Hexenhaus hat uns damit eine Menge Abstraktion abverlangt. Als Belohnung erhalten wir aber Gleichungen, die uns ein quantitatives Verständnis von Phasendiagrammen erlauben – und es uns ermöglichen, die experimentell gemessenen Werte von Druck und Temperatur auf der Basis einer allgemeingültigen Theorie zu verstehen. Dabei waren unsere Herleitungen eigentlich kein „Hexenwerk", da wir mittels des chemischen Potenzials letztlich eigentlich nur die Eigenschaften der Zustandsfunktion Freie Enthalpie G genutzt haben – und damit die beiden großen Hauptsätze (1. und 2. Hauptsatz) der Thermodynamik. Wir hoffen, dass Ihnen der Aufenthalt im Hexenhaus ebenfalls etwas gebracht hat und Sie sich für die finale Konfrontation mit dem Mathemagier besser gerüstet fühlen. Wenn nicht, dann verweilen Sie gerne noch ein wenig länger bei unserer Hexe und unterhalten sich noch etwas mit ihr!

Wenn Sie sich ausreichend gerüstet fühlen, dann setzen wir unsere Reise im nächsten Abschnitt fort.

Übungsaufgaben

Aufgabe 6.2.1

Bei der Herleitung der Formel für die Dampfdruckkurve aus der Clausius-Clapeyron-Gleichung wurde das molare Volumen der flüssigen Phase vernachlässigt. Wie groß ist der daraus resultierende Fehler des molaren Volumens in Prozent?

Lösung:

http://tiny.cc/qvelcy

Aufgabe 6.2.2

Tetrachlorkohlenstoff siedet unter Normaldruck (1013 mbar) bei einer Temperatur von 76,7 °C. Wie hoch ist die Siedetemperatur bei einem Druck von 10,0 bar? Die Verdampfungsenthalpie von Tetrachlorkohlenstoff beträgt $\Delta_v H = 30{,}0 \, \mathrm{kJ \cdot mol^{-1}}$.

Lösung:

http://tiny.cc/gwelcy

Aufgabe 6.2.3

Ethanol siedet unter Normaldruck (1013 mbar) bei einer Temperatur von 78,3 °C. Welchen Druck würde man benötigen, damit Ethanol bereits bei 50 °C siedet? Die Verdampfungsenthalpie von Ethanol beträgt $\Delta_v H = 38{,}6 \, \mathrm{kJ \cdot mol^{-1}}$.

Lösung:

http://tiny.cc/nwelcy

Aufgabe 6.2.4

Die molare Schmelzenthalpie von Wasser beträgt $\Delta_M H = 6{,}0\,\text{kJ}\cdot\text{mol}^{-1}$. Bei welchem Druck würde der Schmelzpunkt von Wasser bei $-10\,^{\circ}\text{C}$ liegen? Verwenden Sie zur Berechnung die folgenden Angaben:

$$\rho\,(H_2O, s) = 0{,}917\,\text{g}\cdot\text{cm}^{-3};\; \rho\,(H_2O, l) = 0{,}999\,\text{g}\cdot\text{cm}^{-3}$$

Lösung:

http://tiny.cc/wwelcy

Der Tempel des Übergangs

Als Ihr nach dem Besuch bei der Rabenhexe jenseits des Waldes dem Weg weiter folgt, kommt Ihr in unmittelbarer Nähe des Meeres an ein seltsames Gebäude. Eine kleine Steintreppe führt zu dem kleinen runden Steinbau, der an seiner Außenseite von Säulen umrahmt ist und von einer kleinen runden Kuppel abgerundet wird. Das besonders Interessante daran ist allerdings seine Lage: Das Gebäude scheint halb auf dem Land und halb im Wasser zu liegen. Neugierig tretet Ihr näher heran.

Als Ihr die kleine, aber massive Steintür erreicht, schwingt diese trotz ihres sicherlich beachtlichen Gewichts nahezu lautlos nach innen auf. Aus dem Inneren tritt eine junge Frau auf Euch zu. Sie trägt ein blaugrün schimmerndes Gewand, in der rechten Hand hält sie einen Dreizack und in der linken eine seltsame Laterne, die irgendwie kalt von innen zu glühen scheint. Bei dem Anblick müsst Ihr unwillkürlich an die düsteren Gänge in den Katakomben unterhalb der Ruinen des Chaos denken, als Ihr Euch mit Aspekten rund um die Entropie beschäftigt habt. Aber Ihr könnt den dunklen Gedanken abschütteln und konzentriert Euch wieder ganz auf Euer Gegenüber. Die dunkelhaarige Frau blickt Euch an und macht eine einladende Geste, mit der sie Euch bittet, hereinzukommen.

© Verena Biskup (geb. Schneider)/Ulisses Spiele

„Willkommen im Tempel des Übergangs", klingt ihre für ihr junges Aussehen erstaunlich ernst und ehrfürchtig klingende Stimme in Euren Ohren. „Als Neuankömmling in unserem Reich werdet Ihr Euch vielleicht über diesen Ort wundern. So wisset denn, dass dieser Tempel den Ort markiert, an dem in grauer Vorzeit die ersten unserer Vorfahren ihren Fuß auf die Insel der Phasen setzten. Diesem Ort scheint zudem eine große karmale Kraft innezuwohnen – denn einmal am Tag ist der Boden unter dem Tempel fest und stark wie der Berg der Insel. Der Ozean zieht sich dann aus Ehrfurcht vor den Göttern des Übergangs in Richtung Horizont zurück. Erst in der Nacht kehrt das Meer wieder zurück und der Tempel befindet sich dann im Wasser. So ist denn dieser Ort ein Sinnbild des ständigen Wandels sowie auch der Beständigkeit."

Ihr könnt den Worten der Frau, die offensichtlich Geweihte irgendeines lokalen Kultes ist, nicht ganz folgen, berichtet ihr aber zunächst einmal von Eurer Aufgabe und Eurem Ziel. Anders als bei manchen Eurer bisherigen Gesprächspartner runzelt sie aber nicht die Stirn oder gerät in Panik oder Angst. Im Gegenteil: Mit festem Blick schaut sie Euch an und spricht dann mit kräftiger Stimme:

„Euer Weg wird Euch in eine tiefe Dunkelheit führen – und doch weit hinein in das Herz dieser Insel. In das Herz des Geheimnisses der Phasen. Ein Ort, wohin selbst der Mathemagier Dáò'byn Fêlled noch nicht vorgedrungen ist. Denn sein Interesse gilt nur den Zahlen, er zieht seine Kraft aus den Gleichungen und Größen, die er Euch immer wieder entgegenschicken wird. Wenn Ihr ihn besiegen wollt, dann müsst Ihr Euch auch das Wissen des Übergangs aneignen. Sehr gerne will ich Euch darin unterrichten. Fühlt Euch so lange als Gäste in diesem kleinen bescheidenen Tempel."

Froh, offenbar weitere Unterstützung für Eure Aufgabe gefunden zu haben, macht Ihr Euch an die Arbeit. Und Ihr seid erstaunt, wie tief und umfassend das Wissen ist, welches die Geweihte mit Euch teilt.

http://tiny.cc/ywelcy

6.3   Phasenübergänge

„Wissen des Übergangs" – was ist damit gemeint? Wir haben uns in den letzten Kapiteln sehr intensiv Gedanken darüber gemacht, wie Phasendiagramme (oder speziell die für Einkomponentensysteme so bedeutsamen p-T-Diagramme) aufgebaut sind. Dann haben wir uns mit den Phasengleichgewichten beschäftigt, also bewusst entlang der Phasengrenzlinien bewegt, und uns mit den Gleichungen zu Dampfdruckkurve, Schmelzdruckkurve und Sublimationsdruckkurve die quantitativen Bedingungen vor Augen geführt, die gegeben sein müssen, damit gleichzeitig zwei Phasen nebeneinander vorliegen können. Was wir

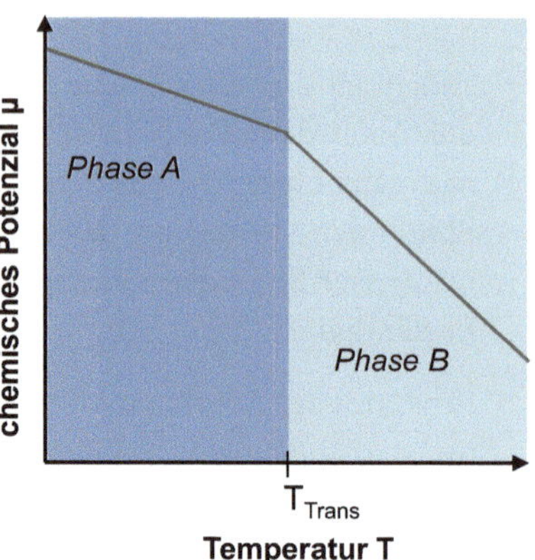

Abb. 6.14 Änderung des chemischen Potenzials μ beim Phasenübergang. Adaptiert nach: Physical Chemistry, Eighth Edition by Atkins & de Paula (2006). By permission of Oxford University Press

aber noch nicht betrachtet haben, ist der Übergang zwischen zwei Phasen selbst. Treten wir also in den Tempel ein und meditieren noch einmal über diese Frage.

Mit welchen Größen lässt sich ein Phasenübergang beschreiben? Starten möchten wir hier noch einmal mit dem chemischen Potenzial μ und uns eine Klassifikation ansehen, die auf den österreichischen Physiker Paul Ehrenfest (1880–1933) zurückgeht und daher als Ehrenfest-Klassifikation bezeichnet wird.

Was ist die Grundlage dieser Klassifikation? Ehrenfest schaute sich die Steigungen (Änderungen) des chemischen Potenzials μ einer Komponente in verschiedenen Phasen A und B an, wenn die äußeren Variablen Druck und Temperatur verändert werden. Wie wir bereits in unserer bisherigen Betrachtung gesehen haben, gilt hierfür:

$$\left(\frac{\partial \mu}{\partial p}\right)_B - \left(\frac{\partial \mu}{\partial p}\right)_A = V_{\mathrm{molar,B}} , -V_{\mathrm{molar,A}} = \Delta_{\mathrm{Trans}} V \tag{6.25}$$

$$\left(\frac{\partial \mu}{\partial T}\right)_B - \left(\frac{\partial \mu}{\partial T}\right)_A = -S_{\mathrm{molar,B}} - (-S_{\mathrm{molar,A}}) = -\Delta_{\mathrm{Trans}} S = -\frac{\Delta_{\mathrm{Trans}} H}{T_{\mathrm{Trans}}} \tag{6.26}$$

Was genau beschreiben eigentlich diese beiden Gleichungen? Auf der linken Seite steht jeweils die Differenz zweier Steigungen. Eine Steigung ist aber nichts anderes als die Änderung der jeweiligen Größe (hier μ) in Abhängigkeit der jeweiligen Variablen (hier p oder T). Und wenn man die linke Seite mit der rechten Seite der Gleichung vergleicht, dann steht doch hier eigentlich nichts anderes, als dass sich die Steigungen um einen bestimmten Betrag unterscheiden. Oder anders ausgedrückt: Die Steigung des chemischen Potenzials in Abhängigkeit von Druck p und Temperatur T ändert sich am Punkt des Phasenübergangs. Dieser Sachverhalt ist in Abb. 6.14 noch einmal in Form eines exemplarischen Diagramms wiedergegeben.

An dieser Stelle müssen wir präzisieren, dass diese Betrachtung streng genommen nur für einen sogenannten Phasenübergang erster Ordnung (im Sinne der Ehrenfest-Klassifikation) gilt. Daneben gibt es sogenannte Phasenübergänge zweiter Ordnung, bei denen sich das

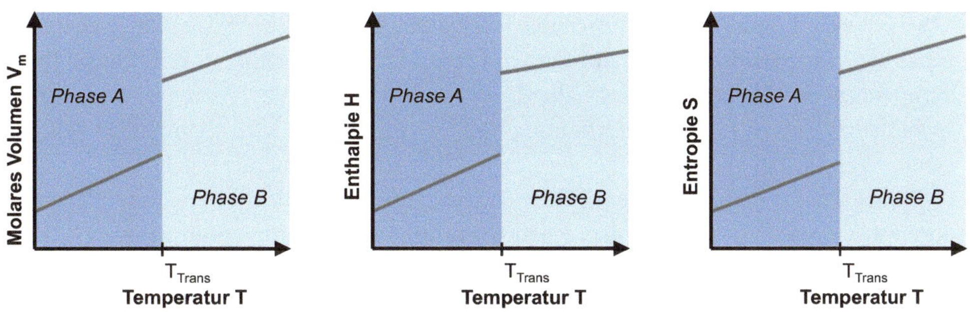

Abb. 6.15 Änderung von molarem Volumen, Enthalpie H und Entropie S bei einem Phasenübergang erster Ordnung (schematisch). Adaptiert nach: Physical Chemistry, Eighth Edition by Atkins & de Paula (2006). By permission of Oxford University Press

Abb. 6.16 Änderung der molaren Wärmekapazität bei konstantem Druck bei einem Phasenübergang erster Ordnung. Adaptiert nach: Physical Chemistry, Eighth Edition by Atkins & de Paula (2006). By permission of Oxford University Press

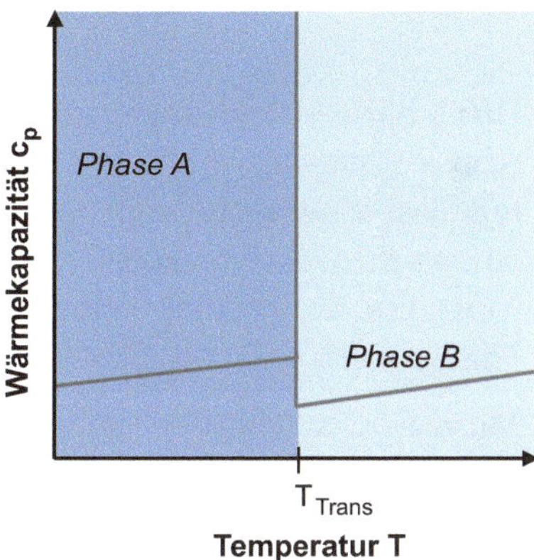

chemische Potenzial nicht sprunghaft ändert. Wir möchten unsere Betrachtung hier ausschließlich auf Phasenübergänge erster Ordnung beschränken, da diese für die meisten praktisch relevanten Fälle in der Chemie von Relevanz sind.

Eigentlich haben wir bislang ja noch keine wirklich neue Erkenntnis gewonnen. Wir wissen bereits (vgl. Abb. 5.5 in Abschn. 5.3), dass sich die Steigung des chemischen Potenzial am Punkt des Phasenübergangs ändert. Wir haben es bislang wahrscheinlich nur noch nicht explizit formuliert.

Dass sich das chemische Potenzial in dieser Form ändert, hat umgekehrt zur Konsequenz, dass sich die Größen $\Delta_{\mathrm{Trans}} V$, $\Delta_{\mathrm{Trans}} H$ und $\Delta_{\mathrm{Trans}} S$ beim Phasenübergang sprunghaft (d. h. um einen bestimmten Betrag) ändern (siehe Abb. 6.15).

Die Unstetigkeit der Funktion Enthalpie H hat weiterhin zur Konsequenz, dass die Ableitung dieser Funktion nach der Temperatur (also die Wärmekapazität bei konstantem Druck c_p) eine Singularität aufweist (sprich: am Punkt des Phasenübergangs unendlich groß wird). Diese Singularität der Wärmekapazität c_p ist in Abb. 6.16 illustrativ dargestellt.

Wie lässt sich dieses Verhalten anschaulich erklären? Bis zum Punkt des Phasenübergangs führt die Wärmezufuhr bei einem System immer zu einer Temperaturerhöhung. Ist die Temperatur des Phasenübergangs allerdings erreicht, dann führt weitere Wärmezufuhr nicht mehr zu einer Temperaturerhöhung, sondern die Energie wird vielmehr für den Phasenübergang selber verwendet (bei T = const.). Von außen betrachtet macht man demnach die Beobachtung, dass man einem System Wärme zuführt und das System diese Wärme absorbiert, aber nicht mit einer entsprechenden Erhöhung der Temperatur „reagiert". Dieses Verhalten lässt sich durch eine theoretisch unendlich große Wärmekapazität c_p beschreiben, wenn man sich vor Augen hält, dass gilt:

$$c_p = \frac{Q}{\Delta T \cdot n} \tag{6.27}$$

Und wenn man eine Grenzwertbetrachtung anstellt, ergibt sich daraus:

$$\lim_{\Delta T \to 0} c_p = \infty$$

Hier schließt sich unter anderem auch der Kreis zum Kirchhoff'schen Satz, den wir in Abschn. 4.3 kennengelernt haben. Auch dort haben wir neben der Betrachtung der Änderung innerhalb einer Phase immer noch den Phasenübergang explizit mit berücksichtigt (und dort gesehen, dass dieser einen in der Regel erheblich größeren Beitrag zur Temperaturabhängigkeit der Reaktionsenthalpie beisteuert als Temperaturänderungen innerhalb einer Phase selber).

Mit diesem abschließenden Wissen ausgerüstet, haben wir Einkomponentensysteme in ausreichender Tiefe verstanden. Es ist an der Zeit, uns allmählich komplexeren Systemen zuzuwenden. Wir machen uns daher wieder auf den Weg, beschreiten nun auf unserer Insel den Weg zum Berg hinauf und erwarten dort, dass wir etwas über Systeme erfahren werden, die aus mehr als einer Komponente bestehen, die sogenannten Mischphasen.

Übungsaufgaben

Aufgabe 6.3.1

Welchen Wert erwarten Sie für die experimentelle Bestimmung der molaren Wärmekapazität c_p von Wasser am Siedepunkt (100 °C bei 1013 mbar)?

Lösung:

http://tiny.cc/4welcy

Aufgabe 6.3.2

Welche der folgenden Abbildungen (Abb. 6.17) können einen Phasenübergang erster Ordnung beschreiben?

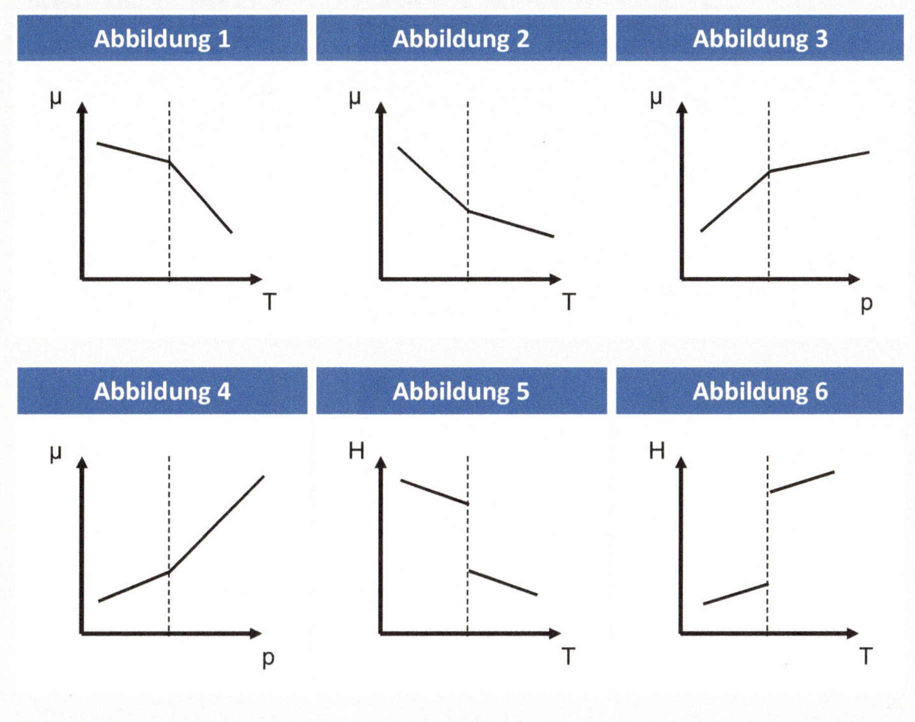

Abb. 6.17 Zu Aufgabe 6.3.2

Lösung:

http://tiny.cc/ovelcy

Mischphasen

7

© Springer-Verlag Berlin Heidelberg 2017

T. Daubenfeld, D. Zenker, *Reiseführer Physikalische Chemie*, DOI 10.1007/978-3-662-47932-2_7

Das Kloster

Nachdem Ihr den Wald und die Küste hinter Euch gelassen habt, beginnt die Landschaft allmählich hügeliger zu werden und gemächlich anzusteigen. Ihr habt die äußersten Ausläufer des Berges erreicht. Voller Optimismus macht Ihr Euch an den Aufstieg. In der Ferne seht Ihr die Mauern eines Sakralgebäudes aufragen. Offenbar ein Kloster. Ihr freut Euch bereits auf eine kräftige Mahlzeit und ein warmes Bett mit einem festen Dach über dem Kopf und beschleunigt Eure Schritte.

Doch schon nach wenigen Minuten wird Eure Euphorie jäh gebremst, als Ihr ein silberfarbenes Wesen mit einer furchterregenden Waffe in der Hand vor Euch stehen seht: ein *Anubis*. Ihr habt von diesen Wesen gehört, die als Leibwächter des Mathemagiers fungieren und sein Reich schützen sollen. Aus kalten Augen blickt Euch das Wesen an. Aber es bewegt sich nicht.

Vorsichtig versucht Ihr, Euch an dem Anubis vorbei zu schleichen. Aber sobald Ihr Euch nach vorne bewegt, schnellt die Waffe des Anubis in Eure Richtung und macht unmissverständlich klar, dass es hier kein Vorbeikommen gibt.

Ihr ruft Euch wieder in Erinnerung, was Ihr über diese Wesen wisst. Und meint Euch dann irgendwann zu erinnern, dass jedes dieser mit überirdischen Kräften ausgestatteten Wesen seine Macht aus einem bestimmten Wort bezieht, welches einem gleichzeitig die Kontrolle über den Anubis gibt.

Wenn Ihr doch nur dieses Zauberwort kennen würdet. Dann könntet Ihr dem Anubis einfach befehlen, den Weg frei zu machen. Dann erinnert Ihr Euch an die Schriftrolle, die Ihr dem Alten in Fundamentalia abgekauft habt. Darauf waren doch zahlreiche Formeln geschrieben, mit denen man angeblich jedes erdenkliche Problem beseitigen kann! Schnell (aber dennoch vorsichtig, damit es nicht zerbröselt) zückt Ihr das Pergament und hofft, darauf einen Weg zu finden, den Anubis zu besiegen. Kaum haltet Ihr das Dokument in den Händen, glaubt Ihr ein hämisches Grinsen in den Zügen des Wächters zu entdecken. Seine Augen blitzen kaum merklich auf und Ihr merkt nur noch, dass das Dokument in Euren Händen zu feinem Staub zerfallen ist. Die Formelsammlung! Oh nein! In Eurem Kopf hört Ihr eine dunkle Stimme:

Narr!

Glaubt Ihr wirklich, ein paar armselige Formeln sind in der Lage, mich zu bezwingen? Formeln, die Ihr noch nicht einmal verstanden habt? Um mich zu besiegen, müsst Ihr schon mehr aufbieten. Für solch armselige Wichte, wie Ihr es seid, ist mir sogar der Einsatz eines Anubis zu schade. Geht nur weiter. Geht zum Kloster, geht auf den Berg. Aber das nächste Mal werde ich nicht mehr so nachlässig mit Euch sein. Beim nächsten Mal erwarte ich, dass Ihr Euch als würdige Gegner erweisen möget.

Ihr wisst nicht, woher diese Stimme kommt, habt aber die dunkle Ahnung, dass es sich um den Mathemagier handeln muss. Offenbar nimmt seine Macht in dem Maße zu, in dem Ihr Euch dem Berg annähert. Als Ihr Euch noch einmal umblickt, fällt Euch auf, dass der Anubis verschwunden ist. Offenbar hat ihn der Mathemagier wieder zurückbeordert. Aber statt Euch zu freuen, hinterlässt dieser „Erfolg" einen schalen Beigeschmack. Ihr hofft, dass Ihr hier keinen Pyrrhus-Sieg davongetragen habt. Denn tief im Inneren wird Euch klar, dass die nächste Konfrontation mit den physikochemischen Kreaturen des Mathemagiers nicht mehr so glimpflich ablaufen wird. Aber Aufgeben kommt für Euch nicht infrage! Und so beschließt Ihr, Euch für den nächsten Kampf besser vorzubereiten. Offenbar reicht das bloße Wissen um die Existenz einiger Gleichungen und Formeln nicht aus. Man muss selbige anscheinende auch verstehen und anwenden können. Das war Euch eine Lehre und Ihr beschließt, dies beim nächsten Mal zu beherzigen. Und setzt Euren Weg in Richtung Kloster mit einem etwas mulmigen Gefühl fort.

Noch einige Zeit, nachdem Ihr den Anubis „überwunden" habt, grübelt Ihr über die bevorstehende Begegnung mit dem Mathemagier. Unwillkürlich schlottern Euch dabei die Knie vor Angst und Panik. Das macht das Vorankommen im langsam ansteigenden Gelände nicht unbedingt einfacher. Aber schließlich könnt Ihr nicht allzu weit vor Euch das Klosters sehen, das Euch bereits vom Tal aus aufgefallen ist. Nach den Strapazen und Entbehrungen der letzten Stunden, die von der Konfrontation mit dem Anubis und dem Hügelanstieg geprägt waren, beflügeln die Aussicht auf eine warme Mahlzeit und ein gemütliches Bett noch einmal Eure Schritte.

Als Euer Blick zurückschweift, seht Ihr unter Euch das Meer und die Waldwildnis allmählich in der Ferne verschwinden. Ganz weit entfernt könnt Ihr noch die Rauchfahnen ausmachen, die aus den Schornsteinen von Fundamentalia aufsteigen.

Wehmütig erinnert Ihr Euch an die Bequemlichkeit des Ortes zurück und fragt Euch einmal mehr, ob sich die ganze Reise, die Ihr hier unternehmt, wirklich lohnt. Aber schon im nächsten Moment reckt Ihr trotzig Euer Antlitz gen Berg und habt Euer Ziel wieder fest im Blick: den Mathemagier Dáò'byn Fêlled zu schlagen, um endlich wieder Frieden auf die beschauliche Insel der Phasen zu bringen. Nach allem, was Ihr bislang schon gesehen und erlebt habt, wollt Ihr es auf keinen Fall zulassen, dass dieser Magier noch länger mit seinen Zahlen, Gleichungen und Diagrammen das Land heimsucht.

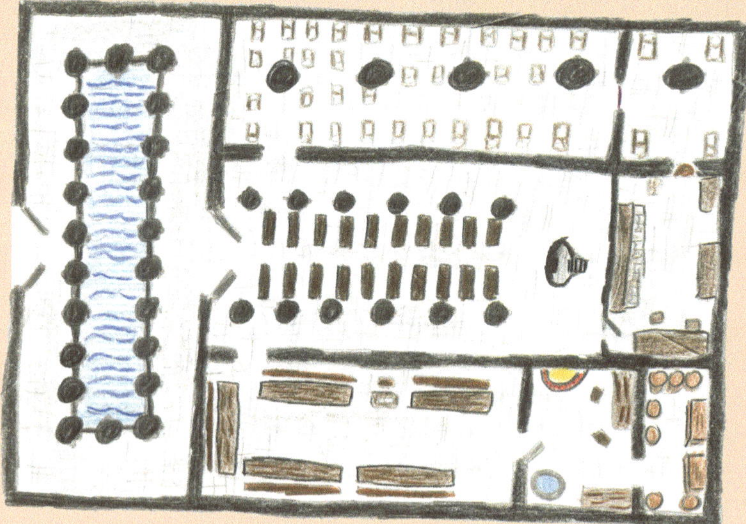

Und so erreicht Ihr mit den letzten Strahlen der untergehenden Sonne das Kloster. Still und ruhig liegt es vor Euch. Und doch versprechen die erhabenen Mauern Schutz und Sicherheit, was gerade wegen der hereinbrechenden Nacht für Euch verlockend erscheint und zudem eine willkommene Abwechslung von der Reise durch die hinter Euch liegende Waldwildnis darstellt.

So wundert Ihr Euch auch nur kurz darüber, dass das große Eingangstor unverschlossen ist, dann betretet Ihr das Gemäuer.

Doch noch bevor Ihr Euch umsehen könnt, fällt unmittelbar hinter Euch das schwere Eingangstor wie von Geisterhand bewegt zu. Alle Versuche, die plötzlich (wie magisch) verschlossene Tür zu öffnen, schlagen fehl. Ihr seid gefangen.

© Marc Bornhöft/Ulisses Spiele

Aus dem Halbdunkel, an das sich Eure Augen nur langsam gewöhnen, hört Ihr eine dunkle und tiefe Stimme, die aus dem Nichts heraus zu klingen scheint. Erst nach einem kurzen Moment könnt Ihr eine schemenhafte Gestalt in den Schatten ausmachen, die einen schwarzen Umhang trägt und Euch mit unergründlichen Augen anstarrt.

Die Gestalt beginnt zu reden:

> „Aus Zwei wird Eins
> Und ist doch Keins.
> Wenn man es teilt,
> So es verweilt.
> Und wird's vergeh'n
> Oder entsteh'n
> Oder wird's bleiben,
> Die drei entscheiden."

Verstört blickt Ihr Euch um. Was in aller Welt war das denn? So schnell, wie Ihr die Stimme gehört und die Gestalt gesehen habt, ist sie auch schon wieder verschwunden. (War sie eigentlich jemals da?) Irgendwie habt Ihr das Gefühl, dass es vielleicht etwas mit diesem Kloster zu tun hat, welches Euch mit einem Mal alles andere als einladend erscheint. Die Stille kommt Euch nun eher unheimlich als friedlich vor. Und die starken Mauern, die Euch noch vor wenigen Momenten Schutz versprachen, scheinen nun zu den Mauern Eures Gefängnisses geworden zu sein.

Als Ihr den ersten Schock verdaut habt, kramt Ihr aus Eurer Tasche eine Fackel und Zunderzeug hervor und könnt schon bald im Schein der Flamme die Umgebung näher in Augenschein nehmen.

Als sich Eure Augen im Licht der Fackel allmählich an die Umgebung gewöhnt haben, erkennt Ihr, dass Ihr Euch in einem langen Gang befindet, der sich hinter dem Eingangstor von links nach rechts zieht. Durch die Säulen vor Euch hört Ihr das leise

Geplätscher von Wasser – offenbar ein kleiner künstlicher Teich, der in das Innere des Klosters integriert wurde. Der Gang selbst zweigt an seinem Ende nochmals ab – und allmählich wird Euch klar, dass dies noch gar nicht das eigentliche Innere des Klosters ist, sondern der Kreuzgang, welcher einer Klosterkirche in der Regel vorgelagert ist.

Als Ihr dem Kreuzgang auf die andere Seite des künstlichen Teiches folgt, steht Ihr vor einer weiteren großen zweiflügeligen Tür. Ihr vermutet, dass diese in das Innere des Klosters führt. Nachdem Ihr wenig Hoffnung habt, das Kloster auf dem Weg wieder verlassen zu können, auf dem Ihr es betreten habt, beschließt Ihr, nunmehr diese Richtung einzuschlagen. Vielleicht findet sich ja auf der anderen Seite eine Möglichkeit, dieses Gemäuer zu verlassen.

Von den Bewohnern des Klosters habt Ihr (bis auf die ominöse Gestalt) bis hierhin auch noch nichts gesehen, was Euch aber erst jetzt, als Ihr vor der großen Tür steht, bewusst wird. Ihr klopft an die Tür, erst zaghaft, dann etwas kräftiger. Aber Ihr erhaltet keine Antwort. Ungewöhnlich. Denn jeder Eurer Schläge hallt mit vielfachem Echo durch den Kreuzgang und sollte auch auf der anderen Seite der Tür deutlich hörbar gewesen sein.

Also versucht Ihr, die Tür selber zu öffnen. In dem Moment, als Ihr die Klinke berührt, wird die Welt um Euch herum schlagartig schwarz und Euch schwinden die Sinne. In Eurem Kopf beginnt eine Euch nicht unbekannte Stimme zu sprechen …

http://tiny.cc/bxelcy

7.1   Ideale Mischungen

Ein Kloster betrachten wir in der Regel als einen Ort, an dem wir nach innen gekehrt und in aller Ruhe meditieren können. Der Ursprung des Wortes „Meditation" liegt im lateinischen „meditatio" (nachdenken, überlegen) und im griechischen „medomai" (denken). Und genau dieses ruhige Nachdenken werden wir nun auf unserer Reise benötigen, um in diesem Kapitel Phasengleichgewichte mit zwei Komponenten ($K = 2$) zu beschreiben. In unserer Nomenklatur möchten wir die in den nächsten Kapiteln betrachteten Systeme als

2K-Systeme beschreiben. Wir werden unsere Betrachtung hier zunächst auf Einphasensysteme beschränken ($P = 1$), bevor wir uns in den weiteren Abschnitten (nach dem Kloster) mit binären Phasengleichgewichten beschäftigen werden, die in mehr als einer Phase vorliegen.

Eine Mischung ist uns bereits vor den Toren von Energia auf der Insel der Energie begegnet (Erinnern Sie sich? Wenn nicht, blättern Sie ruhig noch einmal in Abschn. 1.3 nach.), als wir uns mit dem Partialdruck von Gasen beschäftigt haben. Auch hier möchten wir unsere Betrachtung zunächst mit idealen Gasen beginnen, um mögliche Komplikationen durch intermolekulare Wechselwirkungen zu vermeiden. Diese werden wir dann schrittweise in den darauffolgenden Kapiteln betrachten, wollen aber ganz bewusst unser System zunächst einmal einfach halten.

Bevor wir uns eine Mischung idealer Gase im Detail anschauen, machen wir noch eine kleine Meditationsübung (auch in einem Kloster sollte man zunächst einen Moment innehalten und die Hektik des Alltags hinter sich lassen, bevor man die Eingangsschwelle überschreitet). Wir wollen uns die Frage stellen, wie die molare Freie Enthalpie vom Druck eines idealen Gases abhängt. Wir betrachten dies zunächst einmal frei von Hintergedanken als rein meditative Übung – aber möglicherweise bringt uns das Ergebnis ja auch jenseits der Meditation etwas …

Das Totale Differential der Freien Enthalpie in einem geschlossenen System (n = const.) unter isothermen Bedingungen (T = const.) ist gegeben durch:

$$(\mathrm{d}G)_{T,n} = V\mathrm{d}p \tag{7.1}$$

Die Änderung der Freien Enthalpie kann man durch Integration dieser Gleichung zwischen dem Ausgangsdruck p_1 und dem Enddruck p_2 berechnen:

$$\Delta G = G(p_2) - G(p_1) = \int_{p_1}^{p_2} V\mathrm{d}p = n \cdot R \cdot T \cdot \int_{p_1}^{p_2} \frac{1}{p}\mathrm{d}p = n \cdot R \cdot T \cdot \ln\frac{p_2}{p_1} \tag{7.2}$$

Da das chemische Potenzial nichts anderes ist als die molare Freie Enthalpie, berechnet sich $\Delta\mu$ gemäß:

$$\Delta\mu = \frac{\Delta G}{n} = \mu(p_2) - \mu(p_1) = R \cdot T \cdot \ln\frac{p_2}{p_1} \tag{7.3}$$

Nehmen wir weiterhin an, dass unser Gas vor Beginn der Zustandsänderung im Standardzustand vorlag ($p_1 = p_0$), dann ist $\mu(p_0) = \mu_0$ und Gl. 7.3 wird zu:

$$\mu(p_2) = \mu_0 + R \cdot T \cdot \ln\frac{p_2}{p_0} \tag{7.4}$$

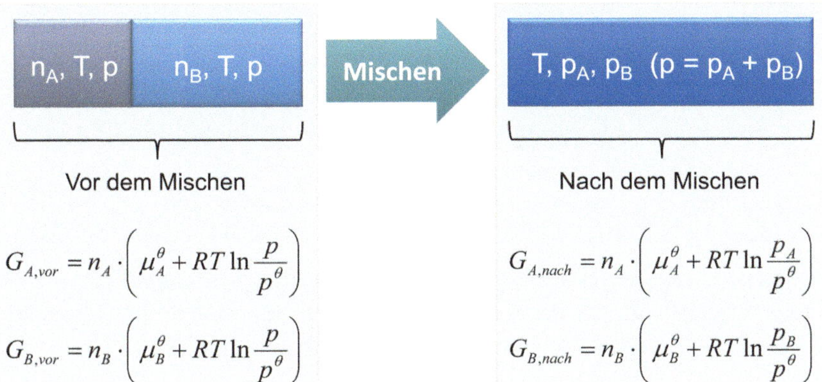

Abb. 7.1 Mischung idealer Gase

Schauen wir uns nach dieser Meditation einmal an, was aus thermodynamischer Sicht passiert, wenn zwei zu Beginn räumlich voneinander getrennte Gase miteinander vermischt werden. Nehmen wir dazu an, dass beide Gase zu Beginn innerhalb eines abgeschlossenen Systems vorliegen (um Materie- und Energieaustausch mit der Umgebung auszuschließen). Innerhalb des abgeschlossenen Systems liegen zwei Teilsysteme vor, die voneinander getrennt sind (Abb. 7.1, links). Beide Teilsysteme liegen bei gleichem Druck p und gleicher Temperatur T vor und unterscheiden sich lediglich in der Stoffmenge, die von jeder Gaskomponente vorliegt. Im „linken" Teil vor dem Mischen liegen n_A mol der Komponente A vor, im „rechten" Teil vor dem Mischen n_B mol der Komponente B.

Welche energetischen Verhältnisse liegen vor dem Mischen vor? Werfen wir dazu einen Blick auf die Freie Enthalpie G. Für die beiden Komponenten berechnet sich diese insgesamt zu:

$$G_{\mathrm{vor}} = G_{A,\mathrm{vor}} + G_{B,\mathrm{vor}} = n_A \cdot \left(\mu_{A,0} + R \cdot T \cdot \ln \frac{p}{p_0} \right) + n_B \cdot \left(\mu_{B,0} + R \cdot T \cdot \ln \frac{p}{p_0} \right) \qquad (7.5)$$

Wenn wir nun die Trennwand entfernen, vermischen sich die beiden Gase miteinander (Abb. 7.1, rechts). Nach dem Mischen haben sich weder die Temperatur T noch der Gesamtdruck p verändert. Allerdings muss man bezüglich der Freien Enthalpien der beiden beteiligten Komponenten nun mit den jeweiligen Partialdrücken p_A und p_B rechnen (wegen $p = p_A + p_B$). Die Freie Enthalpie berechnet sich nach dem Mischen zu insgesamt:

$$G_{\mathrm{nach}} = G_{A,\mathrm{nach}} + G_{B,\mathrm{nach}} = n_A \cdot \left(\mu_{A,0} + R \cdot T \cdot \ln \frac{p_A}{p_0} \right) + n_B \cdot \left(\mu_{B,0} + R \cdot T \cdot \ln \frac{p_B}{p_0} \right) \qquad (7.6)$$

Nun können wir uns anschauen, um welchen Betrag sich die Freie Enthalpie beim Mischungsvorgang ändert (um daraus beispielsweise ablesen zu können, ob der Vorgang spontan abläuft). Dazu bilden wir einfach die Differenz aus Gl. 7.6 und Gl. 7.5 (die Terme mit μ_0 und p_0 heben sich dabei gegenseitig auf):

$$G_{\text{nach}} - G_{\text{vor}} = n_A \cdot R \cdot T \cdot \ln \frac{p_A}{p} + n_B \cdot R \cdot T \cdot \ln \frac{p_B}{p} = n_A \cdot R \cdot T \cdot \ln x_A + n_B \cdot R \cdot T \cdot \ln x_B$$

$$(7.7)$$

Gl. 7.7 erlaubt uns die Berechnung der Freien Enthalpie (in J), die bei der Mischung zweier bestimmter Stoffmengen n_A und n_B frei wird. Um eine mengenunabhängige intensive Größe zu berechnen, dividieren wir beide Seiten der Gleichung durch die Gesamtstoffmenge $n_A + n_B$ und erhalten die molare Freie Mischungsenthalpie $\Delta_{\text{Mix}} G$:

$$\Delta_{\text{Mix}} G = \frac{G_{\text{nach}} - G_{\text{vor}}}{n_A + n_B} = R \cdot T \cdot (x_A \cdot \ln x_A + x_B \cdot \ln x_B) \qquad (7.8)$$

Diese Gleichung gilt generell für alle idealen Mischungsvorgänge (unter Ausblendung von Wechselwirkungen). Was können wir aus ihr lernen? Auf den ersten Blick ist ein Studierender der Physikalischen Chemie hier völlig überfordert, da er vor lauter Bäumen (den Gleichungen) den Wald (die Kernaussage) nicht mehr sieht. Werfen wir daher einen näheren Blick auf Gl. 7.8.

Bei einer Gleichung interessiert uns (wie bereits früher einmal erwähnt) nicht primär, welche Zahl im Fall einer numerischen Berechnung mit konkreten Größen herauskommt, sondern zunächst, ob wir gewisse Einschränkungen bezüglich des Wertebereiches der Funktion machen können. Stellen wir uns beispielsweise einmal vor (rein hypothetisch), dass $\Delta_{\text{Mix}} G$ immer einen Wert kleiner als null annimmt. Dann wüssten wir, dass jeder Mischungsvorgang thermodynamisch freiwillig (da exergonisch) verläuft. Machen Sie sich bei einer solchen Funktion immer klar, ob es gewisse Wertebereiche gibt, die eine besondere Bedeutung haben – genau das liegt in diesem Fall für $\Delta_{\text{Mix}} G < 0$ vor.

Und wie sieht es nun tatsächlich mit dem Vorzeichen von $\Delta_{\text{Mix}} G$ aus? Betrachtet man die rechte Seite von Gl. 7.8, dann fällt zunächst auf, dass sowohl R als auch T immer ein positives Vorzeichen haben (den absoluten Nullpunkt wollen wir hier einmal ausklammern). Das Vorzeichen von $\Delta_{\text{Mix}} G$ wird demzufolge immer von dem Ausdruck in der Klammer festgelegt. Für Reinstoffe gilt $\ln(x) = 0$, sodass auch $\Delta_{\text{Mix}} G = 0$ würde, wir aber andererseits in einem solchen Fall auch nicht wirklich von einer Mischung reden können. Für den Stoffmengenanteil einer beliebigen Komponente gilt in Mischungen immer $0 < x < 1$ (der Stoffmengenanteil wird irgendeinen Wert zwischen 0 und 1 annehmen). In einem solchen Fall wird der natürliche Logarithmus des Stoffmengenanteils immer einen Wert kleiner null annehmen: $\ln(x) < 0$. Damit haben wir in der Klammer bei Mischungen immer eine Summe zweier Ausdrücke mit negativem Vorzeichen, die in Summe ebenfalls ein Ergebnis mit negativem Vorzeichen ergeben. Damit gilt für jede ideale Mischung $\Delta_{\text{Mix}} G < 0$. Oder anders ausgedrückt: Die Mischung zweier Gase (stellvertretend für zwei Systeme, die untereinander keine Wechselwirkungen eingehen) ist thermodynamisch betrachtet immer

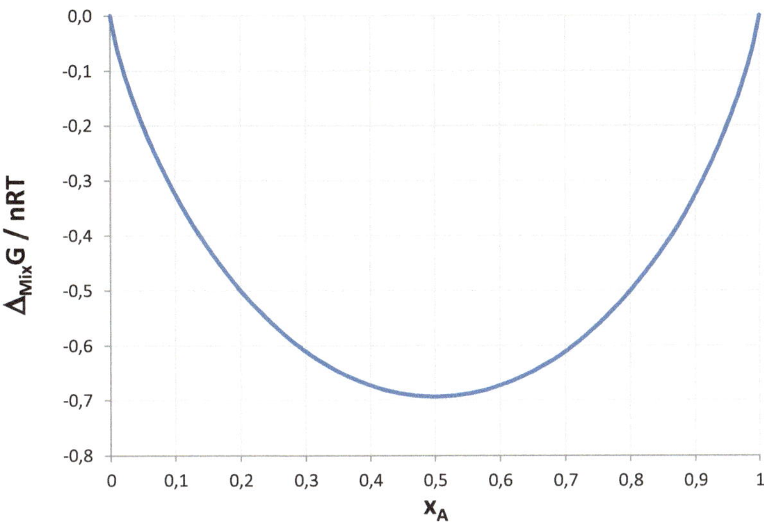

Abb. 7.2 Abhängigkeit der molaren Freien Mischungsenthalpie vom Stoffmengenanteil

ein freiwilliger Vorgang. Das ist eine vielleicht triviale (im Lichte des 2. Hauptsatzes), aber nichtsdestotrotz wichtige Erkenntnis, da wir mit Gl. 7.8 ein wichtiges Instrument in Händen halten, um nicht nur vorhersagen zu können, ob sich zwei ideale Systeme miteinander mischen (Antwort: ja), sondern auch zu berechnen, welcher Betrag an Freier Enthalpie bei einem solchen Vorgang freigesetzt wird.

Letzterer Sachverhalt lässt sich auch in grafischer Form darstellen, wenn man die molare Freie Enthalpie gegen den Stoffmengenanteil einer der beiden Komponenten aufträgt. In diesem Fall erhält man ein Diagramm, dessen Abszisse den gesamten denkbaren Bereich möglicher Mischungen zwischen den Komponenten A und B darstellt (Abb. 7.2).

Damit sind wir an einem weiteren wichtigen Punkt angelangt: Wie lese ich eigentlich ein Phasendiagramm? Machen Sie bitte nicht den Fehler und gehen leichtfertig und zu schnell durch ein solches Diagramm. Ein tiefes Verständnis für Phasengleichgewichte werden Sie nur dann erwerben können, wenn Sie sich intensiv mit den grafischen Abbildungen befasst haben, die einem solchen Thema zugrunde liegen. Und das bedeutet konkret: Sie müssen zunächst einmal verstehen, was eigentlich auf den Achsen eines solchen Diagramms dargestellt ist. Hier wollen wir vor allem die Abszisse (x-Achse) einmal betrachten.

Wenn ich bei $x_A = 0$ bin, dann liegt B als Reinstoff vor (keine Mischung). Wenn $x_A = 0{,}5$ beträgt, dann liegen gleiche Stoffmengen von A und B vor. Beachten Sie hier den unschätzbaren Vorteil der Auftragung des Stoffmengenanteils anstelle der Stoffmengen. Denn $x_A = 0{,}5$ könnte bedeuten, dass $n_A = 1\,\text{mol}$ und $n_B = 1\,\text{mol}$ oder $n_A = 2\,\text{mol}$ und $n_B = 2\,\text{mol}$ usw. beträgt. Da es unzählig viele denkbare Möglichkeiten gibt, $x_A = 0{,}5$ über Stoffmengen zu beschreiben, bietet uns die intensive Größe hier eine allgemeine Beschreibung des Systems. Bei $x_A = 1$ schließlich liegt nur der Reinstoff A vor. Je nachdem, an welcher Stelle wir uns auf der Abszisse befinden, betrachten wir also unterschiedliche Zusammensetzungen, wobei die Gesamtheit aller denkbaren Gemische der Stoffe A und B auf der Abszisse darstellbar ist. Und als Chemiker(innen) haben wir doch die Möglichkeit, genau diese Zusammensetzung zu kontrollieren, nämlich schlicht und ergreifend über die jeweilige Einwaage der beiden Komponenten. Auf der Ordinate können wir dann eine jeweils andere Größe auftragen (im vorliegenden Fall von Abb. 7.2 wäre das die Freie Mischungsenthalpie $\Delta_{\mathrm{Mix}}G$) und damit deren Abhängigkeit von der Zusammensetzung quantitativ verstehen.

Neben der Freien Mischungsenthalpie interessieren wir uns auch für die Mischungsentropie $\Delta_{\mathrm{Mix}}S$. Diese lässt sich aus der Kenntnis der Freien Mischungsenthalpie (siehe Gl. 7.8) aufgrund der in Abschn. 4.5 hergeleiteten Erkenntnisse (oder haben Sie das Refugium des Wissens bereits verdrängt?) berechnen:

$$\Delta_{\mathrm{Mix}}S = -\left(\frac{\partial \Delta_{\mathrm{Mix}}G}{\partial T}\right)_p = -R \cdot (x_A \cdot \ln x_A + x_B \cdot \ln x_B) \tag{7.9}$$

Betrachtet man Gl. 7.9, dann fällt auf, dass für alle Mischungen mit $0 < x < 1$ die Mischungsentropie $\Delta_{\mathrm{Mix}} > 0$ wird (da der Term in der Klammer immer einen negativen Wert annehmen und außerhalb der Klammer mit (-1) multipliziert wird). Damit ist ein Mischungsprozess aus Sicht des 2. Hauptsatzes der Thermodynamik grundsätzlich immer ein freiwilliger Prozess. Diese Erkenntnis hatten wir bereits bei der ersten Diskussion der Größe Entropie in Abschn. 3.1 gewonnen. Hier können wir jetzt für eine binäre Mischung auch klar quantifizieren, wann die Mischungsentropie am größten wird: Dies wird nämlich bei einem Stoffmengenanteil von $x = 0{,}5$ für beide Komponenten der Fall sein (weil aus Sicht der statistischen Thermodynamik bei genau diesem Stoffmengenverhältnis die Anzahl an voneinander unabhängigen Anordnungsmöglichkeiten maximal wird). Der Verlauf der Mischungsentropie in Abhängigkeit vom Stoffmengenanteil ist in Abb. 7.3 noch einmal grafisch dargestellt.

Die Logik der in Gl. 7.8 für die Freie Mischungsenthalpie $\Delta_{\mathrm{Mix}}G$ und in Gl. 7.9 für die Mischungsentropie $\Delta_{\mathrm{Mix}}S$ dargestellten Zusammenhänge ist nicht auf binäre Systeme beschränkt, sondern lässt sich für Systeme mit einer beliebigen Zahl an Komponenten erweitern. Für drei Komponenten (A, B und C) würden die Formeln zur Berechnung lauten:

$$\Delta_{\mathrm{Mix}}G = R \cdot T \cdot (x_A \cdot \ln x_A + x_B \cdot \ln x_B + x_C \cdot \ln x_C) \tag{7.10}$$

$$\Delta_{\mathrm{Mix}}S = -R \cdot (x_A \cdot \ln x_A + x_B \cdot \ln x_B + x_C \cdot \ln x_C) \tag{7.11}$$

Für eine beliebige Anzahl von n Komponenten berechnen sich beide Größen gemäß:

$$\Delta_{\mathrm{Mix}}G = R \cdot T \cdot \sum_i x_i \cdot \ln x_i \tag{7.12}$$

$$\Delta_{\mathrm{Mix}}S = -R \cdot \sum_i x_i \cdot \ln x_i \tag{7.13}$$

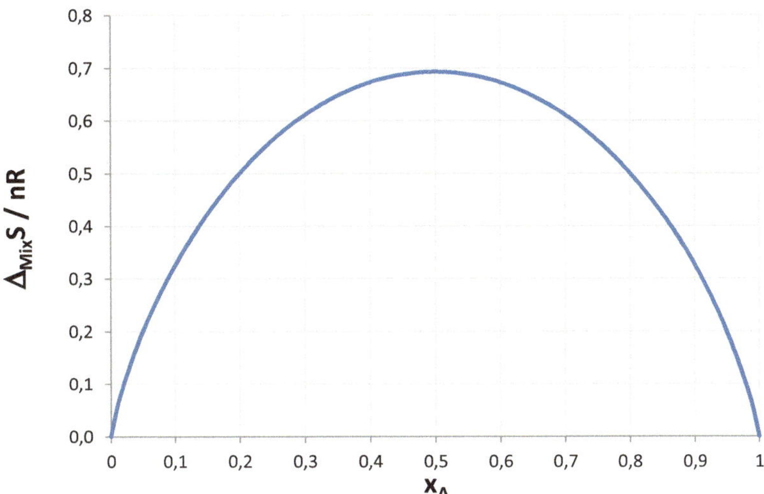

Abb. 7.3 Abhängigkeit der molaren Mischungsentropie vom Stoffmengenanteil

Dabei beobachtet man, dass das Maximum der jeweiligen Mischungsentropie nicht mehr bei $x = 0{,}5$ liegt, sondern beim jeweiligen Stoffmengenanteil, bei dem alle Komponenten im gleichen Verhältnis zueinander vorliegen. Bei $K = 3$ würde der Extremwert (Maximum der Mischungsentropie bzw. Minimum der Freien Mischungsenthalpie) bei $x = 1/3 \approx 0{,}33$ erreicht werden, bei $K = 4$ wäre der Extrempunkt bei $x = 1/4 = 0{,}25$ erreicht und für $K = n$ würde ganz allgemein der Extrempunkt bei $x = 1/n$ liegen.

Welche Konsequenz hat das beispielsweise für den Betrag der Mischungsentropie $\Delta_{\mathrm{Mix}}S$? Wenn man das jeweilige Maximum von $\Delta_{\mathrm{Mix}}S$ gegen die Anzahl der in der Mischung vorliegenden Komponenten aufträgt, dann erkennt man, dass das Maximum stetig ansteigt, der Anstieg jedoch mit steigender Anzahl an Komponenten immer weniger steil verläuft (Abb. 7.4) – eben so, wie man es für den Verlauf der Logarithmus-Funktion erwarten würde.

Haben wir damit bereits alle Größen betrachtet, die für uns thermodynamisch von Interesse sind? Fast alle. Denn eine Größe, die wir in der Gibbs-Helmholtz-Gleichung finden, fehlt uns noch: die Enthalpie. Für einen Mischprozess würde man von der Mischungsenthalpie $\Delta_{\mathrm{Mix}}H$ sprechen. Hier sollten Sie aufpassen, dass Sie diese Größe nicht mit der Freien Mischungsenthalpie $\Delta_{\mathrm{Mix}}G$ verwechseln! Beide klingen ähnlich, haben aber eine thermodynamisch unterschiedliche Bedeutung. $\Delta_{\mathrm{Mix}}H$ beschreibt den Sachverhalt, ob beim Lösevorgang Energie in Form von Wärme frei wird oder vom System „verbraucht" wird. Um dies zu quantifizieren, bemühen wir die eben angesprochene Gibbs-Helmholtz-Gleichung und berechnen $\Delta_{\mathrm{Mix}}H$ aus den bekannten Größen $\Delta_{\mathrm{Mix}}G$ und $\Delta_{\mathrm{Mix}}S$.

$$\Delta_{\mathrm{Mix}}H = \Delta_{\mathrm{Mix}}G + T \cdot \Delta_{\mathrm{Mix}}S = 0 \tag{7.14}$$

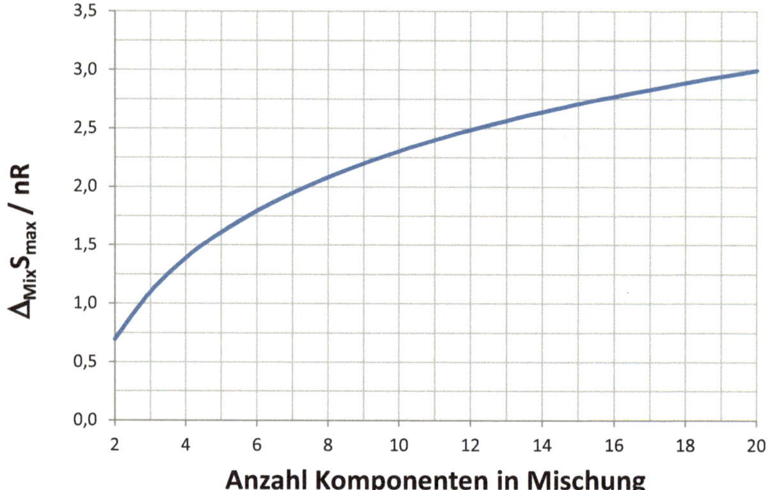

Abb. 7.4 Maximum der molaren Mischungsentropie in Abhängigkeit von der Zahl der Komponenten in der Mischung

Wie man durch Einsetzen von Gl. 7.8 und Gl. 7.9 in Gl. 7.14 einfach zeigen kann, heben sich für ideale Mischungen (und wirklich nur für diese!) die Beiträge von Freier Mischungsenthalpie und dem Produkt aus Temperatur und Mischungsentropie gegenseitig auf, sodass $\Delta_{\text{Mix}}H = 0$ wird. Mit anderen Worten: Bei der Mischung zweier (oder mehrerer) idealer Teilsysteme (in unserem Fall idealer Gase) kommt es weder zu einer Erwärmung (Temperaturerhöhung) noch zu einer Abkühlung (Verringerung der Temperatur) des Gesamtsystems. Dieses Resultat mag uns an dieser Stelle vielleicht etwas verwundern, wenn wir daran denken, dass es beim Vermischen bestimmter Substanzen (z. B. Wasser und Schwefelsäure) durchaus zu einer (teilweise signifikanten!) Änderung der Temperatur kommen kann. Aber offensichtlich sind letztgenannte Systeme nicht ideal und müssen daher physikochemisch anders betrachtet werden. Das wollen wir uns im nächsten Kapitel etwas näher anschauen.

Bevor wir uns aber mit diesen realen Mischphasen beschäftigen, möchten wir zum Abschluss dieses Kapitels noch einmal kurz auf das chemische Potenzial μ zurückkommen. Wenn wir diese Größe in das Zentrum unserer Diskussion stellen, dann stellen wir (z. B. für eine Komponente A) vor einem Mischvorgang fest:

$$\mu_{A,\text{vor}} = \mu_{0,A} + R \cdot T \cdot \ln \frac{p}{p_0} = \mu_A^* \tag{7.15}$$

Die Größe μ_A^* bezeichnet dabei das chemische Potenzial des Reinstoffs. Dieses chemische Potenzial nimmt bei unterschiedlichen Drücken $p \neq p_0$ gemäß Gl. 7.15 durchaus unterschiedliche Werte an, ist also keine Konstante!

Davon abzugrenzen ist das chemische Potenzial des Stoffes A in der Mischphase, welches sich gemäß folgender Formel berechnet:

$$\mu_{A,\text{nach}} = \mu_A^* + R \cdot T \cdot \ln x_A \tag{7.16}$$

Diese Gleichung ist zentral und wichtig für das Verständnis von Phasengleichgewichten. Sie gilt im Übrigen nicht nur für ideale Gase, sondern darüber hinaus auch für Flüssigkeiten und Lösungen (die für uns Chemiker in der Praxis eigentlich eine größere Bedeutung besitzen). Für die noch zu besprechenden realen Systeme verwenden wir häufig nicht den Stoffmengenanteil x_i der einzelnen Komponenten, sondern die entsprechende Aktivität a_i (Sie erinnern sich? In der Bäckerei von Fundamentalia sind wir bereits auf diese Größe gestoßen!).

Wir werden Gl. 7.16 an vielen verschiedenen Stellen unserer weiteren Reise benötigen, um Phasengleichgewichte unterschiedlicher Art zu verstehen. Es ist daher gut und richtig, dass wir sie an einem so ruhigen und beschaulichen Ort wie einem Kloster vorfinden, wo unser Innehalten (Sie haben doch hoffentlich in diesem Kapitel Ihre innere Ruhe bewahrt und nicht frustriert aufgegeben? Offenbar schon, sonst würden Sie das hier jetzt nicht lesen …) uns ein tieferes Verständnis für die Bedeutung dieser Gleichung offenbart. Halten wir diese also im Hinterkopf und betreten nun das Innere des Klosters, um dort mehr über die Beschreibung realer Mischphasen zu erfahren.

Übungsaufgaben

Aufgabe 7.1.1

40 mL Benzol ($\rho = 0{,}879\,\text{g}\cdot\text{cm}^{-3}$; $M = 78{,}11\,\text{g}\cdot\text{mol}^{-1}$) und 60 mL Toluol ($\rho = 0{,}866\,\text{g}\cdot\text{cm}^{-3}$; $M = 92{,}14\,\text{g}\cdot\text{mol}^{-1}$) werden gemischt. Wie groß ist die Freie Standardmischungsenthalpie $\Delta_{\text{Mix}}G^0$ dieses Prozesses?

Lösung:

http://tiny.cc/8k0lcy

Aufgabe 7.1.2

40 mL Benzol ($\rho = 0{,}879\,\text{g·cm}^{-3}$; $M = 78{,}11\,\text{g·mol}^{-1}$) und 60 mL Toluol ($\rho = 0{,}866\,\text{g·cm}^{-3}$; $M = 92{,}14\,\text{g·mol}^{-1}$) werden gemischt. Wie groß ist die Freie Standardmischungsentropie $\Delta_{\text{Mix}}S^0$ dieses Prozesses?

Lösung:

http://tiny.cc/rxelcy

Aufgabe 7.1.3

Wie groß ist die Freie Standardmischungsenthalpie $\Delta_{\text{Mix}}G^0$, wenn 40 g Helium, 40 g Stickstoffgas und 40 g Sauerstoffgas gemischt werden?

Lösung:

http://tiny.cc/8xelcy

Aufgabe 7.1.4

Wie groß ist die Freie Standardmischungsentropie $\Delta_{\text{Mix}}S^0$, wenn 40 g Helium, 40 g Stickstoffgas und 40 g Sauerstoffgas gemischt werden?

Lösung:

http://tiny.cc/vxelcy

Aufgabe 7.1.5

In 100 g Wasser werden 20 g NaCl gelöst. Um welchen Betrag ändert sich dabei das chemische Potenzial des Wassers?

Lösung:

http://tiny.cc/uyelcy

In der Klosterkirche und im Refektorium

Benebelt richtet Ihr Euch wieder auf. Ihr wisst nicht genau, was Euch da gerade passiert ist, steht aber immer noch vor der Tür im Kloster und beschließt, diese nun zu öffnen. Unendlich langsam und quietschend bewegen sich die beiden Flügel der Tür und geben den Blick auf die Klosterkirche frei. Ihr Inneres wird von zahlreichen Fackeln erleuchtet, die in fahlem Gelb den hohen Innenraum des Klosters erleuchten. In der Ferne könnt Ihr die Predigtkanzel erkennen, auf der ein übermannsgroßes „μ" zu erkennen ist – das Symbol für die Priesterschaft des Gleichgewichts, die vor der Ankunft des Mathemagiers über das Wohl der Einwohner der Insel der Phasen gewacht hat.

Aber immer noch keine Spur von den Bewohnern des Klosters. Dabei scheinen die Fackeln gerade eben erst angezündet worden zu sein. Und auf dem Boden erkennt man keinen Krümel Staub. Es ist still. Zu still. Dabei könnt Ihr Euch vor Eurem geistigen Auge lebhaft vorstellen, wie ein Priester die Kanzel besteigt und den Novizen auf den Holzbänken sowie dem gemeinen Volk das Gleichgewicht predigt und von der Vielfalt der Phasen auf der Insel erzählt.

Als Ihr den Raum näher untersucht, entdeckt Ihr zu Eurer Rechten den Durchgang zum Refektorium, zu Eurer Linken einen weiteren Durchgang mit einer verschlossenen Tür und hinter dem Altar einen dritten mit einer ebenfalls verschlossenen Tür. Die nähere Untersuchung der Klosterkirche fördert keine neuen Erkenntnisse zutage, sodass Ihr beschließt, Eure Untersuchung im Refektorium fortzusetzen. Vielleicht findet sich dort ja sogar noch etwas Essbares?!

Im Refektorium findet Ihr mehrere Tische vor, auf denen fein säuberlich Teller und Kelche aufgereiht sind. Auf einigen steht zudem ein Topf oder eine Schüssel, woraus herrlicher Geruch strömt, der Euch das Wasser im Mund zusammenlaufen lässt. Fast wirkt es, als hätte man mit Eurem Kommen gerechnet. Umso unheimlicher (und zunehmend bedrohlicher) erscheint Euch das Fehlen jeglicher Bewohner. Auch in der dem Refektorium benachbarten Küche und dem dahinterliegenden Vorratsraum könnt Ihr keine Menschenseele finden.

In Ermangelung einer besseren Alternative (und in Anbetracht Eures knurrenden Magens) beschließt Ihr, das Essen nicht schlecht werden zu lassen, und macht Euch über die warme Mahlzeit her.

Als Ihr gesättigt seid, beginnt Ihr den Raum näher in Augenschein zu nehmen. Auf einem kleinen Holzpodest gegenüber dem Speisetisch liegt ein großes Buch, aus dem während der Mahlzeiten üblicherweise vorgelesen wird (oder wurde?). Wie Ihr richtig vermutet, handelt es sich bei dem Werk um den „Edd-Kinns", ein uraltes Werk in einer für Euch kaum noch verständlichen Sprache, die von den Abenteuern des „μ" in der Welt zur Zeit der Schöpfung der Phasen handelt.

Hier packt Euch wieder einmal die Neugier und Ihr beginnt es Euch anzusehen. Das Buch ist auf einer Seite aufgeschlagen, die von den Abenteuern von Gibbs und Duhem handelt. Beide waren zu ihrer Zeit große Propheten der Kirche des Gleichgewichts und werden von den Anhängern dieser Kirche bis heute hoch verehrt. Als Ihr die Seite anfassen wollt, um umzublättern, zuckt Ihr unwillkürlich zurück. Wie von Geisterhand schwebt das Buch von seinem Platz herunter und beginnt *mit Euch zu sprechen.*

http://tiny.cc/wyelcy

7.2   Reale Mischungen

Wir haben uns nun im ersten Kapitel mit sogenannten „idealen Mischphasen" beschäftigt. Aber was heißt eigentlich „ideal"? Wenn wir uns ganz an den Anfang unserer Reise zurückerinnern und noch einmal an den Strand der Insel der Energie zurückkehren (Abschn. 1.2), dann haben wir seinerzeit ein „ideales Gas" unter anderem dadurch definiert, dass es keinerlei Wechselwirkungen zwischen den Teilchen des Gases gibt. Konsequenterweise ist es damit auch nicht möglich, ein ideales Gas zu verflüssigen oder in einen Feststoff umzuwandeln, da es zur Bildung dieser sogenannten kondensierten Phasen erforderlich ist, dass die Teilchen untereinander wechselwirken, um „zusammenzuhalten". Wenn wir aber jetzt von flüssigen Mischphasen reden, wie können wir dann den Begriff „ideal" hier verstehen?

Bei kondensierten Phasen bedeutet „ideal" vereinfacht ausgedrückt, dass es zwar zwischen den Teilchen einer Komponente Wechselwirkungen gibt, es aber zu keinen Wechselwirkungen zwischen den Teilchen verschiedener Komponenten kommt. Das mag zunächst etwas seltsam klingen, da man dadurch eine Mischung zweier Komponenten – sagen wir einmal Wasser und Ethanol – doch eigentlich gar nicht herstellen können sollte, oder? Wenn es keine Wechselwirkung zwischen den Teilchen gibt, dann müssten sich die einzelnen Teilchen doch gegenseitig abstoßen und gar keine Mischung zulassen. Hier machen wir aber einen Denkfehler, denn auch ein „sich gegenseitiges Abstoßen" ist bereits eine Wechselwirkung. Der Physikochemiker würde von einer sogenannten „repulsiven Wechselwirkung" (abstoßenden Wechselwirkung) sprechen – im Unterschied zu einer „attraktiven Wechselwirkung" (anziehende Wechselwirkung). Wie wir im vorhergehenden Kapitel gesehen haben, ist es für ideale Systeme einzig und allein die Entropie S, genauer gesagt die Mischungsentropie $\Delta_{\mathrm{Mix}}S$, welche die thermodynamische Triebkraft von Mischungsvorgängen darstellt. Diese idealen Mischungen lassen sich so beschreiben wie in Abschn. 7.1 dargestellt.

Wie realistisch sind denn diese „idealen Systeme"? Tatsächlich stellen sie wiederum „nur" eine Näherung der Realität dar, denn in Wirklichkeit kann man eben gerade nicht davon ausgehen, dass es zwischen den Komponenten einer Mischung keine Wechselwirkungen gibt. Im Gegenteil, gerade das Vorliegen solcher Wechselwirkungen macht die Chemie, speziell die Physikalische Chemie, ja so vielfältig und spannend! Andererseits benötigen wir natürlich zum Verständnis dieser Systeme detailliertere Informationen, als wir sie bislang bei den idealen Mischphasen erhalten haben. Schauen wir uns also diese „realen Mischungen" ein wenig näher an.

Partielle molare Größen

Was ist denn die Besonderheit bei realen Mischphasen? Und wie kann man diese mathematisch greifbar machen, um sie physikochemisch zu beschreiben? Schauen wir uns das an einem ganz einfachen Beispiel an: Wir experimentieren gedanklich mit Wasser und Ethanol. Wenn wir 50 mL Wasser zu 50 mL Wasser geben, dann erhalten wir 100 mL Gesamtvolumen (Wasser). Wenn wir 50 mL Ethanol zu 50 mL Ethanol geben, dann erhalten wir 100 mL Gesamtvolumen (Ethanol). Das erwarten wir aufgrund des 1. Hauptsatzes der Thermodynamik (Energieerhaltung) und aufgrund der Additivität der extensiven Zustandsgrößen (in diesem Fall des Volumens). Wenn sich Wasser und Ethanol ideal verhalten würden, dann würden wir beim Mischen von 50 mL Wasser und 50 mL Ethanol ebenfalls 100 mL Mischung erhalten. Machen wir uns diesen Sachverhalt einmal anhand der molaren Volumina deutlich: Die idealen Molvolumina von Wasser und Ethanol bei einer Temperatur von 25 °C sind gegeben durch:

$$V_{\mathrm{molar}}\,(\mathrm{H_2O}) = \frac{M\,(\mathrm{H_2O})}{\rho\,(\mathrm{H_2O})} = \frac{18{,}02\,\mathrm{g \cdot mol^{-1}}}{0{,}99704\,\mathrm{g \cdot cm^{-3}}} = 18{,}07\,\mathrm{cm^3 \cdot mol^{-1}}$$

$$V_{\mathrm{molar}}\,(\mathrm{Ethanol}) = \frac{M\,(\mathrm{Ethanol})}{\rho\,(\mathrm{Ethanol})} = \frac{46{,}07\,\mathrm{g \cdot mol^{-1}}}{0{,}789\,\mathrm{g \cdot cm^{-3}}} = 58{,}39\,\mathrm{cm^3 \cdot mol^{-1}}$$

Würde sich die Lösung ideal verhalten, dann würden diese beiden Werte unabhängig vom Stoffmengenanteil sein. Sie merken vermutlich schon an unserer Formulierung oder wissen aus Ihrem bisherigen Studium, dass man im vorliegenden Fall aber ein Volumen von $V < 100$ mL erhält. Dies lässt sich nur dadurch erklären, dass die molaren Volumina beider

Abb. 7.5 Mischung aus Kugeln unterschiedlicher Größen

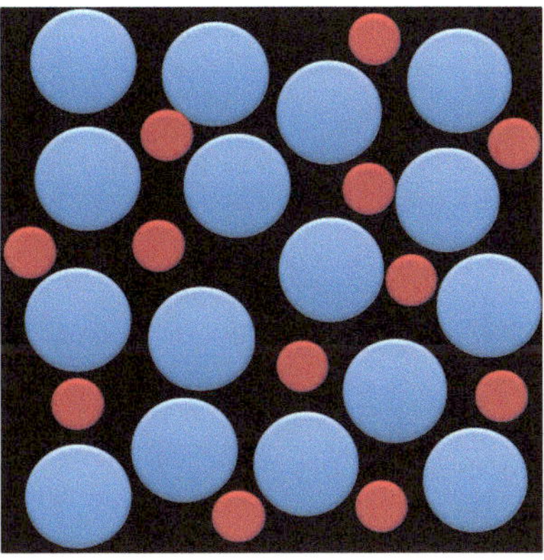

Komponenten nicht konstant sind und sich in Abhängigkeit des Stoffmengenanteils verändern. Tatsächlich verändern sich die molaren Volumina beider Komponenten zum Teil
erheblich in Abhängigkeit vom Stoffmengenanteil. Woran liegt das?

Stellen wir uns ein einfaches Experiment vor: Wir haben ein Glas, das wir mit zwei Kugelsorten unterschiedlichen Durchmessers füllen (Abb. 7.5). Die Kugelsorten repräsentieren
unsere beiden Komponenten. Geben wir zu einer bestimmten Menge der „großen Kugeln"
(so wollen wir die mit dem größeren Durchmesser bezeichnen) einige „kleine Kugeln" (entsprechend die mit dem geringeren Durchmesser), dann können die kleinen Kugeln die
Zwischenräume zwischen den großen Kugeln einnehmen. Dadurch wird nach außen hin
eine geringere Veränderung des Gesamtvolumens registriert, als man zunächst erwarten
würde.

Auch bei Wasser und Ethanol beobachtet man diesen Effekt. Wenn man Wasser mit Wasser „mischt" (in diesem Fall würde man eigentlich nicht von einer „Mischung" sprechen),
dann verändert sich das Volumen um den Betrag von $18{,}07\,\mathrm{cm}^3$ pro mol Wasser, das hin-
zugegeben wird. Gibt man andererseits Wasser zu reinem Ethanol, dann würde sich das
Volumen nur um knapp $14\,\mathrm{cm}^3$ pro mol Wasser ändern. Da sich die molaren Volumina in
Abhängigkeit von der Zusammensetzung der Mischung ändern, führt man zur quantitativen Beschreibung die sogenannten **partiellen molaren Volumina** ein (Gl. 7.17):

$$V_i = \left(\frac{\partial V}{\partial n_i}\right)_{p,T,n_{j\neq i}} \tag{7.17}$$

Die partiellen molaren Volumina beschreiben die Änderung des Volumens bei differentiel-
ler Änderung der Stoffmenge einer Komponente i. In Abb. 7.6 sind die partiellen molaren
Volumina von Wasser und Ethanol in Abhängigkeit vom Stoffmengenanteil von Ethanol
dargestellt.

Wie man aus Abb. 7.6 erkennt, ändern sich die partiellen molaren Volumina beider Komponenten zum Teil erheblich in Abhängigkeit vom Stoffmengenanteil. Für die Gesamtän-

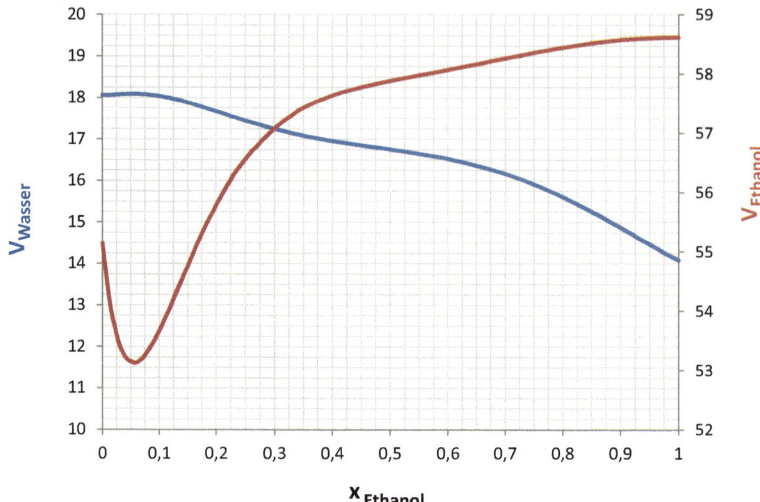

Abb. 7.6 Partielle molare Volumina von Wasser und Ethanol in Abhängigkeit vom Stoffmengen-anteil von Ethanol

derung des Volumens dV müsste man nun die jeweiligen Stoffmengenänderungen mit den dazu korrespondierenden partiellen Volumina multiplizieren:

$$dV = \left(\frac{\partial V}{\partial n_{\text{H}_2\text{O}}}\right)_{p,T,n_{\text{Ethanol}}} dn_{\text{H}_2\text{O}} + \left(\frac{\partial V}{\partial n_{\text{Ethanol}}}\right)_{p,T,n_{\text{H}_2\text{O}}} dn_{\text{Ethanol}}$$

Nehmen wir als Beispiel eine Mischung aus Wasser und Ethanol (jeweils 50 % w/w) bei 25 °C. In dieser Mischung betragen die partiellen Molvolumina der beiden Komponenten:

$$\left(\frac{\partial V}{\partial n_{\text{H}_2\text{O}}}\right)_{p,T,n_{\text{Ethanol}}} = 17{,}4\,\text{cm}^3 \cdot \text{mol}^{-1}$$

$$\left(\frac{\partial V}{\partial n_{\text{Ethanol}}}\right)_{p,T,n_{\text{H}_2\text{O}}} = 56{,}3\,\text{cm}^3 \cdot \text{mol}^{-1}$$

Damit ergibt sich für eine Lösung dieser Mischung bei Zugabe von jeweils 1 mol Wasser und 1 mol Ethanol eine Volumenänderung von:

$$dV = 17{,}4\,\text{cm}^3 \cdot \text{mol}^{-1} \cdot 1\text{mol} + 56{,}3\,\text{cm}^3 \cdot \text{mol}^{-1} \cdot 1\text{mol} = 73{,}7\,\text{cm}^3$$

Wenn sich beide Komponenten ideal verhalten würden, dann würde sich dV in diesem Fall über die idealen Molvolumina berechnen und man erhielte:

$$dV = 18{,}07\,\text{cm}^3 \cdot \text{mol}^{-1} \cdot 1\text{mol} + 58{,}39\,\text{cm}^3 \cdot \text{mol}^{-1} \cdot 1\text{mol} = 76{,}46\,\text{cm}^3$$

Die wesentliche Erkenntnis an dieser Stelle ist, dass sich das partielle molare Volumen in Abhängigkeit von der Zusammensetzung der Mischung ändert und man nicht a priori vorhersagen kann, welche Werte diese Größe annimmt. Anders als in den meisten der bisherigen Kapitel haben wir hier also nicht die Möglichkeit, basierend auf den Hauptsätzen der Thermodynamik eine Herleitung durchzuführen, die uns zu einer mathematischen Gleichung führt, mit der wir den vorliegenden Sachverhalt rechnerisch quantifizieren können. Wir sind demnach auf die Verwendung messbarer Größen aus physikochemischen Experimenten angewiesen, um hier auf verwertbare Daten zu stoßen.

Da die realen Mischphasen andererseits für die Praxis der Chemie eine bedeutsame Rolle spielen, dürfen wir dieses Thema auch nicht vernachlässigen oder gar ausblenden, sondern müssen uns mit ihm beschäftigen.

Exzessgrößen

Neben dem Volumen gibt es noch weitere thermodynamische Größen, die über partielle molare Größen beschrieben werden. Die wichtigsten von ihnen sind die Enthalpie H, die Entropie S und die Freie Enthalpie G. Die Gemeinsamkeit all dieser Größen ist, dass sie extensive Zustandsfunktionen und damit abhängig von der Systemgröße sind (anders als z. B. Druck p oder Temperatur T). Die partiellen molaren Größen sind analog zum partiellen molaren Volumen als partielle Ableitung der jeweiligen Größe nach der Stoffmenge n_i der Komponente i definiert, deren Stoffmenge beim betrachteten Prozess variiert wird. Wir werden uns im nächsten Kapitel die Lösungsenthalpie als ein Beispiel anschauen. An dieser Stelle möchten wir einige allgemeingültige Feststellungen machen.

Ganz allgemein lässt sich bei der Mischung zweier (oder mehrerer) Komponenten also nicht vorhersagen, wie groß die Änderung einer extensiven Zustandsgröße (z. B. Volumen V) tatsächlich sein wird. Wir erwarten jedoch in jedem Fall eine Abweichung vom idealen Wert, der sich aus einer einfachen Addition des jeweiligen Wertes der extensiven Zustandsgröße der reinen Komponenten ergibt. Die Differenz zwischen realem Wert (den man tatsächlich experimentell ermittelt) und idealem Wert (den man theoretisch erwarten würde) bezeichnet man als Exzessgröße. Die Exzessgröße ist also ein Maß dafür, wie stark das System vom idealen Verhalten abweicht. In den Gleichungen Gl. 7.18 bis Gl. 7.21 ist dieser Sachverhalt exemplarisch und symbolisch für die beschriebenen extensiven Zustandsfunktionen dargestellt.

$$(\Delta_{\mathrm{Mix}} G)_{\mathrm{real}} = (\Delta_{\mathrm{Mix}} G)_{\mathrm{ideal}} + \Delta_{\mathrm{Mix}} G^{E} \tag{7.18}$$

$$(\Delta_{\mathrm{Mix}} S)_{\mathrm{real}} = (\Delta_{\mathrm{Mix}} S)_{\mathrm{ideal}} + \Delta_{\mathrm{Mix}} S^{E} \tag{7.19}$$

$$(\Delta_{\mathrm{Mix}} H)_{\mathrm{real}} = (\Delta_{\mathrm{Mix}} H)_{\mathrm{ideal}} + \Delta_{\mathrm{Mix}} H^{E} \tag{7.20}$$

$$V_{\mathrm{real}} = V_{\mathrm{ideal}} + \Delta_{\mathrm{Mix}} V^{E} \tag{7.21}$$

Die Exzessgröße ist dabei immer mit einem hochgestellten Index E gekennzeichnet. Wie bereits im vorherigen Abschnitt beschrieben, gibt es keine einfache Möglichkeit, einen exakten mathematischen Ausdruck für die Exzessgröße herzuleiten, sodass man sich in der Praxis hier immer auf experimentelle Daten berufen muss (die man dann im Labor entweder selber erhebt oder in Tabellenwerken nachschlägt). Diese Erkenntnis ist für einen Physikochemiker insofern etwas unbefriedigend, als es ihn mit der deprimierenden Erkenntnis zurücklässt, dass er nicht alles berechnen kann, tröstet aber insofern, als er zumindest in der Lage ist, sich mithilfe experimenteller Methoden der Erkenntnis zu nähern. Wir haben am Beispiel des partiellen molaren Volumens im letzten Abschnitt gesehen, wie man eine Exzessgröße ganz praktisch berechnen kann.

Schauen wir uns am Beispiel des Volumens einmal an, welche Größen konkret hinter dem idealen und dem realen Volumen liegen. Wenn sich unser System ideal verhalten würde, dann würde für eine binäre Mischung aus zwei Komponenten A und B nach dem Mischvorgang gelten:

$$V_{\text{ideal}} = n_A \cdot V^*_{A,\text{molar}} + n_B \cdot V^*_{B,\text{molar}} = n_A \cdot \left(\frac{\partial V^*}{\partial n_A} \right)_{p,T,n_B} + n_B \cdot \left(\frac{\partial V^*}{\partial n_B} \right)_{p,T,n_A}$$

Dabei gilt, dass die idealen molaren Volumina $V^*_{A,\text{molar}}$ (für die Komponente A) und $V^*_{B,\text{molar}}$ (für die Komponente B) konstante Größen sind und sich nicht mit der Zusammensetzung ändern:

$$\left(\frac{\partial V^*}{\partial n_i} \right)_{p,T,n_{j \neq i}} = \text{const.}$$

Im idealen Fall wäre also das molare Volumen von Wasser immer $V_{\text{molar,Wasser}} = 18{,}07\,\text{cm}^3 \cdot \text{mol}^{-1}$, unabhängig davon, in welchem Stoffmengenanteil es in einer Mischung vorliegt.

Tatsächlich sind die molaren Volumina aber abhängig von der Zusammensetzung und es gilt:

$$\left(\frac{\partial V}{\partial n_i} \right)_{p,T,n_{j \neq i}} = f\left(x_A, x_B, \ldots \right)$$

Damit gilt für das Volumen der Mischung:

$$V_{\text{real}} = n_A \cdot V_{A,\text{molar}} + n_B \cdot V_{B,\text{molar}} = n_A \cdot \left(\frac{\partial V}{\partial n_A} \right)_{p,T,n_B} + n_B \cdot \left(\frac{\partial V}{\partial n_B} \right)_{p,T,n_A}$$

Die Differenz aus realem und idealem Volumen ist gemäß Gl. 7.21 das gesuchte Exzessvolumen:

$$\Delta_{\text{Mix}} V^E = V_{\text{real}} - V_{\text{real}} = n_A \cdot \left(V_{A,\text{molar}} - V^*_{A,\text{molar}} \right) + n_B \cdot \left(V_{B,\text{molar}} - V^*_{B,\text{molar}} \right)$$

Greifen wir zur Veranschaulichung noch einmal unser Beispiel aus dem letzten Abschnitt auf. Wir hatten dort eine binäre Mischung aus Wasser und Ethanol (50 % w/w) betrachtet.

Nehmen wir an, wir hätten jeweils 50 g Wasser (Komponente A, n_A = 2,78 mol) und 50 g Ethanol (Komponente B, n_B = 1,09 mol) miteinander gemischt. Dann würde sich mit den Angaben aus dem Beispiel im letzten Abschnitt ergeben:

$$\Delta_{\text{Mix}} V^E = 2{,}78\,\text{mol} \cdot (17{,}4 - 18{,}07)\ \text{cm}^3 \cdot \text{mol}^{-1} + 1{,}09\,\text{mol} \cdot (56{,}3 - 58{,}39)\ \text{cm}^3 \cdot \text{mol}^{-1}$$

$$= -4{,}1\,\text{cm}^3$$

Statt der im idealen Fall erwarteten 76,5 mL würden wir also nach dem Mischen nur ein Gesamtvolumen von knapp 72,4 mL bekommen. Das wären 4,1 mL (oder, bezogen auf das ideale Volumen, 5,4 %) weniger, als gemäß idealem Verhalten erwartet würde. Diese Effekte dürfen wir in der Realität also nicht vernachlässigen.

Gibbs-Duhem-Gleichung

Im letzten Abschnitt haben wir erfahren, dass es keine einfache Möglichkeit gibt, den Wert von Exzessgrößen und partiellen molare Größen quantitativ und eindeutig vorherzusagen. Ganz so deprimierend und hilflos, wie sich diese Erkenntnis anhört, ist die Lage für uns allerdings nun doch nicht. Auch hier hilft uns das Wissen um Zustandsfunktionen und deren Eigenschaften weiter, um den Mysterien der Natur (und den Herausforderungen des Mathemagiers) nicht ganz ohne leere Hände gegenübertreten zu müssen. Schauen wir uns dazu noch einmal das Beispiel des Volumens an.

Die Änderung des Volumens einer binären Mischung haben wir kennengelernt als:

$$dV = V_A \cdot dn_A + V_B \cdot dn_B \tag{7.22}$$

Das Gesamtvolumen lässt sich berechnen gemäß:

$$V = n_A \cdot V_A + n_B \cdot V_B \tag{7.23}$$

Bildet man das Totale Differential von Gl. 7.23, dann erhält man:

$$dV = V_A \cdot dn_A + V_B \cdot dn_B + n_A \cdot dV_A + n_B \cdot dV_B \tag{7.24}$$

Der Koeffizientenvergleich von Gl. 7.24 und 7.22 ergibt nur dann eine Äquivalenz der beiden Ausdrücke, wenn die Summe bei den letzten Summanden aus Gl. 7.24 zusammen gerade null ergeben:

$$n_A \cdot dV_A + n_B \cdot dV_B = 0 \tag{7.25}$$

Diese Herleitung mag abstrakt und theoretisch erscheinen … und das ist sie auch. Aber die Erkenntnis, die man daraus gewinnt, ist gewaltig! Denn Gl. 7.25 sagt nichts weniger aus, als dass die Änderung des partiellen molaren Volumens von Komponente A nicht unabhängig von der Änderung des partiellen molaren Volumens der Komponente B ist, sondern dass beide miteinander verknüpft sind – wovon man sich durch Umstellen von Gl. 7.25 schnell überzeugen kann:

$$\mathrm{d}V_A = -\frac{n_B}{n_A} \cdot \mathrm{d}V_B \tag{7.26}$$

Mit anderen Worten: Immer dann, wenn das partielle molare Volumen einer Komponente zunimmt, muss das partielle molare Volumen der jeweils anderen Komponente abnehmen – und umgekehrt. Davon kann man sich durch einen Blick auf Abb. 7.6 für das Beispiel Ethanol/Wasser leicht überzeugen.

Diese Erkenntnis (die wir, um es noch einmal ausdrücklich zu betonen, alleine durch konsequentes Anwenden bekannter Rechenregeln auf die uns bekannten thermodynamischen Zustandsfunktionen erhalten haben) ist für die Praxis unerlässlich. Denn auf diese Weise können wir den experimentellen Aufwand für ein binäres System um die Hälfte reduzieren. Wir müssen nicht beide Komponenten unabhängig voneinander untersuchen, sondern es reicht aus, wenn wir den Verlauf des partiellen molaren Volumens in Abhängigkeit von der Zusammensetzung für eine Komponente kennen – und dann können wir dank Gl. 7.26 den Verlauf des partiellen molaren Volumens für die andere Komponente errechnen.

Es kommt aber noch viel besser. Was wir eben für das partielle molare Volumen hergeleitet haben, gilt ebenso für alle anderen extensiven Zustandsfunktionen (auch für das chemische Potenzial μ). Und es gilt nicht nur für binäre Systeme, sondern allgemein für alle Mischphasen, unabhängig von der Anzahl der Komponenten! Das mag uns an dieser Stelle ein wenig beruhigen und etwas Ordnung und Systematik in das vermeintliche Chaos bringen, welches uns bedroht hat. Ganz allgemein lässt sich die eben nachvollzogene Erkenntnis für eine beliebige Zustandsfunktion Z und eine beliebige Anzahl an Komponenten in der Mischphase zusammenfassen als:

Gibbs-Duhem-Gleichung

$$\sum_i n_i \cdot \mathrm{d}Z_i = 0 \tag{7.27}$$

Wir haben auf unserer Reise durch die Welt der Physikalischen Chemie an dieser Stelle bewusst ein Kloster ausgewählt, da die zunächst wunderhaft erscheinenden Erkenntnisse (die man offenbar nur empirisch nachweisen und „messen" kann) sich bei näherer Betrachtung als doch nicht so strukturlos und „chaotisch" entpuppen, wie man ursprünglich befürchtet hat. Im Sinne unserer Reise mag uns die Erkenntnis, dass hinter der hohen Komplexität der Thermodynamik eine Ordnung steckt, hier beruhigen. Und all diese Zusammenhänge und diese Ordnung mögen uns an dieser Stelle ein Trost sein und Kraft geben für die noch bevorstehende Reise – sowie unsere finale Konfrontation mit dem Mathemagier.

Wir möchten Sie in diesem Sinne daher ermuntern, sich mit den Gleichungen, den Konzepten und Modellen der (Physikalischen) Chemie intensiv auseinanderzusetzen. Wir stehen heute auf dem jahrhundertealten Erbe von Wissenschaftlern, die in der Vergangenheit sehr viel Mühe darin investiert haben, all diese Mysterien der Natur zu enträtseln. Als angehende Naturwissenschaftler sollten wir ihr Andenken in Ehren halten und die Gedanken, die sich unsere geistigen Vorväter einst gemacht haben, noch einmal „nach-denken" (in diesem Sinne erhält das Wort „nachdenken" übrigens einen sehr interessanten Beiklang …). Denken Sie einmal darüber nach!

Übungsaufgaben

Aufgabe 7.2.1

Gegeben sei eine wässrige Kochsalzlösung mit folgender Molalität:

$$\overline{m}\,(NaCl) = 5{,}0\,mol \cdot kg^{-1}$$

In dieser Lösung betragen die experimentell bestimmten partiellen Molvolumen der beiden Komponenten:

$$V_m\,(H_2O) = 17{,}79\,cm^3 \cdot mol^{-1}$$
$$V_m\,(NaCl) = 23{,}81\,cm^3 \cdot mol^{-1}$$

Welche Dichte hat die Lösung?

Lösung:

http://tiny.cc/7yelcy

Aufgabe 7.2.2

In einer binären Mischung aus n-Hexan und 1-Hexanol betrage der Stoffmengenanteil von 1-Hexanol $x_{1\text{-Hexanol}} = 0{,}90$. Die Dichte der Mischung betrage $\rho = 0{,}7986\,g \cdot cm^{-3}$. Wie groß ist das partielle molare Volumen von n-Hexan in dieser Mischung, wenn das molare Volumen von 1-Hexanol $V_m(1\text{-Hexanol}) = 125{,}27\,cm^3 \cdot mol^{-1}$ beträgt?

Lösung:

http://tiny.cc/1yelcy

Das Dormitorium

Mit einem Schlüssel, den Ihr unter dem großen Buch im Refektorium gefunden habt, öffnet Ihr die Tür zum Schlafsaal des Klosters, dem Dormitorium. Fein säuberlich aufgereiht stehen hier mehr als 30 Betten beieinander. Doch immer noch seid Ihr niemandem begegnet, der diese auch nutzen würde. Allmählich beschleicht Euch ein sehr ungutes Gefühl. Ihr merkt, dass es höchste Zeit wird, aus dem Kloster herauszukommen. Und das am besten lebend.

So entscheidet Ihr, doch nicht auf den zwar harten, aber im Vergleich zu einer Übernachtung unter freiem Himmel komfortabel erscheinenden Betten ein kleines Nickerchen einzulegen, sondern sucht rasch weiter nach einer Möglichkeit zur Flucht. Dabei fällt Euch auf, dass unter einem der Betten ein mit dunklen Flecken übersätes Pergament liegt, auf dem Folgendes geschrieben steht:

„Lieber Vater! Du hattest wie immer Recht. Ich hätte niemals zu dieser törichten Reise aufbrechen sollen. Schon die Reise durch die Waldwildnis hätte mich fast das Leben gekostet. Auf der Flucht vor dem Anubis, dessen Rätsel ich nicht lösen konnte, bin ich in dieses Kloster gekommen. Hier habe ich mir Hilfe erhofft, aber nur Verzweiflung gefunden. Die Mönche sind offenbar ebenfalls aus Angst vor dem Mathemagier geflohen und haben alles stehen und liegen lassen. Wer weiß, wie lange sie schon weg sind. Da alles hier im Gleichgewicht verharrt, vermag man das nie genau zu sagen. Aber dennoch muss für mich die Reise weitergehen. Auch wenn ich allmählich zu zweifeln beginne, so darf ich dich und die Zunft doch nicht enttäuschen. Nur wenn ich den Mathemagier besiege, vermag ich noch einmal mit Stolz meinen Fuß nach Fundamentalia zu setzen. Dein Sohn Thorben“

Erstaunt blickt Ihr auf. Thorben – der Sohn des Schmiedes aus Fundamentalia. Dann hat er es auf jeden Fall bis hierhin geschafft! Und vielleicht ja auch noch weiter, denn sonst hättet Ihr ihn ja hier finden müssen. Sorgfältig verstaut Ihr das Schreiben in Eurer Tasche, um es dem Schmied nach Eurer Rückkehr zu übergeben. Dabei fällt Euch auf, dass unter dem Bett noch etwas liegt: ein weiterer schwerer Foliant, der an einer Stelle mit einem Band markiert ist. Seltsam. Normalerweise haben solche Bücher im Schlafsaal nichts verloren, dafür sind sie viel zu kostbar. Offensichtlich scheinen darin wichtige Informationen versteckt zu sein. Ihr schlagt das Buch an der markierten Stelle auf und beginnt zu lesen.

http://tiny.cc/hxelcy

7.3 Die Lösungsenthalpie

Als Nächstes möchten wir uns mit einem weiteren konkreten Beispiel einer Exzessgröße befassen, die in der Praxis ebenfalls von Relevanz ist: der Lösungsenthalpie. Wir stellen uns hier die Frage: Welche energetischen Effekte treten auf, wenn ich Salz in Wasser löse? Auf der molekularen Ebene tritt uns beim Salz gleich das Bild eines Ionengitters vor Augen, welches wir aufbrechen müssen („Gitterenergie aufbringen“), und des Lösevorgangs, bei dem die einzelnen „nackten Ionen“ von Wassermolekülen solvatisiert werden („Solvatationsenergie wird frei“). Je nachdem, welcher der beiden Prozesse den größten Energiebeitrag erfordert, wird ein Lösevorgang entweder exotherm oder endotherm sein.

Wie lässt sich das aus Sicht der phänomenologischen Thermodynamik beschreiben? Betrachten wir dazu unser System einmal vor und einmal nach dem Lösevorgang. Vor dem Lösevorgang setzt sich die Enthalpie unseres Systems aus den Reinstoffenthalpien von Wasser und Salz zusammen (wobei wir noch beachten müssen, dass unser Salz als Feststoff vorliegt):

$$H_{\text{vor}} = n_{\text{H}_2\text{O}} \cdot H^*_{\text{molar,H}_2\text{O}} + n_{\text{Salz}} \cdot H^*_{\text{molar,Salz}}(s) \tag{7.28}$$

Nach dem Lösevorgang liegen beide Komponenten in einer Phase (Lösung) vor und wir müssen partielle molare Enthalpien ($H_{\text{H}_2\text{O}}$ und H_{Salz}) für unsere Betrachtung verwenden:

$$H_{\text{vor}} = n_{\text{H}_2\text{O}} \cdot H_{\text{H}_2\text{O}} + n_{\text{Salz}} \cdot H_{\text{Salz}} \tag{7.29}$$

Beim (isobaren) Lösevorgang wird damit folgende Enthalpiedifferenz beobachtet:

$$\begin{aligned}
H_{\text{nach}} - H_{\text{vor}} &= n_{\text{H}_2\text{O}} \cdot \left(H_{\text{H}_2\text{O}} - H^*_{\text{molar,H}_2\text{O}}\right) + n_{\text{Salz}} \cdot \left[H_{\text{Salz}} - H^*_{\text{molar,Salz}}(s)\right] \\
&= n_{\text{H}_2\text{O}} \cdot \left(H_{\text{H}_2\text{O}} - H^*_{\text{molar,H}_2\text{O}}\right) + n_{\text{Salz}} \cdot \left[H_{\text{Salz}} - H^*_{\text{molar,Salz}}(l)\right] \\
&\quad + n_{\text{Salz}} \cdot \left[H^*_{\text{molar,Salz}}(l) - H^*_{\text{molar,Salz}}(s)\right]
\end{aligned} \tag{7.30}$$

Im zweiten Schritt haben wir uns den Satz von Hess (und damit die Wegunabhängigkeit einer thermodynamischen Zustandsfunktion) zunutze gemacht. Wir haben das reine Salz zunächst einmal geschmolzen und anschließend das flüssige Salz mit Wasser gemischt. Auf diese Weise haben wir beim Mischungsvorgang keinen Phasenübergang mehr zu beachten. Selbstverständlich haben wir in der Praxis niemals die Bedingungen vorliegen, bei denen das Salz tatsächlich schmelzen würde, aber der Physikochemiker wählt für seine Vorgehensweise immer den Weg, der am einfachsten erscheint. Ob dieser in der Praxis wirklich tatsächlich gangbar ist, spielt für ihn dabei keine Rolle, solange der Weg nur theoretisch erlaubt ist (diese Regel darf er niemals brechen!). Der Satz von Hess lässt grüßen!

Die oben gewählte Vorgehensweise hat den entscheidenden Vorteil, dass wir die Enthalpiedifferenz zwischen reinem flüssigem Salz und reinem festem Salz bereits kennen: Diese ist nichts anderes als die Schmelzenthalpie $\Delta_M H$ des Salzes (die für den Phasenübergang von fest nach flüssig erforderliche Energiemenge). Wenn wir die Enthalpiedifferenz zwischen der jeweils partiellen molaren Enthalpie und dem Reinstoff für beide Komponenten des Weiteren als Mischungsenthalpie der jeweiligen Komponente bezeichnen, dann ergibt sich aus Gl. 7.30:

$$H_{\text{nach}} - H_{\text{vor}} = n_{\text{H}_2\text{O}} \cdot \Delta_{\text{Mix}} H^E_{\text{H}_2\text{O}} + n_{\text{Salz}} \cdot \Delta_{\text{Mix}} H^E_{\text{Salz}} + n_{\text{Salz}} \cdot \Delta_M H_{\text{Salz}} \tag{7.31}$$

Aus Gl. 7.31 lassen sich nun auf sehr elegante Weise unterschiedliche Größen herleiten, die man zur Beschreibung eines Lösungsvorgangs heranziehen kann. Zunächst kann man daraus die sogenannte integrale Lösungsenthalpie berechnen. Diese ist die auf die Stoffmenge des gelösten Salzes bezogene Enthalpieänderung während des Lösevorgangs:

Integrale Lösungsenthalpie

$$\Delta H_{\text{Salz}} = \frac{H_{\text{nach}} - H_{\text{vor}}}{n_{\text{Salz}}} = \frac{n_{\text{H}_2\text{O}}}{n_{\text{Salz}}} \cdot \Delta_{\text{Mix}} H_{\text{H}_2\text{O}}^E + \left(\Delta_{\text{Mix}} H_{\text{Salz}}^E + \Delta_M H_{\text{Salz}}\right) \qquad (7.32)$$

Eine weitere Größe ist die differentielle Verdünnungsenthalpie des Lösungsmittels (in unserem Beispiel Wasser). Diese ist definiert als die partielle Ableitung der Enthalpiedifferenz nach der Stoffmenge des Wassers. Man stellt sich hier also sinngemäß die Frage: „Wie ändert sich meine Enthalpiedifferenz, wenn ich zu meiner Mischung eine kleine Menge Wasser hinzugebe, also die Mischung verdünne?" Mathematisch ausgedrückt erhält man also:

Differentielle Verdünnungsenthalpie

$$\left(\frac{\partial \left(H_{\text{nach}} - H_{\text{vor}}\right)}{\partial n_{\text{H}_2\text{O}}}\right)_{n_{\text{Salz}}} = \Delta_{\text{Mix}} H_{\text{H}_2\text{O}}^E \qquad (7.33)$$

Die dritte Größe ist die differentielle Lösungsenthalpie des Salzes. Diese ist definiert als die partielle Ableitung der Enthalpiedifferenz nach der Stoffmenge des Salzes. Hier stellt man sich sinngemäß die Frage: „Wie ändert sich meine Enthalpiedifferenz, wenn ich zu meiner Mischung eine kleine Menge Salz hinzugebe?" Mathematisch ausgedrückt erhält man also:

Differentielle Lösungsenthalpie

$$\left(\frac{\partial \left(H_{\text{nach}} - H_{\text{vor}}\right)}{\partial n_{\text{Salz}}}\right)_{n_{\text{H}_2\text{O}}} = \Delta_{\text{Mix}} H_{\text{Salz}}^E + \Delta_M H_{\text{Salz}} \qquad (7.34)$$

In der Praxis löst man schrittweise kleine Portionen an Salz im Lösungsmittel und trägt dann gemäß Gl. 7.32 die integrale Lösungsenthalpie gegen den Quotienten $n_{\text{H}_2\text{O}}/n_{\text{Salz}}$ auf (Abb. 7.7). Wenn man dann an jeden Punkt der dabei entstehenden Kurve eine Tangente anlegt, dann ist die Steigung dieser Tangente gleich der differentiellen Verdünnungsenthalpie, der Achsenabschnitt der Tangente gleich der differentiellen Lösungsenthalpie.

Im Grenzfall verdünnter Lösungen (wenn $(n_{\text{H}_2\text{O}}/n_{\text{Salz}}) \to \infty$ geht), dann wird die Steigung der Kurve gleich null und die differentielle Lösungsenthalpie des Salzes wird gleich der integralen Lösungsenthalpie. Man spricht dann auch von der sogenannten „ersten Lösungsenthalpie" oder der „Lösungsenthalpie bei unendlicher Verdünnung", einer Stoffkonstanten, die sich für den betreffenden Stoff auch in physikalisch-chemischen Tabellenwerken nachschlagen lässt.

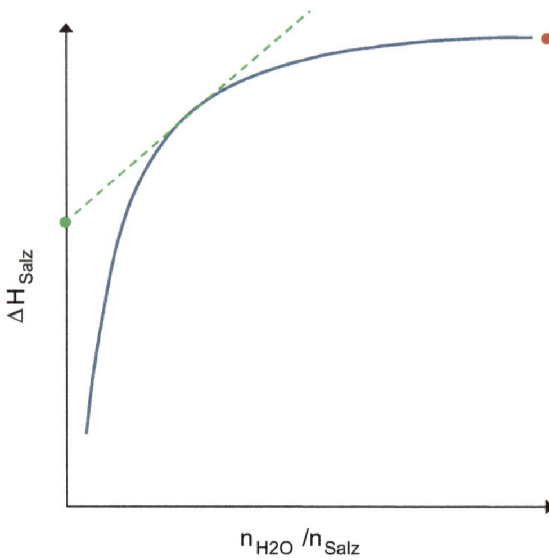

Abb. 7.7 Lösungsenthalpie. Adaptiert nach: Gerd Wedler: Lehrbuch der Physikalischen Chemie (2004), S. 266. Copyright Wiley-VCH Verlag GmbH & Co. KGaA. Reproduced with permission

Übungsaufgaben

Aufgabe 7.3.1

In der Literatur findet sich für RbOH eine Lösungsenthalpie von „-14900 cal/mole". Angenommen, Sie lösen 10 g RbOH ($M = 102{,}47$ g·mol^{-1}) bei 25 °C in 100 mL Wasser ($\rho = 0{,}997$ g · mL^{-1}): Welche Endtemperatur erwarten Sie? Die Wärmekapazität von Wasser beträgt $c_p = 75{,}291$ J · mol^{-1} · K^{-1}.

Lösung:

http://tiny.cc/mxelcy

Aufgabe 7.3.2

Die Lösungsenthalpie von Caesiumperchlorat beträgt $\Delta_{sol}H = 238{,}76$ J · g^{-1}. Angenommen, Sie würden bei 25 °C eine gesättigte Lösung von CsClO$_4$ in Wasser herstellen: Welche Wassertemperatur würden Sie am Ende des Lösungsvorgangs erwarten? Die Löslichkeit von $CsClO_4$ in Wasser bei 25 °C beträgt 1,974 g·$(100\,\text{mL})^{-1}$, die Dichte des Wassers bei 25 °C $\rho = 0{,}99704\,\text{g} \cdot \text{mL}^{-1}$.

Lösung:

http://tiny.cc/kyelcy

Aufgabe 7.3.3

Wie groß ist die integrale Lösungsenthalpie von Natriumnitrat, die Sie dem folgenden Diagramm entnehmen können, das auf experimentellen Daten beruht? Es wurden (siehe Darstellung Abb. 7.8) zunächst 2,0186 g Natriumnitrat zugegeben (Abkühlung im ersten Schritt) und beim anschließenden Aufheizen (siehe Diagramm) dem System 841,25 J an Wärmeenergie zugeführt.

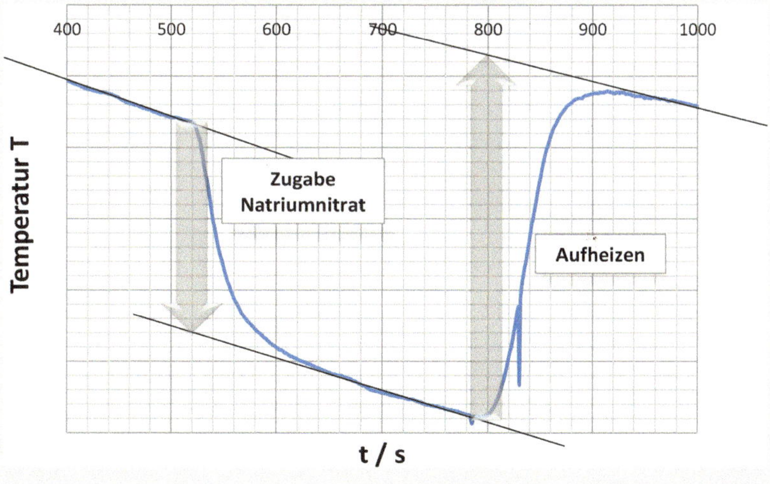

Abb. 7.8   Zu Aufgabe 7.3.3

Lösung:

http://tiny.cc/6xelcy

Die Sakristei

Nach dem Besuch im Dormitorium begebt Ihr Euch wieder zurück in die Klosterkirche und auf die Tür am anderen Ende des Raumes zu. Mit einem leisen „Klick" öffnet Ihr die Tür zur dahinter liegenden Sakristei. Nur gut, dass Ihr den Folianten im Dormitorium noch einmal näher in Augenschein genommen habt. Sonst wäre Euch das Geheimfach im hinteren Einband vielleicht entgangen und Ihr hättet den kleinen Schlüssel gar nicht entdeckt, mit dem Ihr die Tür gerade geöffnet habt!

So betretet Ihr den hinteren Teil des Klosters in der Hoffnung, endlich einen Weg nach draußen zu finden. Auch hier scheint die Zeit stillzustehen, auch hier werfen fahlgelbe Fackeln ihr flackerndes Licht in einen zeitlosen Raum hinein. Unter ihnen, auf einem großen Wandschrank, sind etliche Bücher aufgeschlagen.

Neugierig tretet Ihr näher und beginnt in einem der Werke, den „Chroniken vom Kloster des Gleichgewichts", zu lesen: „Wir können der Macht des Mathemagiers nicht länger standhalten. Seine Operatoren sind in die Klosterkirche eingedrungen und haben bereits begonnen, das Refektorium und das Dormitorium zu differenzieren. Auch den Altar haben sie schon abgeleitet. Clausius möge uns beistehen. Die letzten unter uns, darunter auch Boltzmann und Carnot, haben sich in die Sakristei zurückgezogen und wir wehren uns erbittert. Aber wie lange noch?"

Die folgenden Seiten sind dunkel verschmiert und nicht mehr lesbar. Erst einige Seiten weiter findet Ihr wieder einen lesbaren Eintrag:

„Sie sind jetzt an der Tür. Sie wird nicht mehr lange halten. Und sie haben ein Kreisintegral in ihren Reihen. Das ist das Ende. Wir stimmen gemeinsam eine letzte Liturgie an. Die Liturgie des „großen Gleichgewichts", mit der wir das Kloster in seinem aktuellen Zustand einfrieren, ohne die Schrecken des Mathemagiers. Mögen die Hauptsätze uns beistehen."

Euch fröstelt ein wenig. Offenbar scheint das Klosterleben ein jähes und gewaltsames Ende gefunden zu haben. Euer Groll auf den Mathemagier, Euer Wunsch nach einem Sieg über ihn, wird von diesen Worten noch einmal beflügelt. Dennoch ist Euch bewusst, dass ein Kampf gegen Dáò'byn Fêlled nicht einfach werden wird. Wenn selbst die größten und erfahrensten Geweihten der Kirche des Gleichgewichts gegen seine Macht nichts ausrichten konnten – wie könnt Ihr Euch da eine größere Chance ausrechnen? Es wird Euch wohl nichts anderes übrig bleiben, als Euch noch besser vorzubereiten.

So greift Ihr zu einem weiteren Werk, dem „Liber Liturgium", in dem einige der alten Liturgien niedergeschrieben sind, mit denen die Kirche des Gleichgewichts dem Mathemagier lange Zeit erfolgreich Widerstand leistete.

http://tiny.cc/oyelcy

7.4 Flüssigkeitsmischungen

Bei der Betrachtung flüssiger Mischphasen muss man – im Gegensatz zu gasförmigen Mischphasen – aufgrund der im letzten Abschnitt ins Spiel gebrachten intermolekularen Wechselwirkungen auch berücksichtigen, dass durch abstoßende Wechselwirkungen eine Situation auftreten kann, bei der sich beide Komponenten gar nicht mehr miteinander

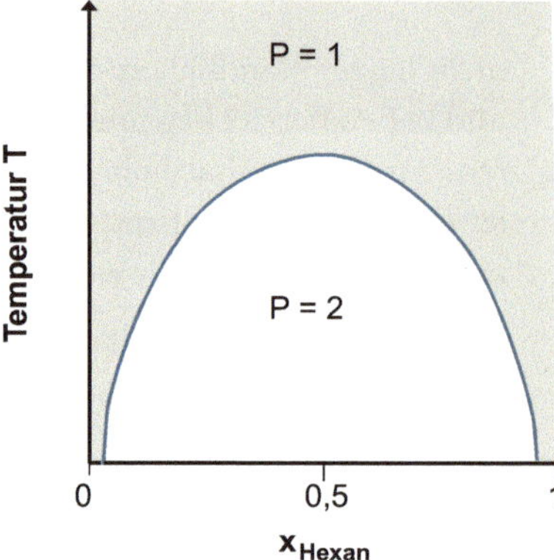

Abb. 7.9 Phasendiagramm mit partieller Mischungslücke (obere kritische Mischungstemperatur)

mischen und es zur Ausbildung eines Zweiphasensystems kommt. Der Physikochemiker spricht in diesem Fall von einer sogenannten Mischungslücke. Das bedeutet also nichts anderes, als dass die beiden (wir möchten uns in diesem Abschnitt ganz bewusst auf die Diskussion von Zweikomponentensystemen beschränken) betrachteten Komponenten bei einer bestimmten Temperatur in einem ganz bestimmten Mischungsverhältnis nur begrenzt mischbar sind.

Dieses Verhalten (Abb. 7.9) lässt sich zum Beispiel bei einer Mischung aus Hexan und Anilin beobachten. Bei niedrigen Temperaturen sind beide Komponenten nur begrenzt mischbar, erst oberhalb einer bestimmten Temperatur (der sogenannten oberen kritischen Mischungstemperatur) werden die beiden Komponenten uneingeschränkt mischbar.

Im Phasendiagramm erkennt man ein sogenanntes Zweiphasengebiet (Abb. 7.9, weiß). Innerhalb dieses Gebietes (d. h. bei der entsprechenden Temperatur und dem entsprechenden Stoffmengenanteil) gibt es keine stabile Phase. Stattdessen „zerfällt" das System bei der jeweiligen Temperatur in zwei Phasen, eine Hexan-reiche Phase und eine Anilin-reiche Phase.

Die Zusammensetzung dieser beiden Phasen lässt sich folgendermaßen bestimmen: Zunächst zeichnet man bei der jeweils vorliegenden Temperatur eine zur Abszisse parallele Gerade, eine sogenannte Konode, in das Diagramm ein. Anschließend bewegt man sich auf dieser Konode durch das Zweiphasengebiet in jede Richtung so weit, bis man auf die nächste Phasengrenzlinie trifft. Fällt man am Schnittpunkt der Konode mit den Phasengrenzlinien jeweils das Lot auf die Achse (Abszisse), dann kann man dort die jeweilige Zusammensetzung der beiden Phasen ablesen. Wir werden diese Technik bei den binären Phasengleichgewichten zu einem späteren Teil unserer Reise (siehe Abschn. 9.2) noch einmal näher betrachten, sodass an dieser Stelle nur darauf verwiesen wird.

Der Existenzbereich stabiler Mischungen liegt außerhalb des Zweiphasengebietes und ist in Abb. 7.9 grau dargestellt. Vereinfacht gesagt wird man an jedem Punkt des Diagramms, der in den grauen Bereich fällt, eine in der Realität (sprich: im Experiment) beobachtbare

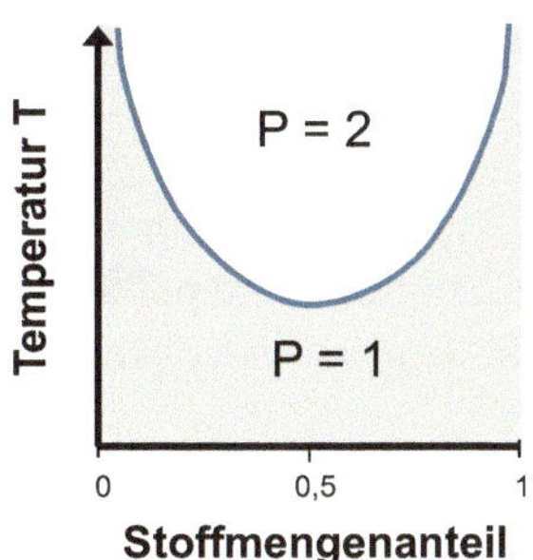

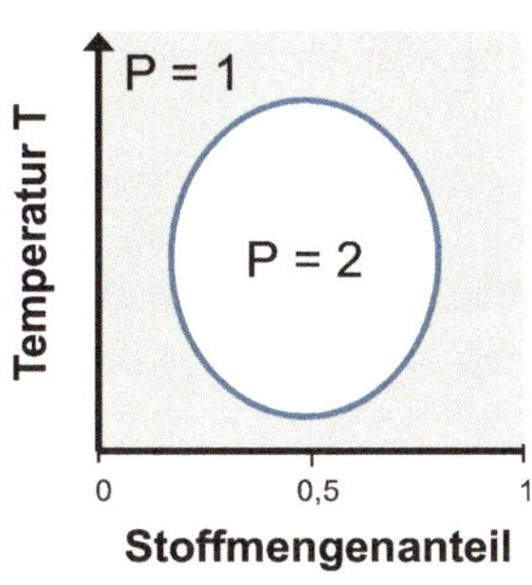

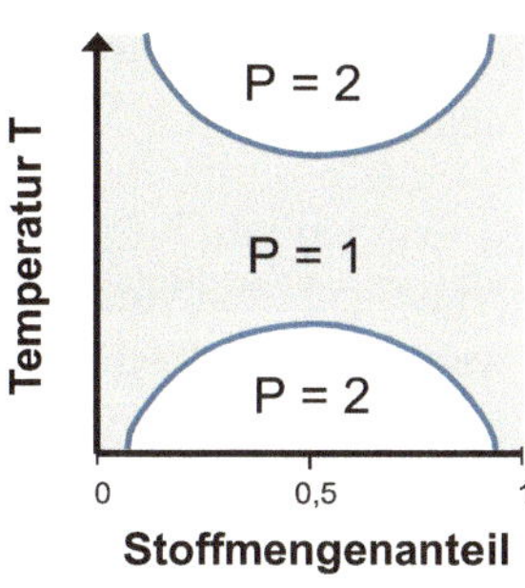

Abb. 7.10   Weitere Grenzfälle partiell mischbarer Flüssigkeiten

Mischung erhalten – und an jedem Punkt innerhalb der weißen Zone zwei miteinander im Gleichgewicht stehende Mischphasen.

Wie lässt sich dieser Befund der begrenzten Mischbarkeit auf molekularer Ebene erklären? Bei einer niedrigen Temperatur ist der Zusammenhalt der Teilchen einer Komponente untereinander stärker als die gegenseitige Anziehung, sodass die Teilchen hier zunächst beschließen, keine Mischung auszubilden. Mit steigender Temperatur nimmt auch die thermische Bewegung der Teilchen immer mehr zu und wirkt dem Zusammenhalt der einzelnen Teilchen untereinander entgegen. Oberhalb der oberen kritischen Mischungstemperatur ist die thermische Energie der Teilchen dann ausreichend, um die Ausprägung einer einzigen Mischphase zu favorisieren: Die Teilchen bewegen sich so schnell, dass die Teilchen einer Komponente gar nicht mehr die Möglichkeit haben, sich ausreichend lange benachbart zueinander aufzuhalten, um untereinander Wechselwirkungen auszuprägen.

Neben der oberen kritischen Mischungstemperatur gibt es noch drei weitere typische Fälle von Phasendiagrammen begrenzt miteinander mischbarer Flüssigkeiten, die in Abb. 7.10 aufgeführt sind.

Der zweite Fall (Abb. 7.10, links) ist eine untere kritische Mischungstemperatur, wie sie beispielsweise im System Wasser-Diethylamin beobachtet wird. Hier kommt es bei niedrigen Temperaturen zur Ausbildung eines schwach gebundenen Komplexes. Das lässt sich auch auf molekularer Ebene verstehen, da sowohl Wasser als auch Diethylamin in der Lage sind, Wasserstoffbrücken untereinander auszubilden. Bei höheren Temperaturen zerfällt dieser Komplex und die beiden Komponenten entmischen sich. Auch das System Wasser-Triethylamin fällt in diese Kategorie.

Der dritte Fall (Abb. 7.10, Mitte) ist ein System mit geschlossener Mischungslücke und oberer und unterer kritischer Mischungstemperatur. Dieses Verhalten lässt sich beispielsweise bei einer Mischung aus Wasser und 2,4-Dimethylpyridin (2,4-Lutidin) beobachten. Auf molekularer Ebene überlagern sich in diesem Fall die Effekte, die sich bei Phasendiagrammen mit unterer kritischer Mischungstemperatur (Komplexbildung) und solchen mit oberer kritischer Mischungstemperatur (Mischung aufgrund thermischer Bewegung) beobachten lassen.

Im vierten und letzten Fall (Abb. 7.10, rechts) liegt ein System mit zwei getrennten Zweiphasengebieten vor, die jeweils einen oberen bzw. einen unteren Entmischungspunkt aufweisen. Dieses Verhalten lässt sich beispielsweise beim System Benzol-Schwefel beobachten.

Wie man anhand dieser wenigen einfachen Beispiele erkennt, wird bei den kondensierten Phasen (wie den Flüssigkeiten) die Welt zunehmend komplexer. Hier erreichen wir allmählich die Grenze der phänomenologischen Thermodynamik, die sich ihrerseits der Beschreibung physikochemischer Sachverhalte basierend auf makroskopischen Messgrößen und ohne Verwendung molekularer Sichtweisen und Modelle verschrieben hat. Denn ohne ein Verständnis intermolekularer Wechselwirkungen (das eine molekulare Betrachtung zwingend voraussetzt) kann man die hier diskutierten Phasendiagramme eigentlich nur schwer verstehen. Daher überschreiten wir diese Grenze im Rahmen des vorliegenden Buches ganz bewusst an der einen oder anderen Stelle. Dennoch verlassen wir nie den Pfad, auf dem wir in Richtung Mathemagier voranschreiten. Denn auch mithilfe der hier phänomenologischen Thermodynamik werden wir uns letztlich einem Verständnis der Phasengleichgewichte nähern. Halten Sie sich aber diese grundsätzliche Beschränkung einer rein phänomenologischen Betrachtung immer vor Augen. Die Wirklichkeit unterscheidet hier nicht zwischen unseren verschiedenen Sichtweisen. Es ist nur die jeweilige Brille, die wir aufsetzen und die uns einen ganz bestimmten Aspekt der Wirklichkeit wahrnehmen lässt. Und bei der Brille „phänomenologische Thermodynamik" sind wir eben blind für die molekulare Welt – auch wenn wir als Chemiker wissen, dass es sie gibt.

Aber genug der philosophischen Worte, zu denen wir uns hier im Kloster besonders inspiriert fühlen. Machen wir uns nun an den gefahrvollen Aufstieg auf den Gipfel der Insel – und hoffen, dass wir dabei nicht abstürzen.

Der Weg aus dem Kloster

Im hinteren Teil der Sakristei seht Ihr eine kleine Tür, die ins Freie zu führen scheint. Als Ihr sie zu öffnen versucht, müsst Ihr feststellen, dass sie verschlossen ist. In diesem Moment hört Ihr wieder eine Stimme hinter Euch:

> „Aus Zwei wird Eins
> Und ist doch Keins.
> Wenn man es teilt,
> So es verweilt.
> Und wird's vergeh'n
> Oder entsteh'n

Oder wird's bleiben,
Die drei entscheiden."

Auch diesmal könnt Ihr neben der Stimme wieder einen schemenhaften Schatten ausmachen, der sich vor Euch materialisiert. Der Dunkelgewandete mit dem kahl geschorenen Schädel blickt Euch mit durchdringenden Augen an. Dann richtet er sich wieder mit seiner dunklen Stimme an Euch.

© Marc Bornhöft/Ulisses Spiele

„Gebt mir die Antwort auf diese Frage.
Besteht den magischen Zweikampf mit mir.
Dann befreie ich Euch aus Eurer Lage.
Den Schlüssel zur Freiheit erhaltet Ihr."

Herausfordernd blickt Euch der Glatzköpfige entgegen. Ihr überlegt kurz, was die seltsamen Worte bedeuten könnten:

Aus Zwei wird Eins

Zwei Komponenten mischen sich zu einer einzigen Phase.

Und ist doch Keins.

Es ist nach der Mischung aber kein reiner Stoff mehr vorhanden.

Wenn man es teilt,
So es verweilt.

Der Stoffmengenanteil jedes Volumenelements dieser Mischung ändert sich nicht, auch wenn man die Gesamtmenge der vorliegenden Phase in mehrere kleinere Volumina aufteilt. Der Begriff „intensive Größe" (den Ihr tief aus Eurem Rucksack herauskramt, wo Ihr ihn seinerzeit auf der Insel der Energie am Strand verstaut habt, nach Eurem Schiffbruch) kommt Euch wieder in den Sinn.

Und wird's vergeh'n

Und ob die Phase wieder verschwindet …

Oder entsteh'n

… ob erst entstehen wird …

Oder wird's bleiben,

… oder ob sie bestehen bleibt …

Die drei entscheiden.

… darüber entscheiden letztlich die drei Variablen T (Temperatur), p (Druck) und x (Stoffmengenanteil).

Ihr wisst nicht mehr genau, wie Euch diese einzelnen Gedanken durch den Kopf schießen und auf welche Weise sie sich miteinander verknüpfen. Aber der Kahlköpfige schaut Euch zufrieden (wenngleich immer noch ernst) an, nickt kurz und löst sich dann in Rauch auf. Dort, wo er noch bis vor einem kurzen Moment gestanden hat, seht Ihr nun eine offene Tür in der Rückwand des Klosters, die in die Freiheit führt! Ohne zu zögern tretet Ihr durch die Tür und lasst die düstere Bedrängnis des Klosters hinter Euch zurück.

Kolligative Eigenschaften

8

© Springer-Verlag Berlin Heidelberg 2017
T. Daubenfeld, D. Zenker, *Reiseführer Physikalische Chemie*, DOI 10.1007/978-3-662-47932-2_8

Der Tempel des Zwei-Einen

Auch mehrere Stunden, nachdem Ihr dem Kloster den Rücken gekehrt habt, drückt der Schrecken des Ortes (und seines Schicksals) immer noch auf Eure Seele. Allmählich wird Euch immer klarer, dass dieses Abenteuer hier alles andere als ein vergnüglicher Spaziergang ist, sondern bitterer Ernst. Lebensbedrohlich. Tödlich.

Nur mühsam schleppt Ihr Euch angesichts dieser düsteren Gedanken den schmalen Pfad hinter dem Kloster weiter hinauf, der Euch immer näher an den großen Berg führt. Der Schatten des Berges scheint bedrohlich nach Euch und Eurer Seele zu greifen. Oder bildet Ihr Euch das nur ein? Einen klaren Gedanken könnt Ihr ob all der Anstrengungen und Entbehrungen ohne Aussicht auf Ruhe (an Schlaf war im Kloster ja ohnehin nicht zu denken) sowieso nicht mehr fassen. Nur rein mechanisch setzt Ihr einen Fuß vor den anderen, um Schritt für Schritt Eurem Ziel näher zu kommen.

Langsam macht die fruchtbare Landschaft der Küstenregion, an deren äußerstem Ausläufer das Kloster stand, einem anderen Bild Platz. Eure Umgebung wird zunehmend karger und einsamer. Nur noch selten seht Ihr Gewächse oder gar Hecken am Wegesrand. Das saftige Grün der Wiesen weicht hier allmählich vor dem leblosen Gestein des Berges zurück, das wie eine steinerne Klaue talwärts zu greifen scheint. Um irgendwann die ganze Insel in einem unlösbaren stählernen Griff zu halten, dem niemand mehr entkommen kann. Euch schnürt sich beim Gedanken daran die Kehle zu …

… bis Ihr bemerkt, dass dies auch auf den niedrigen Luftdruck in dieser Höhe zurückzuführen sein könnte, der Euch das Atmen allmählich immer schwerer macht. Oder vielleicht auch auf die langsam in Euch aufkeimende Panik, als Ihr vor Euch einen roten Anubis erkennt, der den Zugang zu einem schmalen Grat versperrt, welcher auf den Gipfel des Berges führt. Schon wieder ein Wächter, und dann auch noch ein roter. Diese sind bekannt dafür, dass sie Reisende mit schwersten Rätseln zu Leibe rücken, um sich zunächst ihrer Seelen zu bemächtigen und anschließend die sterbliche Hülle in einen der ihren, einen Wächter-Anubis, zu verwandeln.

Aber Ihr seid jetzt so weit gekommen, da ist an ein Aufgeben nicht mehr zu denken. Also schreitet Ihr mutig vorwärts, um Euch dem Anubis zu stellen. Kurz bevor Ihr ihn erreicht, könnt Ihr seine dunkle und unheilvolle Stimme hören:

> „Ihr wollt den Pfad zum Gipfel betreten.
> Dann sollt zuerst im Tempel Ihr beten.
> Dessen Geheimnis – offensichtlich versteckt –
> Den Weg zum Gipfel Ihr damit entdeckt.“

Nach diesen Worten schweigt der Anubis wieder und blickt Euch erwartungsvoll an. Sein Griff, der sich fester um seine Waffe schließt, lässt allerdings keine Zweifel darüber aufkommen, was passieren würde, wenn Ihr versuchtet, an ihm vorbeizukommen, ohne eine Antwort auf das Rätsel zu geben. Da Ihr momentan keine Möglichkeit seht, dem Anubis auf seine Frage zu antworten, beschließt Ihr, zunächst dem Pfad nach links zu folgen, der entlang einem Felsgrat in westlicher Richtung auf ein Gebäude hinführt, das auf einer schmalen Felsspitze einsam und verlassen steht.

Auf dem schmalen Felsgrat wandert Ihr in Richtung auf den kleinen Gipfel zu. Auch hier ist das Gestein bereits allgegenwärtig und das Luftholen in dieser Höhe bereitet Euch zunehmend Mühe. Weiter entfernt vor Euch, auf dem Gipfel, könnt Ihr ein kreisförmiges Gebäude ausmachen – offenbar der Tempel, von dem der Anubis gesprochen hat. Ihr beschleunigt Euren Schritt, um herauszufinden, welches Geheimnis sich darin verbirgt, um das Rätsel des Anubis zu lösen und endlich den Weg auf den Gipfel des Berges zum Mathemagier einschlagen zu können.

Die letzten Schritte auf den kleinen Gipfel kriecht Ihr eher hoch, als dass Ihr wirklich geht. Die Luft ist hier so dünn, dass jeder Atemzug wie Feuer in der Lunge brennt. Und das leblose Gestein scheint Euch bei jedem Eurer Schritte höhnisch anzugrinsen und sich an Eurer Pein zu ergötzen. Aber dennoch stapft Ihr mutig weiter.

Dabei müsst Ihr immer wieder aufpassen, dass Ihr nicht von dem schmalen Felsgrat abrutscht und in die Tiefe stürzt. Ihr möchtet Euch lieber nicht ausmalen, was von Euch übrig bleibt, wenn Ihr aus dieser Höhe herunterfallt. Vorsichtig gebt Ihr also Acht darauf, dass Euch kein Fehler unterläuft. Der kleinste Fehltritt in diesen Höhenlagen könnte zu Eurem letzten Tritt werden.

Schließlich schafft Ihr es aber sicher, den Tempel zu erreichen. Majestätisch thront er auf dem äußersten Ausläufer eines schmalen Felsgrates weit oberhalb der Insel. Wenngleich auch weit unterhalb des Herrschaftssitzes des Mathemagiers, der dunkel drohend weit über Euch zu schweben scheint. Unerreichbar weit. Endlos entfernt. *So weit, dass es sich nicht zu lohnen scheint, den Weg dorthin weiter zu verfolgen. Wie viel einfacher wäre es, sich einfach hierhin zu setzen und alles zu vergessen. Oder sich einfach nur vom Felsen zu stürzen und …*

Nein! Unwirsch schüttelt Ihr den Kopf, saugt die dünne Luft tief in Euch ein und blickt trotzig nach vorne. Die bösen Gedanken verschwinden aus Eurem Geist und der Weg liegt wieder klar vor Euch. Ihr wollt – nein, müsst den Mathemagier besiegen. Koste es, was es wolle. Die Insel muss endlich wieder Frieden finden, nach all den grauenvollen Jahren unter der mathemagischen Knute. Und so schleppt Ihr Euch die letzten Meter zum Eingang des Tempels.

Dort angekommen sehr Ihr, dass das Gebäude völlig leer ist. Nur der pfeifende Wind scheint dem Gemäuer ein wenig Leben einzuhauchen. Auf einigen Reliefs im Gebäude könnt Ihr seltsame Zeichen erkennen, die irgendjemand hier in den Stein geritzt hat. Als Ihr mit Eurer Hand diese Zeichen berührt, erscheint inmitten des Tempels – wie von Geisterhand – eine formlose Gestalt, die mit ausdrucksloser Stimme zu sprechen beginnt: „Seid gegrüßt, Reisender, im Tempel des Zwei-Einen!"

http://tiny.cc/wl0lcy

8.1 Siedepunktserhöhung und Gefrierpunktserniedrigung

So kurz vor dem Aufstieg auf den Berg und bereits in Sichtweite der finalen Bastion des Mathemagiers müssen wir also nun einen „Umweg" in Kauf nehmen. Ein ähnliches Gefühl beschleicht einen bisweilen beim Studium (nicht nur) der Physikalischen Chemie, da man nach all den Entbehrungen und Strapazen der bisherigen Studieninhalte (hier: unserer Reise) einen weiteren kräftezehrenden Exkurs nicht mehr für gerechtfertigt hält – und man stattdessen lieber das große konkrete Ziel vor Augen haben möchte.

Aber sind wir denn wirklich am Ziel? Ziehen wir einmal Bilanz: Wir haben bislang sowohl Einkomponentensysteme (*1K-Systeme*) als auch Zweikomponentensysteme (*2K-Systeme*) behandelt. Aber bei Letzteren haben wir – im Gegensatz zu den *1K-Systemen* – Phasenübergänge bislang außer Acht gelassen. Warum eigentlich? Sicherlich deshalb, um die mathematische Beschreibung dieser Systeme zu vereinfachen. Diesen Eindruck wurde uns durch die Weisheiten, die wir im Kloster entdeckt haben, vermittelt. Aber unser gesunder Menschenverstand sagt uns auch, dass eine wässrige NaCl-Lösung durchaus in der Lage sein wird, ihren Aggregatzustand zu verändern (wie uns zum Beispiel eine siedende Kochsalz-Lösung unschwer vor Augen führt).

Im Eifer des Gefechts würden wir nun vielleicht dazu neigen, uns Systeme anzuschauen, bei denen in beiden miteinander im Gleichgewicht stehenden Phasen auch beide Komponenten vorhanden sind. Bevor wir uns aber diesem Fall widmen, betrachten wir vorab noch den etwas einfacher gelagerten Fall, bei dem eine der beiden miteinander im Gleichgewicht stehenden Phasen eine Mischphase (in unserem Beispiel die Lösung eines Salzes) und die andere ein Reinstoff ist (in unserem Fall das reine Lösungsmittel). Wir möchten die hierbei betrachteten Systeme als sogenannte *2K/1K-Systeme* beschreiben, gemäß der Zusammensetzung der beiden Phasen: einmal zwei Komponenten (2 K) und einmal eine Komponente

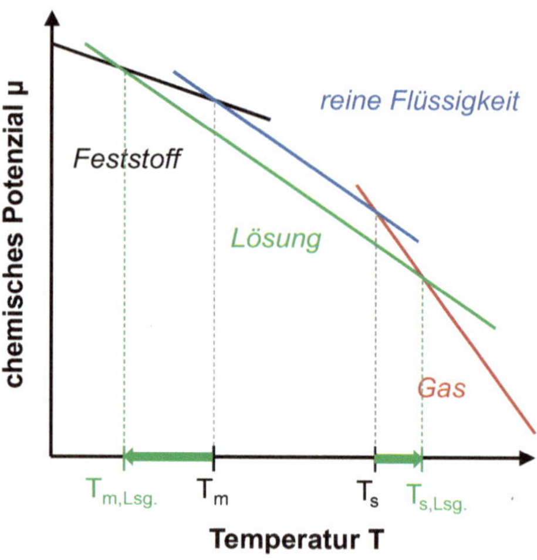

Abb. 8.1 Temperaturabhängigkeit des chemischen Potenzials mit und ohne Mischphase in Lösung. Adaptiert nach: Physical Chemistry, Eighth Edition by Atkins & de Paula (2006). By permission of Oxford University Press

($1\,K$). Dadurch erklärt sich auch der zunächst etwas abstrus und ominös anmutende Name des Ortes, an dem wir uns gerade auf der Insel befinden: der Tempel des Zwei-Einen (die beiden Zahlen im Namen des Ortes stehen stellvertretend für die Anzahl an Komponenten in den beiden Phasen).

Nehmen wir einmal den oben beschriebenen Fall an: eine wässrige Lösung eines Salzes, die bei einer bestimmten Temperatur mit dem Dampf des reinen Lösungsmittels (Wasser) im Gleichgewicht steht und bei einer (richtig, Sie haben es erraten: niedrigeren) Temperatur mit dem reinen Feststoff des Lösungsmittels (Eis) im Gleichgewicht steht. Welche Konsequenz hat das auf unsere Phasengleichgewichte? Dazu rufen wir uns noch einmal Gl. 5.19 in Erinnerung, die uns die Abhängigkeit des chemischen Potenzials von der Zusammensetzung der Mischphase quantitativ beschreibt:

$$\mu_i = \mu_i^* + R \cdot T \cdot \ln x_i$$

Wie wir bereits in Abschn. 5.3 argumentiert haben, wird sich der Wert des chemischen Potenzials μ_i eines Stoffes i immer – ausgehend vom Reinstoffpotenzial μ_i^* – um den Betrag $R \cdot T \cdot \ln(x_i)$ verringern. Das Reinstoffpotenzial μ_i^* stellt somit eine Art „Maximum" des chemischen Potenzials dar, welches in einer Lösung immer verringert wird.

Welche Konsequenz hat diese Verringerung des chemischen Potenzials? Schauen wir uns das einmal in einem Diagramm an, in dem das chemische Potenzial μ gegen die Temperatur T aufgetragen ist (Abb. 8.1).

Wie man erkennt, wird die Linie, die das chemische Potenzial der flüssigen Phase charakterisiert, parallel zur ursprünglichen Linie nach unten verschoben. Diese Verschiebung repräsentiert die Verringerung des chemischen Potenzials um den Betrag $R \cdot T \cdot \ln(x_i)$ (wie oben beschrieben). Wir wollen der Einfachheit halber hier näherungsweise davon ausgehen, dass dieser Effekt unabhängig von der Temperatur ist (die Steigung der Linie sich also nicht verändert).

Die Linien für die feste und die gasförmige Phase verändern sich nicht, da in beiden Phasen gemäß unserer obigen Annahme nach wie vor ein Reinstoff vorliegen soll.

Dadurch kommt es nun zu zwei letztlich nicht überraschenden, aber dennoch erstaunlichen Effekten. Zum einen wird der Schnittpunkt der Geraden für die feste Phase mit der Geraden für die Lösung nach links verschoben. Im Sinne unseres Diagramms bedeutet das: „Der Schnittpunkt wird zu niedrigen Temperaturen hin verschoben." Das heißt aber nichts anderes, als dass der Gefrierpunkt der Lösung im Vergleich zum reinen Lösungsmittel abgesenkt wurde. Wir erwarten experimentell eine Gefrierpunktserniedrigung. Analog dazu wird der Schnittpunkt der Geraden für die Lösung mit der Geraden für die gasförmige Phase nach rechts verschoben. Im Sinne unseres Diagramms bedeutet das: „Der Schnittpunkt wird hin zu höheren Temperaturen verschoben." Das wiederum heißt nichts anderes, als dass der Siedepunkt der Lösung im Vergleich zum reinen Lösungsmittel erhöht wurde. Wir erwarten also auch eine Siedepunktserhöhung neben der bereits festgestellten Gefrierpunktserniedrigung.

In Summe wird damit der Existenzbereich der flüssigen Phase, d. h. der Temperaturbereich, innerhalb dessen die flüssige Phase thermodynamisch am stabilsten ist, größer. Beide Effekte, Siedepunktserhöhung und Gefrierpunktserniedrigung, treten generell immer dann auf, wenn wir es mit einem Fall der oben beschriebenen Art zu tun haben, bei der eine Lösung mit reinem Lösungsmittel in der festen bzw. der gasförmigen Phase im Gleichgewicht steht. Diese Effekte sind unabhängig von der chemischen Natur des Lösungsmittels und des gelösten Stoffes, weshalb man sie in der Physikalischen Chemie als kolligative Effekte (von lat. colligere, dt. sammeln) bezeichnet.

In diesem ersten Abschnitt über *2K/1K-Systeme* möchten wir uns zunächst mit dem Phänomen der Siedepunktserhöhung und der Gefrierpunktserniedrigung beschäftigen. Im nächsten Kapitel wenden wir uns dann mit dem osmotischen Druck einer weiteren besonderen Form von kolligativen Eigenschaften zu.

Die Siedepunktserhöhung

Schauen wir uns zunächst einmal die Siedepunktserhöhung an. Hier steht eine flüssige Mischphase (die Lösung eines Stoffes B im Lösungsmittel A) im Gleichgewicht mit einer Gasphase, in der nur das reine Lösungsmittel A vorliegt (Abb. 8.2).

Werfen wir einmal einen Blick auf die chemischen Potenziale des Lösungsmittels in beiden Phasen. Wie bereits im vorherigen Abschnitt beschrieben, ist das chemische Potenzial in der gasförmigen Phase das Reinstoffpotenzial des Lösungsmittels:

$$(\mu_A)_{\text{Dampf}} = (\mu_A^*)_{\text{Dampf}} \tag{8.1}$$

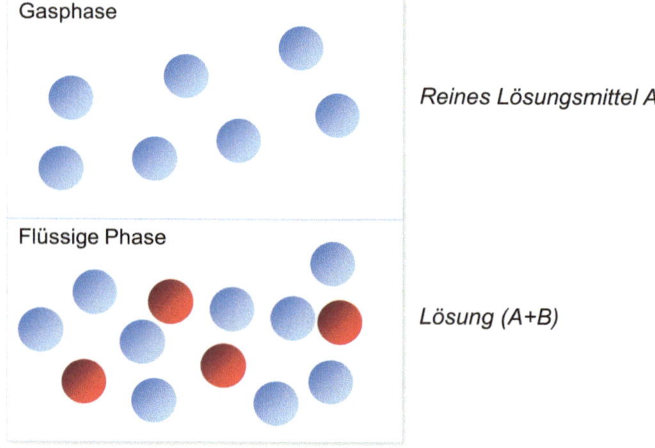

Abb. 8.2 Phasengleichgewicht zwischen flüssiger Mischphase und reiner Gasphase

In der flüssigen Mischphase ist das chemische Potenzial des Lösungsmittels hingegen durch die Gegenwart des gelösten Stoffes reduziert:

$$(\mu_A)_{\text{flüssig}} = (\mu_A^*)_{\text{flüssig}} + R \cdot T \cdot \ln (x_A)_{\text{flüssig}} \qquad (8.2)$$

Nun betrachten wir den Punkt, an dem die beiden Phasen miteinander im Gleichgewicht stehen, also den Punkt, an dem gilt:

$$(\mu_A)_{\text{Dampf}} = (\mu_A)_{\text{flüssig}} \qquad (8.3)$$

Eine Bemerkung an dieser Stelle: Diese unscheinbare Gleichung, die wir so achtlos dahinschreiben, ist eine der wesentlichen Annahmen, die wir im Rahmen der hier thematisierten Gleichgewichtsthermodynamik treffen. Wir unterstellen unserem System, dass sich die beiden betrachteten Phasen miteinander im Gleichgewicht befinden – und dieses Gleichgewicht nicht erst noch erreicht werden muss. Damit schließen wir bewusst sämtliche kinetische Aspekte und so den Faktor Zeit aus unserer Betrachtung aus. Das ist für uns Chemiker erst einmal schwer zu begreifen, da unsere Betrachtung ja in der Regel von einem Experiment ausgeht, das per se von der Kinetik beherrscht wird, die letztlich von einem Ungleichgewicht der chemischen Potenziale profitiert. Das Dilemma des Physikochemikers besteht nun darin, die Beschreibung des Systems für den Anwender brauchbar zu gestalten. Das bedeutet konkret, dass die mathematischen Gleichungssysteme nicht zu kompliziert werden dürfen, die Realität aber dennoch korrekt darstellen müssen. Insofern stellt Gl. 8.3 eine Art Kompromiss zwischen Handhabbarkeit („Wir können eine einfache mathematische Formel erwarten.") und Realitätsnähe („Wir wissen, dass es irgendwo zumindest einen Punkt, das Gleichgewicht, gibt, an dem diese Gleichung gelten wird.") dar. Behalten Sie die Beschränkung all unserer Gleichungen auf den Punkt des Gleichgewichts aber bitte immer im Hinterkopf! Bei aller ästhetischen Schönheit unserer Gleichungen, die wir jetzt und in den folgenden Kapiteln herleiten werden, sollte uns immer bewusst sein, dass diese nur gelten, wenn tatsächlich Gleichgewicht herrscht. Und von der Gültigkeit dieser Annahme sollte man sich in der Praxis (z. B. wenn man einen Siedevorgang im Labor beschreiben möchte) immer vergewissern, bevor man sich der Gleichungen bedient.

Aber zurück zu unseren Überlegungen. Setzt man die Ausdrücke aus Gl. 8.1 und 8.2 in Gl. 8.3 ein, dann erhält man:

$$(\mu_A^*)_{\text{Dampf}} = (\mu_A^*)_{\text{flüssig}} + R \cdot T_S \cdot \ln (x_A)_{\text{flüssig}} \tag{8.4}$$

Der Term T_S steht dabei für den Siedepunkt des Lösemittels. Aus dieser Gleichung lässt sich durch Umformen folgender Ausdruck erhalten:

$$\ln (x_A)_{\text{flüssig}} = \frac{(\mu_A^*)_{\text{Dampf}} - (\mu_A^*)_{\text{flüssig}}}{R \cdot T_S} = \frac{\Delta_v G}{R \cdot T_S} \tag{8.5}$$

Im letzten Schritt haben wir die Tatsache genutzt, dass die Differenz der chemischen Potenziale von reinem Dampf und reiner Flüssigkeit unseres Lösemittels nichts anderes ist als die molare Freie Verdampfungsenthalpie $\Delta_v G$. Gl. 8.5 lässt sich mittels der Gibbs-Helmholtz-Gleichung (Gl. 4.43) nun weiter umschreiben als:

$$\ln (x_A)_{\text{flüssig}} = \frac{(\Delta_v H - T_S \cdot \Delta_v S)}{R \cdot T_S} = \frac{\Delta_v H}{R \cdot T_S} - \frac{\Delta_v S}{R} \tag{8.6}$$

Diese Gleichung muss generell gelten, da wir für ihre Herleitung bislang keinerlei Annahmen getroffen haben. Es hindert uns also niemand daran, diese Gleichung auch auf das reine Lösungsmittel ($x_A = 1$) anzuwenden:

$$\ln (1) = 0 = \frac{\Delta_v H}{R \cdot T_S^*} - \frac{\Delta_v S}{R} \tag{8.7}$$

Der einzige kleine (aber, wie wir noch sehen werden, entscheidende) Unterschied von Gl. 8.7 zu Gl. 8.6 besteht darin, dass wir im Nenner des ersten Terms auf der rechten Seite nun den Siedepunkt des Reinstoffes T_S^* stehen haben.

Als Nächstes bilden wir die Differenz von Gl. 8.6 und 8.7, ziehen also sowohl die linken als auch die rechten Seiten der beiden Gleichungen jeweils voneinander ab. Wir erhalten durch dieses mathematische Manöver:

$$\ln (x_A)_{\text{flüssig}} = \frac{\Delta_v H}{R \cdot T_S} - \frac{\Delta_v H}{R \cdot T_S^*} \tag{8.8}$$

Auch hier eine kleine Anmerkung. Manchmal fragt man sich als Student der Physikalischen Chemie, wie man eigentlich auf die Idee kommt, zwei Gleichungen voneinander abzuziehen (als ob man nicht genug zu tun hätte …). Die Antwort ist zunächst einmal banal: weil ich es als Physikochemiker darf. Und alles, was nicht verboten ist, ist zunächst einmal erlaubt. Ob es sich als sinnvoll erweist, steht damit zunächst natürlich noch nicht fest. Aber ein geübter Physikochemiker erkennt bereits, welchen unschätzbaren Vorteil einem dieses taktische Manöver eingebracht hat: Wir sind in der Gleichung den Term mit der Verdampfungsentropie $\Delta_v S$ „losgeworden". Nun haben wir es „nur noch" mit der Verdampfungsenthalpie $\Delta_v H$ zu tun. Diese aber bereitet uns keine wirklich großen Bauchschmerzen, da wir sie bereits in Abschn. 6.2 nicht nur kennengelernt, sondern über die Bestimmung der Temperaturabhängigkeit des Dampfdrucks (bzw. der Druckabhängigkeit der Siedetemperatur, je nachdem, welche Variante Sie bevorzugen) auch eine Möglichkeit haben, sie zu bestimmen. Selbstverständlich können wir auch auf tabellierte Werte (sofern vorhanden) zurückgreifen. Die ganze, zunächst abstrakt anmutende Rechnerei diente also alleine dem Zweck, unsere Gleichung zu vereinfachen!

Und auch unser nächster Schritt dient dem Thema Vereinfachung *unserer* Gleichung. (Ja, wir wollen sie hier buchstäblich als „unsere" Gleichung feiern, da wir diese immerhin nur kraft unserer geistigen Anstrengungen geboren haben – und das ist, wie wir finden, eine tolle Leistung, der auch Sie sich rühmen dürfen, wenn Sie die Ausführungen bis hierhin nachvollzogen haben!) Wir möchten nunmehr den Blick auf den gelösten Stoff werfen und ersetzen daher den Stoffmengenanteil des Lösemittels mit einem Ausdruck, der nur abhängig vom Stoffmengenanteil des gelösten Stoffes ist ($x_A = 1 - x_B$). Es ist an dieser Stelle sicher müßig zu erwähnen, welchen Vorteil die Betrachtung binärer Phasengleichgewichte bietet, bei denen wir diese einfache Substitution vornehmen können. Wir erhalten damit (und unter Umformung der rechten Seite) aus Gl. 8.8:

$$\ln\left(1 - x_B\right)_{\text{flüssig}} = \frac{\Delta_v H}{R} \cdot \left(\frac{1}{T_S} - \frac{1}{T_S^*}\right) = \frac{\Delta_v H}{R} \cdot \left(\frac{T_S^* - T_S}{T_S \cdot T_S^*}\right) \tag{8.9}$$

Nun sieht diese Gleichung leider recht furchteinflößend und wenig praxistauglich aus. Wir entscheiden uns daher an dieser Stelle dafür, zwei weitere pragmatische Näherungen zu betrachten, die zwar den Geltungsbereich unserer Zielgleichung weiter einschränken, diese Zielgleichung aber derart vereinfachen, dass man diese in der Praxis auch tatsächlich verwenden kann. Zum einen gehen wir von einer verdünnten Lösung aus, sodass x_B verhältnismäßig klein ist. In diesem Fall lässt sich zeigen, dass gilt:

$$\ln\left(1 - x_B\right)_{\text{flüssig}} \approx -x_B \tag{8.10}$$

Zum anderen gehen wir in diesem Fall davon aus, dass die Siedepunktserhöhung

$$\Delta T_S = T_S - T_S^* \tag{8.11}$$

recht gering ist, sodass der Siedepunkt der Lösung nur geringfügig oberhalb des Siedepunktes des reinen Lösungsmittels liegt (wovon man sich experimentell entsprechend überzeugen kann). Dann gilt (wovon man sich durch Eingabe beispielhafter Werte im Taschenrechner entsprechend überzeugen kann):

$$T_S \cdot T_S^* \approx \left(T_S^*\right)^2 \tag{8.12}$$

Setzt man Gl. 8.10 und 8.12 in Gl. 8.9 ein und berücksichtigt des Weiteren noch Gl. 8.11 (wegen des Vorzeichens!), dann erhält man (wovon man sich gerne selber überzeugen möge – so weit sollten die mathemagischen Kenntnisse an dieser Stelle bereits gediehen sein):

$$x_B = \frac{\Delta_v H \cdot \Delta T_S}{R \cdot \left(T_S^*\right)^2} \tag{8.13}$$

Stellt man diese Gleichung nach der Siedepunktserhöhung um, dann erhält man:

$$\Delta T_S = \frac{R \cdot \left(T_S^*\right)^2}{\Delta_v H} \cdot x_B \tag{8.14}$$

Aus Gl. 8.14 erkennt man, dass es beim Lösen einer geringen Menge der Komponente B in einem Lösungsmittel tatsächlich zu einer Siedepunktserhöhung ΔT_S kommt, die ausschließlich vom Stoffmengenanteil der gelösten Komponente abhängig ist, nicht aber von deren Natur – genauso, wie man es von einer kolligativen Eigenschaft erwarten würde.

Für die Praxis hat sich eine andere Form von Gl. 8.14 eingebürgert, die man in der sogenannten Ebullioskopie verwendet. Dabei verwendet man Siedepunktserhöhungen zur Bestimmung von Molmassen. Obwohl diese Methode im Zeitalter der modernen Massenspektrometrie wohl eher in den Hintergrund treten wird, sei sie an dieser Stelle dennoch erwähnt, da sie die physikochemische Denkweise noch einmal eindrucksvoll untermauert. Dazu betrachtet man den Stoffmengenanteil x_2 etwas genauer und berücksichtigt dabei, dass es sich um eine verdünnte Lösung handelt:

$$x_2 = \frac{n_2}{n_1 + n_2} \approx \frac{n_2}{n_1} = \frac{n_2 \cdot M_1}{m_1} = \overline{m_2} \cdot M_1 \tag{8.15}$$

Beachten Sie in der letzten Gleichung, dass m_1 die Masse des Lösungsmittels (in g) und $\overline{m_2}$ die Molalität des gelösten Stoffes (in $\text{mol}_{\text{gelöste Komponente}}/\text{g}_{\text{Lösungsmittel}}$) darstellt!

Damit erhält man durch Einsetzen von Gl. 8.15 in Gl. 8.14:

$$\Delta T_S = \frac{R \cdot \left(T_S^*\right)^2}{\Delta_v H} \cdot x_B = \frac{R \cdot \left(T_S^*\right)^2 \cdot M_1}{\Delta_v H} \cdot \overline{m_2} = K_e \cdot \overline{m_2} \tag{8.16}$$

Die Größe K_e ist hierbei die ebullioskopische Konstante, die nur von den Eigenschaften des Lösungsmittels abhängt und auf diese Weise über die experimentelle Bestimmung der Siedepunktserhöhung einen eleganten Weg aufweist, um über die Molalität der gelösten Komponente an die Molmasse selbiger heranzukommen.

Abb. 8.3 Phasengleichgewicht zwischen flüssiger Mischphase und reinem Feststoff

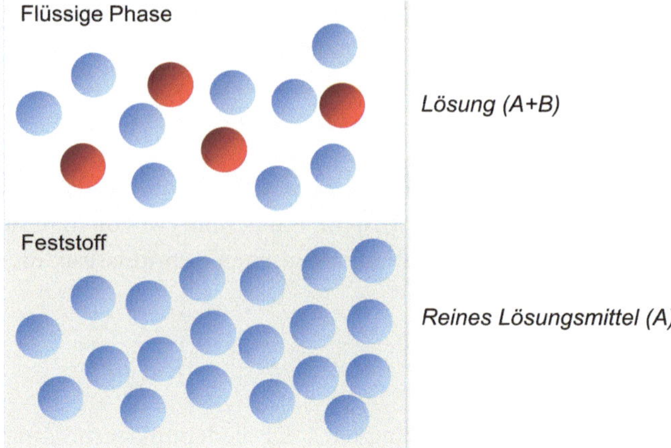

Das Faszinierende an dieser Vorgehensweise ist, dass sie tatsächlich in der Praxis funktioniert – und das nicht trotz aller durchgeführten Näherungen, sondern gerade wegen dieser Näherungen! Denn nichts ist einfacher für den Chemiker, als die in der mathematischen Formulierung durchgeführten Näherungen in der Praxis experimentell umzusetzen. So lässt sich zum Beispiel ein „kleines x_B" experimentell über die entsprechende Einwaage steuern. Entscheidend dabei ist jedoch, sich immer wieder klar vor Augen zu halten, welche Bedingungen eingehalten werden müssen, damit man die zur Auswertung verwendete Gleichung überhaupt verwenden darf. Mit anderen Worten: Die hohe Kunst der Mathemagie in der Physikalischen Chemie besteht darin, sich des Geltungsbereichs der jeweils verwendeten Gleichung bewusst zu sein und das bei der Anwendung der Gleichung zu beherzigen!

Noch faszinierender ist aber eine weitere Tatsache: Bei der Herleitung der Gleichung sind wir ausschließlich vom chemischen Potenzial ausgegangen. Möglicherweise ist uns diese Größe auf unserer bisherigen Reise immer noch nicht so richtig vertraut geworden. Aber wenn uns nicht die Clausius-Clapeyron-Gleichung überzeugt hat, dann sollten uns spätestens die Anwendungen bei den kolligativen Eigenschaften eindrucksvoll vor Augen führen, welch mächtiges Werkzeug wir mit dem chemischen Potenzial μ in Händen halten.

Die Gefrierpunktserniedrigung

Schauen wir uns als Nächstes an, was an der Phasengrenze fest/flüssig passiert, wenn eine Lösung vorliegt, aus der nur das reine Lösemittel auskristallisiert (Abb. 8.3).

Analog zur Diskussion bei der Siedepunktserhöhung können wir hier zunächst einen Blick auf das chemische Potenzial des Lösemittels in den beiden Phasen werfen. In der Lösung hat das Lösemittel A das chemische Potenzial:

$$(\mu_A)_{\text{flüssig}} = (\mu_A^*)_{\text{flüssig}} + R \cdot T \cdot \ln{(x_A)_{\text{flüssig}}} \tag{8.17}$$

Im Feststoff (Reinstoff!) hat das Lösemittel A das chemische Potenzial:

$$(\mu_A)_{\text{Feststoff}} = (\mu_A^*)_{\text{Feststoff}} \tag{8.18}$$

Auch hier betrachten wir nun den Punkt des Gleichgewichts zwischen den beiden Phasen (dieser ist bei der Schmelztemperatur T_M erreicht), $(\mu_A)_{\text{flüssig}} = (\mu_A)_{\text{Feststoff}}$, für den sich durch Gleichsetzen von Gl. 8.17 mit Gl. 8.18 ergibt:

$$(\mu_A^*)_{\text{Feststoff}} = (\mu_A^*)_{\text{flüssig}} + R \cdot T_M \cdot \ln (x_A)_{\text{flüssig}} \tag{8.19}$$

Umgeformt nach dem natürlichen Logarithmus des Stoffmengenanteils x_A ergibt sich:

$$\ln (x_A)_{\text{flüssig}} = \frac{(\mu_A^*)_{\text{Feststoff}} - (\mu_A^*)_{\text{flüssig}}}{R \cdot T_M} = -\frac{\Delta_M G}{R \cdot T_M} \tag{8.20}$$

Beachten Sie an dieser Stelle, dass im Unterschied zur Siedepunktserhöhung in Gl. 8.5 ein negatives Vorzeichen auftaucht. Dieses Vorzeichen wird am Ende unserer Betrachtung in einer Verringerung der Temperatur resultieren, eben der Gefrierpunktserniedrigung.

Als Nächstes nutzen wir wieder die Gibbs-Helmholtz-Gleichung und drücken die Freie Schmelzenthalpie durch die Schmelzenthalpie $\Delta_M H$ und die Schmelzentropie $\Delta_M S$ aus:

$$\ln (x_A)_{\text{flüssig}} = -\frac{(\Delta_M H - T_M \cdot \Delta_M S)}{R \cdot T_M} = -\frac{\Delta_M H}{R \cdot T_M} + \frac{\Delta_M S}{R} \tag{8.21}$$

Für das reine Lösungsmittel (mit der Schmelztemperatur T_M^*) lautet Gl. 8.21:

$$\ln (1) = 0 = -\frac{\Delta_M H}{R \cdot T_M^*} + \frac{\Delta_M S}{R} \tag{8.22}$$

Zieht man Gl. 8.22 von Gl. 8.21 ab, dann ergibt sich:

$$\ln (x_A)_{\text{flüssig}} = \frac{\Delta_M H}{R \cdot T_M^*} - \frac{\Delta_M H}{R \cdot T_M} \tag{8.23}$$

Nun nutzen wir wieder den Zusammenhang $x_A = 1 - x_B$ und formen die rechte Seite von Gl. 8.23 sinnvoll um:

$$\ln (1 - x_B)_{\text{flüssig}} = \frac{\Delta_M H}{R} \cdot \left(\frac{1}{T_M^*} - \frac{1}{T_M} \right) = \frac{\Delta_M H}{R} \cdot \left(\frac{T_M - T_M^*}{T_M^* \cdot T_M} \right) \tag{8.24}$$

Für verdünnte Lösungen (kleines x_B) gilt auch hier Gl. 8.10, und unter der Annahme, dass die Gefrierpunktserniedrigung $\Delta T_M = T_M - T_M^*$ unter diesen Bedingungen verhältnismäßig klein ist (und damit $T_M \cdot T_M^* \approx (T_M^*)^2$), ergibt sich:

$$x_B \approx \frac{\Delta_M H \cdot |\Delta T_M|}{R \cdot (T_M^*)^2} \tag{8.25}$$

Beachten Sie hier, dass wir aufgrund des negativen Vorzeichens der Gefrierpunktserniedrigung von selbiger nur den Betrag betrachten wollen (das macht die Diskussion in der Folge einfacher). Für den Betrag der Gefrierpunktserniedrigung selbst erhalten wir durch Umstellen von Gl. 8.25:

$$|\Delta T_M| = \frac{R \cdot \left(T_M^*\right)^2}{\Delta_M H} \cdot x_B = K_k \cdot \overline{m_B} \tag{8.26}$$

In Gl. 8.26 ist K_k die sogenannte kryoskopische Konstante (mit der Kryoskopie wird die Untersuchung der Gefrierpunktserniedrigung bezeichnet) und $\overline{m_B}$ die Molalität des gelösten Stoffes. Für die kryoskopische Konstante gilt (analog zur Diskussion bei der Siedepunktserhöhung):

$$K_k = \frac{R \cdot \left(T_M^*\right)^2 \cdot M_1}{\Delta_M H} \tag{8.27}$$

Auf diese Weise bietet Gl. 8.27 ebenfalls eine Möglichkeit der Bestimmung der molaren Masse des gelösten Stoffes unter Messung der Gefrierpunktserniedrigung ΔT_M.

Um Ihnen ein Gefühl für die Größenordnung der Gefrierpunktserniedrigung zu geben, schauen wir uns einmal an, um welchen Betrag die Schmelztemperatur von Wasser ($T_M = 273,15\,\mathrm{K}$, $K_k = 1,858\,\mathrm{K \cdot kg \cdot mol^{-1}}$) sinkt, wenn 5,8 g NaCl (0,1 mol) in 1000 g Wasser gelöst werden? Die Molalität von NaCl beträgt in diesem Fall:

$$\overline{m_B} = 0,1\,\mathrm{mol \cdot kg^{-1}}$$

Damit ergibt sich für die Gefrierpunktserniedrigung:

$$\Delta T_M = 1,858\,\mathrm{K \cdot kg \cdot mol^{-1}} \cdot 0,1\,\mathrm{mol \cdot kg^{-1}} = 0,1858\,\mathrm{K}$$

Die Schmelztemperatur dieser Lösung beträgt demnach:

$$T_M = (273,15 - 0,1858)\ \mathrm{K} = 272,96\,\mathrm{K}\ [-0,19\,^\circ\mathrm{C}]$$

Übungsaufgaben

Aufgabe 8.1.1

Um welchen Betrag sinkt der Gefrierpunkt von Phenol, wenn man 100 g einer Komponente B ($M = 420\,\mathrm{g \cdot mol^{-1}}$) in 800 g Phenol löst? Die kryoskopische Konstante von Phenol betrage $K_k = 7,27\,\mathrm{K \cdot kg \cdot mol^{-1}}$.

Lösung:

http://tiny.cc/nl0lcy

Aufgabe 8.1.2

Bei der Zugabe welcher der folgenden Stoffe ist die Gefrierpunktserniedrigung von 750 g Wasser am höchsten:

1. 40 g Essigsäure
2. 1 mol Phenol
3. 50 mL Ethanol
4. 30 g NaCl

Lösung:

http://tiny.cc/jm0lcy

Aufgabe 8.1.3

5 g LiCl ($M = 42{,}394\,\mathrm{g}\cdot\mathrm{mol}^{-1}$) werden in 25 mL H_2O ($\rho = 0{,}9982\,\mathrm{g}\cdot\mathrm{mL}^{-1}$) gelöst. Wie hoch ist die Siedepunktserhöhung, wenn die ebullioskopische Konstante von Wasser $K_{\mathrm{eb}} = 0{,}51\,\mathrm{K}\cdot\mathrm{kg}\cdot\mathrm{mol}^{-1}$ beträgt?

Lösung:

http://tiny.cc/om0lcy

Aufgabe 8.1.4

In 20 g Benzol werden 1,49 g Benzoesäure gelöst. Die Gefrierpunktserniedrigung von Benzol (K_k = 5,07 K·kg·mol^{-1}) beträgt 1,55 K. Berechnen Sie die molare Masse der Benzoesäure und vergleichen Sie das Resultat mit Ihrer Erwartung! Wie ist das Ergebnis zu interpretieren?

Lösung:

http://tiny.cc/am0lcy

Aufgabe 8.1.5

In einem Volumen von 150 mL Wasser werden 15 g LaCl$_3$ (M = 245,26 g·mol^{-1}) gelöst. Um welchen Betrag erhöht sich der Siedepunkt des Wassers, wenn die ebullioskopische Konstante von Wasser K_{eb} = 0,51 K·kg·mol^{-1} beträgt?

Lösung:

http://tiny.cc/zm0lcy

Ein Blick auf das Meer

Nach den verwirrenden Worten der formlosen Gestalt blickt Ihr Euch wieder im Tempel um. Dabei fällt Euer Blick aus den Fenstern nach draußen. Dort könnt Ihr in der Ferne das Meer der Elemente erkennen, dessen Wellen sich friedlich und von einer sanften Brise gestreichelt kräuseln. Wehmut befällt Euch bei diesem Anblick und dem Gedanken daran, dass auf Euch hier oben nur Angst und Schrecken warten – und die Friedfertigkeit der Elemente weiter entfernt scheint als je zuvor auf Eurem Weg.

Plötzlich weht ein kräftiger Luftzug durch eines der Fenster herein und wirft Euch beinahe um. Dabei könnt Ihr eine weitere Stimme vernehmen, die hinter Euch zu sprechen beginnt:

„Seid gegrüßt, Reisender. Seid gegrüßt im Tempel des Zwei-Einen. Hier werdet Ihr Antworten finden, wenn Ihr genau zuhört. Und wenn Euer Geist scharf genug ist, um aus den vernommenen Worten die richtige Botschaft herauszufiltern. Also schärft Euren Verstand. Denn hier oben, in diesen luftigen Höhen, bedeutet der kleinste Fehltritt Euer Ende. Seid in diesen Mauern aber unbesorgt. Auch wenn die übrige Priesterschaft diesem Ort längst den Rücken gekehrt hat, so kann Euch der Arm des Mathemagiers hier doch nicht erreichen – und seine Macht Euch hier nichts anhaben. Lauscht den Worten des Windes, der zu Euch spricht. Denn er weht direkt herauf vom Meer der Elemente und berichtet Euch von den Geheimnissen des Wassers!“

Die Worte kommen von einem jungen Mann, der Euch mit glühenden Augen (und interessanterweise ebenso glühenden Haaren) anstarrt und die Hände beschwörend erhoben hat. Das Ganze verleiht ihm eine durchaus einschüchternde Wirkung, aber die helle Fistelstimme, mit der er spricht, lässt ihn wiederum weniger bedrohlich erscheinen.

Er stellt sich Euch als Sanctu Osmoticus vor. Als einer der letzten Priester des Zwei-Einen wacht er über diese Bastion der Phasengleichgewichte auf der Insel und bietet dem Mathemagier seit vielen Jahren trotzig die Stirn. „Obwohl ich nicht weiß, wie lange mir das noch gelingen wird“, gibt er etwas später in einer ruhigen Minute zu, „denn meine Kräfte schwinden von Tag zu Tag. Ich kann Euch selber keine neue Kraft mitgeben, sondern nur zeigen, was ich alles gelernt habe, und hoffen, dass Ihr es ebenso anzuwenden lernt. Und ich hoffe, dass Ihr bei Eurer Mission Erfolg habt.

Denn ohne Euer Tun wird die Insel der Phasen auf immer und ewig unter der Herrschaft des Mathemagiers bleiben."

© Verena Biskup (geb. Schneider)/Ulisses Spiele

Mit verschwörerischer Miene beginnt er daraufhin, Euch in die Geheimnisse seines Tuns und seines Wissens einzuweihen. Gespannt hört Ihr zu, erhofft Ihr Euch doch aus den Worten des Priesters Weisheiten zu erfahren, die helfen werden, den verhassten Mathemagier zu bezwingen.

http://tiny.cc/6m0lcy

8.2 Der osmotische Druck

Im „Tempel des Zwei-Einen" liegt noch ein weiteres Geheimnis kolligativer Eigenschaften für uns verborgen. Unsere bisherigen Betrachtungen der Siedepunktserhöhung und der Gefrierpunktserniedrigung hatten eine wesentliche Gemeinsamkeit: Die Mischphase und die reine Phase lagen in unterschiedlichen Aggregatzuständen vor (flüssig/gasförmig bei der Siedepunktserhöhung bzw. fest/flüssig bei der Gefrierpunktserniedrigung). Es gibt aber auch den Fall, dass sowohl Mischphase als auch Reinstoff im gleichen Aggregatzustand, als Flüssigkeit, vorliegen (Abb. 8.4).

In der Praxis lässt sich dieser Zustand so realisieren, dass die beiden Phasen durch eine semipermeable (halbdurchlässige) Membran voneinander getrennt sind, die nur das Lösemittel passieren lässt, den gelösten Stoff hingegen zurückhält. Vor allem in biologischen Systemen findet man dafür viele Beispiele.

Neben der Tatsache, dass der zweite Aggregatzustand ebenfalls flüssig ist, gibt es noch einen weiteren wesentlichen Unterschied zur Siedepunktserhöhung und der Gefrierpunktserniedrigung. Aufgrund der Membran sind in diesem Fall Druckunterschiede trotz des Gleichgewichts möglich (während bei den bisher betrachteten Systemen – obwohl wir es nicht explizit erwähnt haben – isobare Bedingungen vorlagen, da sich das chemische Potenzial ansonsten aufgrund der Druckdifferenz verändert hätte).

Damit treten in der Lösung zwei Effekte auf. Zum einen wird $\mu_{A,\text{flüssig}}$ in der Mischung im Vergleich zum reinen Lösungsmittel verringert (auch hier um den bereits gewohnten Betrag $R \cdot T \cdot \ln(x_A)$). Dadurch strömt reines Lösungsmittel durch die Membran in die Lösung (Diffusion durch Konzentrationsdifferenz!). Um das hydrostatische Gleichgewicht zwischen beiden Phasen identisch zu halten, muss nun ein externer Druck auf die Lösung ausgeübt werden, welcher dem Zustrom von reinem Lösungsmittel in die Lösung Einhalt gebietet. Damit lässt sich die Lösung physikochemisch so beschreiben, als ob diese nicht unter dem Druck p steht (unter dem auch das reine Lösungsmittel steht), sondern unter dem Druck $p + \Pi$, wobei Π als osmotischer Druck bezeichnet wird (Abb. 8.5).

Im Gleichgewicht muss nun gelten:

$$\mu_A^*(p) = \mu_A(x_A, p + \Pi) \tag{8.28}$$

Abb. 8.4 Phasengleichgewicht zwischen flüssiger Mischphase und reinem flüssigem Lösungsmittel

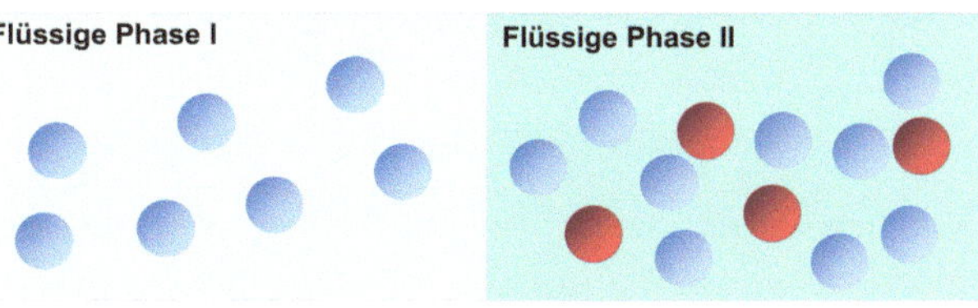

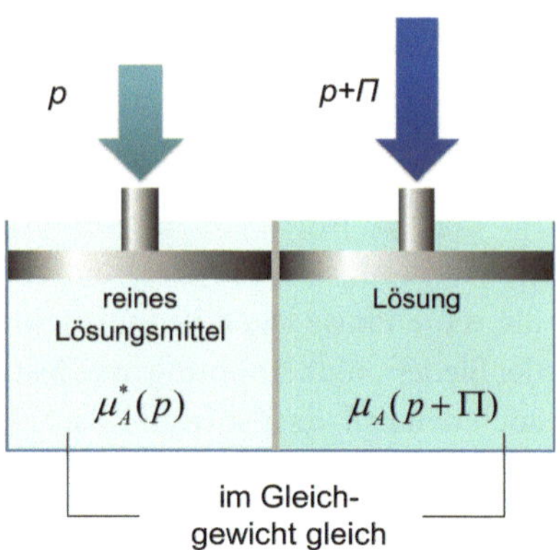

Abb. 8.5 Aufrechterhaltung des Gleichgewichts zwischen flüssiger Mischphase und reinem Lösungsmittel durch osmotischen Druck. Adaptiert nach: Physical Chemistry, Eighth Edition by Atkins & de Paula (2006). By permission of Oxford University Press

Übersetzen wir diese Gleichung einmal von Mathemagisch ins Deutsche: „Das chemische Potenzial des reinen Lösungsmittels, auf welchem der Druck p lastet, ist im Gleichgewicht genauso groß wie das chemische Potenzial des Lösungsmittels in der Lösung, die unter dem Druck $p + \Pi$ steht."

Da wir in der Lösung eine Mischphase haben, müssen wir hier (wie bereits weiter oben beschrieben) die entsprechende Verringerung des chemischen Potenzials berücksichtigen. Damit ergibt sich:

$$\mu_A^*(p) = \mu_A^* (p + \Pi) + R \cdot T \cdot \ln x_A \tag{8.29}$$

Den ersten Term auf der rechten Seite von Gl. 8.29 können wir unter Berücksichtigung unserer Überlegungen aus Abschn. 5.3 bezüglich der Druckabhängigkeit des chemischen Potenzials in der folgenden Art und Weise darstellen:

$$\mu_A^*(p) = \mu_A^*(p) + \int\limits_{p}^{p+\Pi} V_m \mathrm{d}p + R \cdot T \cdot \ln x_A \tag{8.30}$$

Die linke Seite von Gl. 8.30 können wir mit dem ersten Term auf der rechten Seite kürzen, da beide das chemische Potenzial des reinen Lösungsmittels beim Druck p darstellen. Damit ergibt sich nach Umstellen der Gleichung:

$$-R \cdot T \cdot \ln x_A = \int\limits_{p}^{p+\Pi} V_m \mathrm{d}p \tag{8.31}$$

Schauen wir uns die rechte Seite dieser letzten Gleichung einmal ein wenig näher an. Das molare Volumen V_m können wir aufgrund der Inkompressibilität kondensierter Phasen (Flüssigkeiten lassen sich durch Druck nahezu nicht komprimieren) als konstant ansehen.

Damit können wir es auf der rechten Seite von Gl. 8.31 vor das Integral ziehen und erhalten nach Integration für die rechte Seite:

$$\int\limits_{p}^{p+\Pi} V_m \, \mathrm{d}p \approx V_m \cdot \int\limits_{p}^{p+\Pi} \mathrm{d}p = V_m \cdot \Pi \tag{8.32}$$

Die linke Seite von Gl. 8.31 drücken wir durch den Stoffmengenanteil des gelösten Stoffes aus und nähern (analog zur Betrachtung bei Siedepunktserhöhung und Gefrierpunktserniedrigung, siehe Abschn. 8.1) für verdünnte Lösungen:

$$-R \cdot T \cdot \ln x_A = -R \cdot T \cdot \ln\left(1 - x_B\right) \approx -R \cdot T \cdot \left(-x_B\right) = R \cdot T \cdot x_B \tag{8.33}$$

Damit ergibt sich nach Einsetzen von Gl. 8.33 und 8.32 in Gl. 8.31:

$$V_m \cdot \Pi = R \cdot T \cdot x_B \tag{8.34}$$

Für verdünnte Lösungen gilt ferner, dass die Gesamtstoffmenge näherungsweise der Stoffmenge des Lösungsmittels entspricht:

$$n_A + n_B \approx n_A \tag{8.35}$$

Damit ergibt sich für den Stoffmengenanteil des gelösten Stoffes:

$$x_B = \frac{n_B}{n_A + n_B} \approx \frac{n_B}{n_A} \tag{8.36}$$

Setzt man nun Gl. 8.36 in Gl. 8.34 ein, dann erhält man:

$$\Pi \cdot V_m \approx \frac{R \cdot T \cdot n_B}{n_A} \tag{8.37}$$

Löst man diese Gleichung nach dem osmotischen Druck Π auf, dann erhält man eine Möglichkeit, diesen in Abhängigkeit von der Stoffmengenkonzentration c_B des gelösten Stoffes B zu berechnen:

$$\Pi \approx \frac{n_B}{\left(V_m \cdot n_A\right)} \cdot R \cdot T = c_B \cdot R \cdot T \tag{8.38}$$

Die letzte Gleichung ist interessanterweise analog zum idealen Gasgesetz aufgebaut. Diese Analogie ist allerdings zufällig, da der osmotische Druck inhaltlich nichts mit dem idealen Gas zu tun hat. Der Vorteil für Sie besteht allerdings darin, dass man die analoge Struktur der Gleichungen dazu nutzen kann, um sich den mathematischen Zusammenhang zur Berechnung des osmotischen Drucks besser zu merken!

Übungsaufgaben

Aufgabe 8.2.1

Im physikalisch-chemischen Praktikum stellen Sie bei 25 °C eine Lösung von Polyethylenglykol 10.000 ($M = 10.000\,\mathrm{g \cdot mol^{-1}}$) in Wasser her ($\beta = 0{,}1\,\mathrm{g \cdot mL^{-1}}$). Wie hoch ist der resultierende osmotische Druck der Lösung?

Lösung:

http://tiny.cc/1m0lcy

Aufgabe 8.2.2

Der osmotische Druck einer Lösung von $2{,}042\,\mathrm{g \cdot L^{-1}}$ Polystyrol in Toluol bei 25 °C betrage $\Pi = 58{,}31\,\mathrm{Pa}$. Berechnen Sie die molare Masse des Polymers!

Lösung:

http://tiny.cc/in0lcy

Aufgabe 8.2.3

Das Protein Myoglobin ($M \approx 17.000\,\mathrm{g \cdot mol^{-1}}$) werde bei 25 °C in einer Massenkonzentration von $\beta = 3{,}5\,\mathrm{mg \cdot mL^{-1}}$ in Wasser gelöst. Wie hoch ist der osmotische Druck dieser Lösung?

Lösung:

http://tiny.cc/1l0lcy

Aufgabe 8.2.4

Wie bezeichnet man den Vorgang, wenn Wasser aus einer Salzlösung(!) in reines Wasser transportiert wird?

Lösung:

http://tiny.cc/sm0lcy

Aufgabe 8.2.5

Was versteht man unter einer semipermeablen Membran?

Lösung:

http://tiny.cc/gm0lcy

Binäre Phasengleichgewichte

9

Kapitel 9

© Springer-Verlag Berlin Heidelberg 2017
T. Daubenfeld, D. Zenker, *Reiseführer Physikalische Chemie*, DOI 10.1007/978-3-662-47932-2_9

Rätselhafte Träume

Nach dem Besuch im Tempel des Zwei-Einen steht Ihr wieder vor dem roten Anubis, der Euch aus seinen unergründlichen Augen (Kann er überhaupt sehen?) anblickt. Auf dem Rückweg über den schmalen Felsgrat hattet Ihr ausreichend Gelegenheit, über die Antwort nachzudenken, die Ihr ihm entgegenschleudern werdet. Mit aller Inbrunst der Überzeugung bietet Ihr ihm Eure Lösung an:

„Es handelt sich um 1K/2K-Gleichgewichte, bei denen zwei Phasen miteinander im Gleichgewicht stehen – die eine Phase ist eine Mischung aus zwei Komponenten, die andere besteht aus einer der beiden Komponenten und ist ein Reinstoff."

Der Anubis blickt Euch für einen weiteren kurzen Moment an. Dann flimmert die Luft um ihn kurz auf und er verschwindet wort- und spurlos. Tief in Eurem Innersten vermeint Ihr ein dunkles Toben und Wut zu spüren. Offenbar habt Ihr den Mathemagier mit diesem Erfolg überrascht. Ihr seid erschöpft, aber glücklich.

Der Anubis hat Euch tatsächlich passieren lassen. Ihr habt das Rätsel um den Tempel des Zwei-Einen gelöst. Vielleicht seid Ihr der Erste, der dem Mathemagier jemals so nahe gekommen ist. Jetzt trennen Euch nur noch ein letzter Grat und ein steiler Anstieg von dem Refugium des Mathemagiers. Ihr blickt trotzig zum Gipfel hinauf. Nur noch eine allerletzte Anstrengung.

Trotz der immer dünner werdenden Luft habt Ihr Euch in den vergangenen Wochen noch nie so stark und motiviert gefühlt wie in diesem Moment. Das Ziel scheint Euch zum Greifen nahe. Nur noch ein paar Meter. Ein paar Schritte. Ein paar kleine …

Dann passiert alles auf einmal. Ihr strauchelt. Ihr taumelt. Ihr merkt, dass Eure Beine den Dienst versagen und der harte steinige Boden mit rasender Geschwindigkeit näher kommt. Dann umfängt Euch auf einmal nur noch dunkle Schwärze.

Dunkelheit. Schmerz. Angst. Vor Euren Augen seht Ihr nichts als wabernde Nebelfetzen. Schemenhafte Schatten scheinen am Rande Eures Bewusstseins herumzuschweben. Ihr habt das Gefühl, dass tausend neugierige Augen aus dem Nebel auf Euch herüberschauen.

Herüber? Oder herab? Oder hinauf? Langsam wird Euch bewusst, dass Ihr keinen festen Boden unter Euren Füßen spürt. Mit einem kurzen Blick überzeugt Ihr Euch immerhin davon, dass Ihr noch Füße habt. Aber irgendwie scheint Ihr in diesem endlosen Nebel dahinzugleiten, der nur von einem fahlen schimmernden Hintergrundlicht erleuchtet wird, das von überall und doch nirgendwo zu kommen scheint. Ihr habt keine Ahnung, wo Ihr Euch befindet. Ob Ihr Euch überhaupt irgendwo befindet. Und ob es überhaupt noch Ihr seid.

Kurz bevor der Wahnsinn endgültig nach Eurem Geist greifen kann, glaubt Ihr ein wenig weiter vor (vor?) Euch ein etwas stärkeres Leuchten zu erkennen. Obwohl Ihr nicht gehen könnt (wie denn auch, ohne Boden?), bewegt Ihr Euch dennoch auf dieses Licht zu. Viel schneller als erwartet nähert Ihr Euch dem unheimlich erscheinenden Leuchten. Beiläufig kommt Euch der Anubis wieder in den Sinn. Der Berg. Der Mathemagier. Wo zur Hölle seid Ihr hier? Was ist geschehen? Ihr habt nicht die leiseste Ahnung. Und so bleibt Euch nichts anderes übrig, als abzuwarten, was Euch bei dem Licht erwarten wird.

Als Ihr das Licht erreicht, ist zu erkennen, dass dort ein aus dem Nichts scheinendes Licht ein uraltes Pergament beleuchtet. Auf dem Pergament könnt Ihr seltsame Zeichen und Symbole ausmachen. Diese scheinen jedoch für Euch keinen Sinn zu ergeben. Als Ihr nach dem Pergament greift, verändert sich schlagartig die Umgebung um Euch herum.

Wie aus dem Nichts heraus erscheinen plötzlich zwei Gestalten, die Euch aus durchdringenden Augen stumm anschauen. Die beiden bleichen Personen scheinen bereits sehr alt zu sein (was nicht nur am langen weißen Bart der rechten Gestalt, sondern auch an den tiefen Falten auf den Gesichtern der beiden liegen mag). Noch immer haltet Ihr das Pergament mit den seltsamen Symbolen und Zeichen in Eurer Hand, als die linke Gestalt mit einer für ihr Äußeres viel zu hell klingenden Stimme das Wort an Euch richtet: „Willkommen in der Dämmerwelt, Sterblicher! Mein Name ist Toular. Ich bin einer der magischen Wächter der Traumsphäre, deren Eingang Ihr nunmehr gefunden habt."

Ihr seid irritiert. Wovon redet der Alte? Dämmerwelt? Traumsphäre? Wächter (nicht schon wieder …)? Bevor Ihr zu einer Antwort ansetzen könnt, spricht plötzlich der andere Alte: „Und wie ich sehe, habt Ihr auch die Herausforderung des Rätsels der Alchemie bereits angenommen. Meinen Respekt! Ich darf mich Euch auch vorstellen: Mein Name ist Yhren, Magus Maximus der Traumsphäre. Ich wache gemeinsam mit Toular darüber, dass die Gesetze der Alchimica Physica auch im Reich der Träume ihre Gültigkeit behalten."

Ihr fragt die beiden, wo Ihr Euch befindet, wie sie zum Mathemagier stehen und wo der Anubis und die Insel hin verschwunden sind. Aber die beiden starren Euch nur fragend an. „Von all diesen Dingen haben wir noch nie etwas gehört, mein Freund", antwortet Yhren. „Wisset, dass Ihr hier am Ort des Überall und Nirgendwo und der

Kapitel 9

Zeit des Immer und Niemals seid. Diesen Ort gibt es nicht. Nur in Euren Gedanken. Ihr könnt ihn nicht greifen, ihn nicht auf einer Karte finden oder einzeichnen. Hier seid Ihr einfach nur – und doch nicht."

Allmählich beschleicht Euch das Gefühl, dass die beiden offenbar schon ein wenig zu lange in dieser Sphäre hier leben – oder ein wenig zu lange und zu viel von den falschen Kräutern geraucht haben. Auf Eure Frage, wie Ihr denn wieder aus dieser Traumwelt herausfindet, antwortet Toular: „Oh. Gefällt es Euch denn hier nicht? Ist denn dieses Sein hier nicht das, was Ihr Euch schon immer gewünscht habt?" Als Ihr ihm die Antwort auf die Frage schuldig bleibt, fährt er fort: „Den Schlüssel zum Ausgang haltet Ihr bereits in Händen. Man nennt es das Rätsel der Alchemie. Dieses Rätsel müsst Ihr lösen, um aus dieser Sphäre wieder herauszufinden. Dort hinten seht Ihr drei Türen, hinter denen Ihr Hinweise findet. Wenn Ihr alle Hinweise gesammelt habt, könnt Ihr versuchen, das Rätsel zu lösen. So Ihr Euch auf diesen Weg der Erkenntnis begeben wollt, wünsche ich Euch viel Glück – und einen wachen Verstand, der scharf wie die Klinge der Wahrheit durch die Nebel der Unwissenheit schneiden und Euch den Weg zurück in Eure Welt zeigen wird."

Mit diesen Worten lösen sich Toular und Yhren langsam in Rauch auf und verschwinden. Ihr seid wieder allein. Allein mit einem alten Pergament und drei Türen – Eurer einzigen Möglichkeit, um in die Welt der Lebenden zurückzukehren.

http://tiny.cc/no0lcy

Kapitel 9

9.1   Die Gesetze von Raoult und Henry

Wir beginnen nun unseren beschwerlichen Aufstieg zum Gipfel der Insel der Phasen. Hier geht es um Phasengleichgewichte binärer Systeme, also Zweiphasensysteme, bei denen in beiden Phasen jeweils beide Komponenten vorliegen (Abb. 9.1).

Hier müssen wir zunächst einmal alle Gleichungen beiseitelegen, die wir auf unserem bisherigen Weg gefunden haben, da sie hier ihre Gültigkeit verlieren. Aber mal ehrlich: Wir kämen ja auch nicht auf die Idee, mit Sandalen eine Hochgebirgswanderung anzutreten. Und da uns bislang die Ausrüstung für unsere Hochgebirgswanderung noch fehlt, müssen wir uns diese zunächst noch zurechtlegen.

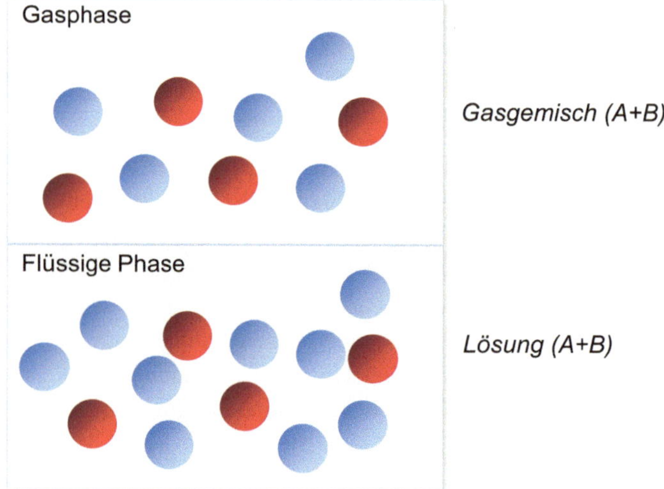

Abb. 9.1 Binäres Phasengleichgewicht zwischen flüssiger Mischphase und gasförmiger Mischphase

Wir gehen für unsere weitere Betrachtung davon aus, dass wir eine binäre Mischung aus zwei flüchtigen Substanzen haben (z. B. Wasser und Ethanol). Des Weiteren möchten wir unsere Betrachtung zunächst auf die Diskussion der Phasengrenze flüssig/gasförmig fokussieren. Die dabei erhaltenen Gesetze, das möchten wir hier schon einmal vorwegschicken, spielen eine wesentliche Rolle bei Destillationsvorgängen, die in der Präparativen Organischen Chemie, der Anorganischen Chemie sowie insbesondere in der Technischen Chemie von großer Bedeutung sind.

Das Raoult'sche Gesetz

Schauen wir uns zunächst einmal an, wie man den Partialdruck einer der beiden Komponenten in unserer Mischung in der Gasphase berechnen kann. Dieser lässt sich berechnen gemäß dem

> **Gesetz von Raoult**
>
> $$p_A = (x_A)_{\text{flüssig}} \cdot p_A^* \tag{9.1}$$

Das Gesetz von Raoult besagt, dass der Dampfdruck einer Komponente proportional zum Stoffmengenanteil der jeweiligen Komponente in der flüssigen Phase ist. Der Proportionalitätsfaktor ist der Dampfdruck des Reinstoffs p_A^*.

Da das Gesetz von Raoult für beide Komponenten gilt, ist der Gesamtdruck bei jeder Zusammensetzung jeweils die Summe aus den beiden Partialdrücken (vgl. hierzu unsere

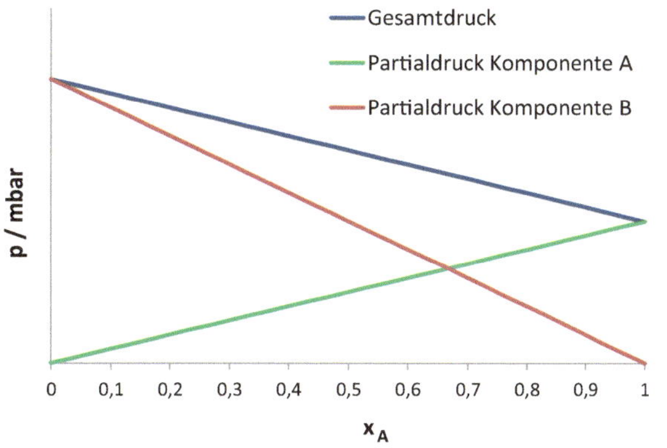

Abb. 9.2 Das Raoult'sche Gesetz. Adaptiert nach: Physical Chemistry, Eighth Edition by Atkins & de Paula (2006). By permission of Oxford University Press

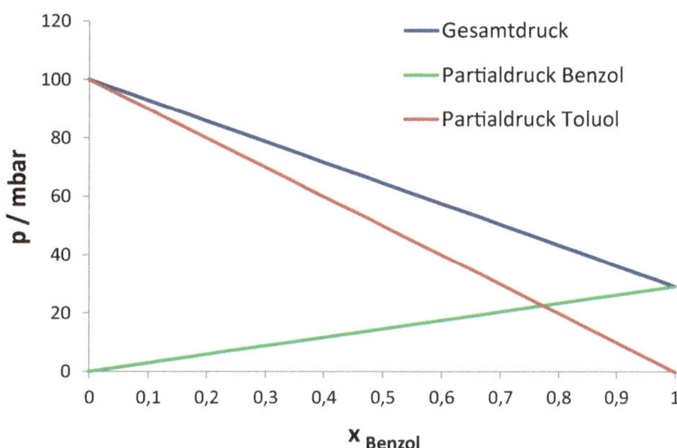

Abb. 9.3 Das Raoult'sche Gesetz am Beispiel der Mischung aus Benzol und Methylbenzol. Adaptiert nach: Physical Chemistry, Eighth Edition by Atkins & de Paula (2006). By permission of Oxford University Press

Überlegungen aus Abschn. 1.3 zum Thema Partialdrücke):

$$p = p_A + p_B = x_A \cdot p_A^* + x_B \cdot p_B^* = x_A \cdot p_A^* + (1 - x_A) \cdot p_B^* \tag{9.2}$$

In grafischer Form lässt sich das Ergebnis unserer Überlegungen noch anschaulicher darstellen (Abb. 9.2).

Der Gesamtdruck p ist eine lineare Funktion des Stoffmengenanteils des Lösungsmittels x_A. Liegt reines Lösungsmittel vor ($x_A = 1$), dann ist der Gesamtdruck identisch zum Reinstoffdampfdruck des Lösungsmittels p_A^*. Liegt die „gelöste Komponente" als Reinstoff vor ($x_A = 0$, obwohl man dann vermutlich nicht mehr von „gelöster Komponente" reden würde), dann ist der Gesamtdruck identisch mit dem Reinstoffdampfdruck der zweiten Komponente p_B^*. Zwischen diesen beiden Extremwerten verläuft der Druck linear und ist jeweils, wie ein Blick auf die Partialdrücke zeigt, die Summe aus den beiden Partialdrücken p_A und p_B.

Dieses theoretisch ideale Verhalten zeigt beispielsweise eine Mischung aus Benzol und Methylbenzol (Abb. 9.3).

Abb. 9.4 Dampfdruck-
diagramm Schwefelkohlen-
stoff – Aceton. Adaptiert nach:
Physical Chemistry, Eighth
Edition by Atkins & de Paula
(2006). By permission of Oxford University Press

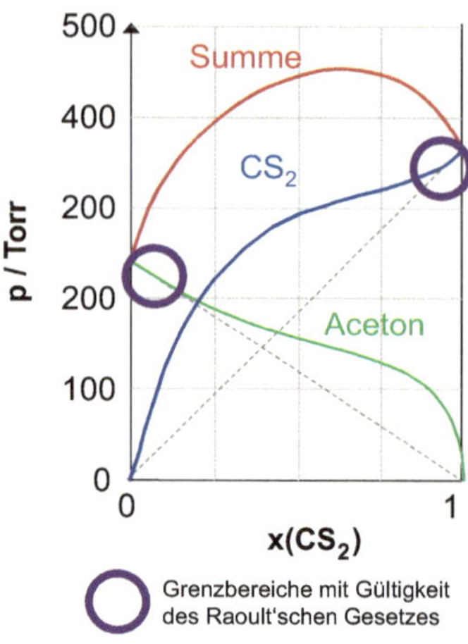

So viel zu idealen Mischungen. Wie wir aber bereits in Abschn. 7.2 im Kloster gelernt haben, verhalten sich die meisten Mischungen eben nicht ideal, sondern müssen als reale
Mischungen angesehen werden. Für reale Mischungen verläuft der Dampfdruck in Abhängigkeit vom Stoffmengenanteil einer Komponente nicht mehr linear, wie man an einem
exemplarischen Beispiel (Abb. 9.4) erkennen kann.

Es gibt keine Möglichkeit, eine allgemeine Theorie zu formulieren, die das Aussehen eines solchen Diagramms für jede beliebige Mischung vorhersagt. So viel zu den schlechten
Nachrichten.

Betrachtet man sich das Diagramm in Abb. 9.4 allerdings etwas genauer, dann fällt auf,
dass sich die experimentell ermittelten Kurven für die Reinstoffe dem Raoult'schen Gesetz
asymptotisch annähern. Das Raoult'sche Gesetz gilt also auch im Fall realer Mischungen
näherungsweise für die Komponente im Überschuss. Je mehr sich das System dem Zustand
des reinen Stoffes annähert (je geringer die Konzentration des gelösten Stoffes ist), desto
eher gilt das Raoult-Gesetz.

Das Raoult'sche Gesetz eignet sich also in guter Näherung zur Beschreibung des Verhaltens
des Lösemittels in verdünnten Lösungen.

Das Henry-Gesetz

Damit bleibt die Frage, ob es im Fall realer Mischungen auch eine Möglichkeit gibt, den
gelösten Stoff zu beschreiben? Hier gilt das

Gesetz von Henry

$$p_B = (x_B)_{\text{flüssig}} \cdot K_B \tag{9.3}$$

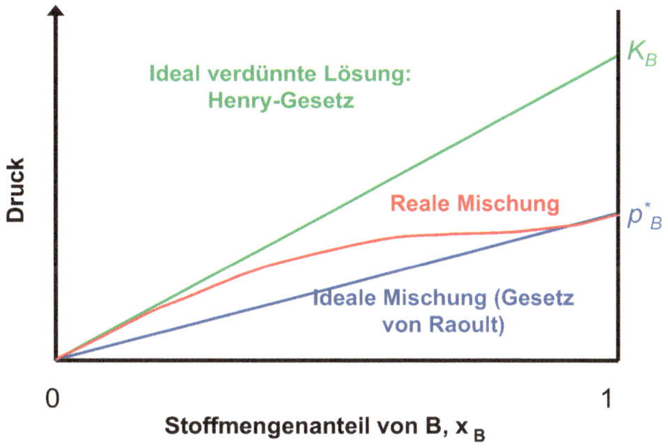

Abb. 9.5 Die Gesetze von Raoult und Henry als Grenzfälle realer Mischungen bei geringem und hohem Stoffmengenanteil. Adaptiert nach: Physical Chemistry, Eighth Edition by Atkins & de Paula (2006). By permission of Oxford University Press

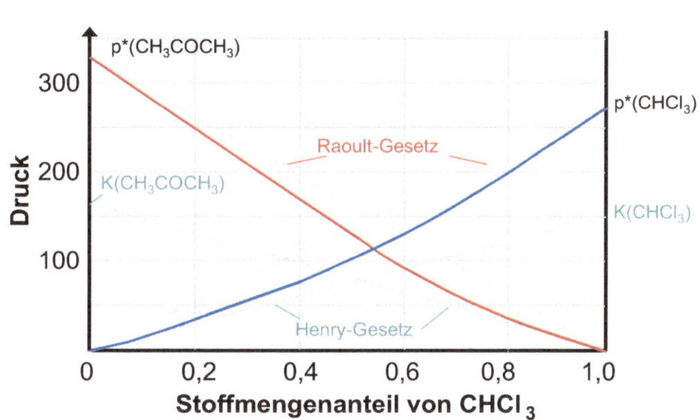

Abb. 9.6 Dampfdruckdiagramm Aceton – Chloroform. Adaptiert nach: Physical Chemistry, Eighth Edition by Atkins & de Paula (2006). By permission of Oxford University Press

Das Gesetz von Henry besagt, dass der Partialdruck p_B der gelösten Komponente proportional zum Stoffmengenanteil der Komponente in der Lösung ist. Der Proportionalitätsfaktor ist jedoch hier nicht der Reinstoffdampfdruck, sondern eine Konstante K_B, die als Henry-Konstante bezeichnet wird. Die Henry-Konstante K_B ist abhängig von der Komponente B und dem Lösungsmittel A (da je nach Zusammensetzung der Mischung die Henry-Konstante jeweils einen anderen Wert annimmt).

Der Gültigkeitsbereich des Henry-Gesetzes beschränkt sich in der Regel auf verdünnte Lösungen der Komponente B, wie man dem Diagramm in Abb. 9.5 entnehmen kann.

Abb. 9.5 zeigt ferner exemplarisch die Gültigkeitsbereiche der Gesetze von Raoult und Henry für reale Mischphasen. Ein konkretes Beispiel ist in Abb. 9.6 abgebildet, wo das Verhalten einer Mischung aus Aceton und Chloroform dargestellt ist.

Aus dem Vergleich von Abb. 9.6 mit Abb. 9.4 kann man bereits erkennen, dass $K_B > p_B$, wenn der Dampfdruck über der Mischung größer ist als der nach dem Gesetz von Raoult erwartete Druck. Andererseits scheint $K_B < p_B$ zu sein, wenn der Dampfdruck über der Mischung geringer ist als der nach dem Gesetz von Raoult erwartete Druck.

Wir werden vor allem das Gesetz von Raoult in den nächsten Kapiteln noch benötigen, um die Phasendiagramme binärer Systeme zu verstehen. Doch dazu mehr im nächsten Abschnitt. An dieser Stelle noch ein letzter Kommentar zu unserer Reise über die Insel: Haben Sie eigentlich einmal überlegt, was die seltsamen Namen Toular und Yhren zu bedeuten haben? Nein? Haben Sie schon einmal etwas von einem Anagramm gehört? Die „verrückten Alten" mögen Ihnen vielleicht im Moment nicht sehr sympathisch zu sein, aber ignorieren sollten Sie die beiden nicht! Schauen wir uns also als Nächstes einmal an, was sich hinter den drei mysteriösen Türen verbirgt, durch die uns die beiden schicken.

Übungsaufgaben

Aufgabe 9.1.1

In einer verdünnten Lösung von HCl werde bei 0,5 mol-% HCl ein Chlorwasserstoff-Partialdruck von 32,2 kPa gemessen. Berechnen Sie die Henry-Konstante!

Lösung:

http://tiny.cc/5o0lcy

Aufgabe 9.1.2

Zu 46 g Toluol (Reinstoffdampfdruck $p* = 2{,}91\,\text{kPa}$) werden 8,9 g Anthracen (nicht flüchtig, $M = 178{,}23\,\text{g}\cdot\text{mol}^{-1}$) gegeben. Welchen Partialdampfdruck des Toluols erwarten Sie über der Lösung?

Lösung:

http://tiny.cc/3p0lcy

Aufgabe 9.1.3

Der Dampfdruck von reinem Benzol bei 20 °C beträgt 101 mbar. In 1000 g Benzol werden 25,6 g einer unbekannten nichtflüchtigen Substanz gelöst. Dadurch verringert sich der Dampfdruck des Benzols auf 99,45 mbar. Welche Molmasse hat die unbekannte Verbindung?

Lösung:

http://tiny.cc/9o0lcy

Tür „p"

Als Ihr durch die erste Tür tretet, umfängt Euch zunächst noch die unangenehme Dunkelheit und Ihr spürt, dass der Euch bereits bekannte Nebel hier besonders dicht zu sein scheint. Erst allmählich gewöhnen sich Eure Augen an das fahle Halbdunkel und Ihr stellt fest, dass Ihr nun hinter der offenen Tür steht – ansonsten ist vor Euch aber nur Nebel zu sehen.

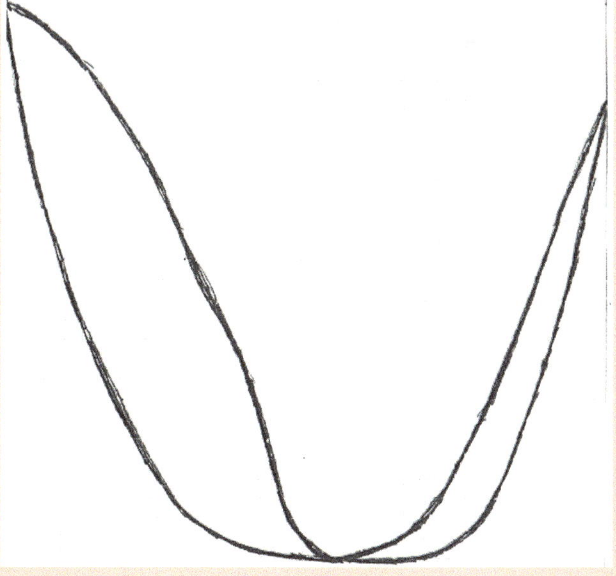

Plötzlich seht Ihr, dass aus dem Nebel etwas auf Euch zuzukommen scheint. Im Geiste bereitet Ihr Euch schon darauf vor, Euch mit den bereits erworbenen mathemagischen Kenntnissen zur Wehr zu setzen (gegen was auch immer), als Ihr zu erkennt glaubt, dass es lediglich ein kleiner Zettel ist, der da auf Euch zu flattert. Diese Vermutung wird bald Gewissheit und Ihr fangt den in der Luft umherwirbelnden Zettel geschickt auf (wobei Ihr Euch nur kurz und beiläufig fragt, wo eigentlich die ganze Zeit der Wind herkommt).

http://tiny.cc/fq0lcy

9.2   Dampfdruckdiagramme

Wenden wir uns nun den Phasendiagrammen binärer Mischphasen an der Phasengrenze flüssig/fest zu. Wie sehen diese eigentlich aus? Da in unserem System zwei Komponenten vorliegen, müssen wir es uns – ähnlich wie bei den binären Flüssigkeitsmischungen im Kloster– entweder bei isothermen oder isobaren Bedingungen ansehen. Warum? Wir haben neben Druck und Temperatur nun auch die Variable Stoffmengenanteil (Zusammensetzung) zu beachten (siehe Abschn. 5.1), können diese drei Variablen hier aber nur in einem zweidimensionalen Diagramm abbilden. Damit müssen wir, wenn wir nicht den Überblick verlieren wollen, gezwungenermaßen eine dieser Variablen konstant halten. Da die physikochemischen Eigenschaften einer Mischung erheblich von der Zusammensetzung abhängen, erscheint es wenig ratsam, den Stoffmengenanteil konstant zu halten. Stattdessen wählen wir entweder isotherme oder isobare Bedingungen (diese lassen sich auch experimentell einfach realisieren) und erhalten auf diese Weise isotherme Dampfdruckdiagramme (Dampfdruck p aufgetragen gegen Stoffmengenanteil x, diese werden im vorliegenden Kapitel behandelt) und isobare Siedediagramme (Temperatur T aufgetragen gegen den Stoffmengenanteil x, siehe Abschn. 9.3). In beiden Diagrammtypen erhalten wir jeweils einen vollständigen Überblick darüber, welche Phasen unter bestimmten Bedingungen stabil sind.

Schauen wir uns zunächst ein ideales Dampfdruckdiagramm an. Dieses gibt an, bei welchem Druck eine Mischung aus zwei Komponenten zu sieden beginnt – und bei welchem Druck die Kondensation einsetzt. Intuitiv würde man hier vermuten, dass Siede- und Kondensationsdruck für eine Mischung einer bestimmten Zusammensetzung identisch sein sollten (Wasser gefriert und schmilzt ja schließlich bei einer Temperatur von $0\,°C$ auch bei einem Druck von 1013 mbar, oder?). Ob das tatsächlich der Fall ist, werden wir gleich sehen.

Ein Wort der Vorsicht vorab: Die Diskussion von Siedediagrammen (Abschn. 9.3) ist erfahrungsgemäß anschaulicher als die von Dampfdruckdiagrammen. Wir haben uns dennoch dazu entschlossen, unsere Betrachtung mit Dampfdruckdiagrammen zu beginnen, da man deren Form (zumindest für ideale Systeme) aus bekannten Gleichungen eindeutig herleiten kann. Wenn Sie keinen Wert auf diese Herleitung legen, dann schauen Sie gerne direkt einmal nach, was sich hinter Tür „T" verbirgt (Abschn. 9.3), und kommen dann wieder zurück in dieses Kapitel, wenn Sie mehr über die Herkunft dieser Diagramme erfahren möchten.

Ein weiteres Wort zur Notation in den folgenden Kapiteln. Wir möchten den Stoffmengenanteil einer Komponente in der flüssigen Phase mit x bezeichnen, den Stoffmengenanteil in der Gasphase hingegen mit y. Die einzelnen Komponenten werden jeweils als Index angehängt, also beispielsweise x_A für den Stoffmengenanteil der Komponente A in der flüssigen Phase oder y_B für den Stoffmengenanteil der Komponente B in der Gasphase.

Für das Aussehen von Dampfdruckdiagrammen sind zwei uns bekannte Gesetze von entscheidender Bedeutung, die wir an dieser Stelle noch einmal aufführen möchten:

Gesetz von Raoult (vgl. Abschn. 9.1)

$$p = p_A + p_B = x_A \cdot p_A^* + x_B \cdot p_B^* = x_A \cdot p_A^* + (1 - x_A) \cdot p_B^* \tag{9.4}$$

Gesetz von Dalton (vgl. Abschn. 1.3)

$$p = p_A + p_B = y_A \cdot p + y_B \cdot p \tag{9.5}$$

In den beiden Gleichungen ist p jeweils der Gesamtdruck der gasförmigen Phase, der auf der Flüssigkeit lastet.

Wie wir bereits in Abschn. 9.1 gesehen haben, können wir mittels des Raoult'schen Gesetzes eine Gerade konstruieren, welche die Abhängigkeit des Siedepunkts unseres Systems vom Stoffmengenanteil einer Komponente in der flüssigen Phase darstellt. Ausgehend von Gl. 9.4 erhalten wir hier:

$$p = x_A \cdot p_A^* + x_B \cdot p_B^* = x_A \cdot p_A^* + (1 - x_A) \cdot p_B^* = p_B^* + (p_A^* - p_B^*) \cdot x_A \tag{9.6}$$

Der letzte Ausdruck ist nichts anderes als eine Geradengleichung (mit dem Ordinatenabschnitt p_B^* und der Steigung $p_A^* - p_B^*$). Wie wir bereits gesehen haben, verläuft diese Gerade zwischen den Reinstoffdampfdrücken p_B^* und p_A^* (Abb. 9.7).

In diesem Diagramm stellt die erhaltene Gerade die Phasengrenzlinie dar. Oberhalb dieser Phasengrenzlinie (bei hohem Druck) liegt das System als Flüssigkeit vor, unterhalb dieser Phasengrenzlinie (bei niedrigem Druck) als Dampf.

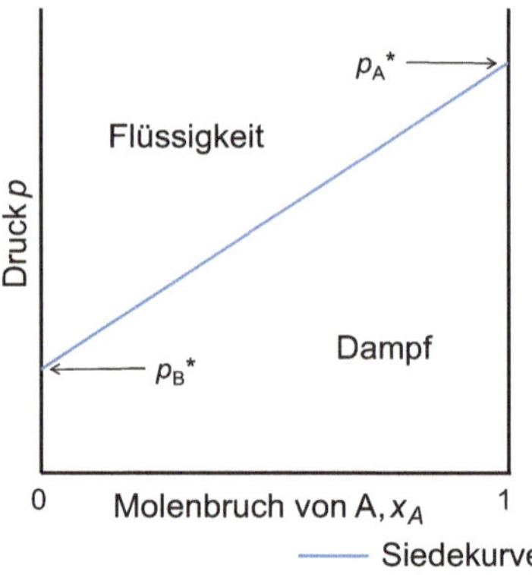

Abb. 9.7 Dampfdruckdiagramm Teil 1: Gerade. Adaptiert nach: Physical Chemistry, Eighth Edition by Atkins & de Paula (2006). By permission of Oxford University Press

So viel zum Siedevorgang. Schauen wir uns als Nächstes den Kondensationsvorgang an. Hier fragen wir nach der Abhängigkeit des Dampfdrucks vom Stoffmengenanteil in der gasförmigen Phase. Um hier eine quantitative Aussage zu erhalten, müssen wir die Gesetze von Raoult und Dalton miteinander kombinieren, was wir hier exemplarisch für den Partialdruck der Komponente A darstellen möchten:

$$p_A = x_A \cdot p_A^* = y_A \cdot p \tag{9.7}$$

Durch Umstellen erhalten wir:

$$x_A = \frac{y_A \cdot p}{p_A^*} \tag{9.8}$$

Auf diese Weise erhalten wir eine Möglichkeit, die Zusammensetzung der flüssigen Phase (x_A) als Funktion der Zusammensetzung der gasförmigen Phase (y_A) darzustellen. Das Ergebnis dieser Berechnung setzen wir nun in Gl. 9.6 ein und lösen die dabei erhaltene Gleichung nach dem Druck p auf:

$$p = \frac{p_A^* \cdot p_B^*}{p_A^* - y_A \cdot \left(p_A^* - p_B^*\right)} \tag{9.9}$$

Diese Gleichung stellt die Abhängigkeit des Kondensationspunktes vom Stoffmengenanteil der Komponente A in der Gasphase dar. Der entscheidende Unterschied zu Gl. 9.6 ist derjenige, dass Gl. 9.9 eine nichtlineare Funktion in y_A ist. Trägt man das Ergebnis in das Diagramm aus Abb. 9.7 ein, dann erhält man das vollständige Dampfdruckdiagramm (Abb. 9.8).

Die zuletzt erhaltene Gleichung stellt die Abhängigkeit des Kondensationspunktes von der Zusammensetzung dar. Im Phasendiagramm erhalten wir auf diese Weise zwei Linien und drei Flächen. Die Linien stellen die Phasengrenzlinien dar. An diesen Punkten liegt jeweils ein Gleichgewicht zwischen zwei verschiedenen Phasen vor. Das ist insofern nichts grundsätzlich Neues für uns, als wir Phasengrenzlinien bereits in der Waldwildnis (Kap. 6)

Abb. 9.8 Dampfdruckdiagramm Teil 2: Siede- und Kondensationskurve. Adaptiert nach: Physical Chemistry, Eighth Edition by Atkins & de Paula (2006). By permission of Oxford University Press

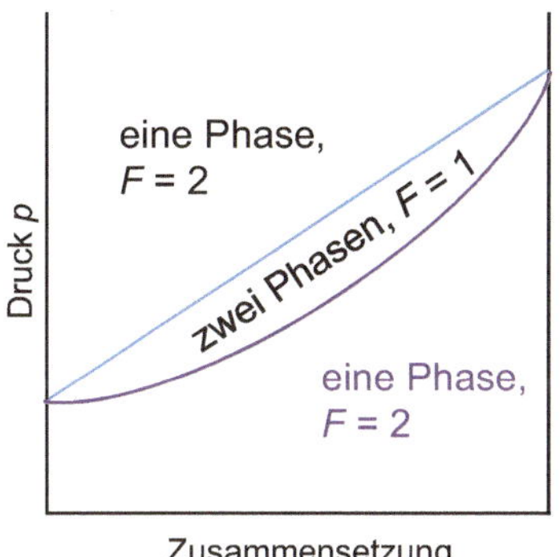

kennengelernt haben. Und ähnlich den Phasendiagrammen, die wir im Kloster bei den begrenzt mischbaren Flüssigkeiten (Abschn. 7.4) gesehen haben, liegt auch hier ein Zweiphasengebiet vor.

Schauen wir uns das Phasendiagramm ein wenig näher an. Oberhalb der Siedekurve liegt die Mischung als Flüssigkeit vor, unterhalb der Kondensationskurve als Dampf. Innerhalb dieser Flächen ist jeweils jeder einzelne Punkt im Labor als Mischung tatsächlich darstell- und beobachtbar. Man kann also eine Mischung einer bestimmten Zusammensetzung bei dem jeweiligen Druck herstellen (z. B. eine Gasmischung) und experimentell beobachten, dass sich tatsächlich eine Gasmischung einstellt und es nicht zu einer Verflüssigung kommt.

Was aber geschieht im Bereich zwischen den beiden Phasengrenzlinien? Diesen Bereich bezeichnen wir als Zweiphasengebiet. Dieses ist für unsere Mischung so etwas wie eine „verbotene Zone". Es gibt keinen Punkt innerhalb dieser Fläche, den unser System tatsächlich einnehmen darf. Das mag für Sie jetzt vielleicht ein wenig irritierend wirken, denn eine „verbotene Zone" entspricht nicht gerade unserer Erfahrung. Schauen wir uns also einmal an, was wir genau damit meinen.

Werfen wir dazu einen Blick auf das beispielhafte Phasendiagramm in Abb. 9.9. Und nehmen wir weiterhin an, dass wir experimentell (z. B. durch Einwaage der im Beispiel betrachteten flüchtigen organischen Flüssigkeiten Methanol und 1,4-Dioxan) eine Mischung hergestellt haben, die dem im Diagramm dargestellten Stoffmengenanteil entspricht ($x_{\text{Dioxan}} = 0{,}5$). Diese Mischung bringen wir nun in eine Apparatur ein, deren Druck so eingestellt ist ($p = 880$ mbar), dass der mit dem Kreuz markierte Punkt im Diagramm in Abb. 9.9 experimentell vorliegt.

Damit haben wir also doch eine Möglichkeit, uns in die „verbotene Zone" zu bewegen, oder? Schauen wir uns aber einmal an, was wir experimentell weiter beobachten. Im Experiment sehen wir unter diesen Bedingungen, dass unsere Flüssigkeitsmischung zu sieden begonnen und sich über der Flüssigkeit eine gasförmige Phase gebildet hat. Wir haben es also mit einem Zweiphasensystem zu tun. Wenn wir nun eine Probe aus der Gasphase und der flüssigen Phase entnehmen, stellen wir erstaunlicherweise fest, dass in beiden Phasen jeweils beide Komponenten vorliegen – und dass die Zusammensetzung der beiden Phasen jeweils unterschiedlich ist! Wie lässt sich das erklären?

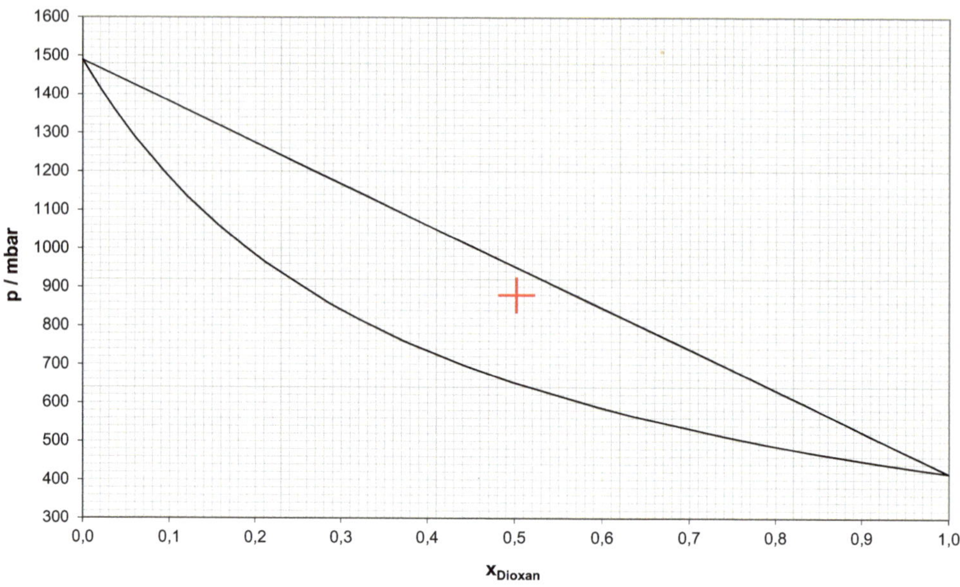

Abb. 9.9 Dampfdruckdiagramm mit Punkt im Zweiphasengebiet

Werfen wir dazu noch einmal einen Blick auf unseren Punkt im Phasendiagramm von Abb. 9.9. Diesen haben wir erreicht, indem wir – ausgehend vom im Labor vorherrschenden Umgebungsdruck (nehmen wir einmal an, das wären 1000 mbar) – den Druck verringert haben. Da sich bei der Druckverringerung die Zusammensetzung unseres Systems nicht ändert (wir wollen davon ausgehen, dass es sich um ein geschlossenes System handelt), bewegen wir uns parallel zur Ordinate „nach unten" (entsprechend der Verringerung des Drucks), was in Abb. 9.10 durch die blaue Linie, die von oben nach unten verläuft, dargestellt ist. Diese Linien werden in der Physikalischen Chemie als Isoplethen bezeichnet.

Der in Abb. 9.9 mit dem rotem Kreuz markierte Punkt liegt ebenfalls auf dieser Isoplethe. Diesen Punkt schneidet noch eine zweite Linie, die beim vorliegenden Druck parallel zur Abszisse verläuft. Diese (in Abb. 9.10 rot eingezeichnete) Linie haben wir bereits als Konode kennengelernt. Diese spielt eine wesentliche Rolle bei der quantitativen Analyse von Phasendiagrammen. Werfen wir also einmal einen näheren Blick auf diese Konode.

Ausgehend von unserem Punkt verläuft die Konode parallel zur Abszisse, da auf ihr p = const. gilt. Jeder Punkt auf der Konode liegt also beim gleichen Druck vor, der auch in unserem System experimentell herrscht. Nun kann man sich Folgendes merken: „*Gehe ausgehend vom Punkt im Zweiphasengebiet auf der Konode so weit nach rechts und nach links, bis du auf die nächste Phasengrenzlinie triffst.*" Vereinfacht kann man sich vorstellen, dass die Konode für uns so etwas wie eine Art „Brücke" darstellt, die den Abgrund der verbotenen Zone des Zweiphasengebietes überspannt und auf der wir dieses Gebiet gefahrlos überqueren können. Außerhalb des Zweiphasengebietes (wo wir wieder festen

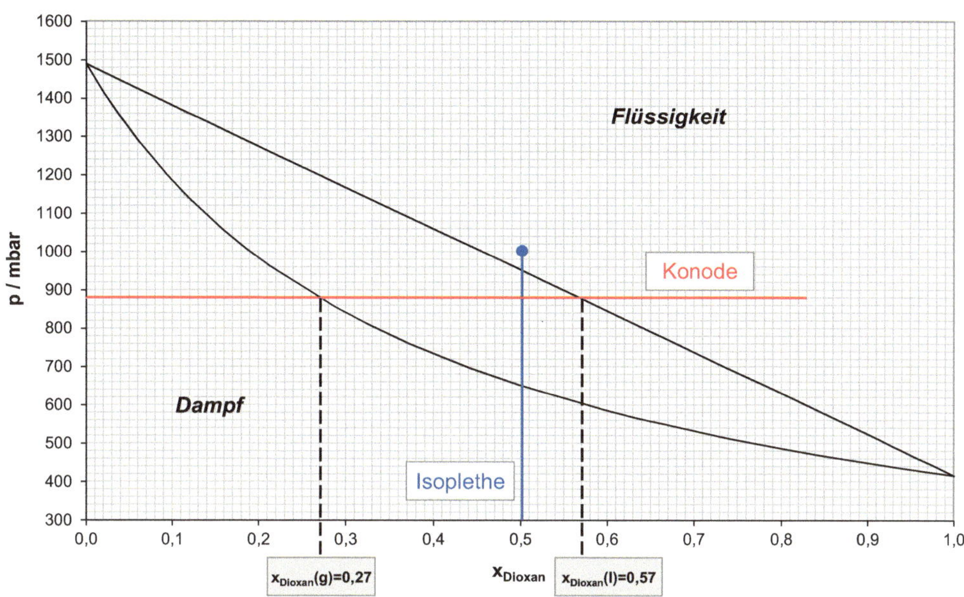

Abb. 9.10 Der Stoffmengenanteil in Flüssigkeit und Dampf kann am Schnittpunkt der Konode (rot) mit den Phasengrenzlinien abgelesen werden

Boden unter den Füßen haben) benötigen wir keine Brücke mehr und die Konode verliert ihre Existenzberechtigung.

Die Konode liefert uns jetzt zwei entscheidende Informationen. Die erste Information ist die Zusammensetzung der flüssigen und der gasförmigen Phase, die zweite Information ist der relative Anteil von Flüssigkeit und Dampf im System.

Schauen wir uns zunächst einmal die Zusammensetzung an: An den Schnittpunkten der Konode mit den Phasengrenzlinien zeichnen wir jeweils eine Parallele zur Ordinate ein und lesen auf der Abszisse den jeweiligen Stoffmengenanteil ab (Abb. 9.10).

Dabei gibt der Schnittpunkt der Konode mit der Siedekurve den Stoffmengenanteil der betrachteten Komponente in der Flüssigkeit und der Schnittpunkt der Konode mit der Kondensationskurve den Stoffmengenanteil der betrachteten Komponente im Dampf an.

Wir erkennen, dass der Stoffmengenanteil der leichter flüchtigen Komponente (das ist diejenige, die als Reinstoff den höchsten Dampfdruck besitzt und damit das höchste Bestreben hat, bei der vorliegenden Temperatur in die Gasphase überzugehen) im Dampf größer ist als in der Flüssigkeit. Wir erkennen aber gleichzeitig, dass auch die schwerer flüchtige Komponente (die den geringeren Reinstoffdampfdruck besitzt) zu einem gewissen Teil in die Gasphase übergeht. Dieses Ergebnis mag auf den ersten Blick überraschen, da man vielleicht davon ausgehen würde, dass die leichter flüchtige Komponente zunächst vollständig in die Gasphase übergeht, bevor auch die weniger flüchtige Komponente verdampft. Die-

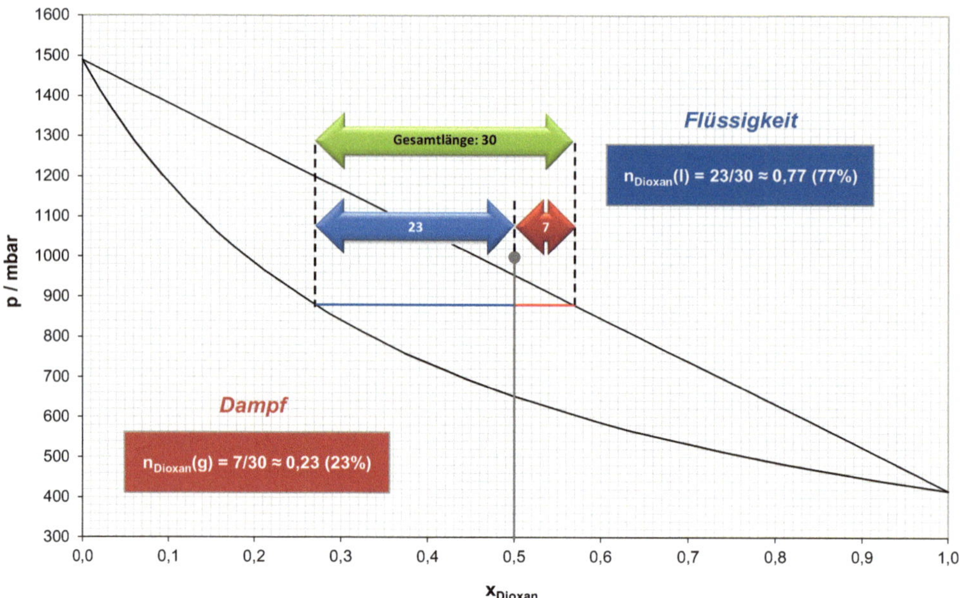

Abb. 9.11 Anwendung des Hebel-Gesetzes

se Erkenntnis hat weitreichende Konsequenzen für Destillationsvorgänge (z. B. wenn man zwei flüssige Komponenten nach einer organisch-chemischen Synthese voneinander trennen möchte). Näheres dazu werden wir bei der Diskussion von Gleichgewichtsdiagrammen in Abschn. 9.4 diskutieren (hinter der Tür „x").

Die Zusammensetzung der flüssigen und der gasförmigen Phase reicht für sich genommen aber noch nicht aus, um das System vollständig zu beschreiben. Was uns noch fehlt, sind die relativen Mengen an Flüssigkeit und Dampf, die beim jeweiligen Druck vorliegen. Auch hier leistet die Konode wie bereits oben erwähnt wertvolle Hilfe.

Betrachten wir erneut die Konode zwischen den Schnittpunkten mit der Siedekurve und der Kondensationskurve. Die Gerade wird durch unseren Punkt auf der Isoplethen in zwei Abschnitte unterteilt (Abb. 9.11).

Hier können wir jetzt das sogenannte Hebel-Gesetz anwenden, welches uns die Berechnung der Stoffmengen $n_{\text{flüssig}}$ und $n_{\text{gasförmig}}$ in den beiden Phasen erlaubt. Das Hebel-Gesetz sagt aus, dass für die beiden Phasen gilt:

$$n_{\text{flüssig}} \cdot l_{\text{flüssig}} = n_{\text{gasförmig}} \cdot l_{\text{gasförmig}} \tag{9.10}$$

Daraus lässt sich das Verhältnis der Stoffmengen in den beiden Phasen ableiten:

$$\frac{n_{\text{flüssig}}}{n_{\text{gasförmig}}} = \frac{l_{\text{gasförmig}}}{l_{\text{flüssig}}} \tag{9.11}$$

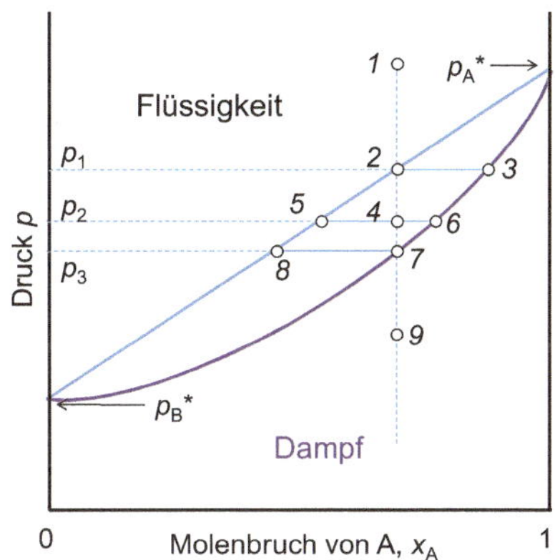

Abb. 9.12 Darstellung eines Siedevorgangs im Dampfdruckdiagramm. Adaptiert nach: Physical Chemistry, Eighth Edition by Atkins & de Paula (2006). By permission of Oxford University Press

Die beiden Längen $l_\text{flüssig}$ und $l_\text{gasförmig}$ können wir dem Diagramm entnehmen (siehe Abb. 9.11). Beachten Sie hierbei, dass das Verhältnis der beiden Stoffmengen gemäß Gl. 9.11 gerade umgekehrt proportional zur Länge der beiden Abschnitte auf der Konode ist. In unserem Beispiel liegt mehr Flüssigkeit als Dampf vor, da $l_\text{gasförmig} > l_\text{flüssig}$. Das Hebel-Gesetz gilt nicht nur für Dampfdruckdiagramme, sondern auch für Siedediagramme (siehe Abschn. 9.3).

Wir hoffen, dass unsere Sichtweise des Zweiphasengebietes als „verbotene Zone" nun etwas klarer geworden ist. Versuchen Sie einmal, sich beim „Lesen" von Phasendiagrammen diese „verbotene Zone" immer bildlich vor Augen zu halten. Sie können das Ganze dann derart „spielen", dass Sie im Phasendiagramm immer wieder versuchen, diese Zone zu umgehen und mithilfe von Isoplethen und Konoden die genaue Zusammensetzung der beiden entstehenden Phasen zu beschreiben. Die Natur spielt dieses Spiel schließlich auch und weicht der „verbotenen Zone" durch die Ausbildung von zwei Phasen aus, die beim jeweiligen Druck stabil sind (im Sinne unseres Spiels nutzt die Natur damit im Rahmen der Spielregeln alle ihre Möglichkeiten, um einen erlaubten Zustand zu erreichen).

Nachdem wir den Aufbau eines Dampfdruckdiagramms nun verstanden und uns angesehen haben, was man daraus ablesen kann und auf welche Weise man dies tut, möchten wir uns als Nächstes einmal ansehen, wie man einen Siedevorgang mittels eines Dampfdruckdiagramms beschreibt. Ihnen wird hier explizit empfohlen, diese Diskussion mit der in Abschn. 9.3 zu vergleichen, wo wir den Siedevorgang anhand eines isobaren Siedediagramms beschreiben. Werfen wir zur Beschreibung des Siedevorgangs einen Blick auf Abb. 9.12.

Zu Beginn liegt unser System im **Punkt 1** als Flüssigkeit vor. Ausgehend von diesem Punkt verringern wir den Druck und laufen entlang der Isoplethen „nach unten". Am **Punkt 2** schneiden wir die Siedekurve und bewegen uns in das Zweiphasengebiet (die „verbotene Zone") hinein. Die Zusammensetzung der am **Punkt 2** entstehenden Gasphase können wir ablesen, wenn wir eine Konode durch diesen Punkt legen. Am **Punkt 3** schneidet diese Konode die Kondensationskurve, an der wir durch Fällen des Lotes auf die Abszisse die Zusammensetzung der Gasphase ablesen können. Wenden wir auf die Konode durch die **Punkte 2 und 3** allerdings das Hebel-Gesetz an, dann stellen wir fest, dass an diesem Punkt noch ausschließlich flüssige Phase vorliegt (da $l_{\text{flüssig}} = 0$, ist das Verhältnis $n_{\text{flüssig}}/n_{\text{gasförmig}} = \infty$, was nichts anderes bedeutet, als dass die Stoffmenge der gasförmigen Phase vernachlässigbar klein ist). Dieses Beispiel mag Ihnen noch einmal verdeutlichen, warum man beide Informationen – Zusammensetzung und Stoffmenge – benötigt, um das System vollständig zu beschreiben.

Verringert man den Druck weiter, dann erreicht man **Punkt 4**, der innerhalb des Zweiphasengebietes liegt. Hier bilden sich eine flüssige und eine gasförmige Phase, deren Zusammensetzungen an den **Punkten 5 und 6** abgelesen und deren jeweilige Stoffmengen über das Hebel-Gesetz berechnet werden können (wie weiter oben beschrieben). Wird der Druck weiter verringert, dann erreicht man irgendwann **Punkt 7**, der den Schnittpunkt der Isoplethen mit der Kondensationskurve darstellt. An diesem Punkt liegt das System vollständig als Dampf vor (wovon man sich durch Anwendung des Hebel-Gesetzes einfach überzeugen kann). Die Zusammensetzung der (an dieser Stelle hypothetischen) flüssigen Phase kann man am **Punkt 8** ablesen.

In dem Maße, wie man von **Punkt 2** zu **Punkt 7** der Isoplethen folgt, erhöht sich einerseits der Anteil der gasförmigen im Verhältnis zur flüssigen Phase (durch das Hebel-Gesetz zu berechnen) und verringert sich andererseits der Stoffmengenanteil der leichter flüchtigen Komponente in der flüssigen Phase.

Weitere Druckverringerung führt schließlich zum **Punkt 9**, der auf der Isoplethen liegt, aber jetzt innerhalb des Einphasengebietes, in dem das System ausschließlich als Dampf vorliegt (und, da es sich um eine „erlaubte Zone" handelt, auch vorliegen darf!).

Wie wir bereits in Abschn. 7.2 und Abschn. 7.4 gesehen haben, dürfen wir unsere Diskussion allerdings nicht ausschließlich auf die bislang dargestellten idealen Dampfdruckdiagramme beschränken. Aufgrund von intermolekularen Wechselwirkungen zwischen den beiden Komponenten einer Mischung liegen meist Abweichungen vom idealen Verhalten vor. Hier kann es sein, dass der tatsächliche Dampfdruck geringer ist als der nach dem idealen Verhalten erwartete (Abb. 9.13, links), wenn die Mischung aufgrund attraktiver (anziehender) Wechselwirkungen zwischen den Komponenten ein verhältnismäßig geringes Bestreben hat, zu verdampfen. Dies ist im Beispiel zwischen Propanon und Trichlormethan zu erwarten, da beide Komponenten ein permanentes Dipolmoment aufweisen und eine Dipol-Dipol-Wechselwirkung miteinander eingehen.

Andererseits gibt es den Fall, dass der tatsächliche Dampfdruck höher ist als der nach dem idealen Verhalten erwartete (Abb. 9.13, rechts). In diesem Fall hat die Mischung aufgrund repulsiver (abstoßender) Wechselwirkungen zwischen den Komponenten ein verhältnismäßig hohes Bestreben, zu verdampfen. Im Beispiel Ethanol und Tetrachlormethan überrascht uns dieses Verhalten nicht, da nur Ethanol ein permanentes Dipolmoment besitzt, Tetrachlormethan hingegen eine unpolare Flüssigkeit ist und nur mit einem im Vergleich

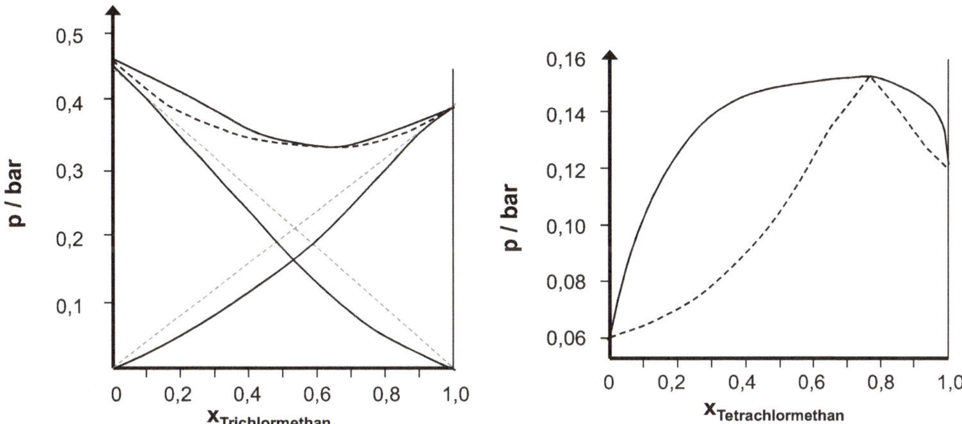

Abb. 9.13 Dampfdruckdiagramme realer Mischungen können ein Dampfdruckminimium (links) oder ein Dampfdruckmaximum (rechts) aufweisen. Adaptiert nach: Gerd Wedler: Lehrbuch der Physikalischen Chemie (2004), S. 351/352. Copyright Wiley-VCH Verlag GmbH & Co. KGaA. Reproduced with permission

zu Ethanol relativ schwachen induzierten Dipolmoment eine Wechselwirkung eingehen kann. Dadurch ist zwar die Mischbarkeit zwischen Ethanol und Tetrachlormethan gegeben, aber die unterschiedliche Polarität der beiden Komponenten sorgt dennoch dafür, dass sich hier in Summe eine Dampfdruckerhöhung (im Vergleich zum idealen System) beobachten lässt, die auf die abstoßenden Wechselwirkungen zurückzuführen ist.

Übungsaufgaben

Aufgabe 9.2.1

150 mL n-Pentan ($p_A^* = 573$ mbar; $M = 72\,\mathrm{g \cdot mol^{-1}}$; $\rho = 0{,}63\,\mathrm{g \cdot mL^{-1}}$) und 850 mL Toluol ($p_B^* = 29$ mbar; $M = 92\,\mathrm{g \cdot mol^{-1}}$; $\rho = 0{,}87\,\mathrm{g \cdot mL^{-1}}$) werden gemischt. Wie hoch ist der Dampfdruck über der Mischung?

Lösung:

http://tiny.cc/gr0lcy

Aufgabe 9.2.2

Bei 70 °C betrage der Dampfdruck von 1,4-Dioxan 346 mbar, der von Methanol 1232 mbar. Welchen Stoffmengenanteil besitzt 1,4-Dioxan in der flüssigen Phase, wenn eine flüssige Mischung beider Komponenten bei 70 °C und 470 mbar siedet?

Lösung:

http://tiny.cc/oq0lcy

Aufgabe 9.2.3

Bei 70 °C betrage der Dampfdruck von 1,4-Dioxan 346 mbar, der von Methanol 1232 mbar. Welchen Stoffmengenanteil besitzt 1,4-Dioxan im Dampf, wenn eine flüssige Mischung beider Komponenten bei 70 °C und 940 mbar siedet?

Lösung:

http://tiny.cc/uq0lcy

Tür „T"

Schon bevor Ihr die zweite Tür vollständig durchschritten habt, fallen Euch zwei Dinge auf.

Erstens: Hier handelt es sich definitiv um einen Raum. Boden, Decke und Wände sind klar erkennbar. Der Raum ist zudem sehr klein und bietet kaum fünf Personen auf einmal Platz. Die Wände des Raumes sind kurioserweise aus reinem Glas, ebenso wie der Boden und die Decke. Letztere verjüngt sich nach oben hin, sodass Ihr nicht genau erkennen könnt, wo der Raum endet. Was jedoch müßig ist, da Ihr ohnehin viel zu breit seid, um die sich verjüngende Decke nachzuverfolgen.

Zweitens: Es ist heiß. Sehr heiß. So heiß, dass Ihr es bereits beim Betreten des Raumes kaum aushaltet. Und als Ihr im Raum selbst steht, wird die Hitze nahezu unerträglich. Ihr merkt bereits, dass Ihr hier nicht allzu lange verweilen solltet, um Euch nicht buchstäblich „in Luft aufzulösen". (Das wäre in der Tat ein sehr unrühmliches Ende Eurer Reise!) Die Hitze sorgt sogar schon dafür, dass eine auf dem Boden liegende Flüssigkeit erkennbar „Blasen schlägt", also offenbar zu sieden beginnt.

Rasch schaut Ihr Euch um und sucht nach Hinweisen, die Euch helfen, das Rätsel der Alchemie zu lösen. Ihr könnt aber beim besten Willen keine entdecken. Zunächst nicht. Aber dann, als Ihr es vor lauter Hitze schon fast nicht mehr aushaltet und bereits Anstalten macht, durch die Tür zurückzugehen, segelt von oben (aus der Decke?) ein kleiner Zettel herab, den Ihr schnell auffangt. Ein kurzer Blick darauf zeigt Euch eine Linie, eine Menge Zahlen und ein „T/K". Noch könnt Ihr Euch keinen Reim darauf machen, was das bedeuten soll. Aber Ihr steckt den Zettel rasch ein und hastet dann aus dem Raum heraus.

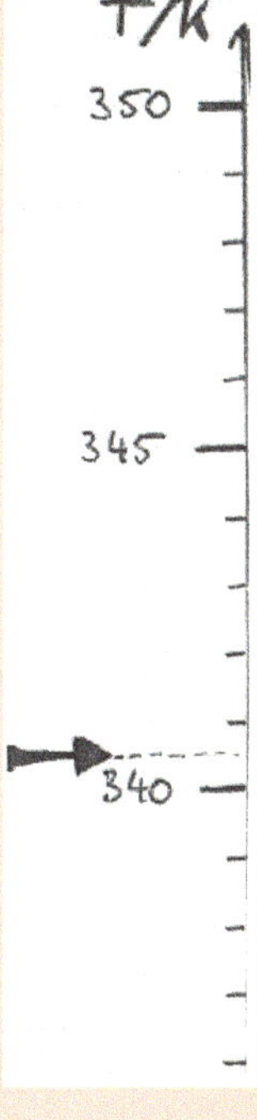

http://tiny.cc/xr0lcy

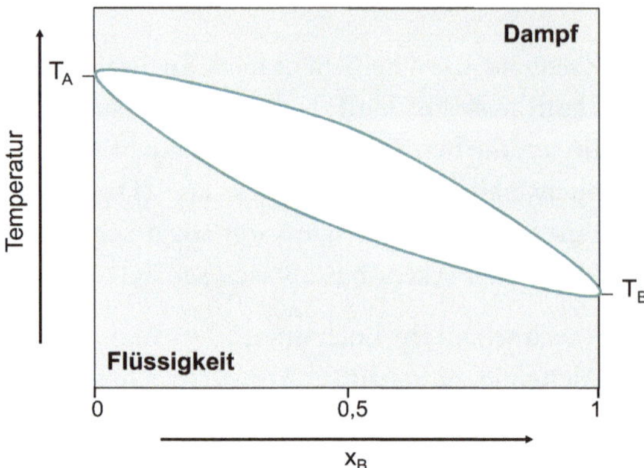

Abb. 9.14 Siedediagramm mit Siedekurve (*untere Kurve*) und Kondensationskurve (*obere Kurve*)

9.3 Siedediagramme

Eine zweite Möglichkeit, binäre Phasengleichgewichte an der Phasengrenze flüssig/gasförmig zu beschreiben, ist ein Siedediagramm. Bei diesem Diagrammtyp wird die Siede- bzw. Kondensationstemperatur einer Mischung in Abhängigkeit von der Zusammensetzung der Mischung aufgetragen (Abb. 9.14). Im Unterschied zu Dampfdruckdiagrammen wird hier also die Temperatur variiert (bei Dampfdruckdiagrammen ist T = const.) und der Druck bleibt konstant (es herrschen also isobare Bedingungen).

Siedediagramme können analog zu Dampfdruckdiagrammen beschrieben werden, allerdings mit vertauschten Flächen für Flüssigkeit und Dampf. Die Flüssigkeit liegt hier bei niedriger Temperatur vor (unterhalb der Siedekurve), der Dampf liegt bei hoher Temperatur vor (oberhalb der Kondensationskurve).

Ein wesentlicher Unterschied zu Dampfdruckdiagrammen ist die Tatsache, dass bei Siedediagrammen beide Kurven gekrümmt sind (bei den idealen Dampfdruckdiagrammen verläuft die Siedekurve linear). Die Ursache hierfür ist, dass im Gegensatz zu unserer Betrachtung der kolligativen Eigenschaften die Dampfphase ebenfalls eine Mischphase ist und weil $\ln(1 - x_B) \neq -x_B$ (da wir es nicht mit verdünnten Lösungen zu tun haben). Wir verzichten auf eine nähere Herleitung der genauen mathematischen Form der Gleichungen für die Siedediagramme, da wir daraus über unsere Diskussion bei den Dampfdruckdiagrammen hinaus keine wesentlichen neuen Erkenntnisse gewinnen können. Stattdessen möchten wir unseren Fokus an dieser Stelle auf die qualitative Diskussion der Siedediagramme legen, da diese für die Praxis den größten Mehrwert verspricht.

Schauen wir uns das Siedediagramm einer idealen binären Mischung aus Abb. 9.14 einmal genauer an. Wir erkennen neben den Existenzgebieten für Flüssigkeit und Dampf (diese beiden sind unsere „erlaubten Zonen") ein Zweiphasengebiet zwischen Siedekurve und Kondensationskurve (unsere aus der Diskussion der Dampfdruckdiagramme bekannte „verbotene Zone"). An den „Rändern" unseres Diagramms erkennen wir die Siedetemperatur des Reinstoffs B (bei x_A = 0, da an diesem Punkt x_B = 1) und die Siedetemperatur

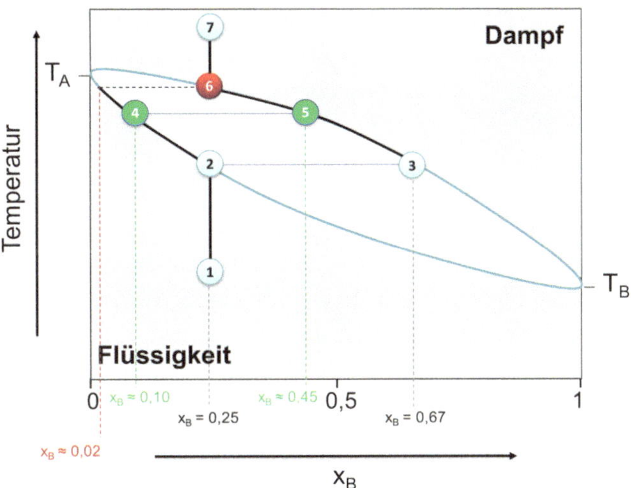

Abb. 9.15 Darstellung eines Siedevorgangs im Siedediagramm

des Reinstoffs A (bei $x_A = 1$). Die untere Kurve wird als Siedekurve bezeichnet. Sie stellt die Siedetemperatur der Mischung in Abhängigkeit vom Stoffmengenanteil dar. Die obere der beiden Kurven, die Kondensationskurve, stellt die Kondensationstemperatur in Abhängigkeit vom Stoffmengenanteil dar. Im Zweiphasengebiet zerfällt das System, analog zur Diskussion bei den Dampfdruckdiagrammen, in eine flüssige und eine gasförmige Mischphase. Auch im Fall der Siedediagramme verwendet man zur quantitativen Beschreibung Isoplethen, Konoden und das Hebel-Gesetz.

Der Siedevorgang

Machen wir uns das für den Fall der Siedediagramme auch einmal anhand eines beispielhaften Siedevorgangs klar. Nehmen wir an, wir hätten die in Abb. 9.15 dargestellte Mischung im **Punkt 1** hergestellt (mit $x_A = 0,25$). Die Temperatur der Mischung sei niedrig genug, dass die Mischung mit dieser Zusammensetzung noch nicht siedet (das wäre bei einer Mischung mit $x_A > 0,9$ in unserem gewählten Beispiel schon anders!).

Erhöhen wir ausgehend vom **Punkt 1** die Temperatur unserer Mischung, dann bewegen wir uns zunächst entlang der Isoplethe in Richtung auf **Punkt 2** zu. Die Temperatur der Mischung steigt bei dieser isobaren Erwärmung weiter an. (Selbstverständlich ist es Ihnen freigestellt, sämtliche Erkenntnisse, die wir seinerzeit in der Stadt Energia gewonnen haben, auf dieses Beispiel anzuwenden, da die Temperaturerhöhung in diesem Fall durch die Änderung der Enthalpie hervorgerufen und maßgeblich durch den Wert der molaren Wärmekapazität c_p der Mischung beeinflusst wird – das sei hier aber nur am Rande erwähnt, um Ihnen noch einmal einen kurzen Einblick in einen der vielfältigen Zusammenhänge der Physikalischen Chemie zu geben.)

Im **Punkt 2** schneidet unsere Isoplethe schließlich die Siedekurve und die Mischung beginnt zu sieden (was sich experimentell leicht beobachten lässt). Auch hier können wir nun eine Konode bei T = const. ziehen (parallel zur Abszisse) und auf der anderen Seite des Zweiphasensystems den **Punkt 3** erreichen (wieder dient die Konode für uns dazu, die „verbotene Zone" zu überqueren, ähnlich einer Brücke). Da an diesem Punkt noch ausschließlich Flüssigkeit vorliegt, ist die Stoffmenge der Gasphase gemäß dem Hebel-Gesetz bei dieser Temperatur noch gleich null. Die Zusammensetzung dieser hypothetischen gasförmigen Phase können wir allerdings ausgehend vom **Punkt 3** ablesen: y_A = 0,67. Der Stoffmengenanteil der Komponente A ist in der entstehenden Gasphase also im Vergleich zur Flüssigkeit erhöht. Dies lässt sich dadurch erklären und verstehen, dass die Komponente A den niedrigeren Siedepunkt der beiden Reinstoffe besitzt und damit als „Leichtsieder" ein höheres Bestreben hat, in die Gasphase überzugehen als die Komponente B, die mit dem höheren Siedepunkt als „Schwersieder" ein geringeres Bestreben hat, in die Gasphase überzugehen.

Erhöht man die Temperatur nun weiter, dann wird sich demzufolge die Stoffmenge von A in der Gasphase immer weiter anreichern. In der Flüssigkeit reichert sich die Komponente B an, was an der schrittweisen Abnahme von x_A bei steigender Temperatur beobachtet werden kann. Als Beispiel soll uns hier die Konode zwischen den **Punkten 4** und **5** dienen. Diese stellt für die jeweilige Siedetemperatur des Gemisches die Linie dar, anhand derer wir die Zusammensetzung der flüssigen Phase ($x_A \approx 0{,}10$) und des Dampfes ($y_A \approx 0{,}45$) ablesen können. Wenn wir ferner das Hebel-Gesetz anwenden (unter Zuhilfenahme des schwarzen Punktes, der den Schnittpunkt unserer Konode mit der Isoplethe markiert), dann können wir errechnen, dass bei dieser Temperatur bereits fast genauso viel Dampf wie Flüssigkeit vorliegt ($l_{\text{gasförmig}}$ ist nur noch geringfügig länger als $l_{\text{flüssig}}$).

Am Ende des Siedevorgangs hat der Dampf die gleiche Zusammensetzung wie die ursprüngliche flüssige Phase (da wir auch hier von einem geschlossenen System ausgehen, wollen wir den Verlust von Stoffmenge ausschließen). Die Zusammensetzung des letzten verdampfenden Flüssigkeitstropfens können wir ablesen, wenn wir der Konoden, die durch **Punkt 6** verläuft, nach links bis zur Siedekurve folgen und dort den Achsenabschnitt auf der Abszisse ablesen ($x_A \approx 0{,}02$).

Oberhalb von **Punkt 6** führt eine weitere Erhöhung der Temperatur nur noch zur Temperaturerhöhung des Dampfes in Richtung auf **Punkt 7**, jedoch nicht mehr zu einer weiteren Phasenänderung.

Fraktionierte Destillation

Ein weiteres Anwendungsbeispiel für Siedediagramme ist die sogenannte fraktionierte Destillation. Wir möchten dieses Thema im Rahmen unseres Reiseführers nur kurz anreißen. Für eine weiterführende Diskussion sei an dieser Stelle auf die Lehrbücher der Technischen Chemie verwiesen. Unter einer fraktionierten Destillation versteht man eine mehrstufige Destillation, bei der die während des Siedevorgangs entstehende Gasphase jeweils wieder kondensiert und dann einer erneuten Destillation unterworfen wird.

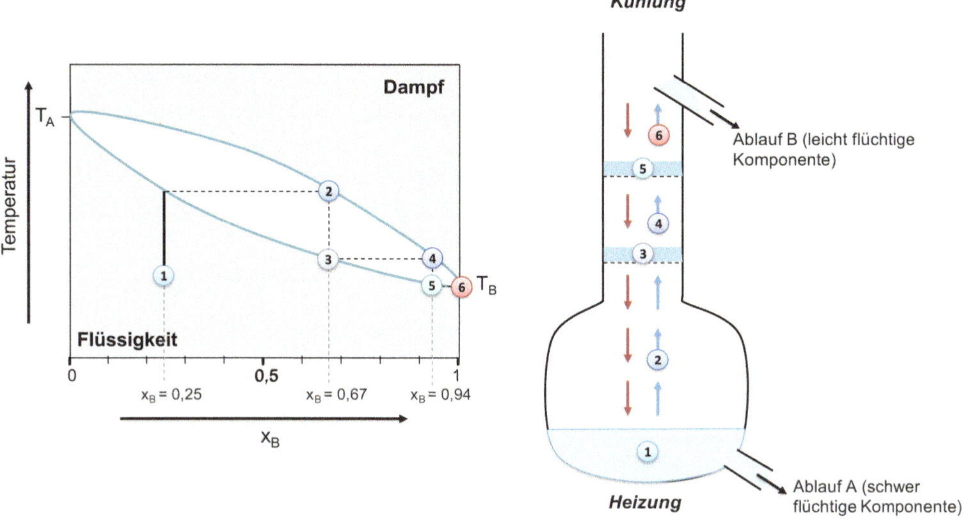

Abb. 9.16 Fraktionierte Destillation

Warum benötigt man eigentlich eine „fraktionierte Destillation"? Wie wir in obigem Beispiel gesehen haben, führt eine „einfache Destillation" nicht unbedingt dazu, dass die beiden Komponenten der Mischung vollständig voneinander getrennt werden. Hätten wir eine einfache Destillation verwendet, dann hätten wir die im **Punkt 2** (in Abb. 9.16) entstehende Gasphase ($y_A \approx 0,67$) wieder kondensiert, sodass $x_A = y_A = 0,67$ (Abb. 9.16, **Punkt 3**). Damit hätten wir zwar die Konzentration der Komponente A in diesem Kondensat im Vergleich zur ursprünglichen Mischung erhöht, aber noch kein reines A erreicht (da ein Drittel der Stoffmenge im entstandenen Kondensat immer noch von der Komponente B gestellt würde).

Wenn man hingegen die im **Punkt 3** vorliegende Flüssigkeit einem weiteren Siedevorgang unterwirft, dann hat die dabei entstehende Gasphase im **Punkt 4** bereits einen Stoffmengenanteil von $y_A = 0,94$. Die Kondensation dieses Dampfes liefert uns im **Punkt 5** damit eine Flüssigkeit, die bereits einen Stoffmengenanteil von $x_A = y_A = 0,94$ besitzt, also fast reines A. Im letzten Schritt wird diese Flüssigkeit einem weiteren und letzten Siedevorgang unterworfen und man erhält im **Punkt 6** die nahezu reine Komponente A.

In der Praxis wird diese Vorgehensweise durch eine sogenannte Destillationskolonne realisiert (schematischer Aufbau siehe Abb. 9.16, rechts). In dieser Kolonne steht der aufsteigende Dampf jeweils mit dem Rückfluss der darüberliegenden Böden (auf denen der Dampf kondensiert) im Gleichgewicht, sodass wir auch hier davon ausgehen können, dass $\mu_{A,\text{flüssig}} = \mu_{A,\text{Dampf}}$ an jedem Punkt der Destillationskolonne gegeben ist.

Auf diese Weise schafft man es in der Praxis, durch mehrstufige Destillation ein Stoffgemisch zu trennen, das durch einmalige Destillation nicht direkt getrennt werden kann.

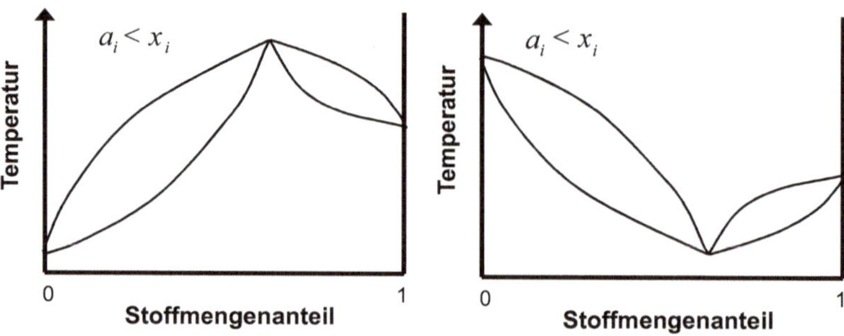

Abb. 9.17 Azeotrope Mischungen mit Siedepunktsmaximum (links) und Siedepunktsminimum (rechts)

Azeotrope

In der Realität haben wir es, wie bereits mehrfach geschildert, nicht mit idealen Systemen zu tun. Aufgrund von intermolekularen Wechselwirkungen zwischen den Molekülen der verschiedenen Komponenten kommt es zu anziehenden oder abstoßenden Wechselwirkungen. Diese resultieren darin, dass die Mischung bei einem bestimmten Stoffmengenanteil entweder bei einer höheren Temperatur (Abb. 9.17, links) oder bei einer geringeren Temperatur siedet (Abb. 9.17, rechts) als die beiden Reinstoffe.

Den Extrempunkt (Maximum oder Minimum) der Siedekurve bezeichnet man als azeotropen Punkt. An diesem Punkt fallen Siede- und Kondensationskurve zusammen (das gilt übrigens auch für Dampfdruckdiagramme, wenn Sie sich Abb. 9.13 noch einmal vor Augen führen). Da diese beiden Kurven hier zusammenfallen, verhält sich das Azeotrop (so bezeichnet man das Gemisch mit derjenigen Zusammensetzung, die am azeotropen Punkt vorliegt) wie ein Reinstoff: Siedepunkt und Kondensationspunkt sind identisch und es kommt nicht zu einem Zerfall in zwei Phasen, wenn die Temperatur eines Azeotrops über seinen Siedepunkt steigt. Das macht in der Praxis eine Trennung zweier Komponenten durch Destillation (einfach oder fraktioniert) unmöglich. Man erhält, je nachdem, mit welchem Stoffmengenverhältnis in der Mischung man startet, entweder Komponente A und das Azeotrop oder Komponente B und das Azeotrop.

Haben wir es mit einer anziehenden Wechselwirkung zu tun (Abb. 9.17, links), dann liegt ein Siedepunktsmaximum (und damit gleichzeitig ein Dampfdruckminimum) vor. Die Aktivität der beiden Komponenten ist geringer, als es nach der reinen Einwaage zu erwarten wäre: $a_i < x_i$. Ein solches Verhalten findet sich beispielsweise beim System Propanon/Trichlormethan (anziehende Wechselwirkungen aufgrund Dipol-Dipol-Wechselwirkung).

Haben wir es mit einer abstoßenden Wechselwirkung zu tun (Abb. 9.17, rechts), dann liegt ein Siedepunktsminimum (und damit gleichzeitig ein Dampfdruckmaximum) vor. Die Aktivität der beiden Komponenten ist höher, als es nach der reinen Einwaage zu erwarten wäre: $a_i > x_i$. Ein solches Verhalten findet sich beispielsweise beim System Ethanol/Tetrachlormethan (abstoßende Wechselwirkung, da eine polare und eine unpolare Komponente gemischt werden, siehe auch Abschn. 7.4).

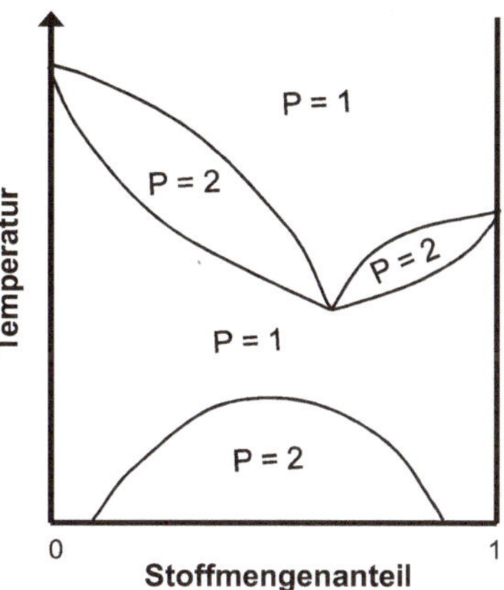

Abb. 9.18 Azeotrope mit Mischungslücke

Einen besonderen Fall stellen Azeotrope mit Mischungslücken dar (Abb. 9.18). Hier haben wir es in der Regel mit einem Azeotrop mit Siedepunktsminimum zu tun, bei dem in der unterhalb des azeotropen Punktes liegenden Flüssigkeit eine Mischungslücke vorliegt (zur Diskussion von Mischungslücken siehe Abschn. 7.4).

Liegt eine Mischungslücke vor, dann gibt es zwischen den beiden Komponenten in der Regel abstoßende Wechselwirkungen, sodass hier nur ein Azeotrop mit Siedepunktsminimum beobachtet wird (ein Siedepunktsmaximum würde auf anziehende Wechselwirkungen hinweisen, was eine Mischungslücke unwahrscheinlich macht).

„Verschiebt" man die Mischungslücke gedanklich nach oben, dann erhält man ein System, das zu sieden beginnt, bevor die obere kritische Mischungstemperatur erreicht ist (Abb. 9.19).

Abb. 9.19 Azeotrop mit Mischungslücke ohne Trennung

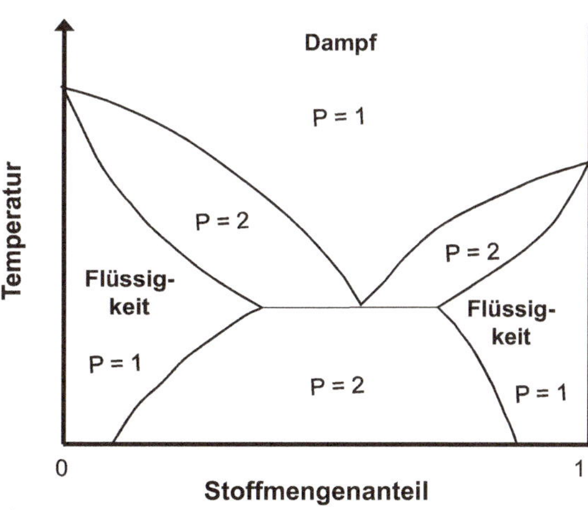

Wenn man in diesem System Dampf abkühlen lässt, dann zerfällt das System unterhalb der Kondensationstemperatur in zwei flüssige Phasen, deren Zusammensetzung jeweils gemäß der in diesem und dem vorherigen Kapitel dargestellten Methoden auf der Abszisse abgelesen werden kann.

Übungsaufgaben

Aufgabe 9.3.1

Für ein Siedediagramm gilt:

1. Entlang einer Isoplethe bleibt … konstant.
2. Entlang einer Konode bleibt … konstant.

Lösung:

http://tiny.cc/lp0lcy

Aufgabe 9.3.2

Aceton (A) und Chloroform (B) bilden eine Mischung, die bei einem Molenbruch von $x_A = 0{,}41$ ein Azeotrop aufweist (Dampfdruckminimum). Was erhalten Sie als Ergebnis einer fraktionierten Destillation einer Mischung mit $x_B = 0{,}25$?

Lösung:

http://tiny.cc/vo0lcy

Aufgabe 9.3.3

Eine Mischung aus zwei Komponenten A und B mit $x_A = 0{,}56$ wird auf 54 °C erhitzt. Wie verteilt sich bei dieser Temperatur die Gesamtstoffmenge auf die beiden Phasen und die beiden Komponenten? Verwenden Sie zur Bearbeitung der Aufgabe das nachstehende Phasendiagramm (Abb. 9.20).

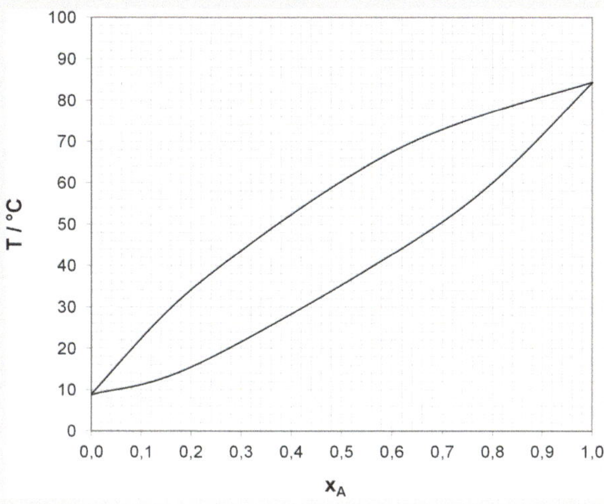

Abb. 9.20 Zu Aufgabe 9.3.3

Lösung:

http://tiny.cc/up0lcy

Tür „x"

Noch immer schwitzend vom letzten Raum betretet Ihr die dritte und letzte Tür. Hier sieht es noch einmal ganz anders aus als in den beiden übrigen Räumen. Zumindest glaubt Ihr, dass es sich auch hier um einen Raum handelt. Denn Decken, Wände und Boden scheinen irgendwie da zu sein. Und im nächsten Moment dann doch wieder nicht. Es ist seltsam. Irgendwie scheint dieser Raum Euren Sinnen permanent Streiche zu spielen. Denn dort, wo noch vor einem Moment eine solide Wand war, glaubt Ihr im nächsten Moment etwas fließen zu sehen. Dann wieder scheint genau an der gleichen Stelle Dampf aufzusteigen, der im nächsten Moment wieder einer festen Wand weicht.

Euer Kopf dreht sich im Kreis angesichts dieser verwirrenden Sinneseindrücke, die sich überall um Euch herum abspielen. Zumindest ist es hier nicht so unerträglich heiß wie im letzten Raum. Und auch der Nebel scheint hier nicht so stark ausgeprägt zu sein.

Nach einer Weile scheinen sich Eure Augen (und vor allem Euer Geist!) an die permanenten Veränderungen gewöhnt zu haben. Und so beginnt Ihr, auch diesen Raum nach Hinweisen auf das Rätsel abzusuchen. Bisher könnt Ihr Euch noch nicht so recht vorstellen, wie Euch die kleinen Zettel helfen sollen, das Rätsel der Alchemie zu lösen. Aber vielleicht findet Ihr hier ja die Lösung. Systematisch sucht Ihr den ganzen Raum ab. Mehrfach. Könnt aber nichts entdecken. Gerade als Ihr aufgeben wollt, entdeckt Ihr in einer der hintersten Ecken ebenfalls einen kleinen Zettel (schon wieder … kann es nicht einmal ein konkreter Hinweis sein?). Ihr zieht ihn hervor und schaut ihn Euch an.

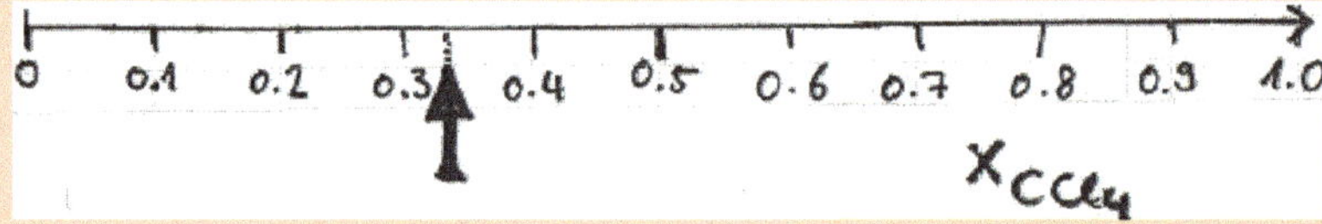

Auch dieser Zettel zeigt wieder eine Linie, mehrere Zahlen und die Beschriftung „x CCl_4" – was immer das bedeuten mag. Ihr steckt ihn ein und beschließt, dem Rätsel der Alchemie damit auf den Grund zu gehen. Ein wenig erleichtert atmet Ihr auf, denn jetzt habt Ihr zumindest die einzelnen Puzzlestücke zusammen, die Ihr benötigt, um das Rätsel zu lösen. Nun müsst Ihr sie nur noch richtig zusammensetzen!

Aber bevor Ihr Euch an die Lösung macht, schaut Ihr noch ein wenig dem „Spiel der Phasen" (so habt Ihr beschlossen, die permanente Veränderung fest-flüssig-gasförmig in diesem Raum zu bezeichnen) zu. Und in Eurem Kopf beginnen die Gedanken zu kreisen und führen Euch wieder in das Reich des Gleichgewichts.

http://tiny.cc/1q0lcy

9.4 Gleichgewichtsdiagramme

Der dritte wichtige Typ von Diagrammen bei binären Phasengleichgewichten sind die sogenannten Gleichgewichtsdiagramme. In einem solchen wird der Stoffmengenanteil einer Komponente in Dampf gegen den Stoffmengenanteil der gleichen Komponente in der Flüssigkeit aufgetragen. Oder anders ausgedrückt: Gleichgewichtsdiagramme stellen y_A als Funktion von x_A bei isothermen und isobaren Bedingungen dar. Hier müssen wir also sowohl die Temperatur T als auch den Druck p konstant halten (anders als bei den Dampfdruckdiagrammen und den Siedediagrammen).

Schauen wir uns einmal an, ob unsere bislang gefundenen Gleichungen uns bezüglich dieser Thematik helfen können. Aus dem Gesetz von Dalton können wir für den Stoffmengenanteil der Komponente A im Dampf schreiben:

$$y_A = \frac{p_A}{p} \tag{9.12}$$

Den Partialdruck p_A drücken wir mit dem Gesetz von Raoult (Gl. 9.1) aus und den Gesamtdruck p können wir (für ideale Systeme) mit Gl. 9.5 beschreiben (vgl. Abschn. 9.2). Setzen wir diese beiden Ausdrücke in Gl. 9.12 ein, dann ergibt sich:

$$y_A = \frac{p_A}{p} = \frac{x_A \cdot p_A^*}{p_B^* + \left(p_A^* - p_B^*\right) \cdot x_A} \tag{9.13}$$

Zur Vereinfachung dieser Gleichung hat es sich als zweckmäßig erwiesen, den sogenannten Trennfaktor α einzuführen. Der Trennfaktor ist der Quotient aus den Reinstoffdampfdrücken der beiden Komponenten:

$$\alpha = \frac{p_A^*}{p_B^*} > 1 \tag{9.14}$$

Die Indizes der Komponenten A und B werden zweckmäßigerweise immer so gewählt, dass der Trennfaktor einen Wert $\alpha > 1$ annimmt. Auf die physikochemische Bedeutung des Trennfaktors kommen wir gleich zu sprechen.

Mit dem Trennfaktor können wir Gl. 9.13 vereinfachen:

$$y_A = \frac{\alpha \cdot x_A}{1 + (\alpha - 1) \cdot x_A} \tag{9.15}$$

Diese Gleichung ist der gesuchte Zusammenhang zwischen y_A und x_A (und interessanterweise taucht als einzige weitere Variable nur noch der Trennfaktor α auf). Mit ihrer Hilfe ist es uns nun möglich, ein Gleichgewichtsdiagramm zu skizzieren. Das typische Aussehen eines solchen Gleichgewichtsdiagramms ist in Abb. 9.21 für unterschiedliche Werte von α dargestellt.

Abb. 9.21 Gleichgewichtsdiagramme mit unterschiedlichem Wert für α

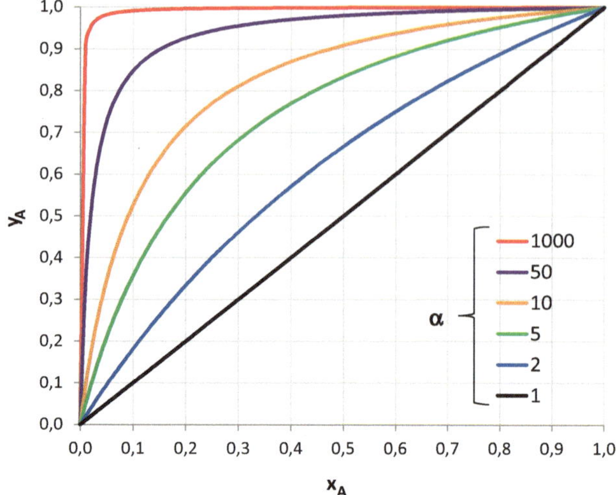

Schauen wir uns das Gleichgewichtsdiagramm einmal näher an. Beide Achsen verlaufen im Wertebereich von 0 und 1 und überstreichen damit alle denkbaren Konstellationen der Zusammensetzung unserer binären Mischung in Dampf und Flüssigkeit. Die Winkelhalbierende stellt den Fall $\alpha = 1$ dar. Das bedeutet nichts anderes, als dass der Stoffmengenanteil, den wir in der Flüssigkeit haben, im Dampf genauso groß sein wird. Wenn wir beispielsweise bei $x_A = 0{,}4$ parallel zur Ordinate nach oben gehen, dann schneiden wir die Gleichgewichtskurve genau bei einem Wert von $y_A = 0{,}4$. In diesem Fall würde also bei einem Siedevorgang keine Anreicherung einer der beiden Komponenten in der Gasphase beobachtet werden. Eine Trennung der beiden Komponenten durch Destillation wäre nicht möglich.

Liegen die beiden Reinstoffdampfdrücke hingegen weiter auseinander, dann wird $\alpha > 1$ und die Gleichgewichtskurve liegt oberhalb der Winkelhalbierenden. Geht man beispielsweise von $\alpha = 2$ aus, dann ist der Reinstoffdampfdruck der Komponente A doppelt so groß wie der der Komponente B. Ein Beispiel hierfür wäre die Kombination aus Schwefelkohlenstoff ($p_A^* = 400\,\text{mbar}$) und 1-Hexen ($p_B^* = 200\,\text{mbar}$). Würde man hier in der flüssigen Phase mit einem Stoffmengenanteil von $x_A = 0{,}4$ starten, dann hätte man nach einfacher Destillation im Dampf bereits einen Stoffmengenanteil von $y_A = 0{,}6$. Die leichter flüchtige Komponente (im Beispiel: Schwefelkohlenstoff) würde sich also in der Gasphase anreichern.

Die Anreicherung der leichter flüchtigen Komponente in der Gasphase ist umso größer, je größer α ist. Das System Acetaldehyd ($p_A^* \approx 1000\,\text{mbar}$) und Benzol ($p_B^* \approx 100\,\text{mbar}$) hat beispielsweise einen Wert von $\alpha \approx 10$. Ein ursprünglicher Stoffmengenanteil von $x_A = 0{,}4$ würde nach einfacher Destillation im Dampf einen Stoffmengenanteil von $y_A \approx 0{,}9$ ergeben.

Mit diesen Überlegungen wird vielleicht auch die Bezeichnung „Trennfaktor" verständlich. Mit ihm lassen sich durch Vergleich der (bekannten und aus Tabellenwerken abzulesenden) Dampfdrücke der Reinstoffe abschätzen, wie gut eine destillative Trennung der beiden Komponenten erfolgen kann. Und hier gilt: Je höher der Trennfaktor, desto besser die Trennung. Hat man beispielsweise eine Mischung aus Toluol ($p_A^* \approx 30$ mbar) und Formamid ($p_B^* \approx 0{,}03$ mbar), dann ist $\alpha \approx 1000$ und unabhängig von der ursprünglichen Konzentration an Toluol in der flüssigen Mischphase würde nach einfacher Destillation die Gasphase nahezu ausschließlich aus Toluol bestehen. (Davon kann man sich im Diagramm leicht überzeugen, wenn man bei einem beliebigen Stoffmengenanteil auf der Abszisse nach oben und vom Schnittpunkt mit der Linie „1000" aus nach links zur Ordinate geht: Man landet in allen Fällen nahezu bei $y_A = 1$.)

In der Praxis kann man also mithilfe der Dampfdrücke abschätzen, ob es sinnvoll ist, zwei Komponenten durch eine Destillation voneinander zu trennen, was in der präparativen Chemie wertvolle Dienste leisten kann.

Allerdings ist zu beachten, dass sich die hier geführte Diskussion ausschließlich auf ideale Systeme bezieht. Liegt ein Azeotrop vor (zum Begriff des Azeotrops vgl. Abschn. 9.3), dann gelten die bisher getroffenen Aussagen nicht mehr uneingeschränkt. Man kann den unmittelbaren Vergleich der Reinstoffdampfdrücke daher nur als erste Indikation und grobe Richtlinie begreifen, nicht aber als einziges Maß der Dinge. Auch hier ist also Vorsicht bei der Anwendung der dargestellten Gleichungen geboten.

Merken Sie sich bitte: Verwenden Sie physikalisch-chemische Gleichungen niemals als „Kochrezepte", die man unabhängig von den äußeren Randbedingungen leichtfertig und ohne nachzudenken verwendet. Auch Goethes „Zauberlehrling" hat hier die leidvolle Erfahrung machen müssen, dass unsachgemäßer Gebrauch von Formeln äußerst unangenehm werden kann. Seien Sie also immer auf der Hut, wenn Sie eine Gleichung in der Physikalischen Chemie (oder sonst wo) gebrauchen, und machen Sie sich zunächst einmal mit dem Geltungsbereich einer Gleichung vertraut. Diese differenziert-kritische Sichtweise erwartet auch ein späterer Arbeitgeber von Ihnen, wenn Sie sich mit einem Studienabschluss für einen Arbeitsplatz bewerben.

Auch unser oben aufgeführtes Beispiel Benzol/Acetaldehyd wird vermutlich kein ideales System sein, da wir es mit einer Mischung einer unpolaren (Benzol) und einer polaren Komponente (Acetaldehyd) zu tun haben. Wie also sieht ein Gleichgewichtsdiagramm aus, wenn ein Azeotrop vorliegt? Für diese Systeme nimmt das Gleichgewichtsdiagramm die in Abb. 9.22 dargestellte Form an.

Wie man erkennt, verläuft das Gleichgewichtsdiagramm in Gegenwart eines azeotropen Punktes in der Mischung einmal oberhalb und einmal unterhalb der Winkelhalbierenden. Die Gleichgewichtskurve schneidet die Winkelhalbierende genau bei dem Stoffmengenanteil, der dem azeotropen Punkt entspricht.

Im Fall eines Azeotrops mit Siedepunktsmaximum (durchgezogene Linie im Gleichgewichtsdiagramm in Abb. 9.22) verläuft die Gleichgewichtskurve bei $x_A < x_{A,\mathrm{Azeotrop}}$ ($x_{A,\mathrm{Azeotrop}}$ steht für den Stoffmengenanteil der Komponente A im azeotropen Gemisch) unterhalb der Winkelhalbierenden. Das bedeutet, dass bei einer einfachen Destillation

Abb. 9.22 Gleichgewichts-
diagramm mit Azeotrop.
Adaptiert nach: Gerd Wedler:
Lehrbuch der Physikalischen
Chemie (2004), S. 359. Co-
pyright Wiley-VCH Verlag
GmbH & Co. KGaA. Reprodu-
ced with permission

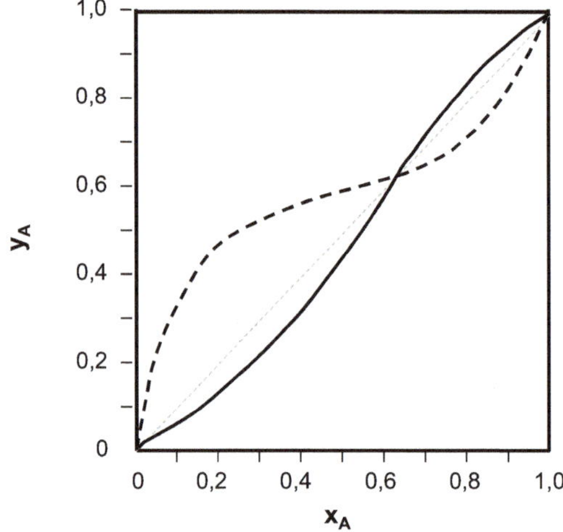

der Stoffmengenanteil der Komponente im Dampf geringer ist als in der flüssigen Phase (wovon man sich durch theoretische „Durchführung" einer einfachen Destillation im
Siedediagramm gemäß der in Abschn. 9.3 dargestellten Technik überzeugen mag). Erst
bei $x_A > x_{A,\text{Azeotrop}}$ wird bei einer einfachen Destillation die Komponente A im Dampf
angereichert.

Im Fall eines Azeotrops mit Siedepunktsminimum (gestrichelte Linie im Gleichgewichtsdiagramm inAbb. 9.22) verläuft die Gleichgewichtskurve bei $x_A < x_{A,\text{Azeotrop}}$ oberhalb der
Winkelhalbierenden. Das bedeutet, dass sich die Komponente A bei einer einfachen Destillation im Dampf anreichert, jedoch maximal die azeotrope Zusammensetzung nach der
Destillation aus dem Kondensat entnommen werden kann. Bei $x_A > x_{A,\text{Azeotrop}}$ wird bei einer einfachen Destillation hingegen die Komponente B im Dampf angereichert und in der
Flüssigkeit wird am Ende ein Azeotrop vorliegen.

Nach dem Besuch der drei Türen „p", „T" und „x" halten wir nunmehr alle Puzzlestücke
zur Lösung des „Rätsels der Alchemie" in Händen. Wenn wir diese nun richtig zusammensetzen, sollte es uns möglich sein, das Rätsel zu lösen. Kennen Sie schon die Lösung? Wir
verlassen hiermit die binären Phasengleichgewichte flüssig/gasförmig und wenden uns im
nächsten Schritt der Phasengrenze fest/flüssig zu.

Übungsaufgaben

Aufgabe 9.4.1

Berechnen Sie den Trennfaktor einer binären Mischung aus Methanol ($p_A^* =$
128 mbar bei 20 °C) und 1,4-Dioxan ($p_B^* = 41$ mbar bei 20 °C)!

Lösung:

http://tiny.cc/8q0lcy

Aufgabe 9.4.2

Ein Gemisch aus Methanol ($p_A^* = 1792$ mbar bei $70\,°C$) und 1,4-Dioxan ($p_B^* = 500$ mbar bei $70\,°C$) mit $x_A = 0{,}22$ werde einer einfachen Destillation unterzogen. Wie hoch ist der Stoffmengenanteil von 1,4-Dioxan in der dabei entstehenden Gasphase (y_B)?

Lösung:

http://tiny.cc/kq0lcy

Aufgabe 9.4.3

Bei der einfachen Destillation eines Gemisches aus Methanol ($p_A^* = 1792$ mbar bei $70\,°C$) und 1,4-Dioxan ($p_B^* = 500$ mbar bei $70\,°C$) werde im Destillat ein Stoffmengenanteil von $y_A = 0{,}88$ festgestellt. Wie hoch war der Stoffmengenanteil von Methanol in der ursprünglichen flüssigen Phase (x_A)?

Lösung:

http://tiny.cc/qr0lcy

Das Rätsel der Alchemie

Nachdem Ihr Euch in den drei Türen alle Hinweise angeschaut habt, nehmt Ihr das
Blatt mit dem „Rätsel der Alchemie" noch einmal zur Hand. Ihr dreht und wendet
es und fragt Euch, welches Geheimnis es in sich bergen mag. Dann glaubt Ihr auf
einmal verstanden zu haben, was es damit auf sich hat. Ihr nehmt die drei Zettel, die
Ihr hinter den Türen gefunden habt, und schiebt sie vor Euch hin und her. Schaut sie
an. Blickt auf das Pergament, auf dem das Rätsel steht. Schaut wieder die Fragmente
an. Und auf einmal wird Euch klar, um was es hier geht!

Nach einem kurzen Moment habt Ihr das Rätsel gelöst und schreibt in die vier Felder
auf dem Pergament Zahlen hinein, deren Summe die Zahl 1 ergibt und welche die
Zusammensetzung des Systems vollständig beschreiben.

Unendlich langsam verzieht sich der Nebel vor Euren Augen. Unendlich langsam
weicht die Dunkelheit in Eurem Kopf wieder zurück. Unendlich langsam gleitet Ihr
aus der Dämmerwelt zurück ins Diesseits.

Ihr steht wieder auf dem schmalen Felsgrat, vor dem zuvor der rote Anubis gewartet
hatte. Von diesem ist aber keine Spur mehr zu sehen. Offenbar hat er beschlossen,
Euch nicht noch ein weiteres Rätsel zu stellen. Benommen rappelt Ihr Euch langsam
auf und schaut umher. Der Weg vor Euch ist nun frei.

Nur noch ein kleiner Fußmarsch trennt Euch von dem höchsten Gipfel der Insel. Vom Mathemagier.

Dieser Gedanke befördert den Rest Eures Bewusstseins schlagartig zurück in die Realität. Ihr wisst jetzt wieder, weshalb Ihr hier oben seid und was Euer Ziel ist. Entschlossen stapft Ihr Richtung Bergspitze los, bereit, es mit jedweden Schrecken aufzunehmen, die Dáò'byn Fêlled Euch entgegenschicken mag. Irgendwie habt Ihr das Gefühl, dass die Gefahren auf der bisherigen Reise nur ein kleiner Vorgeschmack auf das gewesen sind, was noch auf Euch lauert. Aber nach den Rätseln und Erfahrungen in der Dämmerwelt freut Ihr Euch regelrecht darauf, es mit realen Herausforderungen zu tun zu bekommen.

Erst jetzt bemerkt Ihr, wie empfindlich kalt es hier oben eigentlich ist. Und dass es zu schneien angefangen hat. Ihr friert ein wenig und überlegt, wie Ihr es am besten schafft, den steilen Anstieg bei diesem Wetter zu bewältigen. Da hört Ihr eine Stimme hinter Euch: „Wenn Ihr wollt, führe ich Euch zum Gipfel."

Ihr dreht Euch um und seht eine Frau, die in warme Felle gehüllt ist und Euch eindringlich ansieht. Neben ihr kauert ein Schneehund, der sich friedlich das Fell von ihr kraulen lässt.

© Verena Biskup (geb. Schneider)/Ulisses Spiele

„Ich warte schon seit Langem auf jemanden, der es mit dem Mathemagier aufnehmen will. Dieser hat seinerzeit meine ganze Familie in den Wahnsinn getrieben. Sie wurden von seinen Gleichungen integriert und haben sich davon nie wieder differenzieren können. Seitdem bin ich auf der Suche nach jemandem, der ihn herausfordern wird. Und ich spüre, dass mit Euch die Zeit gekommen sein mag, all diesem Leid endlich ein Ende zu setzen. Folgt mir, ich kenne einen sicheren Weg nach oben. Aber beeilt Euch, wir dürfen keine Zeit verlieren, sonst finden uns seine Wächter!"

Mit diesen Worten dreht sie sich um und schreitet mit großen Schritten in Richtung Gipfel voran. Etwas verdutzt steht Ihr noch am Fuße des Berges – so kurz vor Eurem Ziel wie noch nie zuvor auf Eurer Reise. Das Stechen und Brennen in Euren Lungen, die in dieser dünnen Luft verzweifelt nach Sauerstoff lechzen, könnt Ihr nicht länger ignorieren. Euch läuft ein eiskalter Schauer über den Rücken, wenn Ihr Euch ausmalt, wie es erst weiter oben um die Luft bestellt sein mag. Aber vielleicht malt Ihr Euch das auch lieber nicht aus.

Langsam wandert Euer Blick wieder zurück. Ihr seht von hier oben noch einmal den ganzen Weg, den Ihr bislang gegangen sein: Fundamentalia. Das Eiland von Gibbs. Die Waldwildnis. Das Kloster. Der Tempel des Zwei-Einen. Alles verliert sich in der Ferne des Tals angesichts des majestätischen Gipfels, den Ihr nun besteigen wollt.

Ein tiefes Seufzen entfährt Eurer Brust und tief im Innersten wünscht Ihr Euch, dass alles bereits vorbei wäre. Aber Ihr ahnt, dass Euch der schwierigste Teil der Reise erst noch bevorsteht.

Dann fällt Euer Blick plötzlich auf etwas Glänzendes, das sich im kargen Fels verbirgt. Als Ihr näher herankommt, seht Ihr, dass es sich um ein kleines metallenes Amulett handelt, welches an einem zerschlissenen Lederhalsband hängt. Das Amulett zeigt Hammer und Amboss – das Zeichen der Schmiedezunft. Für einen kurzen Moment vergesst Ihr die Schmerzen und die vor Euch liegenden Strapazen. Möglicherweise gehörte das Amulett Thorben, dem Sohn des Schmiedes von Fundamentalia! Dann hatte er es also vielleicht auch geschafft, am Anubis vorbeizukommen. Und wenn er nicht hier irgendwo liegt (was Euch schon aufgefallen wäre), dann kann er nur noch an einem Ort sein …

Langsam wandert Euer Blick wieder zurück in Richtung Gipfel. In Richtung Herrschaftssitz des Mathemagiers. Dort muss der Sohn des Schmiedes sein. Ihr stellt Euch vor, wie der Arme in den tiefen Verliesen unter der Burg schmachtet und dahinvegetiert. Und seid auf einmal entschlossener denn je, Dáò'byn Fêlled endlich zu finden und herauszufordern. Und den armen Thorben zu befreien.

Grimmig und schnaufend stapft Ihr Eurer Führerin hinterher auf den steilen Anstieg zum Gipfel zu.

http://tiny.cc/on0lcy

Kapitel 9

9.5 Ideale Schmelzdiagramme und eutektische Mischungen

An der Phasengrenze fest/flüssig können wir ebenfalls binäre Phasengleichgewichte betrachten. Hier haben wir es zumeist mit Schmelzen zu tun, die beispielsweise aus zwei Salzen bestehen (z. B. Kaliumnitrat und Natriumnitrat), und wo beim Abkühlen beide Komponenten in den festen Aggregatzustand übergehen. Vereinfacht könne man jetzt sagen, dass sich alle Erkenntnisse, die wir bei der Diskussion der *2K/2K-Systeme* an der Phasengrenze flüssig/gasförmig gewonnen haben, auch auf die Phasengrenze fest/flüssig übertragen lassen. Dennoch gibt es einige Besonderheiten, die wir hier beachten müssen.

Zum einen erfolgt die Darstellung der Phasengleichgewichte fest/flüssig ausschließlich über T-x-Diagramme (Auftragung der Schmelztemperatur gegen den Stoffmengenanteil, analog den Siedediagrammen). Der Grund dafür ist die geringe Druckabhängigkeit dieser Phasengleichgewichte, da kondensierte Phasen im Vergleich zu Gasen nahezu inkompressibel sind. (Erinnern Sie sich? Genau das hatten wir uns auch im „Tempel des Zwei-Einen" bei der Diskussion des osmotischen Drucks bereits zunutze gemacht.)

Des Weiteren gibt es bei den Phasendiagrammen fest/flüssig deutlich mehr Varianten als bei den Phasendiagrammen flüssig/gasförmig, da es mehrere feste Phasen geben kann. (Hier sei nur an unterschiedliche Feststoff-Modifikationen von Elementen erinnert, wie sie beispielsweise bei Zinn oder Schwefel beobachtet werden, die Ihnen aus den Einführungsvorlesungen in Anorganische Chemie bekannt sein dürften.)

Das Aussehen eines idealen Schmelzdiagramms ist in Abb. 9.23 dargestellt. In seiner äußeren Gestalt ähnelt es einem Siedediagramm. Die beiden Kurven, die in einem Schmelzdiagramm vorliegen, sind die Liquiduskurve (Abhängigkeit der Erstarrungstemperatur vom Stoffmengenanteil der Komponente A in der Schmelze) und die Soliduskurve (Abhängigkeit der Schmelztemperatur vom Stoffmengenanteil der Komponente A in der Schmelze).

Oberhalb der Liquiduskurve liegt das System als Schmelze vor ($P = 1$), unterhalb der Soliduskurve als Feststoff ($P = 1$). Zwischen Liquidus- und Soliduskurve zerfällt das System in zwei Phasen, hier liegt also das Zweiphasengebiet ($P = 2$). Bei $x_A = 0$ liegt der Schmelzpunkt des Reinstoffes B und bei $x_A = 1$ liegt der Schmelzpunkt des Reinstoffes A.

Bei einem Schmelzdiagramm können wir den gesamten Satz an Werkzeug nutzen, den wir bei den Siedediagrammen erlernt haben. Analog zu den Siedediagrammen gibt es Einphasengebiete („erlaubte Zonen"), Zweiphasengebiete („verbotene Zonen"), man kann Isoplethen und Konoden einzeichnen sowie das Hebel-Gesetz anwenden. Auch eine fraktionierte Kristallisation(!) ließe sich analog zur fraktionierten Destillation für fest/flüssig-Systeme beschreiben. Wir verzichten daher an dieser Stelle darauf, eine detaillierte Diskussion eines idealen Schmelzdiagramms durchzuführen, da es uns keine wirklich neuen Erkenntnisse bringen wird.

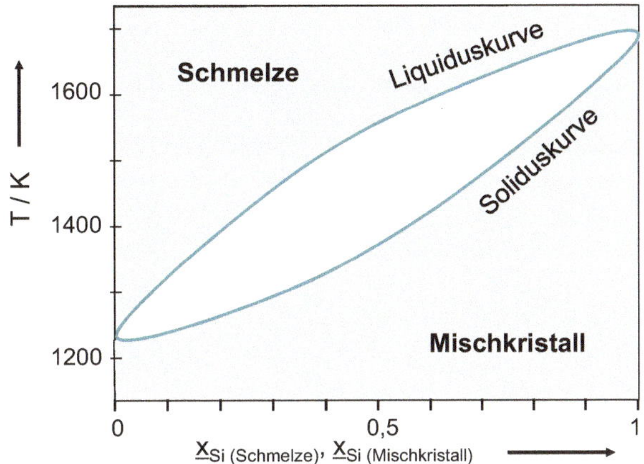

Abb. 9.23 Ideales Schmelzdiagramm. Adaptiert nach: Gerd Wedler: Lehrbuch der Physikalischen Chemie (2004), S. 362. Copyright Wiley-VCH Verlag GmbH & Co. KGaA. Reproduced with permission

Ferner kommt bei Schmelzdiagrammen ein ideales System noch seltener vor als bei Siedediagrammen. Ein Beispiel für ein ideales Schmelzdiagramm wäre die Mischung aus Germanium (Ge) und Silicium (Si). Viel wahrscheinlicher ist es hingegen, dass man es in der Praxis mit realen Systemen zu tun hat.

Nun hört sich „reales System" immer etwas gefährlich an, weil wir dabei ein wenig das Gefühl haben, unsere schöne Theorie (in die man sich als Physikochemiker schon ein wenig „vergucken" kann) würde davon beschmutzt und befleckt. Und weil uns das natürlich nicht gefällt, versuchen wir eben, diese „realen Systeme" (Merken Sie, wie alleine durch das In-Klammern-Setzen den realen Systemen ein Stigma anzuhaften scheint?) unbewusst auszublenden und nur dann zuzulassen, wenn es eben nicht anders geht. Das macht das Lernen der Physikalischen Chemie ja auch deutlich einfacher, oder?

Aber ganz so leicht sollten wir es uns nicht machen. Und vielleicht sind die realen Systeme ja auch gar nicht so schlimm, wie es zunächst den Anschein haben mag. Schauen wir uns diese also einmal ein wenig näher an!

Der einfachste Fall einer realen Mischung ist ein Schmelzdiagramm mit Eutektikum (Abb. 9.24). Der Begriff „Eutektikum" kommt aus dem Griechischen und bedeutet so viel wie „gut schmelzbar".

Das Eutektikum ist das Minimum der Liquiduskurve, was bedeutet, dass die Schmelze hier bei einer Temperatur erstarrt (oder schmilzt), die unterhalb der Erstarrungstemperaturen der Reinstoffe liegt. Dieses Charakteristikum erklärt die Bedeutung des Wortes Eutektikum und gibt gleichzeitig einen Hinweis auf die großtechnische Nutzung dieses Effektes. So wird beispielsweise bei der Schmelzflusselektrolyse zur Herstellung von Aluminium der Schmelzpunkt des Rohstoffs Aluminiumoxid durch Zugabe von (vor allem) Kryolith von ursprünglich 2050 °C auf letztlich 950 °C gesenkt. Dadurch kann eine signifikante Menge an Wärmeenergie eingespart werden, die zum Aufheizen des Feststoffgemisches erforderlich wäre.

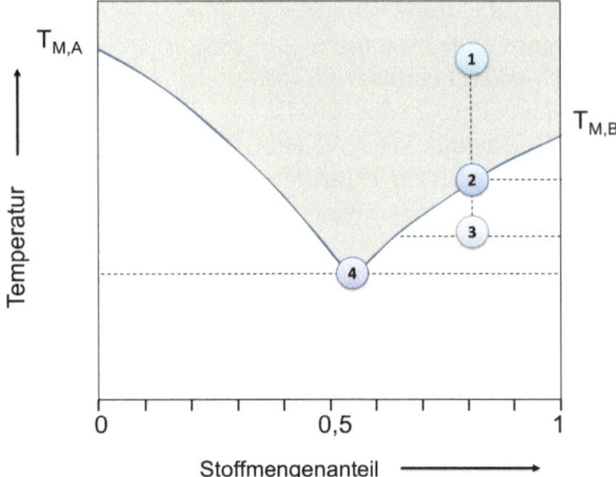

Abb. 9.24 Schmelzdiagramm mit Eutektikum. Adaptiert nach: Physical Chemistry, Eighth Edition by Atkins & de Paula (2006). By permission of Oxford University Press

Bei einem eutektischen Gemisch erstarrt die gesamte Schmelzmischung zudem bei einer einheitlichen Temperatur und verhält sich wie ein Reinstoff. Merken Sie etwas? Das ist nichts anderes als das, was wir bereits bei der Diskussion des azeotropen Punktes und der Azeotropen bei den Phasengleichgewichten flüssig/gasförmig diskutiert haben. Vereinfacht können Sie sich hier merken: Ein Eutektikum ist nichts anderes als das Azeotrop bei Schmelzdiagrammen. (Machen Sie sich aber bewusst, dass es sich hier lediglich um eine Analogie und einen Merksatz handelt, nicht jedoch um eine tatsächliche inhaltliche Äquivalenz!)

Ein zweiter Blick auf Abb. 9.24 zeigt uns noch etwas Außergewöhnliches. Wir haben nur oberhalb der Liquiduskurve ein Einphasengebiet. Unterhalb der Liquiduskurve liegt ein Zweiphasengebiet, also eine sehr große „verbotene Zone". Und irgendwie scheint es gar keine Soliduskurve zu geben. Wie lässt sich all das denn verstehen?

Hierfür schauen wir uns einmal an, was denn eigentlich mit unserer Schmelze beim Abkühlen passiert. Dazu betrachten wir stellvertretend einmal **Punkt 1** in Abb. 9.24, der einen Stoffmengenanteil von $x_A \approx 0{,}80$ in der Schmelze repräsentiert. Als Nächstes verringern wir die Temperatur unserer Schmelze (und bewegen uns entlang der Isoplethe, die durch den **Punkt 1** verläuft), bis wir die Liquiduskurve im **Punkt 2** erreichen. Jetzt wenden wir wieder unser Werkzeug an, das wir bei den Siedediagrammen (Abschn. 9.3) entwickelt haben, und zeichnen eine Konode bei $T = \text{const.}$ ein, die durch das Zweiphasengebiet verläuft. Wie lautete hier noch einmal unsere Regel? Wir folgen der Konode so lange durch das Zweiphasengebiet, bis wir die nächste „erlaubte Zone" (Einphasengebiet) betreten. Aber wo ist dieses nächste Einphasengebiet denn eigentlich, wenn der gesamte Bereich unterhalb der Liquiduskurve ein Zweiphasengebiet ist? Die einzige „erlaubte Zone", die hier noch möglich ist, ist der Reinstoff bei $x_A = 1$. Wir können also bei allen Schmelzdiagrammen die Reinstoffe ($x_A = 0$ und $x_A = 1$) jederzeit als Einphasengebiete auffassen (und damit gewissermaßen als „Endpunkte" unserer Konoden).

Was bedeutet das in der Praxis? Wir würden hier beim Erreichen von **Punkt 2** beobachten, dass ein Feststoff auszukristallisieren beginnt. Und dieser Feststoff ist nichts anderes als die reine Komponente A. Was passiert nun mit der zurückbleibenden Schmelze? In der Schmelze reichert sich durch das Auskristallisieren von Komponente A in zunehmendem Maße die Komponente B an. Damit bewegt sich die Zusammensetzung der Schmelze aus der Perspektive der Abszisse betrachtet nach links (x_A wird kleiner). Aus Abb. 9.24 lässt sich dann entnehmen, dass bei der Temperatur, bei der wir unsere Konode eingezeichnet haben, die Schmelze mit einem geringeren Anteil an Komponente A nicht mehr auf der Phasengrenzlinie (Liquiduskurve) liegt, sondern wieder im Einphasengebiet der Schmelze. Als Konsequenz daraus wird die Schmelze weiter abkühlen (die Temperatur der Schmelze verringert sich) und wir erreichen beispielsweise den **Punkt 3**. Hier zeichnen wir erneut eine Konode ein und das Spiel wiederholt sich: Die reine Komponente A kristallisiert aus, Komponente B reichert sich in der Schmelze an, die Temperatur der Schmelze fällt weiter usw.

Dieses ganze Spiel geht so lange gut, bis wir das Eutektikum (**Punkt 4**) erreichen. Hier geschieht nun etwas Bemerkenswertes: Sowohl die verbleibende Stoffmenge der Komponente A als auch die gesamte Stoffmenge der Komponente B kristallisieren an diesem Punkt aus. Aus dem Phasendiagramm lässt sich das erkennen, weil die Konode, die durch den eutektischen Punkt verläuft, als nächste „erlaubte Zone" links und rechts vom eutektischen Punkt nur noch die Reinstoffe besitzt (da ansonsten nur das Zweiphasengebiet vorliegt).

Das ist auf den ersten Blick etwas schwierig zu verstehen. Die gesamte verbleibende Stoffmenge kristallisiert „auf einen Schlag" aus? Widerspricht das nicht unserer Erfahrung? *Doch, tut es.* Müssten die beiden Komponenten im eutektischen Punkt denn nicht eine gewisse Zeit benötigen, um auszukristallisieren? *Richtig, genau das tun sie auch.* Aber wie können wir dann im Phasendiagramm von einem „schlagartigen Auskristallisieren" sprechen? *Haben wir das denn jemals behauptet?*

Hier möchten wir noch einmal auf einen, wenn nicht den wichtigsten Aspekt all unserer Betrachtungen auf der Insel der Phasen hinweisen: Wir betrachten hier Phasengleichgewichte. Und alle Phasendiagramme, seien es p-T-Diagramme, Siedediagramme, Dampfdruckdiagramme oder Schmelzdiagramme, gelten nur und ausschließlich, wenn sich das Gleichgewicht zwischen den Phasen eingestellt hat. Diesen Zustand setzen wir in allen Fällen voraus. Was in der Thermodynamik des Gleichgewichts nicht betrachtet wird, ist die Geschwindigkeit, mit der sich dieses Gleichgewicht einstellt. Gerade bei Feststoffen und dem Auskristallisieren von Schmelzen kann das Einstellen dieses Gleichgewichtszustandes eine geraume Zeit in Anspruch nehmen. Schauen Sie sich nur die Vielfalt an Mineralien und Gesteinen an, die in der Natur vorkommen. In der Anorganischen Chemie haben Sie diese in Form von gefühlt unzähligen unterschiedlichen Verbindungen kennengelernt. Aber letztlich sind nicht wenige von ihnen nur eine Art „eingefrorener" Zustand des Nichtgleichgewichts, bei denen wir ein Schmelzdiagramm noch gar nicht anwenden dürfen. Sie merken also: Nicht nur bei der Anwendung von Gleichungen, sondern auch von Diagrammen muss man auf den Geltungsbereich unseres Werkzeugs achten!

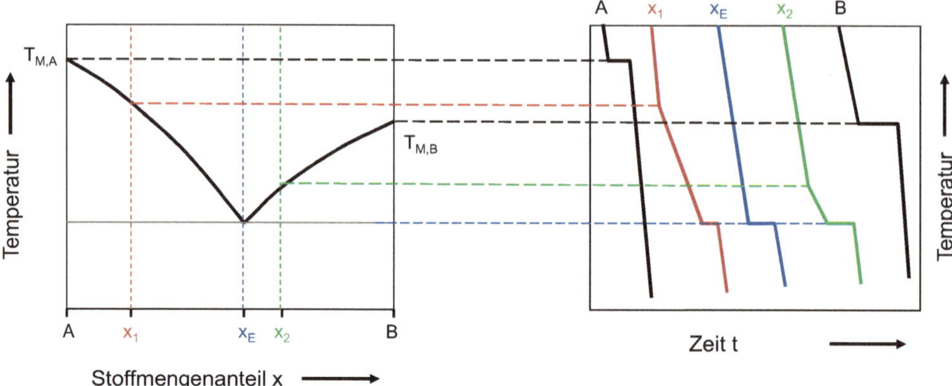

Abb. 9.25 Thermoanalyse für eine Mischung mit Eutektikum. Adaptiert nach: Gerd Wedler: Lehrbuch der Physikalischen Chemie (2004), S. 367. Copyright Wiley-VCH Verlag GmbH & Co. KGaA. Reproduced with permission

Wir möchten daher zum Abschluss dieses Kapitels mit der Thermoanalyse einen ganz kurzen Einblick in die praktische Durchführung einer analytischen Untersuchung von Phasengleichgewichten fest/flüssig geben. Eine Thermoanalyse ist die Messung der Temperatur einer Schmelze in Abhängigkeit von der Zeit. Man kann am Verlauf der jeweiligen Kurve erkennen, um welchen Typ Mischung es sich handelt. Schauen wir uns das einmal am Beispiel einer Mischung mit Eutektikum an (Abb. 9.25).

Für den Reinstoff A (**Kurve A**) verläuft die Kurve bis zum Erreichen der Erstarrungstemperatur zunächst linear (Abkühlung der Schmelze) und bleibt dann eine bestimmte Zeit lang bei einer konstanten Temperatur. Dieser Verlauf der Abkühlkurve bei T = const. ist die Erstarrung des Feststoffs. Die Temperatur bleibt deshalb konstant, weil dem System am Schmelzpunkt Wärme entzogen wird (unter isobaren Bedingungen die Schmelzenthalpie $\Delta_M H$). Dieser Erstarrungsvorgang nimmt eine gewisse Zeit in Anspruch und die Temperatur ändert sich während dieses Phasenübergangs nicht, wie wir es bereits bei den Regeln für Phasenübergänge in Abschn. 6.3 gesehen haben. Die gleiche Argumentation gilt auch für den Reinstoff B (**Kurve B**). Aus den Abkühlkurven lässt sich damit die Erstarrungstemperatur der Reinstoffe direkt ablesen. Man kann diese entsprechend in das Phasendiagramm einzeichnen.

Auch ein eutektisches Gemisch (**Kurve x_E**) verhält sich bei der Abkühlkurve wie ein Reinstoff, nur dass dessen Erstarrungstemperatur unterhalb der der Reinstoffe liegt (was man daran erkennen kann, dass die Linie bei T = const. bei geringerer Temperatur verläuft). Auch den eutektischen Punkt kann man damit bereits in das Phasendiagramm einzeichnen.

Interessant wird es nun, wenn wir Mischungsverhältnisse betrachten, die zwischen Reinstoff und Eutektikum liegen (**Kurve x_1** und **Kurve x_2**). Auch hier kühlt zunächst die

Schmelze ab (linearer Abfall der Temperatur). Sobald die Erstarrungstemperatur des Gemisches erreicht ist, ändert sich die Steigung der Kurve. Die Erstarrungstemperatur verläuft hier nicht bei $T = $ const., da sich durch das Auskristallisieren eines der beiden Reinstoffe der jeweils andere in der Schmelze anreichert und die Erstarrungstemperatur sich daher permanent verringert – und zwar so lange, bis auch hier der eutektische Punkt erreicht ist. Es dauert es nun wieder einige Zeit, bis die verbleibenden Mengen an Komponente A und Komponente B auskristallisiert sind. Die Temperatur zu Beginn des Erstarrungsvorgangs (wenn die Kurve zum ersten Mal „abknickt") kann für das jeweilige Mischungsverhältnis in das Schmelzdiagramm eingetragen werden und markiert dort die Liquiduskurve. Im rechten Teil von Abb. 9.25 ist die „Übersetzung" der Abkühlkurve in das Phasendiagramm exemplarisch für alle Kurven dargestellt.

Übungsaufgaben

Aufgabe 9.5.1

Eine Schmelze des binären Gemisches aus Si ($\theta_M = 1410\,°\mathrm{C}$) und Ge ($\theta_M = 940\,°\mathrm{C}$) mit einer ursprünglichen Zusammensetzung von $x_{Si} = 0{,}30$ werde abgekühlt. Welchen Stoffmengenanteil besitzt Si im Mischkristall, der am Erstarrungspunkt dieser Mischung ausfällt?

Lösung:

http://tiny.cc/rr0lcy

Aufgabe 9.5.2

„In einem binären System wird sich bei der Abkühlung einer Schmelze grundsätzlich diejenige Komponente in der festen Phase anreichern, die einen höheren Schmelzpunkt hat." Stimmt das?

Lösung:

http://tiny.cc/2n0lcy

Aufgabe 9.5.3

Bei welcher Temperatur beginnt eine Schmelze aus 16,96 g LiCl und 44,7 g KCl zu erstarren?

Lösung:

http://tiny.cc/jr0lcy

Eine waghalsige Kletterpartie

Mühsam hangelt Ihr Euch hinter der jungen Frau an dem Felsen nach oben. Ihr ächzt und schnauft, da die Luft hier oben so dünn erscheint wie ein Streifen Pergamentpapier. Eure Lungen brennen bereits und Ihr wisst nicht mehr, wie lange Ihr Euch schon nach oben in Richtung Gipfel arbeitet. Nur noch rein mechanisch setzt Ihr Eure Finger in irgendeine Vertiefung im Fels, um Euch einige weitere Zentimeter nach oben zu ziehen. Aber je höher Ihr klettert, je erschöpfter Ihr vom bisherigen Anstieg seid, desto dünner und dünner wird die Luft – und lässt jeden Atemzug in höllischen Qualen enden. Ihr wundert Euch ein wenig, dass die dünne Luft Eurer Führerin offenbar keinerlei Probleme zu bereiten scheint. Vielleicht lebt sie schon so lange hier oben, dass sie sich an die klimatischen Gegebenheiten bereits gewöhnt hat?

Über Euch seht Ihr schon die Türme des Herrschaftssitzes auftauchen. Aber keine Menschenseele ist zu sehen. Warum auch? Habt Ihr ernsthaft geglaubt, Dáò'byn Fêlled müsste hier noch Wächter aufstellen? Der Berg selbst ist der beste Wächter der Burg. Der mit unermesslichen Qualen zu erkaufende Anstieg. Ihr wollt Euch lieber nicht vorstellen, wie es Euch erst gehen mag, wenn Ihr tatsächlich den Gipfel erreicht.

Immer mehr reift in Euch der Gedanke, dass diese Reise sinnlos ist. Dass Ihr ohnehin keine Möglichkeit habt, den Mathemagier zu besiegen. Wie einfach wäre es da, einfach loszulassen. Sich einfach fallen zu lassen. Keine Schmerzen mehr. Eine verlockende Vorstellung, die wie ein süßer Traum Euren Geist umfängt.

Aber noch seid Ihr nicht ganz am Ende. Noch kriecht Ihr weiterhin in Richtung Gipfel. Noch könnt Ihr der Stimme in Euren Gedanken widerstehen, die Euch in die Tiefe lockt.

Und so klettert Ihr unendlich langsam immer höher. In einer leblosen und kargen Landschaft, die Euch nur den Tod oder den Wahnsinn verheißt. Und in Euren Gedanken spuken wilde Fieberfantasien, die Euch in einer uralten Sprache die fürchterlichsten Schreckensbilder der Phasendiagramme ausmalen.

http://tiny.cc/tn0lcy

9.6 Reale Schmelzdiagramme

Schmelzdiagramme mit Eutektikum stellen bereits den einfachsten Fall eines realen Schmelzdiagramms dar. Wir möchten in diesem Kapitel darüber hinaus noch einige weitere Beispiele für reale Schmelzdiagramme vorstellen, um unsere in Abschn. 9.5 ge-

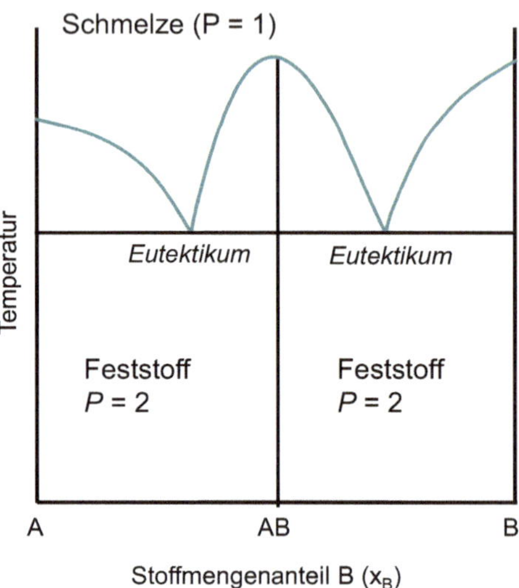

machte Aussage noch einmal zu unterstreichen, dass es bei den Phasengleichgewichten fest/flüssig eine größere Bandbreite an möglichen Phasendiagrammen gibt als bei den Phasengleichgewichten flüssig/gasförmig.

Schmelzdiagramm mit chemischer Verbindung

Es kann in bestimmten Fällen dazu kommen, dass sich eine chemische Verbindung zwischen den beiden Komponenten der Mischung ausbildet. Diese Verbindung wird jeweils bei einem stöchiometrischen Stoffmengenanteil gebildet, also beispielsweise bei $x_A = 0{,}50$ für eine Verbindung AB, $x_A = 0{,}33$ für eine Verbindung AB_2, $x_A = 0{,}25$ für eine Verbindung AB_3, $x_A = 0{,}80$ für eine Verbindung A_4B usw.

Für den Fall einer Verbindung AB ist das zugehörige Schmelzdiagramm in Abb. 9.26 dargestellt.

Die Verbindung AB schmilzt kongruent ($x_{\text{flüssig}} = x_{\text{fest}}$) und kann als dritter Reinstoff in unserem System angesehen werden, der jeweils Eutektika mit den reinen Komponenten A und B bildet. Das können wir uns auch ganz einfach dadurch klarmachen, dass wir eine Schmelze mit $x_A = 0{,}50$ herstellen und dann langsam abkühlen. Sobald wir die Liquiduskurve erreichen, führt eine hypothetische Konode nicht mehr in ein Zweiphasengebiet, sondern nur in das benachbarte Einphasengebiet der Schmelze. Daher geht in diesem Fall die Schmelze mit $x_A = 0{,}50$ unmittelbar in den Feststoff über, bei dem ebenfalls $x_A = 0{,}50$ ist. Die Gerade, die bei $x_A = 0{,}50$ parallel zur Ordinate verläuft, ist daher eine „erlaubte Zone" (eben die Verbindung AB).

Wenn Sie einmal den Abschnitt rechts von der Verbindung AB ($x_A > 0{,}50$) abdecken, dann sieht der verbleibende Teil des Schmelzdiagramms aus wie ein Phasendiagramm mit Eu-

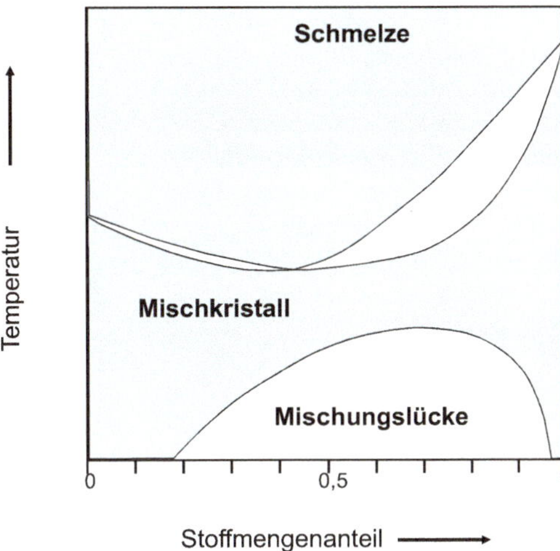

Abb. 9.27 Schmelzdiagramm mit partieller Mischungslücke. Adaptiert nach: Gerd Wedler: Lehrbuch der Physikalischen Chemie (2004), S. 364. Copyright Wiley-VCH Verlag GmbH & Co. KGaA. Reproduced with permission

tektikum (vgl. Abb. 9.24 aus Abschn. 9.5). Für diesen Teil des Schmelzdiagramms gelten die gleichen Regeln, wie wir sie bereits für das Eutektikum diskutiert haben – mit AB als einem der beiden Reinstoffe. Ein analoges Bild ergibt sich, wenn wir den Abschnitt links von der Verbindung AB ($x_A < 0{,}50$) abdecken.

An dieser Stelle kann man sich des Weiteren einmal fragen, wie viele Freiheitsgrade eigentlich in der Schmelze bestehen? Gemäß der Phasenregel von Gibbs haben wir eine Phase ($P = 1$) und zwei Komponenten ($K = 2$). Da allerdings der Druck festgelegt ist (isobare Bedingungen), muss die Anzahl an Freiheitsgraden um 1 reduziert werden. Damit ergibt sich:

$$F = K - P + 2 - 1 = 2 - 1 + 1 = 2$$

Das System besitzt also zwei Freiheitsgrade: Sowohl Temperatur T als auch die Zusammensetzung der Mischung können variiert werden, ohne dass das Einphasengebiet der Schmelze verlassen wird.

Schmelzdiagramm mit partieller Mischungslücke

Ein weiteres Beispiel ist ein Schmelzdiagramm mit partieller Mischungslücke (Abb. 9.27).

Dieses Schmelzdiagramm besitzt ein analoges Aussehen zum Siedediagramm mit Mischungslücke aus Abb. 9.18 (siehe Abschn. 9.3). Der kritische Mischungspunkt liegt hier unterhalb des Eutektikums. Am eutektischen Punkt kristallisiert ein Mischkristall mit der eutektischen Zusammensetzung aus, d. h., hier ist im Gegensatz zum Diagramm in Abb. 9.18 der Bereich unterhalb der Soliduskurve ein Einphasengebiet (also eine „erlaubte Zone"). Erst wenn man die Temperatur weiter senkt, kommt es zu einer Trennung der beiden auskristallisierten Feststoffe (Mischungslücke). Alle in Abb. 9.27 blau hinterlegten

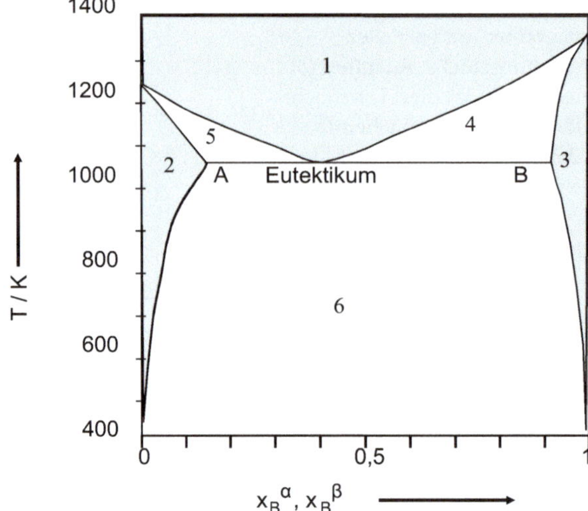

Abb. 9.28 Die Mischungslücke im Schmelzdiagramm überlagert sich mit Liquidus- und Soliduskurve. Adaptiert nach: Gerd Wedler: Lehrbuch der Physikalischen Chemie (2004), S. 364. Copyright Wiley-VCH Verlag GmbH & Co. KGaA. Reproduced with permission

Flächen sind damit als stabile Bereiche anzusehen, in allen übrigen Bereichen zerfallen die Mischungen in die jeweils stabilen Phasen (entlang der Konoden).

Man kann sich bei Schmelzdiagrammen – ebenfalls analog zu den Siedediagrammen – nun auch vorstellen, dass sich die Mischungslücke mit Liquidus- und Soliduskurve überlagert (Abb. 9.28).

In diesem Fall wird der Bereich stabiler Phasen entsprechend kleiner. Am eutektischen Punkt kristallisiert nun kein Mischkristall mit eutektischer Zusammensetzung aus, sondern (folgen Sie der Konode beim eutektischen Punkt!) zwei Mischkristalle, von denen der eine mit Komponente A angereichert ist (**Bereich 2** des Diagramms) und einer mit Komponente B (**Bereich 3** des Diagramms). Neben diesen Mischkristallen in den **Bereichen 2** und **3** ist nur die Schmelze (**Bereich 1**) ein stabiler Bereich, der als Einphasengebiet eine in unserem Sinne „erlaubte Zone" ist. In allen übrigen Bereichen zerfällt das System jeweils in die entlang der Konode nächstgelegenen stabilen Bereiche.

Schauen wir uns das abschließend für drei Beispiele an. Eine Mischung im **Bereich 4** zerfällt in mit Komponente B angereicherte Mischkristalle (**Bereich 3**) und die Schmelze (**Bereich 1**). Eine Mischung im **Bereich 5** zerfällt in die Schmelze (**Bereich 1**) und in mit Komponente A angereicherte Mischkristalle (**Bereich 2**). Eine Mischung im **Bereich 6** schließlich zerfällt in Mischkristalle, die mit Komponente B angereichert sind (**Bereich 3**), und in Mischkristalle, die mit Komponente A angereichert sind (**Bereich 2**).

Neben diesen verhältnismäßig einfachen Beispielen von realen Schmelzdiagrammen gibt es noch weitere, zum Teil deutlich komplexere Systeme. An dieser Stelle sei der interessierte Leser auf weiterführende Lehrbücher der Physikalischen Chemie und der chemischen Thermodynamik verwiesen.

Übungsaufgaben

Aufgabe 9.6.1

Bei welchem Stoffmengenanteil x_A kristallisiert in einem binären Gemisch aus den Komponenten A und B eine chemische Verbindung AB_3?

Lösung:

http://tiny.cc/1r0lcy

Aufgabe 9.6.2

Warum verwendet man bei Schmelzdiagrammen – anders als bei Siedediagrammen – keine p-x-Diagramme?

Lösung:

http://tiny.cc/7r0lcy

Aufgabe 9.6.3

Welche der Gebiete in nachstehendem Schmelzdiagramm (Abb. 9.29) stellen Einphasengebiete dar? Wie viele Freiheitsgrade besitzt das System in diesen Bereichen?

Kapitel 9

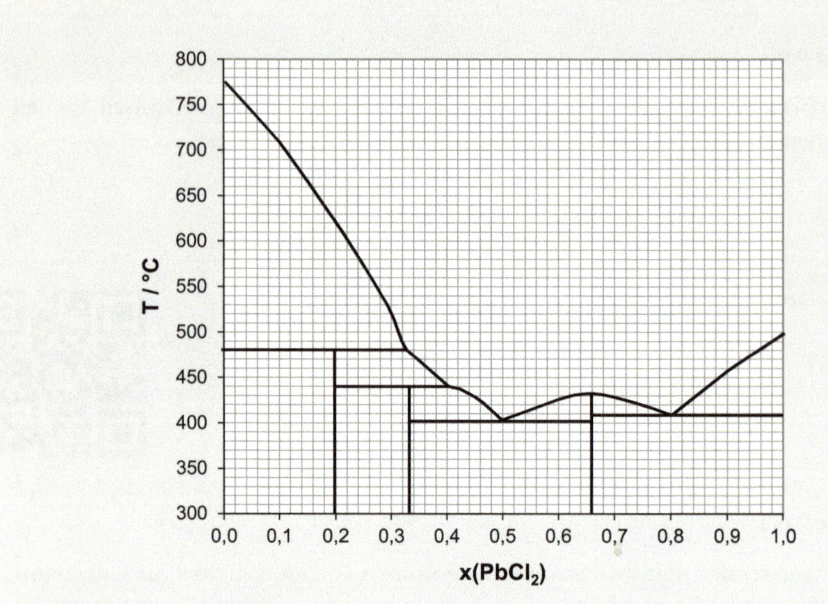

Abb. 9.29   Zu Aufgabe 9.6.3

Lösung:

http://tiny.cc/9n0lcy

Ternäre Systeme

10

© Springer-Verlag Berlin Heidelberg 2017
T. Daubenfeld, D. Zenker, *Reiseführer Physikalische Chemie*,
DOI 10.1007/978-3-662-47932-2_10

Der Herrschaftssitz des Mathemagiers

Langsam. Unendlich langsam. Am Ende Eurer Kräfte. So schleppt Ihr Euch auf allen Vieren auf das Gipfelplateau. Ihr habt es tatsächlich geschafft! Ihr seid auf den Gipfel des höchsten Berges der Insel der Phasen geklettert. Dem Ziel so greifbar nahe.

Und doch so weit entfernt. Irgendwie spielt es hier oben keine Rolle, ob es nur noch wenige Meter bis zum Mathemagier sind oder ob dessen Herrschaftssitz Lichtjahre entfernt liegt. Denn was wollt Ihr in Eurem erbärmlichen Zustand schon gegen seine geballte Kraft ausrichten? Ihr seid am Ende Eurer Kräfte. Jede Bewegung jagt Höllenschmerzen durch Euren Körper. Jeder Atemzug scheint Eure Lungen auf bestialische Weise eher zu leeren als mit frischem Sauerstoff zu füllen. Und in Eurem Geist macht sich auf furchtbare Weise ein Vakuum breit. Als wenn jemand – oder etwas – Eure Gedanken aussaugen würde.

Ein letztes Mal versucht Ihr Euch aufzubäumen. Versucht, einen Fuß auf den Boden zu bekommen. Einen Schritt vor den nächsten zu setzen. Und stellt fest, dass es zu funktionieren scheint.

Langsam. Unendlich langsam. Mit den allerletzten Kraftreserven kriecht Ihr auf das unausweichliche Ende Eurer Reise zu. Ihr schickt ein Stoßgebet zu den Hauptsätzen, dass Euer Kommen unbemerkt geblieben sein mag. Und vernehmt kurz darauf eine dunkle Grabesstimme in Eurem Kopf, die Ihr noch nie zuvor gehört habt:

„Ihr wagt es, herzukommen? Ihr wagt es, mich herauszufordern? Seid Ihr würdig, einzutreten?"

Dann wird Euch schwarz vor Augen.

Als Ihr wieder zu Euch kommt, ist die dunkle Stimme in Eurem Kopf verschwunden. Ebenso wie Eure Führerin, die vorher noch (viel zu leichtfüßig) mit Euch auf dem Gipfel angekommen ist. Erstaunt stellt Ihr außerdem fest, dass Ihr wieder fast normal atmen könnt. Offensichtlich habt Ihr Euch an die dünne Höhenluft bereits gewöhnt. Langsam richtet Ihr Euch auf und blickt umher. Der Herrschaftssitz des Mathemagiers, eine trotzige Burg, liegt vor Euch. Das Ziel Eurer Reise. Ihr habt es tatsächlich geschafft!

Schritt für Schritt bewegt Ihr Euch auf die Burg des Mathemagiers zu. Ihr wundert Euch ein wenig, dass das Eingangstor offen steht. Und auch noch unbewacht ist. Irgendwie kommt Euch das ein wenig seltsam vor. Eine Falle?

Als Ihr nahe vor der Burg steht, fallen Euch zwei Gegenstände auf, die auf dem Boden liegen. Der eine sieht aus wie ein Haufen teilweise verkohlter Pergamente, auf denen in kryptischer Schrift seltsame Symbole und Rechnungen geschrieben stehen. Elektrisiert bemerkt Ihr, dass diese Pergamente aus der Feder von Thorben stammen

– sein Name steht unverkennbar auf der ersten Seite. Dann hat er es also tatsächlich bis hier oben geschafft! Und ist vielleicht noch am Leben! Vielleicht. Denn dann fällt Euer Blick wieder auf die verkohlten Seiten und Ihr fragt Euch, was die Ursache für deren Inbrandsetzen war. Neben dem Pergament liegen verstreut auch mehrere Ausrüstungsgegenstände und Waffen, die zum Teil ebenfalls schwarze Rußspuren tragen. Weiter wollt Ihr Eure Fantasie aber nicht austreiben lassen und schluckt den Kloß in Eurem Hals hinunter. Zumindest könnt Ihr dem Schmied etwas erzählen, was das Schicksal seines Sohnes anbelangt.

Auch beim zweiten Gegenstand handelt es sich um eine alte Schriftrolle. In kaum lesbarer Schrift verkündet diese, der „Wegweiser durch die Insel der Phasen" zu sein. Großartig. Das hättet Ihr hervorragend auf Eurem Weg gebrauchen können. Jetzt kommt es eigentlich zu spät. Oder? Gerade als Ihr die Schriftrolle ergreift, flüstert eine Stimme in Eurem Kopf: „Was auf den Seiten steht, müsst Ihr im Kopf besitzen – sonst erreicht Ihr den Mathemagier nie." Irritiert seht Ihr Euch um. Aber außer Euch ist niemand auf dem Hochplateau zu sehen. Noch einmal schaut Ihr die Schriftrolle an. Irgendwie erinnern Euch die Zeichen und Symbole auf ihr an all die zahlreichen Orte und Dinge, denen Ihr auf Eurem Weg begegnet seid. Vielleicht wäre es nicht schlecht, sich alles noch einmal ins Gedächtnis zu rufen, bevor Ihr die Burg betretet.

Schließlich betretet Ihr den Herrschaftssitz des Mathemagiers über die Zugbrücke. Im Burghof dahinter erblickt Ihr ein ausgedehntes Labyrinth. Jetzt wird Euch auch langsam bewusst, warum es hier keines lebendigen Wächters bedarf. Das Labyrinth ist offenbar magisch gesichert und gespickt mit gefährlichen Fallen.

Doch Moment! In dem verkohlten Pergament von Thorben stand doch irgendetwas von einem Labyrinth, oder? Hat er möglicherweise Hinweise gefunden, die Euch dabei behilflich sein könnten, das Labyrinth zu bezwingen? Auch wenn er diese Hinweise leider selber nicht mehr nutzen konnte?

Ihr schaut Euch die Seiten des Pergamentes noch einmal näher an – und begebt Euch anschließend auf den gefahrvollen Weg durch das Labyrinth.

Dank der Hinweise aus den Hinterlassenschaften von Thorben gelingt es Euch tatsächlich, das Labyrinth zu durchqueren. Unendlich langsam öffnet Ihr am anderen Ende die Tür am nordöstlichen Ende der Burg. Sie ist nicht verschlossen! Leise betretet Ihr den Raum, der dahinter liegt. Offenbar seid Ihr in der Küche der Burg gelandet. In einem Kamin, der offenbar schon längere Zeit kein Feuer mehr gesehen hat, rostet ein einsamer Kessel langsam vor sich hin. Links vom Kamin schlängelt sich eine Treppe in das Obergeschoss.

Im Raum ist ansonsten weder etwas zu sehen noch zu hören. Leise schleicht Ihr hindurch und hinterlasst dabei in der zentimeterdicken Staubschicht auf dem Steinboden tiefe Fußabdrücke, die Euch eindringlich daran erinnern, dass Ihr in dieser Burg ein Eindringling seid, der hier eigentlich nichts verloren hat. *Außer den Mathemagier zu bezwingen*, erinnert Ihr Euch selber an Eure Mission und verscheucht ein weiteres Mal diese Stimme, die Euch von dem Vorhaben abbringen möchte. Ihr erinnert Euch daran, dass ein alter Magister in der Akademie früher einmal erzählt hat, dass es sogenannte Geister des Vergessens und Verschiebens, die Prokrastinatoren gibt, die einen immer wieder von seiner eigentlichen Mission abbringen wollen. Und die umso stärker werden, je näher man seinem Ziel kommt. Sie ernähren sich von der Ungewissheit ihrer Opfer, die sie wieder und wieder bestärken, um schließlich aus deren Scheitern ihre Nahrung zu ziehen. Wahrscheinlich sind es Geister dieser Art, die die Gemäuer des Mathemagiers bewachen. Ihr aber beschließt, Euch von diesen Stimmen nicht länger vom Ziel abhalten zu lassen, und geht unbeirrt weiter die Treppe hinauf.

Am Ende der Treppe gelangt Ihr auf einen schmalen Gang, der von einer Balustrade umgeben ist. Hinter einem Durchgang entdeckt Ihr einen weiteren Gang, der von flackerndem Lichtschein spärlich erhellt wird.

Leise schleicht Ihr Euch durch den Gang und entdeckt an dessen Ende eine Wendeltreppe, die sich schwindelerregend in die Höhe schraubt. Ganz oben seht Ihr eine einzige offene Tür, die in ein Zimmer führt, das offenbar am oberen Rand des Turmes liegt.

Leise steigt Ihr die Treppe empor und betretet diesen Raum. Er ist mit einer Unmenge von Büchern und verschiedenen magischen Utensilien vollgestellt. Schwacher Kerzenschein erhellt das Zimmer.

Als sich Eure Augen an die Lichtverhältnisse gewöhnt haben, seht Ihr *ihn*.

© Anja Di Paolo/Ulisses Spiele

Vor einem der Bücherregale steht, in ein purpurnes Gewand mit goldener Borte gehüllt, der Mathemagier. Aus kühlen Augen, die aus einer hässlichen Fratze hervorstechen, schaut er Euch an und dann erschallt seine dunkle Stimme:

„Mein Glückwunsch, Narr!

So weit hat es noch niemand geschafft, seitdem ich hier herrsche. Das spricht durchaus für Euren Ehrgeiz und Eure Beharrlichkeit. Aber dennoch wird es Euch nicht von Nutzen sein. Denn hier ist Eure Reise zu Ende. Ich werde Euch mit meinen mathematischen Kräften zermalmen und vernichten. Kommt her zu mir, auf dass wir es zu Ende bringen."

Mit diesen Worten zückt er ein mathemagisches Zauberutensil (einen rechteckigen Kasten, auf dem allerlei Zahlen und Ähnliches zu sehen sind und den Eure Magister an der Mathematisch-Physikalischen Akademie als eine Art „Rechner für die Tasche" bezeichnet haben) und bereitet seine Zauberformel vor. Voller Anspannung tretet Ihr ihm mutig entgegen.

http://tiny.cc/bs0lcy

Wir sind fast am Ende unserer Reise angelangt. Vor unseren Augen können wir die ganze Insel der Phasen sehen (und fern am Horizont sogar noch die Insel der Energie, wo unsere Reise begonnen hat) und unsere bisherige Reise durch die Welt der Phasengleichgewichte noch einmal Revue passieren lassen. Von den Grundlagen (Fundamentalia) und der Phasenregel von Gibbs (auf der kleinen Insel im See) über *1K-Systeme* (Waldwildnis) und die Mischphasen der *2K-Systeme* (Kloster) zu den *2K/1K-Systemen* der kolligativen Systeme (Tempel des Zwei-Einen) bis zu den *2K/2K-Systemen* flüssig/gasförmig und fest/flüssig (Aufstieg zum Gipfel).

Jetzt haben wir nur noch die allerletzte Etappe unserer Reise vor uns – die Betrachtung von Dreikomponentensystemen (*3K-Systeme*). Wir haben diesen Punkt erreicht, indem wir die Komplexität der von uns betrachteten Systeme schrittweise erhöht haben (mehr Komponenten, mehr Phasen). Selbstverständlich gibt es in der Chemie Systeme, die aus mehr als drei Komponenten bestehen, hier jedoch nicht Gegenstand unserer Betrachtung sind. Aber *3K-Systeme*, sogenannte ternäre Systeme, spielen in der Praxis eine große Rolle, sodass wir diese hier ein wenig näher betrachten wollen.

Bei ternären Systemen stellt sich uns zunächst einmal ein im Vergleich zu den *2K-Systemen* fundamentales Problem: die grafische Darstellbarkeit. Bei den bisherigen Systemen kamen

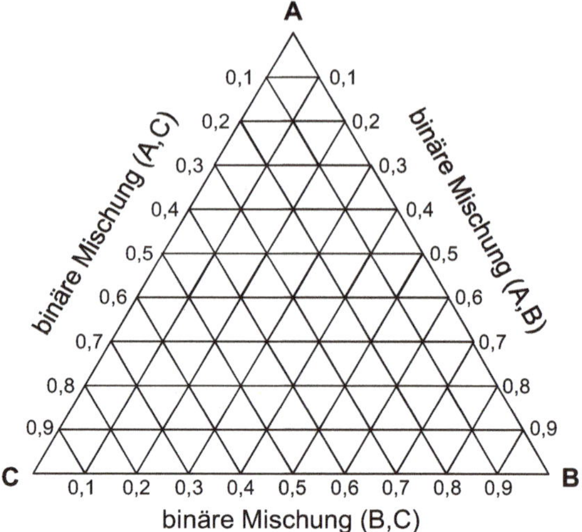

Abb. 10.1 Dreiecksdiagramm

wir immer wieder wunderbar mit einfachen kartesischen Koordinatensystemen aus, die eine Ordinate und eine Abszisse besitzen. Für ternäre Systeme müssen wir uns nun zum ersten Mal mit einer für uns noch neuen Art von Abbildung, dem sogenannten Dreiecksdiagramm, auseinandersetzen (Abb. 10.1).

Das Dreiecksdiagramm ist in alle drei Richtungen in äquidistante Abschnitte unterteilt, die den jeweiligen Stoffmengenanteil darstellen (wie man diesen abliest, ist weiter unten erläutert). In den drei Ecken des Diagramms sind die jeweiligen Reinstoffe abgebildet.

In einem Dreiecksdiagramm sind sowohl die Temperatur als auch der Druck konstant und wir können dem Diagramm ausschließlich die Zusammensetzung unseres Systems entnehmen (das war bei den binären Phasengleichgewichten einfach, da wir dort nur den Abschnitt auf der Abszisse ablesen mussten!). Gemäß der Phasenregel von Gibbs haben wir damit zwei Freiheitsgrade ($K = 3$, $P = 1$; zwei Freiheitsgrade müssen wir wegen den isobaren und isothermen Bedingungen abziehen, womit sich $F = 3 - 1 = 2$ ergibt). Mit anderen Worten: Ich darf die Konzentration von zwei Komponenten unabhängig voneinander verändern, ohne dass ich die Grenzen des Phasendiagramms verlasse.

Wie funktioniert das „Ablesen" der Zusammensetzung eigentlich? Nehmen wir einmal an, wir haben in unserem System die in Abb. 10.2 mit dem schwarzen Punkt markierte Zusammensetzung.

In diesem Beispiel haben wir also die folgenden Stoffmengenanteile:

$$x_A = 0,3$$
$$x_B = 0,5$$
$$x_C = 0,2$$

In Abb. 10.3 ist dargestellt, wie man diesen Punkt in das Phasendiagramm einzeichnet.

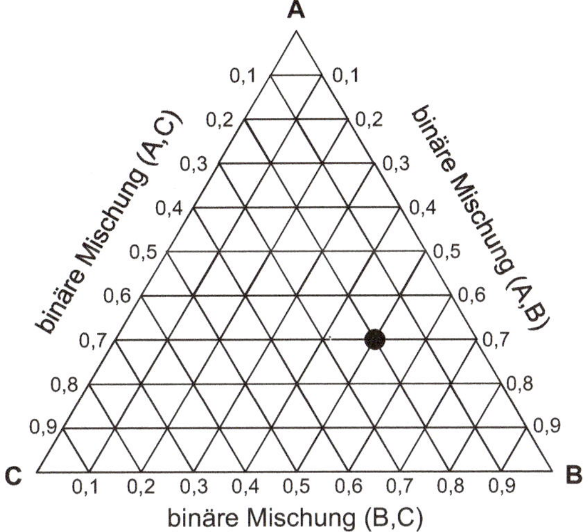

Abb. 10.2 Beispielhafte Zusammensetzung eines ternären
Systems im Dreiecksdiagramm

Schauen wir uns das Schritt für Schritt für unser System einmal an. Generell gilt, dass das Maß für den Stoffmengenanteil der Abstand zur Basislinie ist. Im Diagramm liegt die Komponente A in der oberen Ecke. Die Basislinie ist die untere Linie des Dreiecks. Geht man von der Basislinie in Richtung auf die Ecke „A" zu, dann muss man insgesamt zehn äquidistante Abschnitte überschreiten, von denen jeder jeweils für einen Stoffmengenanteil von 0,1 steht. Da der Stoffmengenanteil von A 0,3 beträgt, muss man demnach drei dieser Ab-

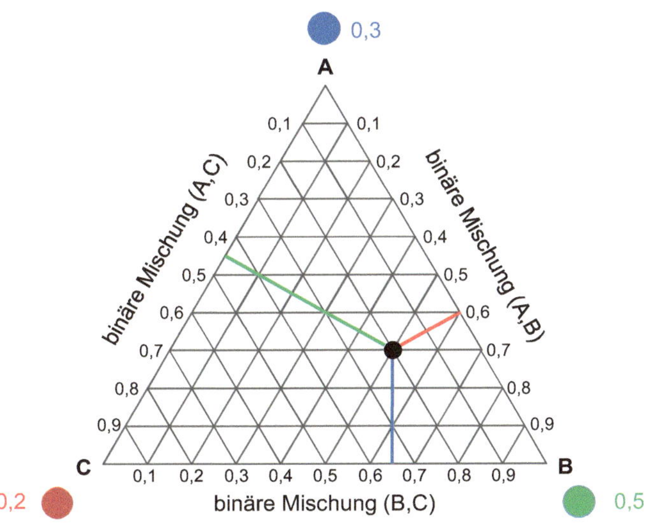

Abb. 10.3 Einzeichnen einer gegebenen Zusammensetzung in ein Dreiecksdiagramm

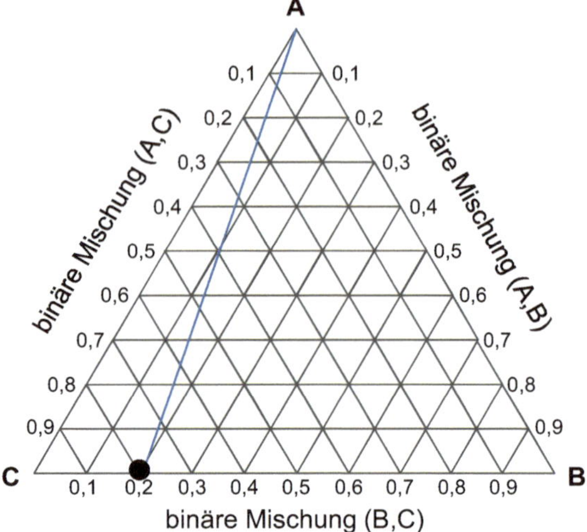

Abb. 10.4 Darstellung der Verdünnung einer binären Mischung im Dreiecksdiagramm

schnitte überschreiten. Ausgehend von der Basislinie verfolgt man damit die in Abb. 10.3 blau durchgezogene Linie.

Die gleiche Prozedur führt man nun mit Komponente B durch. Der Stoffmengenanteil von B beträgt 0,5 und man muss hier ausgehend von der Basislinie von B (der Linie, die der Ecke „B" gegenüberliegt) fünf Abschnitte weit gehen. Die dabei erhaltene Linie ist in Abb. 10.3 als grüne Linie dargestellt.

Am Schnittpunkt der blauen und der grünen Linie haben wir den Punkt identifiziert, der die gesuchte Zusammensetzung beschreibt. Wegen $\sum_i x_i = 1$ reicht uns die Angabe von zwei Stoffmengenanteilen, um die Zusammensetzung des Systems vollständig zu beschreiben. Als Probe überprüfen wir hier dennoch, ob auch der Stoffmengenanteil der Komponente C, x_C, korrekt dargestellt wird. Ausgehend von der Ecke „C" gehen wir insgesamt zwei Abschnitte weit und ziehen die in Abb. 10.3 dargestellte rote Linie ein. Diese verläuft ebenfalls durch den Punkt, der unsere Zusammensetzung repräsentiert, womit die Probe erfolgreich durchgeführt wurde.

Und wie geht man vor, wenn man keine in 0,1er-Schritte unterteilte Stoffmengenanteile vorliegen hat? In diesem Fall verringert man einfach die Abstände der Linien im Dreiecksdiagramm, sodass man statt Schritten von 0,1 zum Beispiel nur noch Schritte von 0,05 oder Schritte von 0,02 oder 0,01 hat. Eine andere Möglichkeit besteht darin, dass man den tatsächlichen Stoffmengenanteil einfach abschätzt.

Mit Dreiecksdiagrammen können wir aber noch mehr als nur die Zusammensetzung eines ternären Systems beschreiben. Ein weiteres Beispiel der Anwendung sehen wir in Abb. 10.4.

Hier starten wir zunächst bei dem schwarz markierten Punkt, der aus einer binären Mischung aus den Komponenten B und C mit $x_B = 0,2$ besteht. Angenommen, man würde

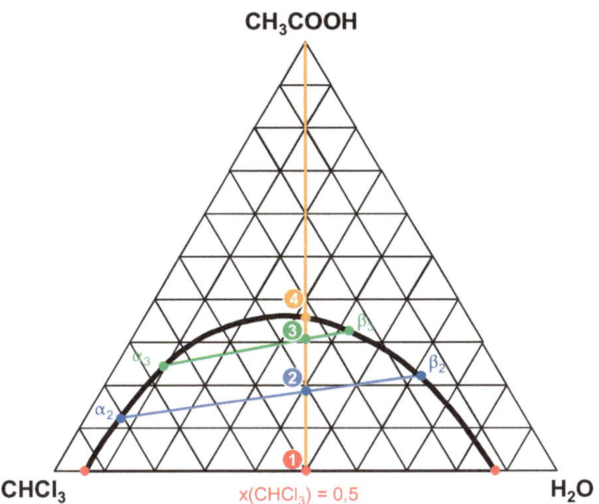

Abb. 10.5 Ternäres System aus Wasser, Chloroform und Essigsäure. Adaptiert nach: Physical Chemistry, Eighth Edition by Atkins & de Paula (2006). By permission of Oxford University Press

diese Mischung nun durch sukzessive Zugabe einer dritten Komponente (A) verdünnen (ein durchaus realistischer Fall, der im Labor vorkommen kann), dann zieht man ausgehend von unserem Punkt eine Gerade durch die Ecke von A (diese würde dem Reinstoff A entsprechen). Die dabei entstandene Linie stellt nun den Verlauf der Verdünnung der binären Mischung aus B und C mit A dar. Warum? Man erkennt an jedem Punkt dieser Geraden, dass das Verhältnis von B und C immer gleich bleibt (ein Teil B und vier Teile C). Mit zunehmender Konzentration von A verschiebt sich die Zusammensetzung des Systems allerdings immer weiter in Richtung der Ecke „A", also hat man im Grenzfall (wenn A im großen Überschuss vorliegt) nahezu reines A vorliegen.

Wozu benötigt man dieses Wissen? Man kann es unter anderem dazu verwenden, begrenzt miteinander mischbare Flüssigkeiten mischbar zu machen. Wie das funktioniert? Schauen wir uns dazu das ternäre System aus Essigsäure, Wasser und Chloroform (Abb. 10.5) einmal an.

In diesem Phasendiagramm ist eine gekrümmte Linie eingezeichnet, die ein etwas verzerrt halbkreisförmiges Areal umschließt. Innerhalb dieses Areals liegt ein Zweiphasengebiet, d. h., dieser Bereich ist in unserer Nomenklatur eine „verbotene Zone". Wenn man sich die jeweils binären Mischungen ansieht (entlang der drei Basislinien des Dreiecks), lässt sich auch auf Basis der beteiligten Moleküle verstehen, warum eine Mischungslücke vorliegt. Sowohl Essigsäure und Chloroform als auch Essigsäure und Wasser sind jeweils vollständig miteinander mischbar. Nur Chloroform und Wasser sind nicht vollständig miteinander mischbar. Wenn man beispielsweise eine Mischung aus Chloroform und Wasser mit $x_{\text{Wasser}} = 0{,}5$ herstellt, dann zerfällt diese Mischung in zwei Phasen mit $x_{\text{Wasser}} \approx 0{,}07$ und

Kapitel 10

$x_{\text{Wasser}} \approx 0{,}88$ (abzulesen an der unteren Basislinie des Dreiecks). Gibt man zu diesem System schrittweise Essigsäure hinzu, dann kann man im Dreiecksdiagramm (ungeachtet des Zerfalls des Systems in zwei Phasen) formell wie im vorherigen Beispiel dargestellt eine Gerade in Richtung auf die Ecke der reinen Essigsäure ziehen. An einem bestimmten Punkt (im Diagramm durch **Punkt 4** dargestellt) überschreitet man dabei die Grenze des Zweiphasengebietes und befindet sich ab diesem Punkt und bei höheren Konzentrationen an Essigsäure im Einphasengebiet. Experimentell löst sich an diesem Punkt die Phasengrenze auf und es liegt nur noch eine reine Phase vor. Die Essigsäure wirkt also als Lösungsvermittler zwischen Chloroform und Wasser und sorgt dafür, dass mit zunehmender Stoffmenge an Essigsäure immer mehr Wasser in der chloroformreichen Phase und immer mehr Chloroform in der wasserreichen Phase vorhanden ist.

Auf diese Weise ist es mittels eines Dreiecksdiagramms also möglich, die Mindestmenge an Essigsäure zu berechnen, die erforderlich ist, um eine Mischbarkeit aller drei Komponenten zu gewährleisten.

Ist der Verlauf der Phasengrenzlinie (der sogenannten Binode, gekrümmte Linie in Abb. 10.5) nicht bekannt, dann kann man diese experimentell dadurch ermitteln, dass man ausgehend von **Punkt 1** schrittweise Essigsäure zugibt und dann in den beiden Phasen die Zusammensetzung separat bestimmt (z. B. durch Säure-Base-Titration der Essigsäure und UV/VIS-Spektroskopie zur Bestimmung des Chloroforms). Damit lassen sich die Konoden in Abb. 10.5 rekonstruieren (**Punkt 2** und **Punkt 3**, die jeweils in eine chloroformreiche Phase α und eine wasserreiche Phase β zerfallen). Die Zusammensetzungen der durch α und β repräsentierten Lösungen lassen sich nicht theoretisch vorhersagen, sondern müssen auf die beschriebene Weise experimentell rekonstruiert werden.

Dieses Beispiel führt uns noch zu einem weiteren wichtigen Anwendungsbeispiel: dem Verteilungssatz von Nernst. Betrachten wir dazu einmal die Essigsäure. Im Gleichgewicht muss hier gelten:

$$\left(\mu_{\text{CH}_3\text{COOH}}\right)_{\text{in H}_2\text{O}} = \left(\mu_{\text{CH}_3\text{COOH}}\right)_{\text{in CHCl}_3}$$

Als Bezugspunkt dient hier eine Lösung mit unendlicher Verdünnung, vergleichbar dem Gesetz von Henry. Das dazugehörige chemische Potenzial wollen wir mit $\mu_{\text{CH}_3\text{COOH}}^{\infty}$ bezeichnen. Damit erhalten wir für die Mischung:

$$\left(\mu_{\text{CH}_3\text{COOH}}^{\infty} + R \cdot T \cdot \ln x_{\text{CH}_3\text{COOH}}\right)_{\text{in H}_2\text{O}} = \left(\mu_{\text{CH}_3\text{COOH}}^{\infty} + R \cdot T \cdot \ln x_{\text{CH}_3\text{COOH}}\right)_{\text{in CHCl}_3}$$

Ein Umstellen ergibt folgenden Zusammenhang:

$$\frac{\left(x_{\text{CH}_3\text{COOH}}\right)_{\text{in CHCl}_3}}{\left(x_{\text{CH}_3\text{COOH}}\right)_{\text{in H}_2\text{O}}} = \exp\left[-\frac{\left(\mu_{\text{CH}_3\text{COOH}}^{\infty}\right)_{\text{in CHCl}_3} - \left(\mu_{\text{CH}_3\text{COOH}}^{\infty}\right)_{\text{in H}_2\text{O}}}{R \cdot T}\right] \qquad (10.1)$$

Abb. 10.6 Ternäres System unter Berücksichtigung der Temperatur

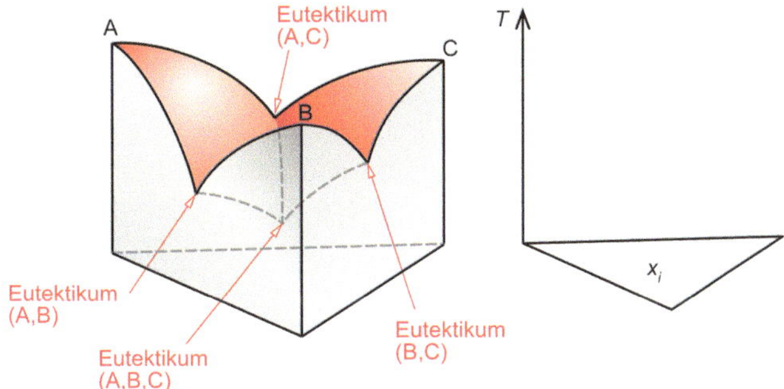

Da wir unser System bei isothermen Bedingungen betrachten (T = const.), ist der gesamte Ausdruck auf der rechten (und damit auch auf der linken) Seite von Gl. 10.1 ebenfalls konstant. Damit erhält man den

Verteilungssatz von Nernst

$$\frac{\left(x_{CH_3COOH}\right)_{in\ CHCl_3}}{\left(x_{CH_3COOH}\right)_{in\ H_2O}} = \text{const.} \tag{10.2}$$

Dieser besitzt praktische Relevanz bei der Extraktion als Trennverfahren in der Präparativen Chemie und in der Technischen Chemie. Weiterführende Beispiele für die Anwendung ternärer Systeme und von Dreiecksdiagrammen finden Sie in den Lehrbüchern der Technischen Chemie.

Selbstverständlich wird auch bei ternären Systemen in der Praxis die Temperatur nicht immer konstant sein (z. B. bei einer Destillation oder einer Kristallisation im Labor). Allerdings wird die grafische Darstellung hier sehr komplex. Als Beispiel sei hier das ternäre System aus den drei Komponenten A, B und C dargestellt (Abb. 10.6).

In diesem Fall stellt unser Dreiecksdiagramm jeweils einen Ausschnitt in der Ebene des gesamten Diagramms dar. Die z-Achse des Diagramms (perspektivisch gesehen die nach oben führende Achse) ist die Temperatur. Schaut man von der Seite aus auf das Diagramm, dann sieht man ein Schmelzdiagramm mit Eutektikum, wie wir es z. B. in Abb. 9.24 in Abschn. 9.5 gesehen haben. Neben den drei Eutektika, die bei den jeweils drei binären Mischungen vorliegen, hat man noch ein weiteres Eutektikum, welches innerhalb des ternären Systems vorliegt. Dieses Beispiel möchten wir nicht im Detail diskutieren, es soll Ihnen aber illustrieren, welche Möglichkeiten hinter dieser vermeintlich so einfachen Darstellung liegen.

10.1 Übungsaufgaben

Aufgabe 10.1.1

Wie viele Phasen liegen vor, wenn man 2,3 g Wasser mit 9,2 g Chloroform und 3,1 g Essigsäure mischt? Verwenden Sie zur Bearbeitung auch die folgende Abbildung.

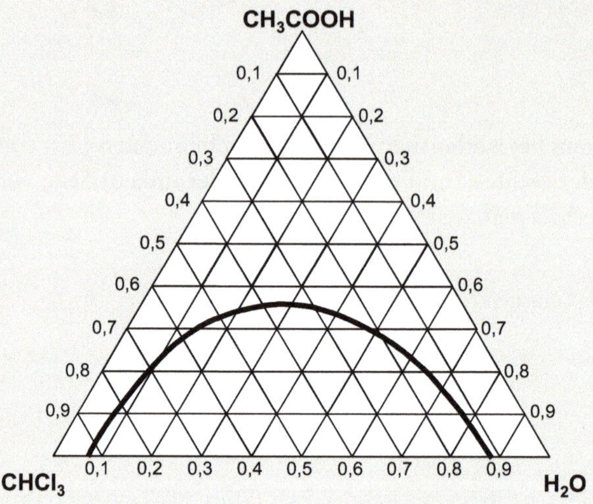

Abb. 10.7 Zu Aufgabe 10.1.1

Lösung:

http://tiny.cc/ms0lcy

Aufgabe 10.1.2

Die folgende Abbildung zeigt das Phasendiagramm der ternären Flüssigkeitsmischung aus Wasser ($M = 18\,\mathrm{g}\cdot\mathrm{mol}^{-1}$; $\rho = 1\,\mathrm{g}\cdot\mathrm{mL}^{-1}$), Ethanol ($M = 46\,\mathrm{g}\cdot\mathrm{mol}^{-1}$; $\rho = 0,8\,\mathrm{g}\cdot\mathrm{mL}^{-1}$) und Hydrocumol ($M = 126\,\mathrm{g}\cdot\mathrm{mol}^{-1}$; $\rho = 0,8\,\mathrm{g}\cdot\mathrm{mL}^{-1}$). In der grau dargestellten Fläche wird Entmischung beobachtet. Welches Volumen an Ethanol müsste man zu einer Mischung aus 18 mL Wasser und 157,5 mL Hydrocumol mindestens geben, sodass man ein ternäres Gemisch mit nur einer Phase erhält?

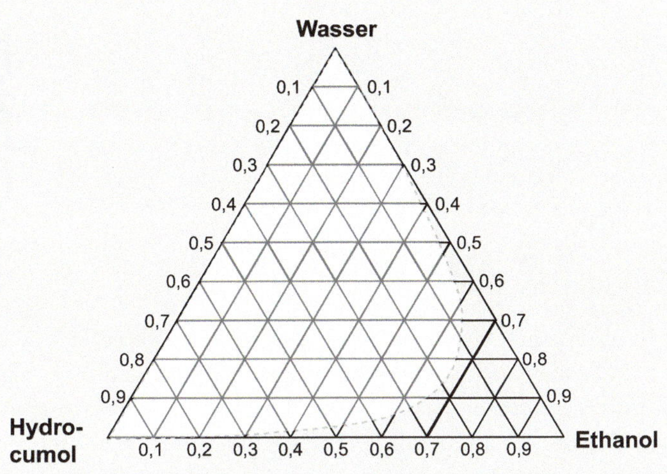

Abb. 10.8 Zu Aufgabe 10.1.2

Lösung:

http://tiny.cc/ks0lcy

Aufgabe 10.1.3

Der Oktanol-Wasser-Koeffizient K_{OW} wird häufig als Maß für das Verhältnis zwischen Lipophilie und Hydrophilie einer Substanz verwendet (z. B. bei pharmazeutischen Wirkstoffen). Ähnlich wie der Nernst'sche Verteilungskoeffizient ist er definiert als das Verhältnis der Stoffmengenkonzentration eines Stoffes in Oktanol dividiert durch die Stoffmengenkonzentration des Stoffes in einer mit dem Oktanol im Gleichgewicht stehenden wässrigen Phase (Gl. 10.3):

$$K_{OW} = \frac{c_{Stoff}\,(\text{Oktanol})}{c_{Stoff}\,(\text{Wasser})} \tag{10.3}$$

Hexamethylbenzol besitzt einen Wert von $K_{OW} = 100$. Angenommen, Sie bringen 20 mL Hexamethylbenzol ($\rho = 1{,}042\,\mathrm{g\cdot mL^{-1}}$) in ein Zweiphasensystem aus 100 mL Oktanol und 100 mL Wasser ein. Wie viel Prozent des Hexamethylbenzols befinden sich im Gleichgewicht in Oktanol?

Lösung:

http://tiny.cc/ts0lcy

Das Ende des Mathemagiers

Und dann ist es plötzlich vorbei. In einer schwarzen Rauchwolke löst sich der Mathemagier auf. Ganz unspektakulär. Ein wenig enttäuscht seid Ihr schon, dass nach der langen, anstrengenden und gefahrvollen Reise kein spektakuläres Finale auf Euch gewartet hat. Und doch seid Ihr froh, es endlich hinter Euch zu haben – und dass Ihr die Insel der Phasen vom Mathemagier Dáò'byn Fêlled befreit habt!

Aber irgendetwas stimmt hier nicht. Die schwarzen Rauchschwaden, die das Ende des Mathemagiers verkünden, scheinen sich wie ein Strudel um den Raum herumzulegen und Euch einschließen zu wollen. Und dann hört Ihr noch einmal *seine* Stimme, deutlich leiser und menschlicher als zuvor:

„Danke, tapferer Streiter! Bereits seit Jahren habe ich auf diesen Moment gewartet. Den Moment der Befreiung! So lange habe ich in dieser einsamen Burg gesessen. Gefangen in den Fesseln der Physikalischen Chemie. Unendlich mächtig dank der Gleichungen, die ich beherrschte. Aber unendlich einsam, da ich niemanden hatte, der mir auch nur nahekommen konnte, ohne dass ich mit meiner mathemagischen Kraft seinen Geist zerrüttete.

Jetzt ist es an Euch, meine Stelle als Mathemagier anzutreten und über die Insel der Phasen zu herrschen. Wahrscheinlich seid Ihr wie ich losgezogen in dem blinden Glauben, Ihr würdet gegen den Mathemagier Dáò'byn Fêlled ins Feld ziehen. Aber das ist nur eine Legende. Es gibt ihn nicht. Das musste auch ich feststellen, als ich vor einigen Jahren die Burg betrat. Es gab niemanden, gegen den ich kämpfen konnte. Stattdessen hat mich die Magie dieses Ortes an die Burg gebunden. Mein Körper und mein Geist sollten von nun an der Mathemagier sein. Und so herrschte ich über dieses Land. Jeden Augenblick habe ich den Tag verflucht, an dem ich der Schmiede meines Vaters in Fundamentalia den Rücken gekehrt und mich auf den Weg gemacht habe. Hätte ich nur auf ihn gehört.

Aber nun ist der Fluch gebrochen. Jetzt kann mein Geist endlich Frieden finden und diese Gefilde verlassen. Und Ihr seid nun der neue Mathemagier. Ihr habt Euch als würdig erwiesen, meinen Platz einzunehmen. Nun liegt es an Euch, was Ihr mit dem Wissen macht, das Ihr Euch erworben habt. Ob Ihr es zum Guten oder zum Bösen verwendet. Leb wohl, Sterblicher – und regiere weise über die Insel der Phasen. So lange, bis der Nächste kommt, um Euch von Eurem Thron zu stoßen."

Mit diesen Worten verstummt die Stimme und der schwarze Nebel zieht sich enger um Euch zusammen. Ihr spürt, wie die Macht der Phasen allmählich von Euch Besitz ergreift. Vor Euren Augen blitzen die zwei Inseln auf, die Ihr besucht habt. Und Ihr spürt, wie Ihr alle besuchten Orte wie im Zeitraffer noch einmal aufsucht und sämtliches Wissen aus ihnen wie ein trockener Schwamm aufsaugt. Die Insel der Energie und die Insel der Phasen gehören nun Euch! Mit Eurer neu gewonnenen Macht herrscht Ihr nun über diese Gefilde. Aber Ihr spürt, dass dies erst der Anfang ist. Euer Geist blickt über den Horizont hinaus. Die Insel der Zeit, auf der die Prediger der Kinetik ihr Domizil haben. Die Insel der Ladung, auf der die Elektroalchemisten sitzen. Und fern hinter dem Horizont der Kontinent der Elemente, der alle Stoffe beheimatet, aus denen das Universum zusammengesetzt ist. So viele Inseln. So viele Länder. So viele Kontinente.

Mit Eurer neu gewonnenen Macht spürt Ihr, dass all dies eines Tages Euch gehören kann – und wird! Ihr habt die Thermodynamischen Inseln bezwungen. Wer würde es wagen, sich Euch jetzt noch in den Weg zu stellen. Dieser Narr Thorben! Er hat darauf gewartet, sein „Gefängnis" verlassen zu dürfen. Er hat nichts verstanden. Der Mathemagier ist kein Gefangener. Er ist Herrscher. Er ist Macht. Absolute Macht. Über alles und jeden. Mit einem zufriedenen Lächeln blickt Ihr vom Wehrgang der Burg auf Euer Reich, auf Eure Untertanen hinab. Der Sieg über Thorben und die Krönung zum Mathemagier war nicht das Ende Eurer Reise. Es war erst der Anfang.

Lösungen zu den Aufgaben

Insel der Energie

1. Grundlagen der Physikalischen Chemie: [1.1.1] Vier Phasen [1.1.2] Nur $df = 5y \cdot dx + 2x \cdot dy$ ist keine Zustandsfunktion. [1.2.1] 273,15 K [1.2.2] 0,88 L (10–12 % Volumenabnahme) [1.2.3] 5 bar [1.2.4] 1,25 bar [1.3.1] 0,091 [1.3.2] 0,232 mbar [1.3.3] 9 mbar
2. Der erste Hauptsatz der Thermodynamik: [2.1.1] 996 mbar [2.1.2] Gleichung 4 [2.1.3] 27,2 eV [2.2.1] 4,9 min [2.2.2] –270 J [2.2.3] –1,07 kJ [2.3.1] 28,796 J$\cdot$mol$^{-1}\cdot$K^{-1} [2.3.2] 9,98 kJ [2.3.3] Ausdruck 1 und Ausdruck 3 [2.4.1] 4,125 kJ [2.4.2] 185 °C
3. Der zweite Hauptsatz der Thermodynamik: [3.1.1] 0 [3.1.2] 41,26 k [3.1.3] 41 % [3.2.1] 6,6 L [3.2.2] 13,38 J/K [3.2.3] –10,77 J/K [3.3.1] 275 J/K [3.3.2] –312 J/K [3.3.3] 291,5 J/K [3.4.1] 0,58
4. Thermochemie: [4.2.1] –295,46 kJ/mol [4.2.2] –1515,4 kJ/mol [4.2.3] –294,66 J$\cdot$mol$^{-1}\cdot$K^{-1} [4.3.1] –292,24 kJ/mol [4.3.2] –284,76 J$\cdot$mol$^{-1}\cdot$K^{-1} [4.3.3] 0,35 % [4.3.4] –296,31 kJ/mol [4.4.1] –207,61 kJ/mol [4.4.2] –191,68 kJ/mol

Insel der Phasen

5. Grundbegriffe der Phasengleichgewichte: [5.1.1] $x_{Benzol} = 0,45$; $x_{Toluol} = 0,55$ [5.1.2] $x(\text{He}) = 0,79$; $x(\text{N}_2) = 0,11$; $x(\text{O}_2) = 0,10$ [5.1.3] 0,336 g [5.2.1] 0,977 [5.2.2] 0,967 [5.4.1] $2,38 \cdot 10^{36}$ [5.4.2] –3,66 kJ/mol [5.4.3] Nein [5.5.1] 2 [5.5.2] 2 [5.5.3] 0
6. Einkomponentensysteme: [6.1.1] a) 2 b) 1 [6.1.2] Dichteanomalie des Wassers [6.1.3] $F = -1$ ist nicht erlaubt. [6.2.1] 0,08 % [6.2.2] 176,5 °C [6.2.3] 318,5 mbar [6.2.4] 1365 bar [6.3.1] ∞ [6.3.2] Abbildungen 1, 3, 4, 6
7. Mischphasen: [7.1.1] –1,72 kJ/mol [7.1.2] 5,78 J/K [7.1.3] –20,7 kJ [7.1.4] 69,5 J/K [7.1.5] –818 J [7.2.1] 1,168 g/mL [7.2.2] 131,97 mL/mol [7.3.1] 39,6 °C [7.3.2] 23,87 °C [7.3.3] 20,5 kJ/mol
8. Kolligative Eigenschaften: [8.1.1] 2,16 K [8.1.2] d [8.1.3] 4,8 K [8.1.4] 244 g/mol (Dimerbildung) [8.1.5] 0,83 K [8.2.1] 247,9 mbar [8.2.2] 86,8 kg/mol [8.2.3] 51 mbar [8.2.4] Umkehrosmose [8.2.5] Membran, die nur durchlässig für die Teilchen des Lösungsmittels ist

© Springer-Verlag Berlin Heidelberg 2017
T. Daubenfeld, D. Zenker, *Reiseführer Physikalische Chemie*, DOI 10.1007/978-3-662-47932-2

9. Binäre Phasengleichgewichte: [9.1.1] 6440 kPa [9.1.2] 2,65 kPa [9.1.3] 131 g/mol [9.2.1] 105 mbar [9.2.2] 0,14 [9.2.3] 0,33 [9.3.1] a) Zusammensetzung b) Temperatur [9.3.2] Reines Aceton (Kopf) + Azeotrop (Sumpf) [9.3.3] $n_l = 0,2$; $n_g \cdot n_0 = 0,8 \cdot n_0$; $x_{A,l} = 0,74$; $x_{A,g} = 0,42$; $x_{B,l} = 0,26$; $x_{B,g} = 0,58$ [9.4.1] 3,122 [9.4.2] 0,50 [9.4.3] 0,67 [9.5.1] 0,65 [9.5.2] Nein [9.5.3] 520 °C [9.6.1] 0,25 [9.6.2] Inkompressibilität kondensierter Phasen

10. Ternäre Systeme: [10.1.1] Zwei Phasen [10.1.2] 212,8 mL [10.1.3] 99 %

Sachverzeichnis

Das Schwarze Auge
Erlebe mitreißende Abenteuer in Aventurien,
der Welt des Schwarzes Auges.
ULISSES SPIELE
Mehr über Deutschlands erfolgreichstes
Fantasy-Rollenspiel unter
www.ulisses-spiele.de